"十三五"国家重点图书出版规划项目
中国河口海湾水生生物资源与环境出版工程
庄 平 主编

莱州湾渔业资源与栖息环境

王 俊 吴 强 主编

中国农业出版社
北京

图书在版编目（CIP）数据

莱州湾渔业资源与栖息环境 / 王俊，吴强主编．—北京：中国农业出版社，2018.12
中国河口海湾水生生物资源与环境出版工程 / 庄平主编
ISBN 978-7-109-24793-2

Ⅰ.①莱… Ⅱ.①王… ②吴… Ⅲ.①渤海-海湾-水产资源-栖息环境 Ⅳ.①S922.9

中国版本图书馆 CIP 数据核字（2018）第 243985 号

中国农业出版社出版
（北京市朝阳区麦子店街 18 号楼）
（邮政编码 100125）
策划编辑 郑 珂 黄向阳
责任编辑 干锦春 张艳晶

北京通州皇家印刷厂印刷 新华书店北京发行所发行
2018 年 12 月第 1 版 2018 年 12 月北京第 1 次印刷

开本：787mm×1092mm 1/16 印张：16.5
字数：300 千字
定价：120.00 元

内容简介

本书根据近年来莱州湾渔业资源及其栖息环境的调查资料，比较系统地阐述了莱州湾水域的生态环境和渔业资源状况。全书共七章，分别介绍了莱州湾概况、理化环境、生物环境、鱼卵及仔稚鱼、渔业资源结构、主要渔业种类和渔业资源增殖等内容。本书可供海洋生物资源与环境、海洋生态学、生物资源保护和生态修复等专业领域的高校师生、科研人员以及有关管理人员参考。

丛书编委会

本书编写人员

主　编　王　俊　吴　强

副主编　左　涛　袁　伟　栾青杉　夏　斌

参　编　李忠义　牛明香　林　群　时永强
王伟继　司　飞　黄经献　孙坚强
彭　亮　吕末晓

丛书序

中国大陆海岸线长度居世界前列，约 18 000 km，其间分布着众多具全球代表性的河口和海湾。河口和海湾蕴藏丰富的资源，地理位置优越，自然环境独特，是联系陆地和海洋的纽带，是地球生态系统的重要组成部分，在维系全球生态平衡和调节气候变化中有不可替代的作用。河口海湾也是人们认识海洋、利用海洋、保护海洋和管理海洋的前沿，是当今关注和研究的热点。

以河口海湾为核心构成的海岸带是我国重要的生态屏障，广袤的滩涂湿地生态系统既承担了“地球之肾”的角色，分解和转化了由陆地转移来的巨量污染物质，也起到了“缓冲器”的作用，抵御和消减了台风等自然灾害对内陆的影响。河口海湾还是我们建设海洋强国的前哨和起点，古代海上丝绸之路的重要节点均位于河口海湾，这里同样也是当今建设“21 世纪海上丝绸之路”的战略要地。加强对河口海湾区域的研究是落实党中央提出的生态文明建设、海洋强国战略和实现中华民族伟大复兴的重要行动。

最近 20 多年是我国社会经济空前高速发展的时期，河口海湾的生物资源和生态环境发生了巨大的变化，亟待深入研究河口海湾生物资源与生态环境的现状，摸清家底，制定可持续发展对策。庄平研究员任主编的“中国河口海湾水生生物资源与环境出版工程”经过多年酝酿和专家论证，被遴选列入国家新闻出版广电总局“十三五”国家重点图书出版规划，并且获得国家出版基金资助，是我国河口海湾生物资源和生态环境研究进展的最新展示。

该出版工程组织了全国20余家大专院校和科研机构的一批长期从事河口海湾生物资源和生态环境研究的专家学者，编撰专著28部，系统总结了我国最近20多年来在河口海湾生物资源和生态环境领域的最新研究成果。北起辽河口，南至珠江口，选取了代表性强、生态价值高、对社会经济发展意义重大的10余个典型河口和海湾，论述了这些水域水生生物资源和生态环境的现状和面临的问题，总结了资源养护和环境修复的技术进展，提出了今后的发展方向。这些著作填补了河口海湾研究基础数据资料的一些空白，丰富了科学知识，促进了文化传承，将为科技工作者提供参考资料，为政府部门提供决策依据，为广大读者提供科普知识，具有学术和实用双重价值。

中国工程院院士 唐启升

2018年12月

前　言

我国海域辽阔，海岸线漫长，拥有约 18 000 km 的大陆岸线和约 14 000 km的岛屿岸线。沿大陆岸线地带，分布着面积 100 km^2 以上的海湾 50 多个和入海的大江大河 10 余条。河口和海湾因其独特和优越的自然条件，拥有区位、环境、资源等诸多优势，成为海陆交通枢纽、临海工业基地、重要城市中心、海洋经济生物摇篮和重要海水养殖区域，是我国经济活力最为充沛的区域之一，在国家经济建设与社会发展中具有极其重要的战略地位。

莱州湾是渤海三大海湾之一，位于山东半岛北部，西起黄河口，东至龙口的屺姆角。由于众多入海河流特别是黄河挟带大量泥沙而入，莱州湾海底地形平缓，营养盐丰富，基础生产力高，是多种鱼类、虾类等的产卵场和索饵场。随着沿海社会经济的快速发展，莱州湾受到诸如过度捕捞、环境污染、围填海建设等多重压力的影响，出现了渔业资源衰退和栖息地退化的生态问题。海湾生态环境严重恶化已成为世界海岸带面临的重要问题，给沿海地区经济和社会的可持续发展带来了严峻挑战。因此，深入认识人类活动对海湾生态环境的影响机理与调控原理，是国家的重大战略需求。

本书的编写是基于公益性行业（农业）科研专项经费项目（黄河及其河口渔业资源评价和增殖养护技术研究与示范，201303050）、国家基础研究计划项目（近海环境变化对渔业种群补充过程的影响及其资源效应，2015CB453303）、国家自然科学基金委员会-山东省人民政府联合基金项目（U1606404）、青岛海洋科学与技术国家实验室“海洋生态与环境科学功能实验室”创新团队项目（LMEES－CTSP－2018－4）和中国海油海洋环境与生态保护公益基金会项目（渤海中国对虾增殖容量研究）的工作基础，利用2011年以来对莱州湾海域的渔业资源与环境的相关调查数据，结合历史文献、资料，比较系统地阐述了莱州湾的渔业生物资源与环境状况，以期为莱州湾及其邻近海域渔业资源修复与养护以及栖息地保护提供科学依据。

书中引用了国内外诸多学者已发表的研究成果，在此表示诚挚的谢意！

由于时间和水平所限，书中难免有遗漏和错误之处，尚希广大读者不吝赐教。

王俊

2018年10月

目　录

第一章
莱州湾概况

莱州湾是渤海三大海湾之一，西起黄河口，东至龙口的屺姆角，是渤海和黄海重要的鱼类产卵场和索饵场，也是山东省重要的渔业生产基地。盛产中国对虾、三疣梭子蟹、小黄鱼、蓝点马鲛等名贵水产品，被称为渤海和黄海渔业生物的“母亲湾”（邓景耀 等，2000）。

第一节 地理区位与自然环境

一、海湾岸线

莱州湾位于渤海南部、山东半岛北部，是山东省沿海最大的海湾，面积为6 215.40 km^2。湾岸属淤泥质平原海岸，岸线顺直，多沙土浅滩。东段（屺姆角—虎头崖）为海成堆积沙岸，由于横向运动使堆积物由海底向岸边堆积，形成狭窄的沙滩；南段（虎头崖—羊角沟口）是淤泥质堆积海岸，河流堆积显著，沿岸形成宽阔沼泽、盐碱滩地，水下浅滩宽约10 km；西段（羊角沟口—老黄河口）为黄河三角洲堆积沙岸，浅滩宽广平缓。

二、底质地貌

莱州湾水面宽阔，水深大都在10 m以内，最深为18 m，地形简单平缓。莱州湾底质总体上以粉砂占优势。东部为细粉砂，向黄河口方向，黏粒逐渐增多；南部为粗粉砂，向西逐渐变细；西部为含黏土较多的粉砂（《中国自然地理》编辑委员会，1979）。黄河巨量的入海泥沙在渤海湾南部和莱州湾北部海底上，建造了一个巨大的弧形水下三角洲，其范围北起大口河，南至小清河。现行河口两侧各有一块烂泥湾，底质为松软的稀泥（王颖，2012）。

三、入海径流

山东省沿岸的入海河流，除我国第二长河黄河外，多数为小型河流，一般可分为平原河流及山溪性河流。入海河流众多，大小河流数千条，其中长度10 km以上的河流为1 500条，长度100 km以上的为12条。较大河流主要有黄河、五龙河、大沽河、胶莱河、潍河、弥河、小清河、白浪河、徒骇河、马颊河等，年平均径流总量为502.4×10^8 m^3。平原河流主要分布在鲁北平原，除冀-鲁交界的漳卫新河外，自西向东主要有马颊河（含德惠新河)、徒骇河、淄脉河、小清河、弥河、白浪河、潍河、胶莱河；山溪性河流分布在鲁东丘陵区沿海，自北向南主要有界河、黄水河、大沽夹河、沽河、老母猪河、黄垒河、乳山河、五龙河、大沽河、吉利白马河及傅疃河。

（一）黄河

黄河为中国北部大河，全长约 5 464 km，流域面积约 752 443 km^2，为世界长河之一、中国第二长河。黄河发源于青藏高原的巴颜喀拉山脉支脉查哈西拉山南麓的扎曲，北麓的卡日曲和星宿海西的约古宗列曲，呈“几”字形。自西向东分别流经青海、四川、甘肃、宁夏、内蒙古、陕西、山西、河南及山东 9 个省（自治区），最后流入渤海。黄河中上游以山地为主，中下游以平原、丘陵为主。由于河流中段流经中国黄土高原地区，挟带了大量的泥沙，所以也是世界上含沙量最多的河流之一。在中国历史上，黄河下游的改道给人类文明带来了巨大的影响。黄河是中华文明最主要的发源地，中国人称其为“母亲河”。

（二）小清河

小清河是黄河流域山东省中部渤海水系河流，发源于济南市泉群。1904 年，于济南西郊睦里庄玉符河东堤建闸，引玉符河水东流入小清河，自此小清河上源向西延至睦里闸。小清河向东流经济南市的槐荫、天桥、历城、章丘，滨州市的邹平、博兴，淄博市的高青、桓台等县（市、区）至潍坊市的寿光市羊角沟入渤海，全长 237 km，流域面积 10 336 km^2，是一条防洪除涝、灌溉、航运综合利用的河道。

（三）潍河

潍河，古称潍水，发源于莒县箕屋山，上游流经莒县、沂水、五莲，从五莲北部进入潍坊市，流经诸城、高密、安丘、坊子、寒亭 5 市区，在昌邑市下营镇入渤海莱州湾。干流全长 246 km，支流 143 条，其中较大支流有潍汶河和渠河。潍河总流域面积 6 376 km^2，是潍坊的母亲河。流域中峡山水库是山东省第一大水库。

第二节　海洋资源与开发利用现状

一、生物资源

莱州湾大部分水深在 10 m 以内，自西向东、自南向北逐渐变深，最大水深 18 m，沿岸有黄河、小清河等十几条河流的淡水挟带着大量泥沙和营养盐类，主要从西岸冲入莱州湾内，形成自西向东、自南向北海水盐度和透明度逐渐上升，营养盐类和浮游生物量却逐渐下降的趋势。丰富的饵料生物和适宜的温度、盐度条件，使莱州湾成为多种经济动物良好的索饵、产卵和栖息场所。已发现重要鱼类和无脊椎动物 80 余种，按其移动特点可分为两大类：一是洄游性渔业资源，是指年间自外海或越冬场来到莱州湾近海索饵、产卵的各种鱼虾类，它们的集群和洄游具有明显的季节性，通常在春季生殖洄游和秋季索饵越冬洄游期间集群密度较高，因而形成春汛（3—6 月）和秋汛（9—10 月）两大渔汛，主要种类有小黄鱼、真鲷、带鱼、蓝点马鲛、黄姑鱼、牙鲆、青鳞小沙丁鱼、对虾、鹰爪虾、乌贼等；二是地方性渔业资源，是指常年生活在莱州湾和渤海内、移动距离较短的鱼虾蟹类，主要有半滑舌鳎、鲽类、梅童鱼、鲮、斑鰶、口虾蛄、三疣梭子蟹、毛虾、糠虾和贝类等。

莱州湾的西部和南部多为粉砂淤泥底质，坡度小，潮间带及滩涂广阔。湾内浅海面积约 5 075 km^2，因此贝类资源十分丰富，是山东省最重要的贝类资源宝库。经济贝类有 20 余种，其中主要贝类有毛蚶、文蛤、四角蛤蜊、青蛤、菲律宾蛤、魁蚶、竹蛏、兰蛤、牡蛎、螺等。

随着社会经济的发展，过度捕捞使莱州湾的重要经济鱼类、虾类、蟹类、贝类资源遭到严重破坏，特别是底层和近底层资源的破坏尤为严重，产量大幅度下降，代之而来的是一些产值较低的小型中上层鱼类和头足类，乃至海蜇资源占据了一定优势。从 20 世纪 80 年代以来寿光县和东营市的渔业资源结构可看出这种变化趋势。1986 年寿光县海洋捕捞的鱼虾蟹类总产量 2 075 t，仅为 1981 年捕捞总产量 6 501 t 的 1/3。1981 年海洋捕捞按产量划分，鱼类中以带鱼、小黄鱼、银鲳、黄姑鱼、鲮、鲆鲽类、鲈等为主，甲壳类以毛虾、对虾、梭子蟹和鹰爪虾为主，贝类以毛蚶和文蛤为主。至 90 年代，莱州湾和渤海的渔业资源结构已经发生了巨大变化，渔获物中优质鱼类与低质鱼类的比例从 50 年代的 8∶2降到 2∶8。1991 年莱州湾沿湾市（县）海洋捕捞的 1.4×10^5 t 总产量中，贝类约占一半，另一半多为仔幼鱼和低质鱼虾蟹类。目前，莱州湾的主要经济渔业种类处于资源严重衰退的状态，小型低值鱼类资源也已被充分利用，因此增殖渔业种类成为莱州湾渔业捕捞的主要对象。

二、湿地资源

（一）黄河口湿地

黄河口湿地是黄河三角洲国家自然保护区和国家级森林公园，以独有的黄河口湿地生态景观而闻名。目前的黄河口因 1855 年黄河改道而成，地处渤海湾与莱州湾的交汇处，黄河千年的流淌与沉淀，在它的入海口成就了中国最广阔、最年轻的湿地生态系统，这就是黄河口湿地生态园，属于高度特异性旅游资源，有很强的观赏性。因其独特的湿地生态环境，得天独厚的自然条件，园内的生物资源非常丰富，有刺槐林 1.2 万 hm^2，各种生物 1 917 种，其中水生动物 641 种。这里也是鸟类的栖息地和生活乐园，主要有丹顶鹤、白头鹤、白鹳、中华秋沙鸭、金雕、白尾海雕等多种国家一级重点保护鸟类，国家二级保护鸟类 30 多种。

（二）莱州湾南岸滨海湿地

莱州湾是山东省沿海面积最大的海湾，沿岸人口密集，土地资源丰富。莱州湾南岸自西向东包括寿光、寒亭、海化、昌邑 4 个县（市、区），有小清河、弥河、白浪河、潍河、胶莱河等主要入海河流。莱州湾南岸滨海湿地的土壤类型有潮土、湖积型湿潮土、脱潮土、盐化潮土和滨海盐土等土类。据初步统计，滨海湿地面积为 22.19 万 hm^2，宽度 10～20 km，根据陆-海相互作用的相对强度、地貌部位，共分为 3 个湿地类，14 个湿地型。

1. 潮上带湿地

潮上带湿地总面积 10.39 万 hm^2，湿地底质多为粉砂，土壤主要为潮土、湖积型湿潮土、氯化物滨海潮盐土和滨海滩地盐土等 4 个土类（亚类），土壤表层盐度自陆地向海洋大多在 20～50，地下水矿化度高。一些植被发育较好的潮上带湿地类型是一些鸟类的栖息地和繁衍场所，具有丰富的鸟类多样性。据统计，研究区湿地范围内共有雁鸭类等水禽为主的鸟类 25 科 97 种，其中大天鹅、黑嘴鸥、大鸨等 25 种为国际公约重点保护的濒危鸟类。据近年观察，在莱州湾南岸滨海湿地栖息、越冬的大天鹅有 150～500 只，大鸨 15 只左右。

根据湿地植被、水文、底质和受人类活动影响的程度，潮上带湿地包括以下几种湿地类型：河流及间断性溪流湿地，包括注入莱州湾的小清河、堤河、弥河、白浪河、虞河、潍河、蒲河、胶莱河等河流，面积为 3.45 万 hm^2；碱蓬-盐角草湿地，光滩湿地，平行海岸呈带状分布于海拔 5 m 以下的潮上带，底质多为沙质海渍河流沉积物，含盐量高，总面积约 1.7 万 hm^2；柽柳湿地、盐蒿湿地、马绊草海蔓群丛湿地、茅草湿地，散布于虾池、盐田周围及其向陆一侧，现留存面积有限；人工湿地，包括由人工芦苇沼泽和污水塘湿地构成的生态污水处理系统，其中芦苇湿地 2 400 hm^2、虾池 1.07 万 hm^2、盐田 3.93 万 hm^2。

潮上带湿地地域分异结构明显，自高潮线向上呈带状分布，最下部是光滩湿地、碱蓬-盐角草湿地，中部是虾池、盐田与周围的柽柳湿地、盐蒿湿地、马绊草海蔓群丛湿地、茅草湿地，最上部是芦苇湿地（人工芦苇沼泽和污水塘）等。

2. 潮间带湿地

莱州湾南岸潮间带滩涂湿地平均宽度4～6 km，总面积约4.2万hm^2。潮间带湿地的底质主要为淤泥、泥质粉砂和粉砂，底质含盐量较潮上带湿地高，地貌类型为沿岸河流宽浅的尾闾河槽、羽状分布的潮水沟和河口砂坝，土壤为滨海盐土。据统计，莱州湾南岸潮间带、潮下带共有各种生物171种，其中动物145种（贝类39种），植物26种，包括绿藻5种、褐藻6种、红藻14种、高等植物1种。潮间带湿地底生植物以眼子菜科高等植物大叶藻为主，主要经济贝类有文蛤、毛蚶、青蛤、四角蛤蜊、长竹蛏和菲律宾蛤仔等，平均生物量338 g/m^2，有较高经济价值的软体动物为蛸类。

潮间带滩涂湿地自上而下分为3个带状分布的湿地类型：潮间上带湿地，平均宽度1～2 km，包括河流尾闾河槽、两侧的芦苇沼泽（分布于入海河流的河口地区和河流两岸，面积约2 000 hm^2）、淤泥质光滩等；潮间中带泥质粉砂光滩湿地，宽度1～2 km，布一些深10～20 cm的凹坑，凹坑自上向下逐渐加大，退潮后凹坑内会有积水；潮间下带粉砂质光滩湿地，平均宽度2～3 km，滩面冲蚀凹坑消失，组成物质显著变粗，地表沙波明显。

3. 潮下带湿地

潮下带湿地指低潮时水深$<$6 m的浅海水区域，面积7.6万hm^2。潮下带湿地因资料和调查情况的限制，没有进一步划分出湿地类型。

三、港口航运资源

（一）东营港

东营港位于黄河三角洲中心城市山东省东营市东北部，北邻京津唐经济区，南连胶东半岛，濒临渤海西南海岸，地处黄河经济带与环渤海经济圈的交汇点。东营港建成于1997年，现有泊位46个，是国务院批准的国家一类开放口岸。为适应发展需要，2005年东营市委、市政府决定扩建东营港，建设2个3万t级多用途码头，2007年8月已建成并投入使用。

在此基础上，正在规划建设2个5万t级油码头（兼顾10万t级油轮）和万吨级液体化工码头。东营港经济开发区是经山东省政府批准设立的省级经济开发区，规划区域内，分为仓储、化工、加工制造、高科技、行政办公、生活商贸六大功能区。

（二）潍坊港

潍坊港位于渤海莱州湾南岸，现为国家一类开放口岸，区位优越，交通便利。潍坊市委、市政府极其重视潍坊港的建设，并与马来西亚森达美集团合作建设万吨级码头。3个万吨级码头及配套工程2010年建成并投入运营，3个2万t级码头和航道建设，5万t

级航道，5 万 t 级液化品泊位，客货滚装、集装箱泊位等重点项目也已完成。潍坊市有着强大腹地经济支撑和进出口货物需求，这将为潍坊港打造综合性亿吨大港奠定坚实的基础。

近年来山东半岛蓝色经济区、黄河三角洲高效生态经济区建设上升为国家发展战略，潍坊滨海经济开发区晋升为国家级开发区，潍坊港的发展环境发生重大变化，运输需求进一步增长。按最近规划，潍坊港将划分为东、中、西三个港区，并且分别明确了各港区的服务范围和发展目标。森达美港（中港区）作为潍坊港的主港区，依托国家级的滨海经济开发区，是以散杂货运输为主、临港工业所需原材料及成品运输为辅的综合性港区。西港区依托省级寿光羊口经济开发区，主要为后方农业产业园及现代制造业园服务，积极开展海河联运。东港区依托省级的昌邑下营经济开发区，主要为后方滨海开发区发展建设服务。初步构成了潍坊港“一主两辅、功能互补、多点并进、统筹发展”的框架。

潍坊港港口总体布局为离岸式港岛码头，潍坊森达美港（中港区）拥有长达 2 375 m 的泊位，目前 15 个泊位已全面运营。该港口能够处理超过 30 个种类的货物，有 2 个 3 000 t 级通用泊位、2 个 3 000 t 级（5 000 t 级结构）散杂泊位和 3 个 3 000 t 级杂货泊位，5 000 t 级船舶可乘潮进出港口作业。港口现有货场面积 12 万 m^2，仓库储货能力 5 000 t。自通航运营以来，生产规模不断扩大，吞吐量逐年攀升。到 2020 年，潍坊港将建成各吨级泊位 55 个，拥有码头岸线总长约 10 290 m（包括码头支持岸线），实现功能齐全的一类口岸开放，预计年吞吐能力达 6 100 万 t，年吞吐量过亿吨。

（三）莱州港

山东省烟台市莱州港地理位置优越，位于渤海莱州湾东岸、山东省莱州市三山岛特别工业区，处于环渤海经济圈的黄金地带。自运营以来，大量的进出口物资如盐、粮食、木材、石材、矿石、液体货物、鲜活鱼虾、蛤苗等，通过烟台市莱州港抵达我国各地和日本、韩国、菲律宾等国家。

（四）蓬莱港

蓬莱港位于山东省蓬莱县城关老北山西侧，古称登州港，为中国著名的古港口。明、清时期是海防要塞，没有港口设施。1962 年，交通部基建总局和航务工程局会同青岛海运局对蓬莱港进行实地勘察，规划在 5 年内建设两个泊位码头。此后又历经多次修建，规模逐步扩大，蓬莱港 1992 年 3 月再次开工建设，1995 年 12 月竣工投入使用。1997 年 7 月被国家批准为一类开放港口。目前建有 35 000 t 级、10 000 t 级、5 000 t 级、2 000 t 级通用泊位各 1 个，5 000 t 级客滚专用泊位 2 个。港池航道水深为 11.8 m，能满足 5 万 t 以下船舶进出港。港口主要业务以客滚运输和散杂货运输为主，客滚运输目前开通了蓬莱—大连航线，散杂货运输以煤炭、木材、水泥为主要货源。

第二章 理化环境

理化环境调查内容包括温度、盐度、氮盐、磷酸盐等因子。温度和盐度的调查，使用 Seabird CTD 进行断面观测。其他要素的调查，使用卡盖式采水器采集表层、底层水样。生源要素样品带回实验室进行测定。水质样品的采集、保存、运输和分析按照《海洋监测规范》（GB 17378—2007）和《海洋调查规范》（GB 12763—2007）中的相关规定执行。

海水的温度和盐度，都是海洋水文学的最基本要素。海水温度不仅表现了海水的热焓状态，而且影响海水其他物理要素和化学要素的变化，也影响海水中各种溶解气体的含量。海水盐度是确定海洋中水系、水团的重要标志，决定水质的理化性质，是维持生物原生质与海水间渗透关系的一项重要因素。因而，两者对海洋生物的活动、分布、繁殖和生长产生重大影响，是海洋生物得以栖息的基本环境因素。

第一节　海水温度和盐度

一、温度

2016 年 5 月、7 月、9 月和 2017 年 1 月、5 月、8 月的莱州湾温度调查站位如图 2－1 所示。2016 年 5 月，莱州湾表层水温范围为 11.53～19.65 ℃，平均值为 15.70 ℃，其高值区出现在莱州湾的南部，低值区出现在莱州湾的东北部和西北部；底层水温范围为 10.27～17.91 ℃，平均值为 14.40 ℃，其高值区出现在莱州湾的南部，低值区出现在莱州湾北部，整体呈现由南向北递减的趋势（图 2－2）。7 月，莱州湾表层水温范围为 19.69～29.74 ℃，平均值为 26.54 ℃，其高值区主要出现在莱州湾南部沿岸，低值区出现在湾口靠近渤海中部区域；底层水温范围为 17.49～29.73 ℃，平均值为 25.32 ℃，其高值区出现在莱州湾的南部，低值区出现莱州湾北部，整体呈现由南向北递减的趋势(图 2－3)。9 月，莱州湾表层水温范围为 20.38～29.88 ℃，平均值为 23.04 ℃，其高值区主要出现在莱州湾中部，低值区出现在莱州湾的东北部；底层水温范围为 19.45～23.77 ℃，平均值为 22.45 ℃，其高值区出现在莱州湾西部沿岸，低值区出现在莱州湾的东北部（图 2－4）。

2017 年 1 月，莱州湾表层水温范围为 1.74～5.94 ℃，平均值为 3.60 ℃；底层水温范围为 1.74～5.96 ℃，平均值为 3.64 ℃。表层、底层温度高值区均出现在莱州湾的东北部，整体呈现由西南向东北方向递增的趋势（图 2－5）。5 月，莱州湾表层水温范围为 12.49～23.40 ℃，平均值为 17.86 ℃；底层水温分布范围为 11.24～21.54 ℃，平均值为16.97 ℃。表层、底层高值区均出现在莱州湾南部沿岸区域，低值区出现在东北部

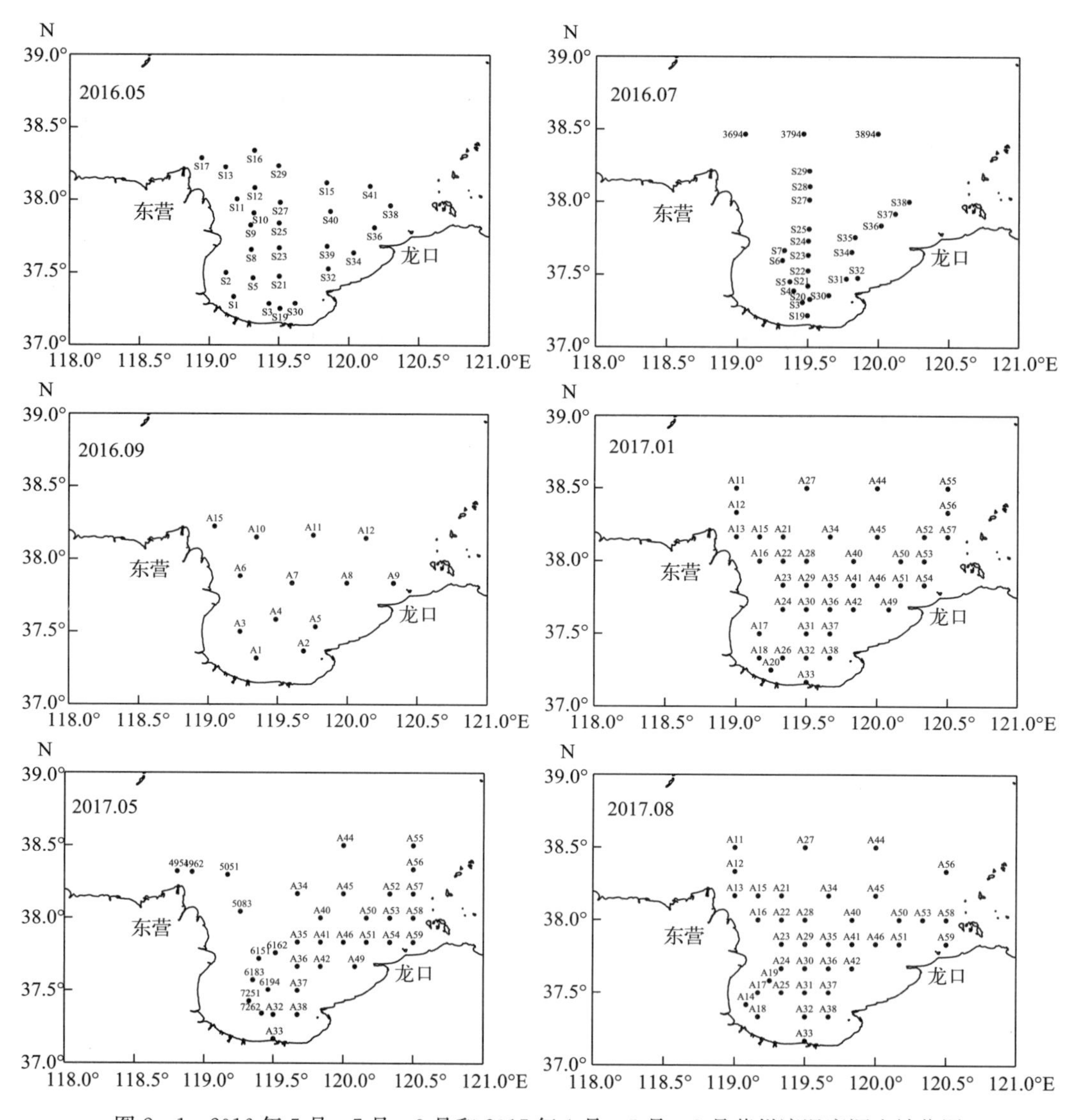

图 2-1　2016 年 5 月、7 月、9 月和 2017 年 1 月、5 月、8 月莱州湾温度调查站位图

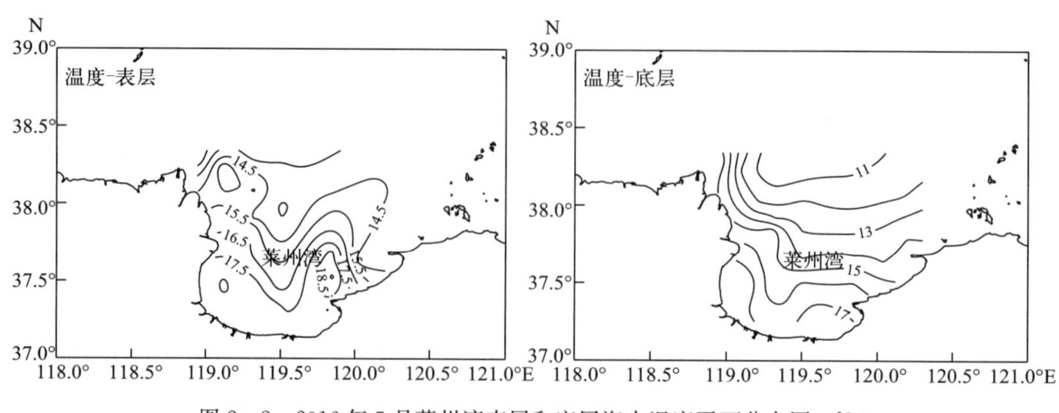

图 2-2　2016 年 5 月莱州湾表层和底层海水温度平面分布图（℃）

（图 2－6）。8 月，莱州湾表层水温范围为 25.20～30.32 ℃，平均值为 28.07 ℃；底层水温范围为 21.82～30.08 ℃，平均值为 27.13 ℃。表层、底层高值区均出现在莱州湾南部沿岸区域，表层低值区出现在东北部，底层低值区出现在莱州湾的东北部和西北部（图 2－7）。

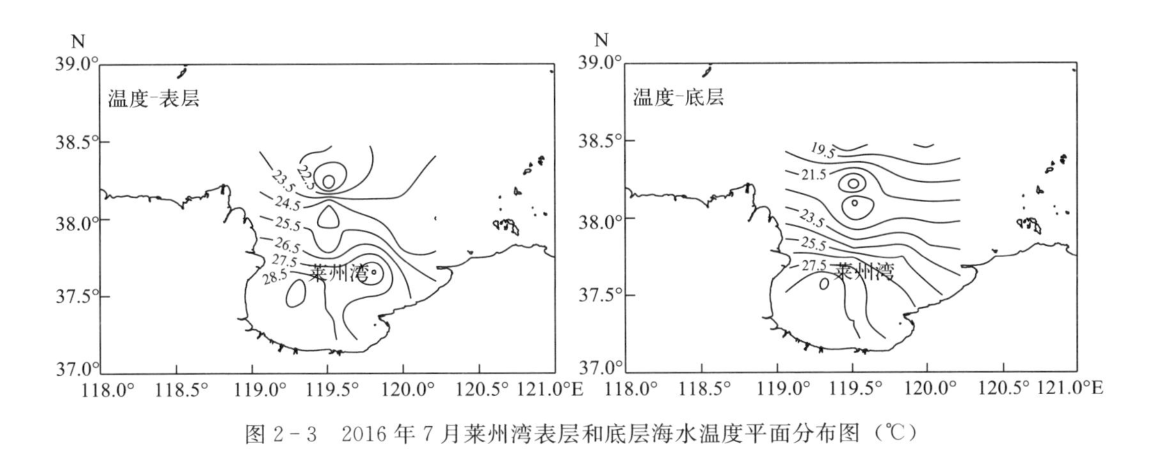

图 2－3　2016 年 7 月莱州湾表层和底层海水温度平面分布图（℃）

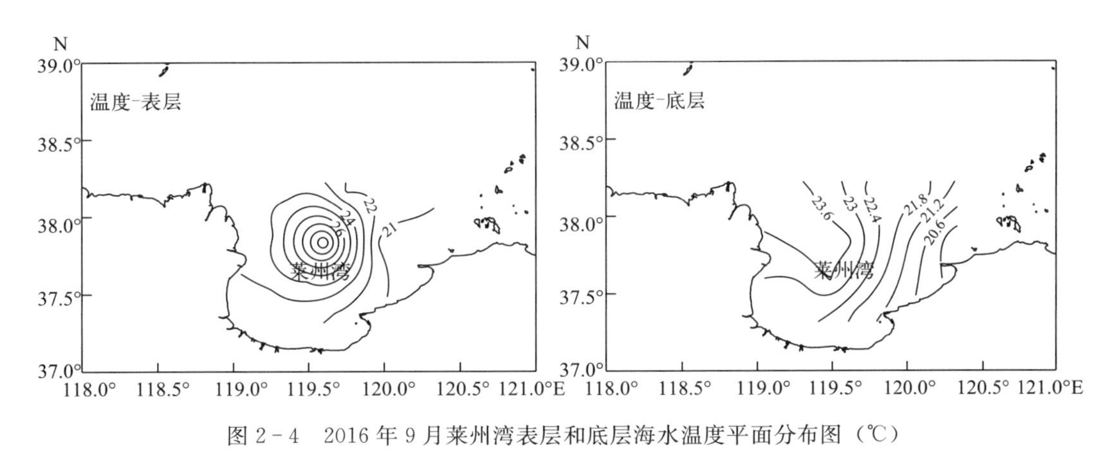

图 2－4　2016 年 9 月莱州湾表层和底层海水温度平面分布图（℃）

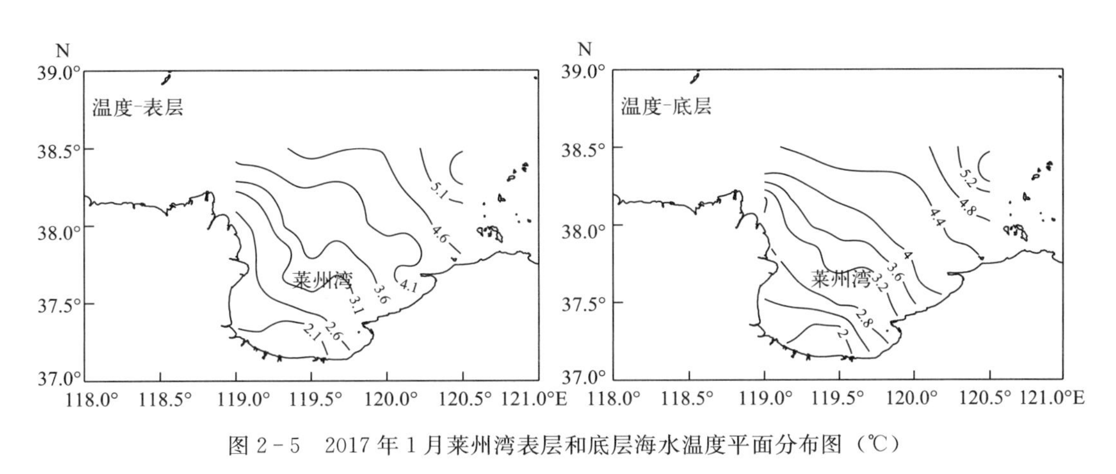

图 2－5　2017 年 1 月莱州湾表层和底层海水温度平面分布图（℃）

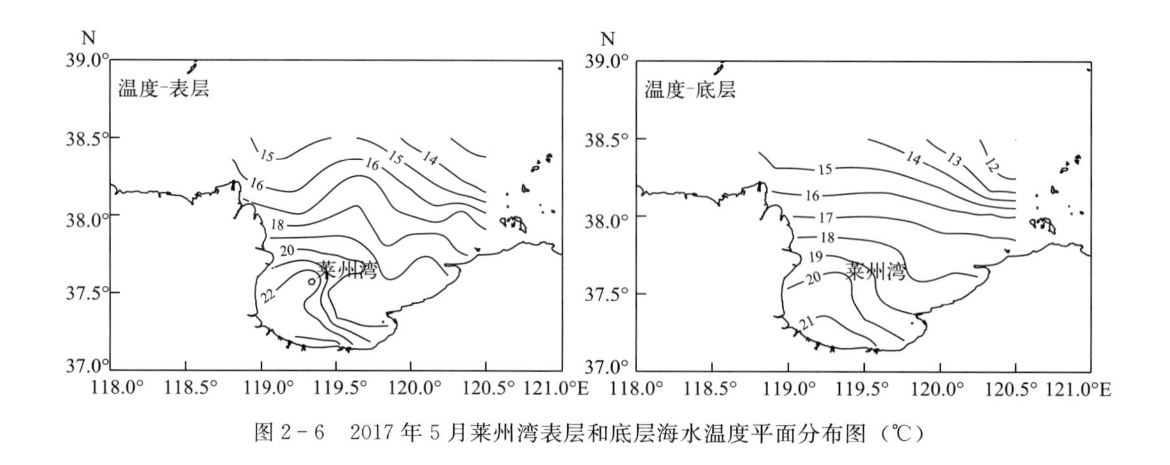

图 2-6　2017 年 5 月莱州湾表层和底层海水温度平面分布图（℃）

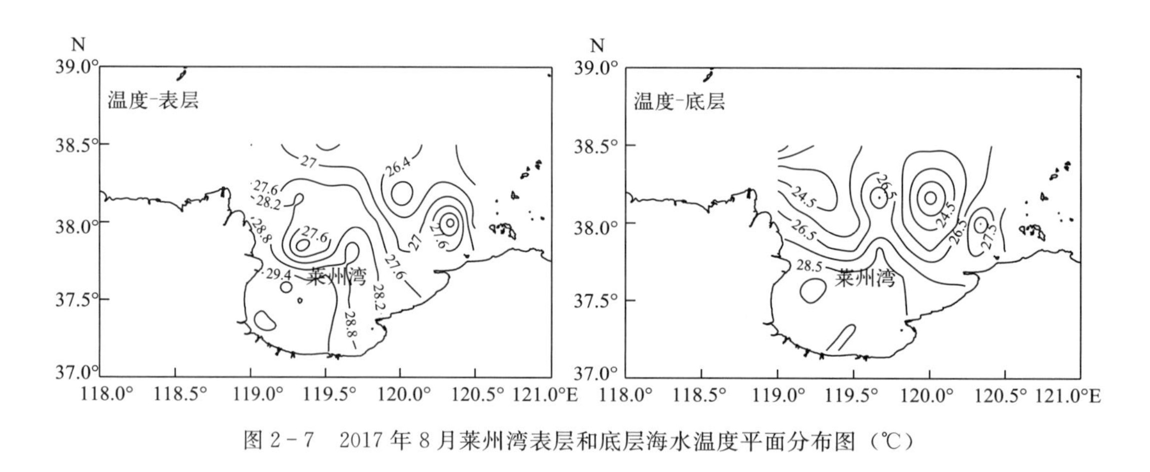

图 2-7　2017 年 8 月莱州湾表层和底层海水温度平面分布图（℃）

二、盐度

2016 年 5 月、7 月、9 月和 2017 年 1 月、5 月、8 月的莱州湾盐度调查站位如图 2-1所示。2016 年 5 月，莱州湾表层盐度范围为 28.29～31.45，平均值为 29.93；底层盐度变化范围为 28.88～31.77，平均值为 30.71。表层高值区出现在莱州湾湾口处，底层低值区出现在湾中心，并向四周呈现递增的趋势（图 2-8）。7 月，莱州湾表层盐度范围为 28.15～31.99，平均值为 30.74；底层盐度变化范围为 28.19～32.31，平均值为 30.89，均以莱州湾中心低值开始向外呈现递增的趋势（图 2-9）。9 月，莱州湾表层盐度范围为 25.27～31.53，平均值为 29.79，其高值区出现在莱州湾的东北部，低值区出现在莱州湾的中心和南部沿岸；底层盐度变化范围为 28.26～31.54，平均值为 30.40，其高值区出现在莱州湾的东北部，低值区出现在莱州湾的西南部沿岸地区（图 2-10）。

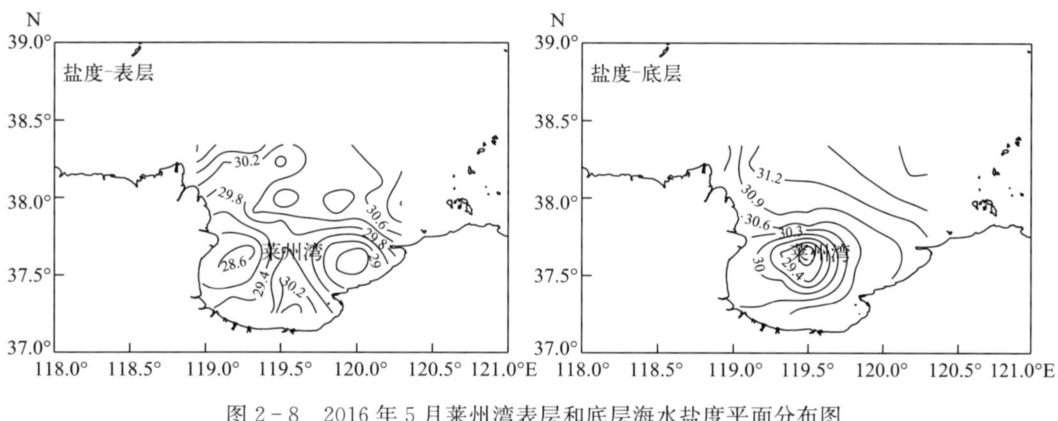

图 2－8　2016 年 5 月莱州湾表层和底层海水盐度平面分布图

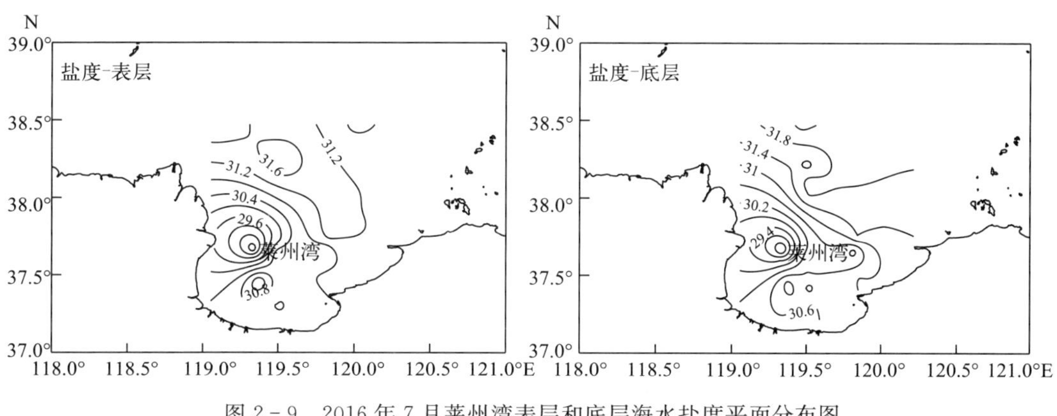

图 2－9　2016 年 7 月莱州湾表层和底层海水盐度平面分布图

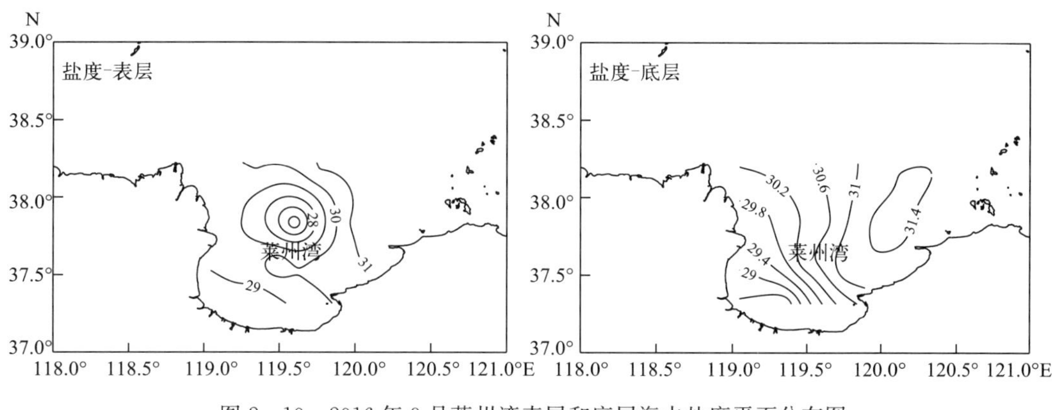

图 2－10　2016 年 9 月莱州湾表层和底层海水盐度平面分布图

2017 年 1 月，莱州湾表层盐度范围为 29.15～32.16，平均值为 31.27；底层盐度变化范围为 21.76～32.38，平均值为 30.94，高值区出现在莱州湾东北部，低值区位于西南沿岸（图 2－11）。5 月，莱州湾表层盐度范围为 28.93～32.44，平均值为 31.17；底层盐度变化范围为 29.80～32.28，平均值为 31.34，高值区出现在莱州湾东北部，低值区位于西南部（图 2－12）。8 月，莱州湾表层盐度范围为 27.69～32.26，平均值为 30.33；底层盐度变化范围为 25.42～33.95，平均值为 30.84，高值区出现在莱州湾东北部，低值区位于西部沿岸（图 2－13）。

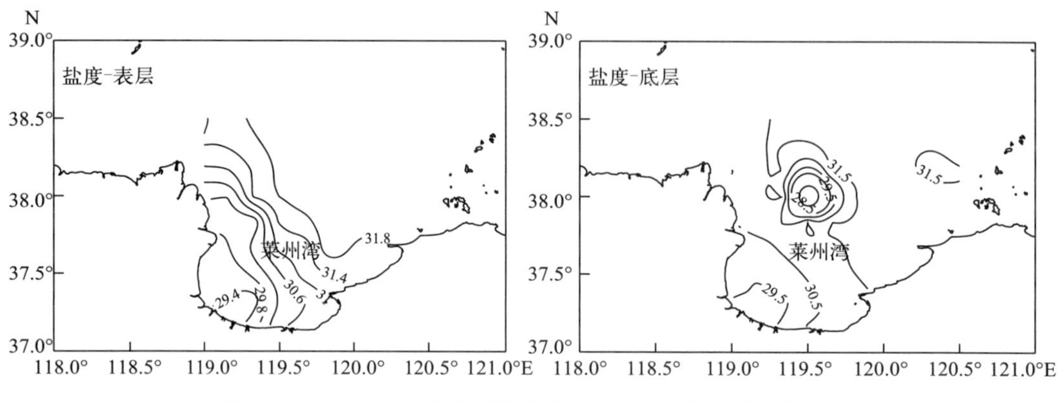

图 2－11　2017 年 1 月莱州湾表层和底层海水盐度平面分布图

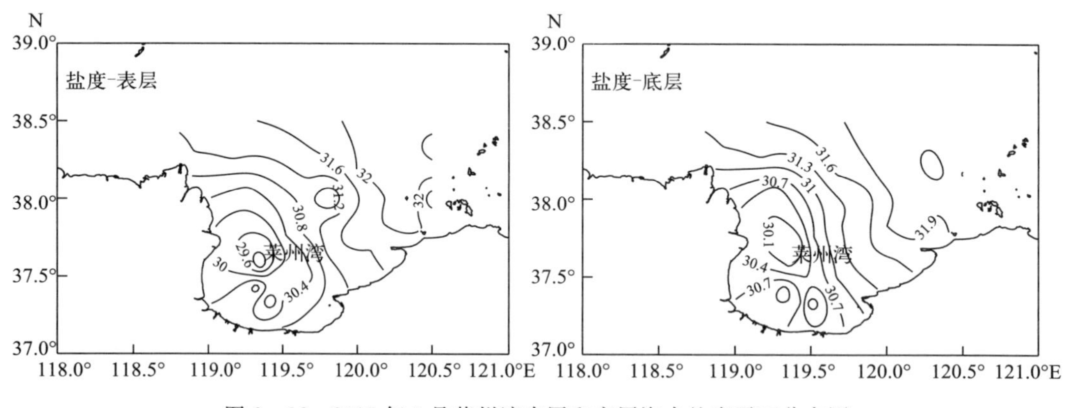

图 2－12　2017 年 5 月莱州湾表层和底层海水盐度平面分布图

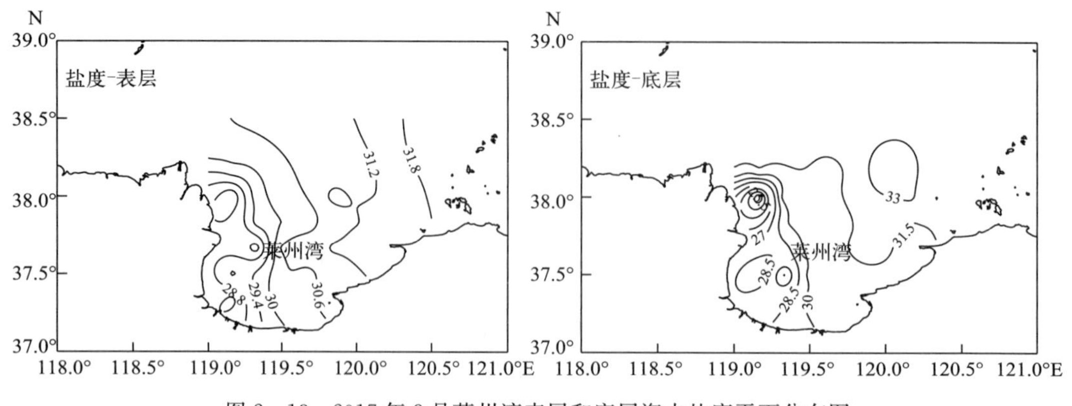

图 2－13　2017 年 8 月莱州湾表层和底层海水盐度平面分布图

第二节 海水营养盐

2014 年 3 月、5 月、6 月、8 月和 10 月莱州湾营养盐的调查站位如图 2-14 所示。

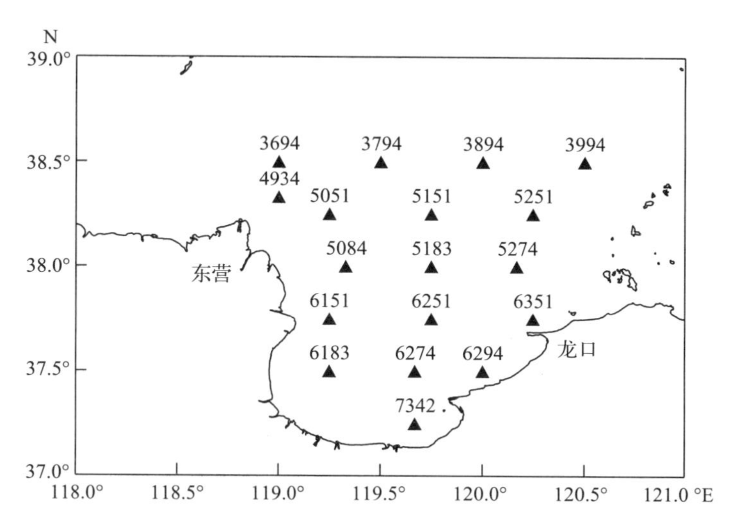

图 2-14 2014 年 3 月、5 月、6 月、8 月和 10 月莱州湾营养盐调查站位图

一、活性磷酸盐

2014 年 3 月，莱州湾表层磷酸盐变化范围为 3.17～22.71 μg/L，平均值为 10.57 μg/L，其高值区出现在莱州湾东北部，低值区出现在莱州湾的中部，部分站位超一类海水水质标准（15 μg/L），超标率为 38.46%；底层磷酸盐变化范围为 1.66～22.71 μg/L，平均值为 12.07 μg/L，高值区出现在莱州湾北部，低值区出现在莱州湾的南部，部分站位超一类海水水质标准，超标率为 30.80%（图 2-15）。5 月，莱州湾表层磷酸盐变化范围为 6.79～76.59 μg/L，平均值为 14.51 μg/L，其高值区出现在莱州湾东北部，低值区出现在莱州湾的西南部，有 1 个站位超二、三类海水水质标准（30 μg/L）；底层磷酸盐变化范围为 6.79～54.25 μg/L，平均值为 13.59 μg/L，高值区出现在莱州湾东北部，部分站位超一类海水水质标准，超标率为 17.65%，有 1 个站位超二、三类海水水质标准（图 2-16）。6 月，莱州湾表层磷酸盐变化范围为 2.60～31.90 μg/L，平均值为 6.40 μg/L，其高值区主要出现在莱州湾东南沿岸附近，低值区出现在西部，有 1 个站位超二、三类海水水质标准；底层变化范围为0.45～32.67 μg/L，平均值为 2.80 μg/L，莱州湾西北部有一明显的高值区，低值区出现在湾口中部和东北部，有 1 个站位超二、三类海水水质标准（图 2-17）。8 月，莱州

湾表层磷酸盐变化范围为 0.45～13.79 μg/L，平均值为 4.65 μg/L，其高值区主要出现在莱州湾的西部和东北部，低值区出现在莱州湾中部，所有站位均符合一类海水水质标准；底层磷酸盐变化范围为 0.45～11.56 μg/L，平均值为 2.80 μg/L，莱州湾北部和东南部相对值较高，所有站位均符合一类海水水质标准（图 2－18）。10 月，莱州湾表层磷酸盐变化

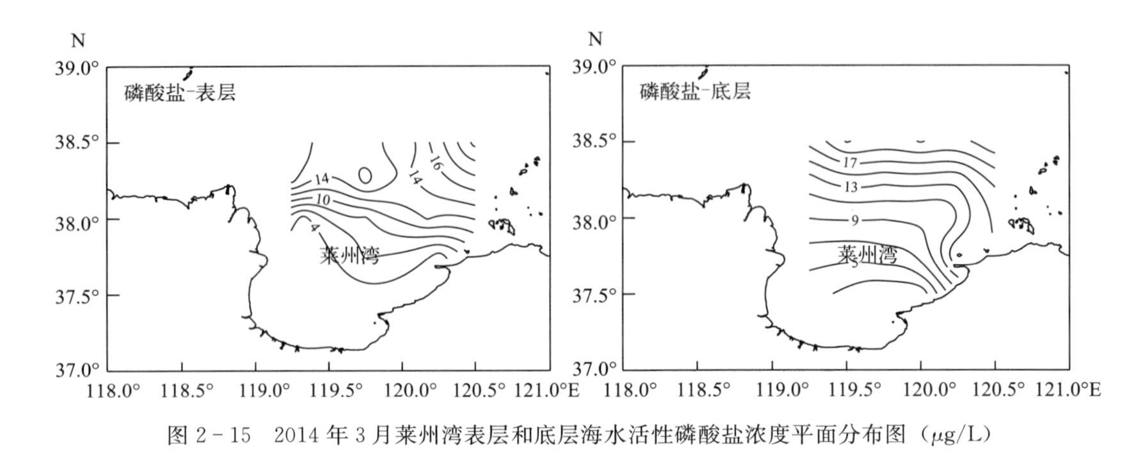

图 2－15　2014 年 3 月莱州湾表层和底层海水活性磷酸盐浓度平面分布图（μg/L）

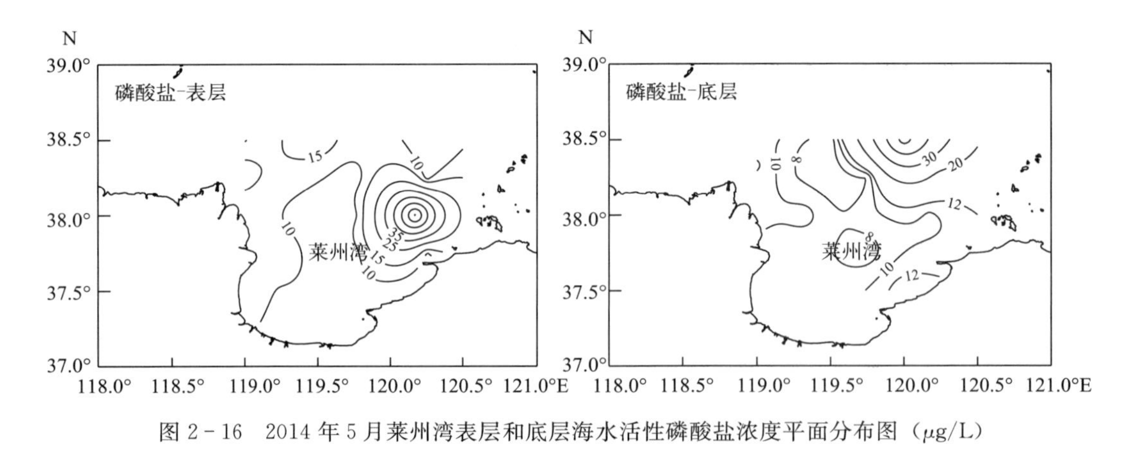

图 2－16　2014 年 5 月莱州湾表层和底层海水活性磷酸盐浓度平面分布图（μg/L）

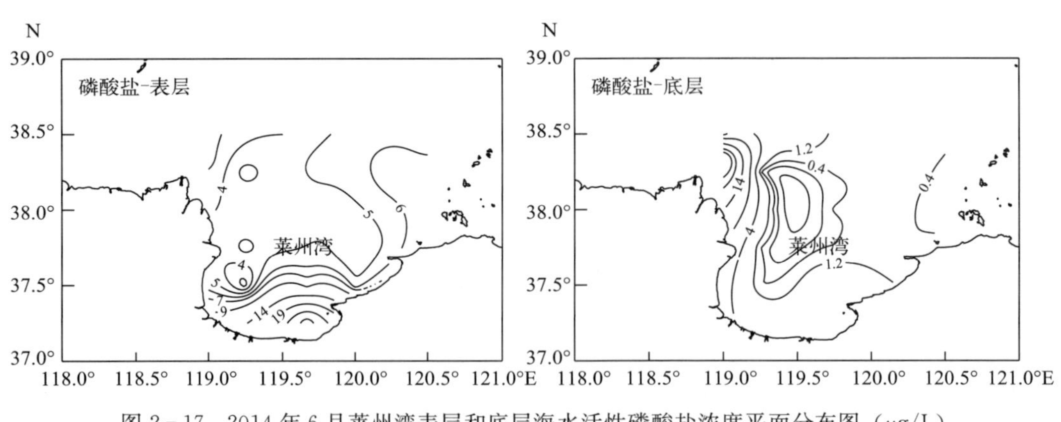

图 2－17　2014 年 6 月莱州湾表层和底层海水活性磷酸盐浓度平面分布图（μg/L）

范围为 9.98～110.79 μg/L，平均值为 31.09 μg/L，其高值区主要出现在莱州湾的东南部，除 1 个站位外，其他所有站位均超一类海水水质标准，超标率 94.44%，其中 3 个站位超二、三类海水水质标准；底层磷酸盐变化范围为 12.90～107.87 μg/L，平均值为 32.06 μg/L，莱州湾东北部和北部出现一高值区，除 1 个站位外，其他所有站位均超一类海水水质标准，超标率 94.44%，其中有 5 个站位超二、三类海水水质标准（图 2-19）。

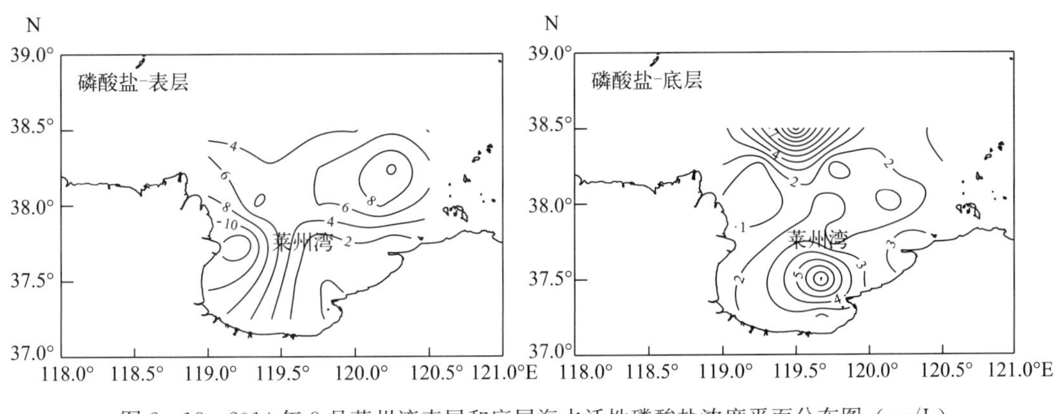

图 2-18　2014 年 8 月莱州湾表层和底层海水活性磷酸盐浓度平面分布图（μg/L）

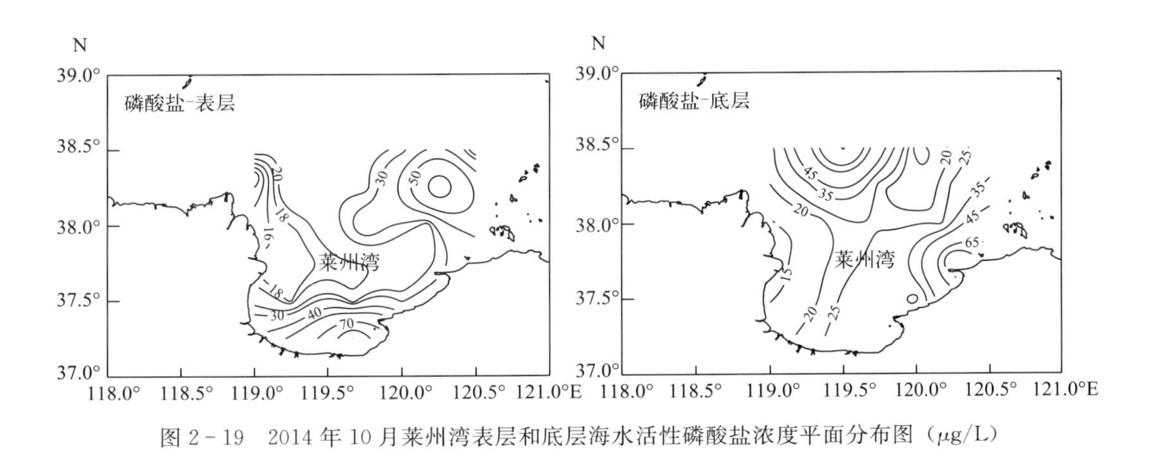

图 2-19　2014 年 10 月莱州湾表层和底层海水活性磷酸盐浓度平面分布图（μg/L）

二、亚硝酸盐

2014 年 3 月，莱州湾表层亚硝酸盐变化范围为 0.93～13.43 μg/L，平均值为 5.12 μg/L；底层亚硝酸盐变化范围为 0.65～12.87 μg/L，平均值为 3.58 μg/L。表、底层其高值区均出现在莱州湾的南部，低值区出现在莱州湾北部（图 2-20）。5 月，莱州湾表层亚硝酸盐的变化范围为 3.71～13.15 μg/L，平均值为 7.56 μg/L，其高值区出现在莱州湾西部，低值区出现在莱州湾东北部；底层亚硝酸盐变化范围为 5.10～47.59 μg/L，平均值为 9.98 μg/L，其高值区出现在莱州湾东北部，低值区出现在莱州湾中部（图 2-21）。

6月，莱州湾表层亚硝酸盐变化范围为1.45～14.77 μg/L，平均值为8.80 μg/L，其高值区出现在莱州湾西部，低值区出现在莱州湾东南部；底层亚硝酸盐变化范围为0.06～17.82 μg/L，平均值为6.13 μg/L，其高值区出现在莱州湾北部，低值区出现在莱州湾东南部和东北部（图2-22）。8月，莱州湾表层亚硝酸盐变化范围为11.16～189.66 μg/L，平均值为

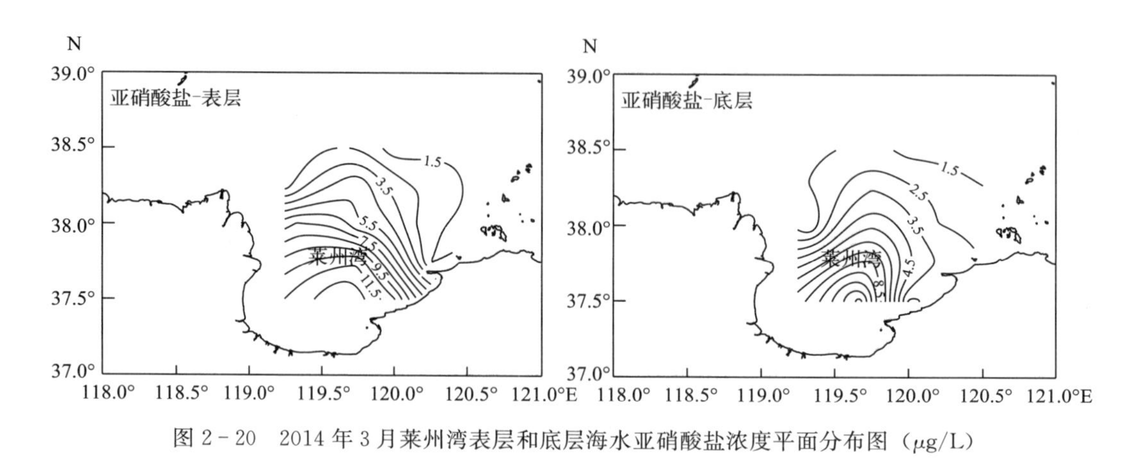

图2-20　2014年3月莱州湾表层和底层海水亚硝酸盐浓度平面分布图（μg/L）

图2-21　2014年5月莱州湾表层和底层海水亚硝酸盐浓度平面分布图（μg/L）

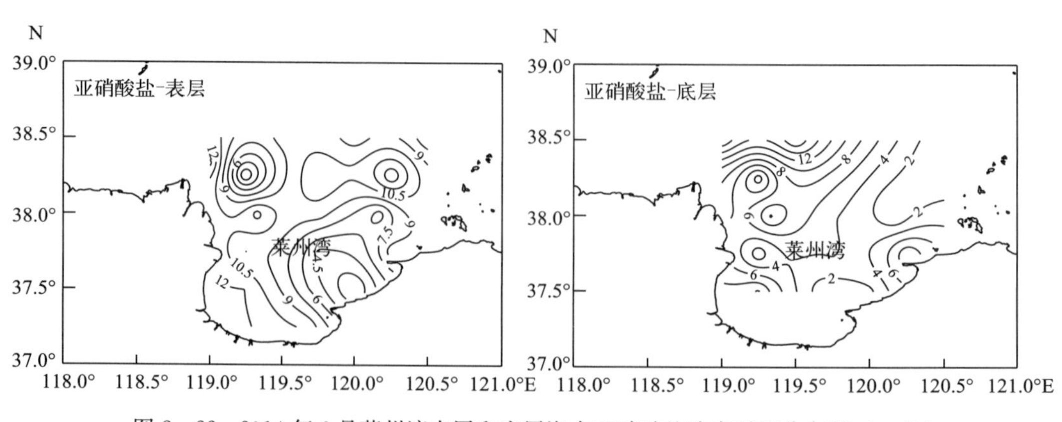

图2-22　2014年6月莱州湾表层和底层海水亚硝酸盐浓度平面分布图（μg/L）

58.45 μg/L，高值区出现在莱州湾西部沿海，低值区出现在中部；底层亚硝酸盐变化范围为 1.45～68.62 μg/L，平均值为 16.42 μg/L，高值区出现在莱州湾西部沿海，低值区出现在莱州湾西北部和东部（图 2-23）。10 月，莱州湾表层亚硝酸盐变化范围为 0～12.27 μg/L，平均值为 3.99 μg/L，高值区出现在莱州湾的西南部，低值区位于中部海域；底层亚硝酸盐变化范围为 1.17～77.23 μg/L，平均值为 20.89 μg/L，高值区位于莱州湾南部中心海域，低值区位于东部沿海（图 2-24）。

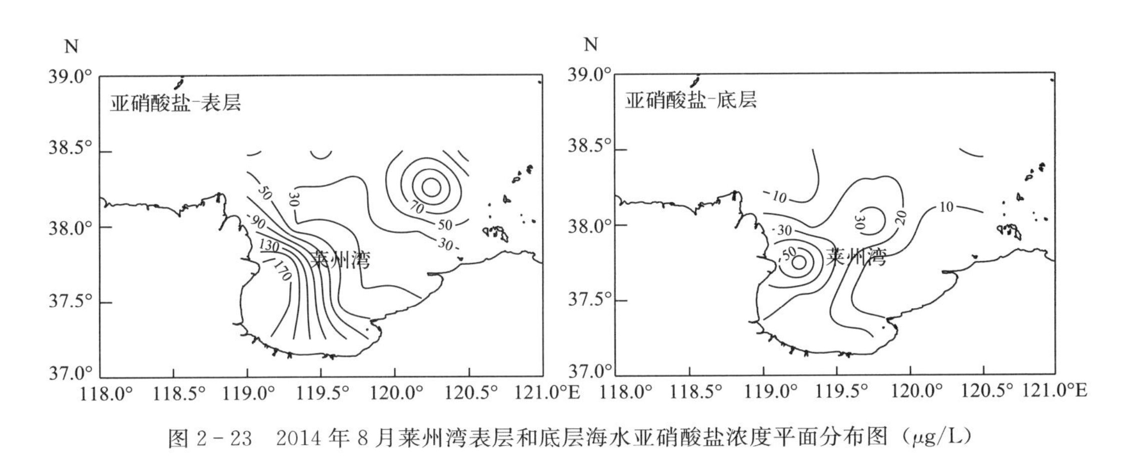

图 2-23　2014 年 8 月莱州湾表层和底层海水亚硝酸盐浓度平面分布图（μg/L）

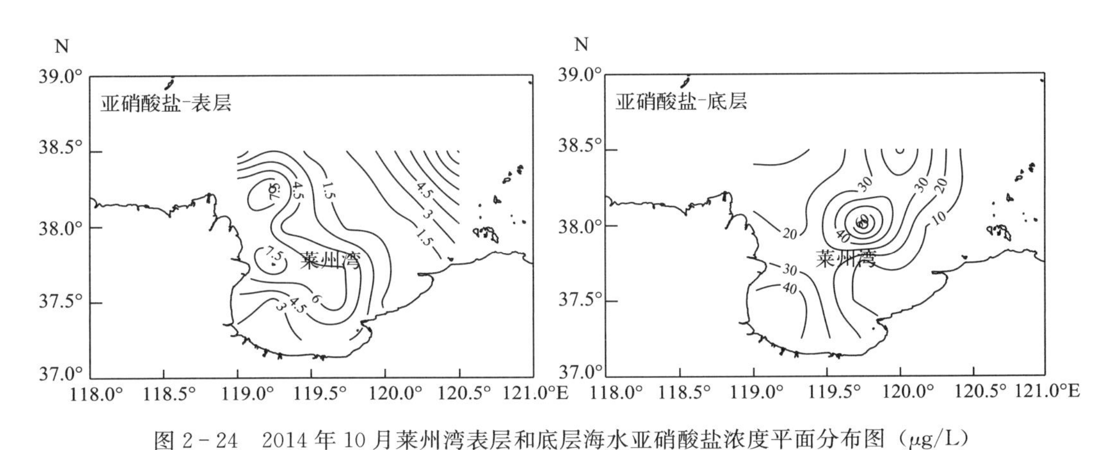

图 2-24　2014 年 10 月莱州湾表层和底层海水亚硝酸盐浓度平面分布图（μg/L）

三、硝酸盐

2014 年 3 月，莱州湾表层硝酸盐的变化范围为 24.99～149.94 μg/L，平均值为 69.65 μg/L，高值区出现在莱州湾的南部；底层硝酸盐变化范围为 21.18～132.28 μg/L，平均值为 62.29 μg/L，高值区出现在莱州湾的西南部（图 2-25）。5 月，莱州湾表层硝酸盐的变化范围为 24.92～144.02 μg/L，平均值为 75.41 μg/L，其高值区主要出现在莱州湾的西南部；底层硝酸盐变化范围为 0～217.44 μg/L，平均值为 67.66 μg/L，其高值区出现在莱州湾的西北部（图 2－26）。6 月，莱州湾表层硝酸盐的变化范围为 58.53～437.01 μg/L，平均值为 159.77 μg/L，高值区出现在莱州湾中心海域；底层硝酸盐变化范围为 28.69～350.84 μg/L，平均值为 167.31 μg/L，高值区出现在莱州湾西北部和东南部（图 2－27）。8 月，莱州湾表层硝酸盐的变化范围为 0～2.66 μg/L，平均值为 0.19 μg/L，

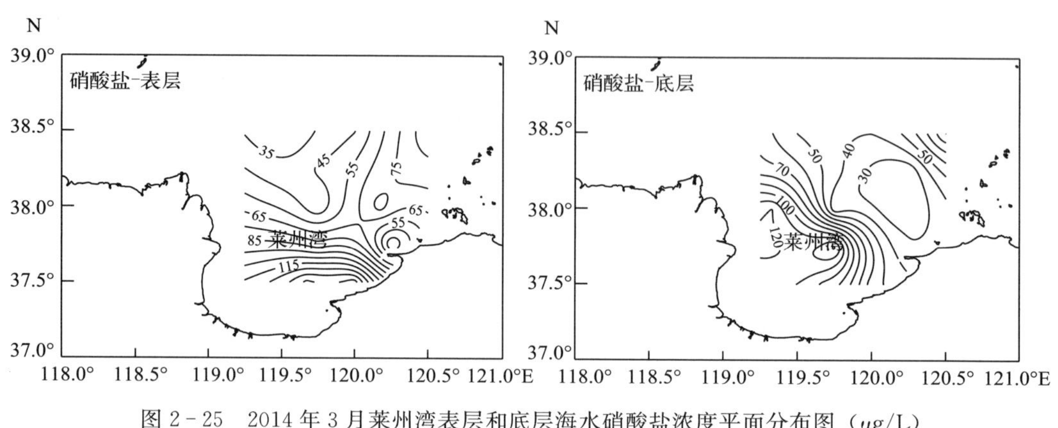

图 2－25　2014 年 3 月莱州湾表层和底层海水硝酸盐浓度平面分布图（μg/L）

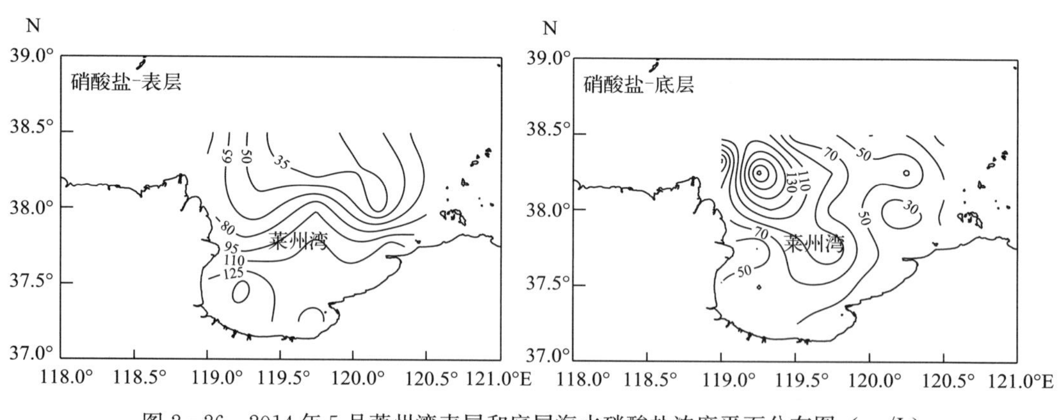

图 2－26　2014 年 5 月莱州湾表层和底层海水硝酸盐浓度平面分布图（μg/L）

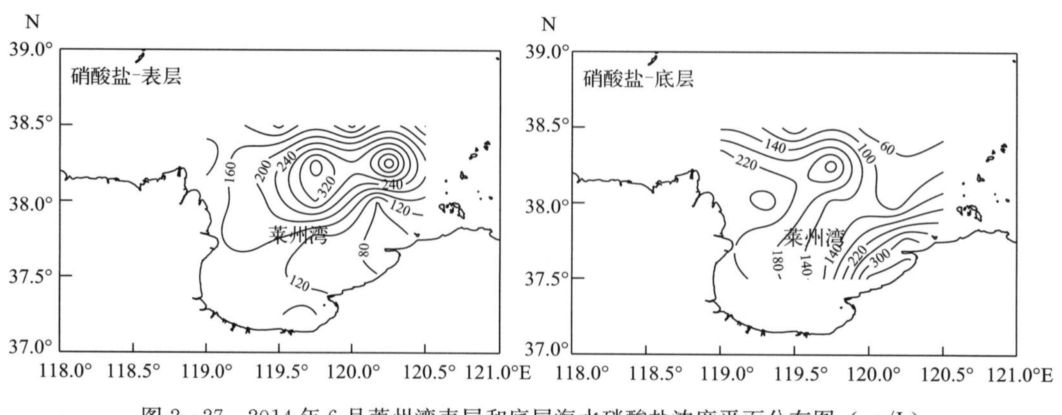

图 2－27　2014 年 6 月莱州湾表层和底层海水硝酸盐浓度平面分布图（μg/L）

高值区位于莱州湾的东部；底层硝酸盐变化范围为 0～273.29 μg/L，平均值为 85.47 μg/L，高值区出现在莱州湾的东部（图 2－28）。10 月，莱州湾表层硝酸盐的变化范围为 83.55～209.85 μg/L，平均值为 128.75 μg/L；底层硝酸盐变化范围为 0～193.71 μg/L，平均值为 88.99 μg/L。表层、底层的分布趋势一致，高值区出现在莱州湾的西南部（图 2－29）。

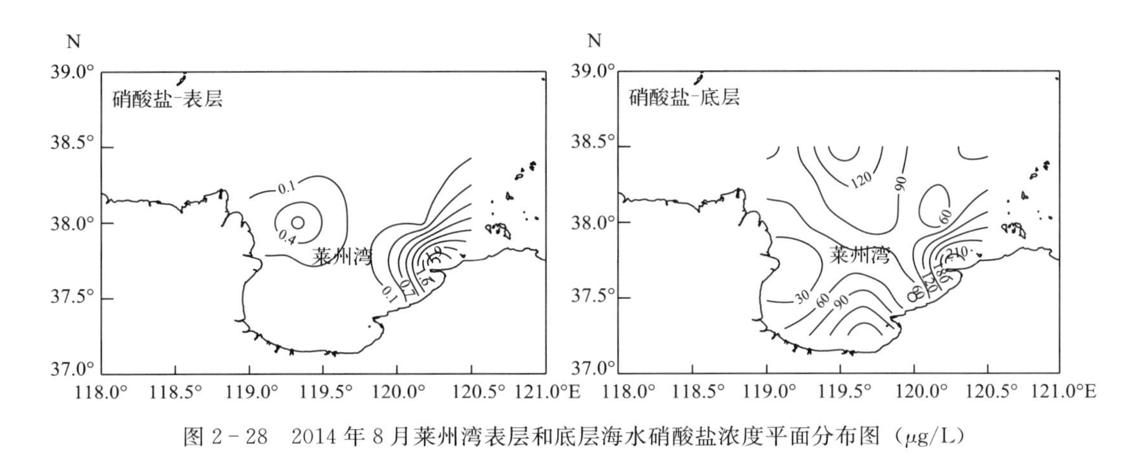

图 2－28 2014 年 8 月莱州湾表层和底层海水硝酸盐浓度平面分布图（μg/L）

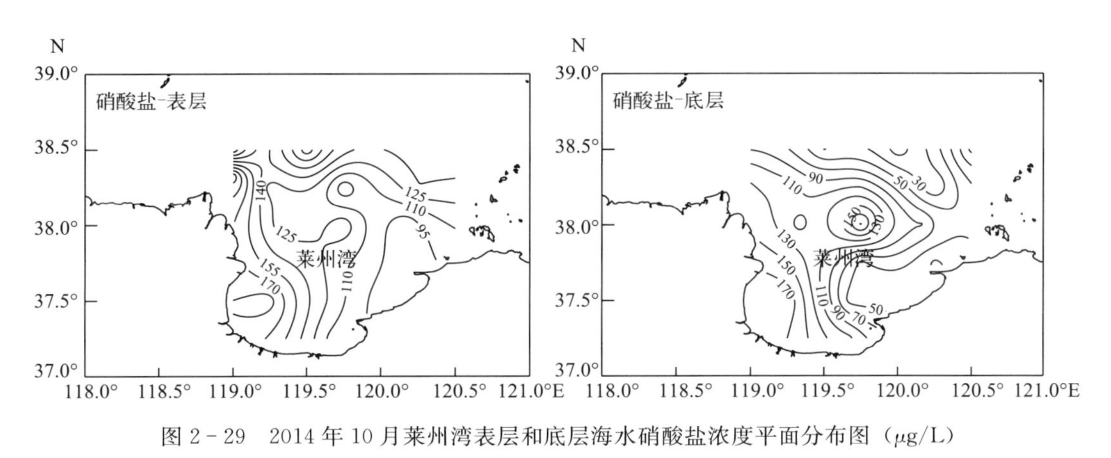

图 2－29 2014 年 10 月莱州湾表层和底层海水硝酸盐浓度平面分布图（μg/L）

四、氨氮

2014 年 3 月，莱州湾表层氨氮变化范围为 5.12～114.43 μg/L，平均值为31.01 μg/L；底层氨氮变化范围为 0～92.00 μg/L，平均值为 12.41 μg/L。表层和底层氨氮的高值区分布一致，均出现在莱州湾的南部（图 2－30）。5 月，莱州湾表层氨氮变化范围为 17.55～97.77 μg/L，平均值为 44.58 μg/L，其高值区出现在莱州湾的西南部和中部；底层氨氮变化范围为 41.18～172.58 μg/L，平均值为 91.44 μg/L，其高值区出现在莱州湾的西南部和东北部（图 2－31）。6 月，莱州湾表层氨氮变化范围为 0～141.56 μg/L，平均值为 73.69 μg/L，高值区分布在莱州湾的东南部；底层氨氮变化范围为 3.27～237.97 μg/L，平均值为 101.71 μg/L，高值区分布在莱州湾的东南部和西北部（图 2－32）。8 月，莱州湾表层氨氮变化范围为 0～89.54 μg/L，平均值为 18.81 μg/L，高值区出现在莱州湾中部；底层氨氮变化范围为 17.64～154.92 μg/L，平均值为 54.91 μg/L，高值区位于莱州湾的东北部和南部（图2－33）。10 月，莱州湾表层氨氮变化范围为 68.49～483.80 μg/L，

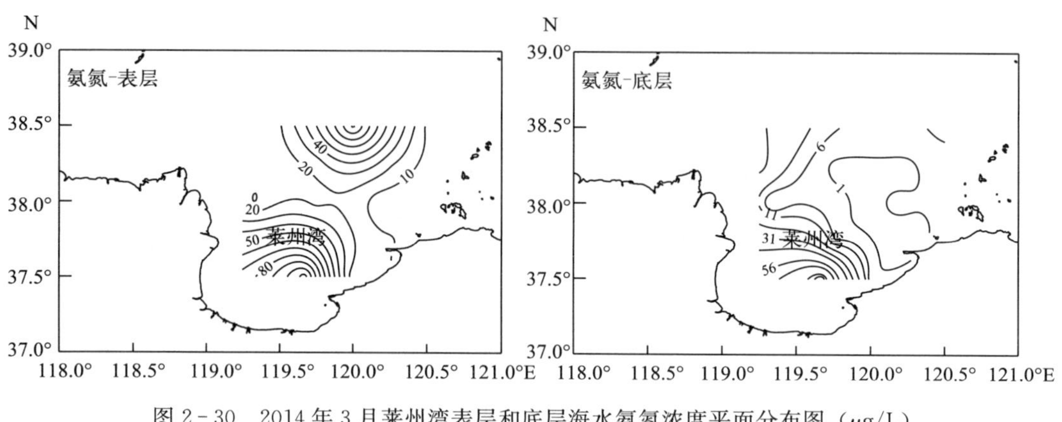

图 2－30　2014 年 3 月莱州湾表层和底层海水氨氮浓度平面分布图（μg/L）

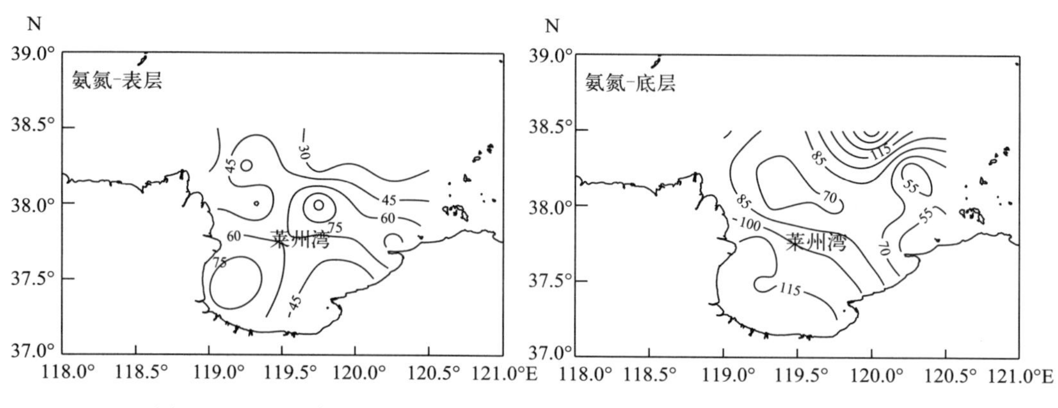

图 2－31　2014 年 5 月莱州湾表层和底层海水氨氮浓度平面分布图（μg/L）

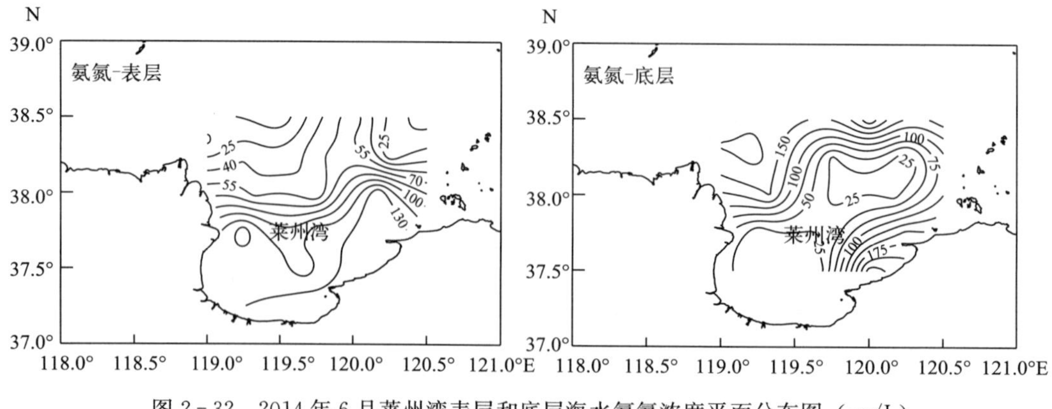

图 2－32　2014 年 6 月莱州湾表层和底层海水氨氮浓度平面分布图（μg/L）

平均值为 169.33 μg/L；底层氨氮变化范围为 0～82.77 μg/L，平均值为 28.78 μg/L。表、底层分布相似，以莱州湾的东北部含量较高（图 2-34）。

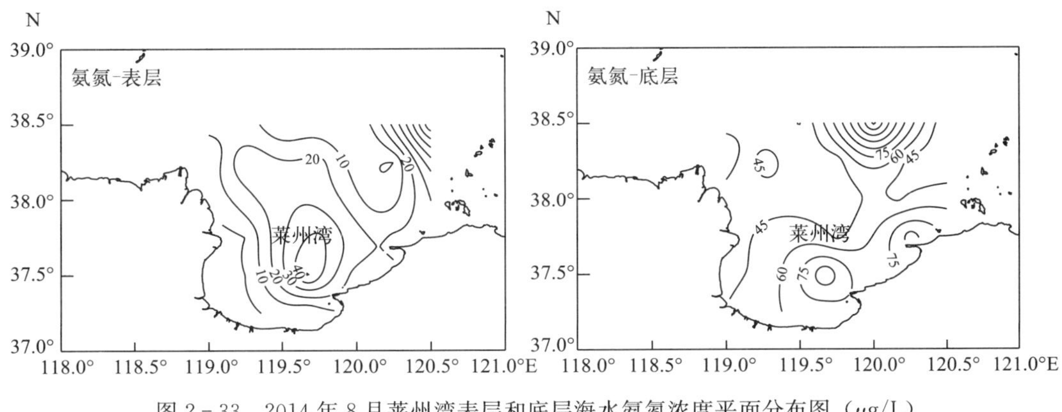

图 2-33 2014 年 8 月莱州湾表层和底层海水氨氮浓度平面分布图（μg/L）

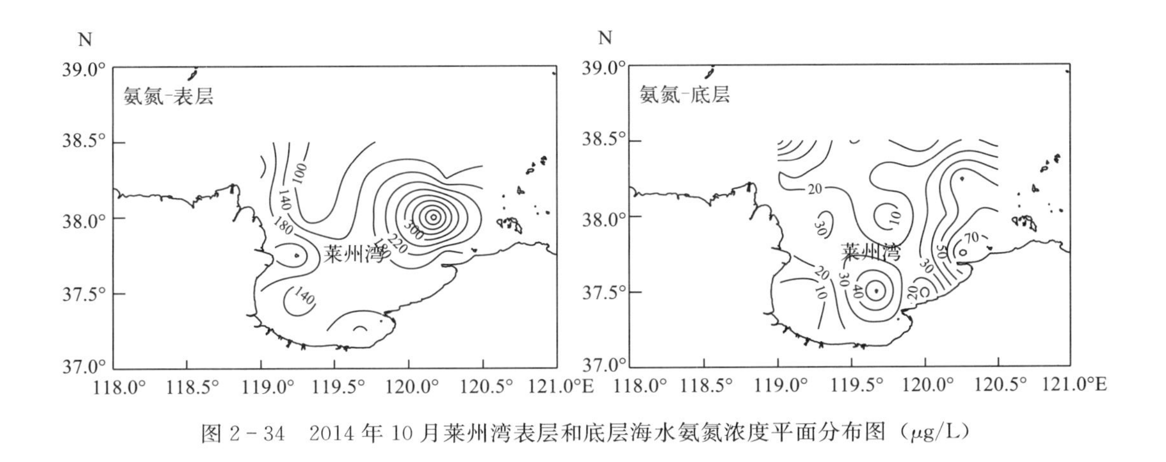

图 2-34 2014 年 10 月莱州湾表层和底层海水氨氮浓度平面分布图（μg/L）

五、无机氮

无机氮为硝酸盐氮、亚硝酸盐氮和氨氮之和，是浮游植物生长不可缺少的营养要素。

2014 年 3 月，莱州湾表层无机氮变化范围为 38.02～275.41 μg/L，平均值为 105.78 μg/L，其高值区出现在莱州湾的中部，低值区出现在莱州湾的西北部和东南部；底层无机氮变化范围为 24～202.41 μg/L，平均值为 78.67 μg/L，其高值区出现在莱州湾的中部，低值区出现在莱州湾的东北部。表、底层只有一个站位超出一类海水水质标准（200 μg/L）（图 2-35）。5 月，莱州湾表层无机氮的变化范围为 51.92～239.98 μg/L，平均值为 127.55 μg/L，其高值区主要出现在莱州湾的西南部，低值区出现在莱州湾的北部，少数站位超一类海水水质标准（200 μg/L），超标率为 17.65%；底层无机氮变化范围为 96.79～292.47 μg/L，平均值为 168.93 μg/L，其高值区出现在莱州湾的西北海域，低值区出现在莱州湾东北部，少数站位超一类海水水质标准，超标率为 29.4%（图2－36）。6 月，莱州湾表层无机氮变化范围为 77.01～464.58 μg/L，平均值为242.26 μg/L，高值区出现在莱州湾湾口中部海域，大部分站位超过一类海水水质标准（200 μg/L），超标率为 77.78%；底层无机氮变化范围为 72.29～590.25 μg/L，平均值为 275.16 μg/L，高值区出现在莱州湾的西北部和中部海域，有部分站位超出一类海水水质标准（200 μg/L），超标率为 64.71%（图 2－37）。8 月，莱州湾表层无机氮变化范围为 35.26～189.66 μg/L，平均值为 77.45 μg/L，高值区出现在莱州湾西部海域，所有站位均符合一类海水水质标准；底层无机氮变化范围为 76.64～371.34 μg/L，平均值为 156.79 μg/L，高值区出现在莱州湾东部沿岸，有 5 个站位超出一类海水水质标准（200 μg/L），超标率为 27.78%（图2－38）。10 月，莱州湾表层无机氮变化范围为 196.39～568.80 μg/L，平均值为 302.07 μg/L，高值区出现在莱州湾的东北部，大部分站位均超出一类海水水质标准（200 μg/L），超标率为 94.44%；底层无机氮变化范围为 49.96～270.94 μg/L，平均值为 138.66 μg/L，高值区出现在莱州湾西南部和中心海域，有 3 站超出一类海水水质标准（200 μg/L），超标率为 16.67%，其他站位均符合一类海水水质标准（图 2－39）。

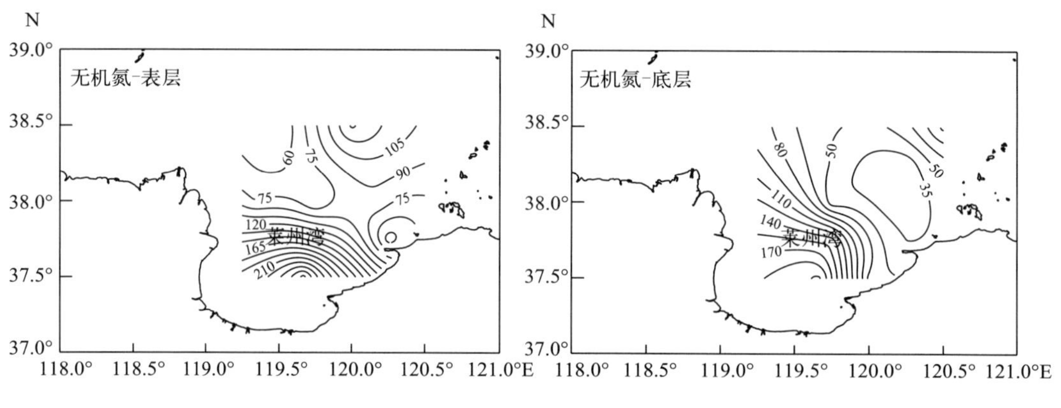

图 2－35　2014 年 3 月莱州湾表层和底层海水无机氮浓度平面分布图（μg/L）

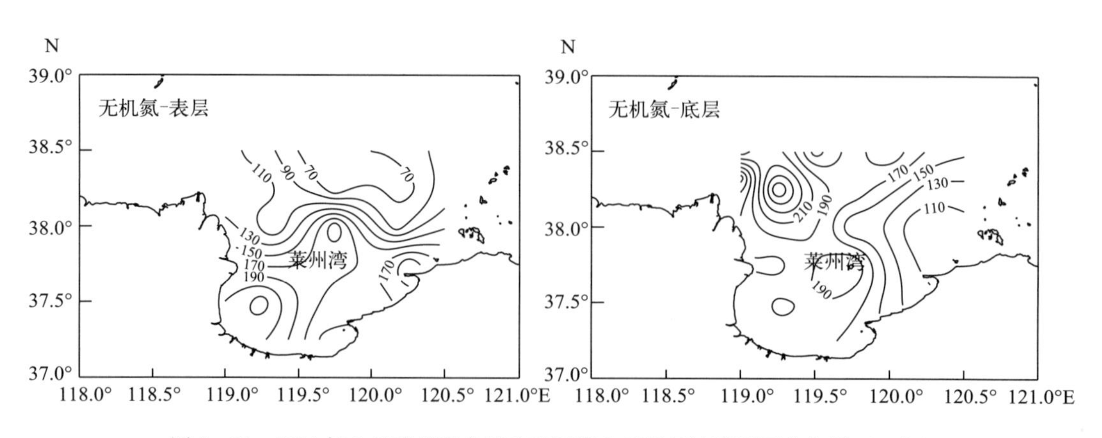

图 2－36　2014 年 5 月莱州湾表层和底层海水无机氮浓度平面分布图（μg/L）

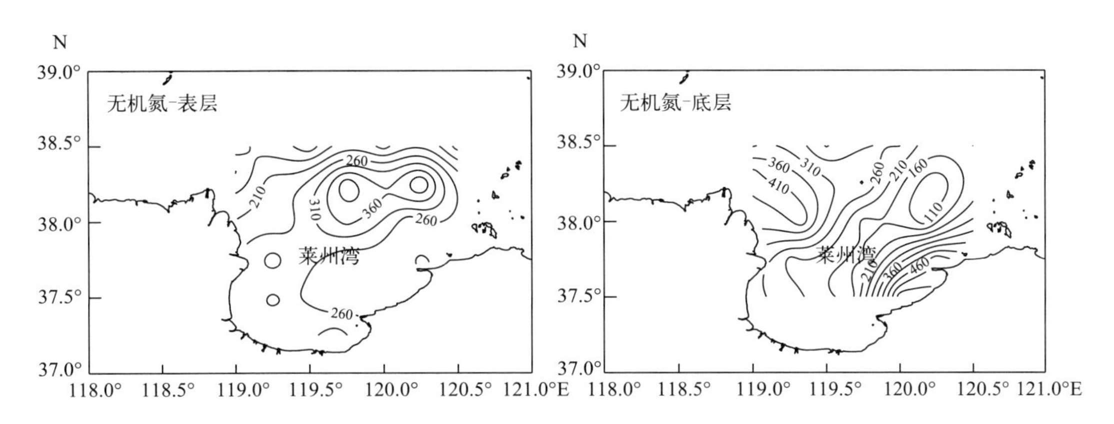

图 2-37　2014 年 6 月莱州湾表层和底层海水无机氮浓度平面分布图（μg/L）

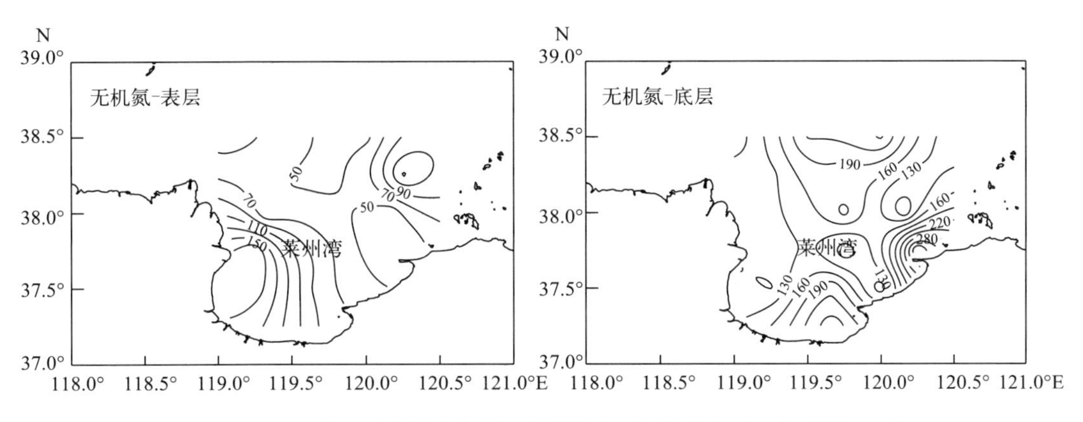

图 2-38　2014 年 8 月莱州湾表层和底层海水无机氮浓度平面分布图（μg/L）

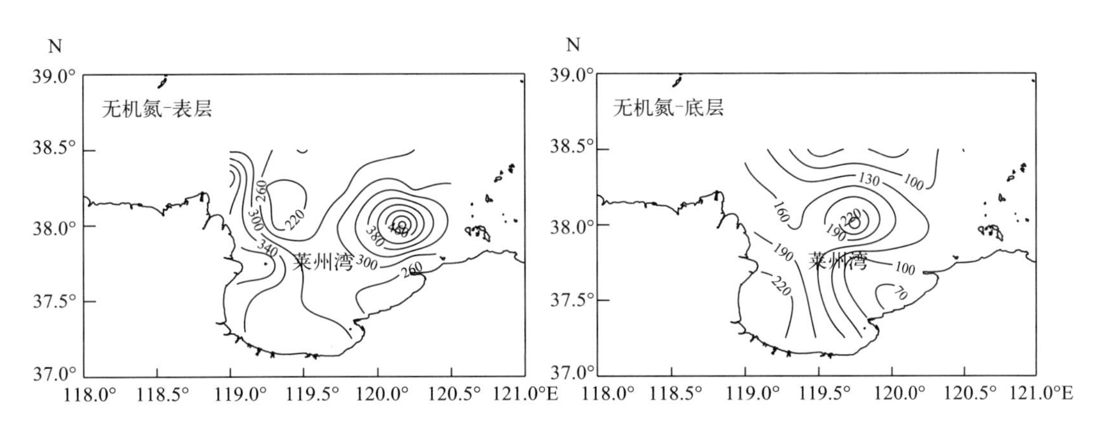

图 2-39　2014 年 10 月莱州湾表层和底层海水无机氮浓度平面分布图（μg/L）

第三节 化学耗氧量

2014年3月、5月、6月、8月和10月莱州湾化学耗氧量的调查站位同图2-14。2014年3月，莱州湾表层化学耗氧量变化范围为0.38～1.76 mg/L，平均值为0.91 mg/L，所有站位均符合一类海水水质标准（2 mg/L），高值区出现在南部沿岸附近，水平分布为自南向北呈递减趋势（图2-40）。5月，莱州湾表层化学耗氧量变化范围为0.62～1.18 mg/L，平均值为0.91 mg/L，所有站位均符合一类海水水质标准，高值区出现在西北海域，整体呈现自西北向东递减趋势（图2-41）。6月，莱州湾表层化学耗氧量变化范围为0.44～1.81 mg/L，平均值为0.76 mg/L，所有站位均符合一类海水水质标准，高值区出现在南部沿海海域，低值区出现在莱州湾北部（图2-42）。8月，莱州湾表层化学耗氧量变化范围为0.69～1.74 mg/L，平均值为0.91 mg/L，所有站位均符合一类海水水质标准，高值区出现在中部，向四周递减（图2-43）。10月，莱州湾表层化学耗氧量变化范围为0.40～0.89 mg/L，平均值为0.74 mg/L，所有站位均符合一类海水水质标准，高值区出现在莱州湾南部沿海海域，其水平分布为自南向北呈递减趋势(图2-44)。

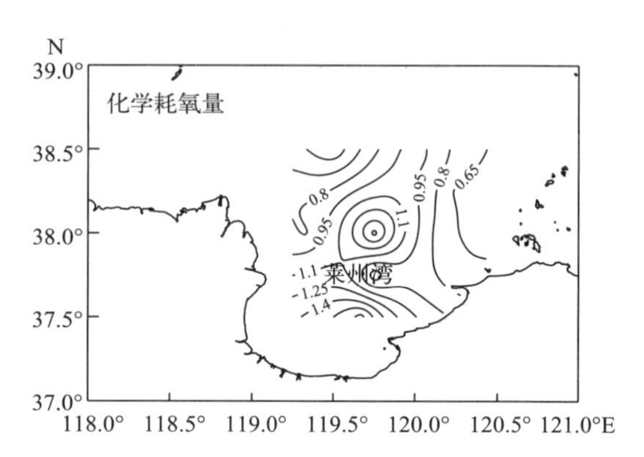

图2-40 2014年3月表层海水化学耗氧量浓度平面分布图

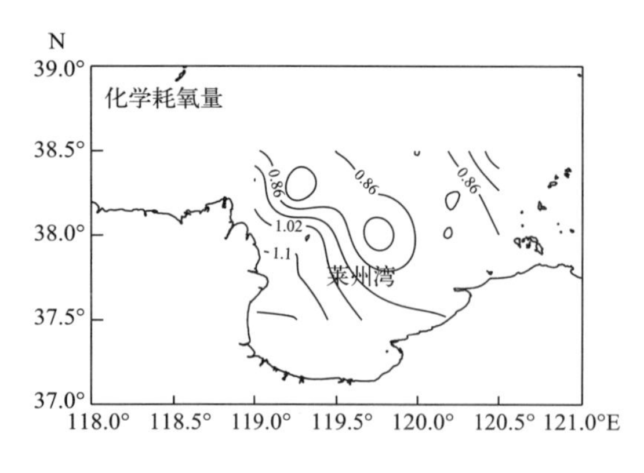

图2-41 2014年5月表层海水化学耗氧量浓度平面分布图

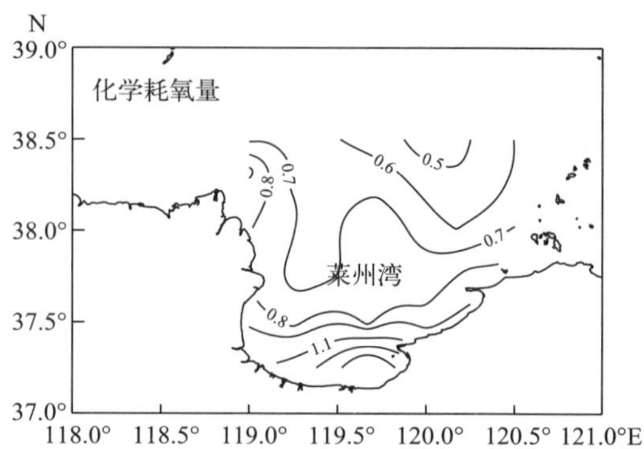

图2-42 2014年6月表层海水化学耗氧量浓度平面分布图

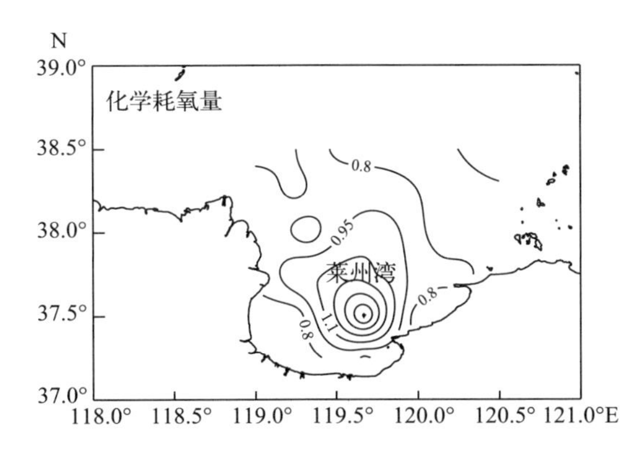

图 2-43　2014 年 8 月表层海水化学耗氧量浓度平面分布图

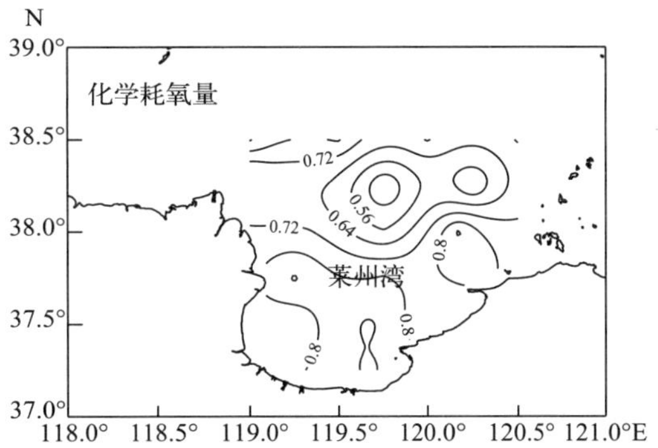

图 2-44　2014 年 10 月表层海水化学耗氧量浓度平面分布图

第三章
生物环境

生物环境是指浮游植物、浮游动物、底栖动物等，是渔业生物的饵料基础。因此，生物环境不仅是渔业资源调查的主要内容，也是海洋生态研究的重要内容。调查取样和样品分析等按照《海洋调查规范　第6部分：海洋生物调查》（GB/T 12763.6—2007）和《海洋渔业资源调查规范》（SC/T 9403—2012）执行。

第一节　浮游植物

一、种类组成

莱州湾常见浮游植物50余种（表3-1），主要类群以硅藻为主，中心目硅藻物种居多，羽纹目硅藻物种较少。硅藻占到物种数的2/3略多（68.5%），甲藻占到近1/3（29.6%），硅鞭藻常见1种。在硅藻中，圆筛藻（*Coscinodiscus* spp.）和角毛藻（*Chaetoceros* spp.）是两个较大的类群，分别占到硅藻的18.9%和8.1%。甲藻中，角藻（*Ceratium* spp.）和原多甲藻（*Protoperidinium* spp.）是两个较大的类群，分别占到甲藻的25%和18.8%。

表3-1　莱州湾常见浮游植物物种名录

物　　种	拉丁学名
硅藻 Diatoms	
爱氏辐环藻	*Actinocyclus ehrenbergii*
华美辐裥藻	*Actinoptychus splendens*
丛毛幅杆藻	*Bacteriastrum comosum*
透明幅杆藻	*Bacteriastrum hyalinum*
窄隙角毛藻	*Chaetoceros affinis*
旋链角毛藻	*Chaetoceros curvisetus*
柔弱角毛藻	*Chaetoceros debilis*
蛇目圆筛藻	*Coscinodiscus argus*
偏心圆筛藻	*Coscinodiscus excentricus*
巨圆筛藻	*Coscinodiscus gigas*
格氏圆筛藻	*Coscinodiscus granii*
结节圆筛藻	*Coscinodiscus nodulifer*
虹彩圆筛藻	*Coscinodiscus oculus-iridis*
辐射圆筛藻	*Coscinodiscus radiatus*
布氏双尾藻	*Ditylum brightwellii*

（续）

物　　种	拉丁学名
太阳双尾藻	*Ditylum sol*
浮动弯角藻	*Eucampia zoodiacus*
丹麦细柱藻	*Leptocylindrus danicus*
极小胸隔藻	*Mastogloia minutissima*
颗粒直链藻	*Melosira grannulata*
膜状缪氏藻	*Meuniera membranacea*
活动齿状藻	*Odontella mobiliensis*
高齿状藻	*Odontella regia*
中华齿状藻	*Odontella sinensis*
具槽帕拉藻	*Paralia sulcata*
具翼漂流藻	*Planktoniella blanda*
近缘斜纹藻	*Pleurosigma affine*
宽角斜纹藻	*Pleurosigma angulatum*
柔弱伪菱形藻	*Pseudo-nitzschia delicatissima*
尖刺伪菱形藻	*Pseudo-nitzschia pungens*
刚毛根管藻	*Rhizosolenia setigera*
中肋骨条藻	*Skeletonema costatum*
泰晤士扭鞘藻	*Streptotheca thamesis*
菱形海线藻	*Thalassionema nitzschioides*
诺氏海链藻	*Thalassiosira nordenskioldii*
太平洋海链藻	*Thalassiosira pacifica*
细弱海链藻	*Thalassiosira subtilis*
甲藻 Dinoflagellates	
血红阿卡藻	*Akashiwo sanguinea*
叉状角藻	*Ceratium furca*
梭状角藻	*Ceratium fusus*
科氏角藻	*Ceratium kofoidii*
三角角藻	*Ceratium tripos*
渐尖鳍藻	*Dinophysis acuminata*
倒卵形鳍藻	*Dinophysis fortii*
多纹膝沟藻	*Gonyaulax polygramma*
螺旋环沟藻	*Gyrodinium spirale*
米氏凯伦藻	*Karenia mikimotoi*
夜光藻	*Noctiluca scintillans*
具齿原甲藻	*Prorocentrum dentatum*
锥形原多甲藻	*Protoperidinium conicum*
叉分原多甲藻	*Protoperidinium divergens*
椭圆原多甲藻	*Protoperidinium oblongum*
斯氏扁甲藻	*Pyrophacus steinii*
硅鞭藻 Silicoflagellate	
小等刺硅鞭藻	*Dictyocha fibula*

二、数量分布

2011 年 5 月，浮游植物总丰度为 33×10^3～20×10^6 个/m^3，平均 2×10^6 个/m^3，密集分布在龙口北部水域。硅藻丰度为 21×10^3～20×10^6 个/m^3，平均 2×10^6 个/m^3；甲藻丰度为 0～562×10^3 个/m^3，平均 71×10^3 个/m^3（图 3-1）。

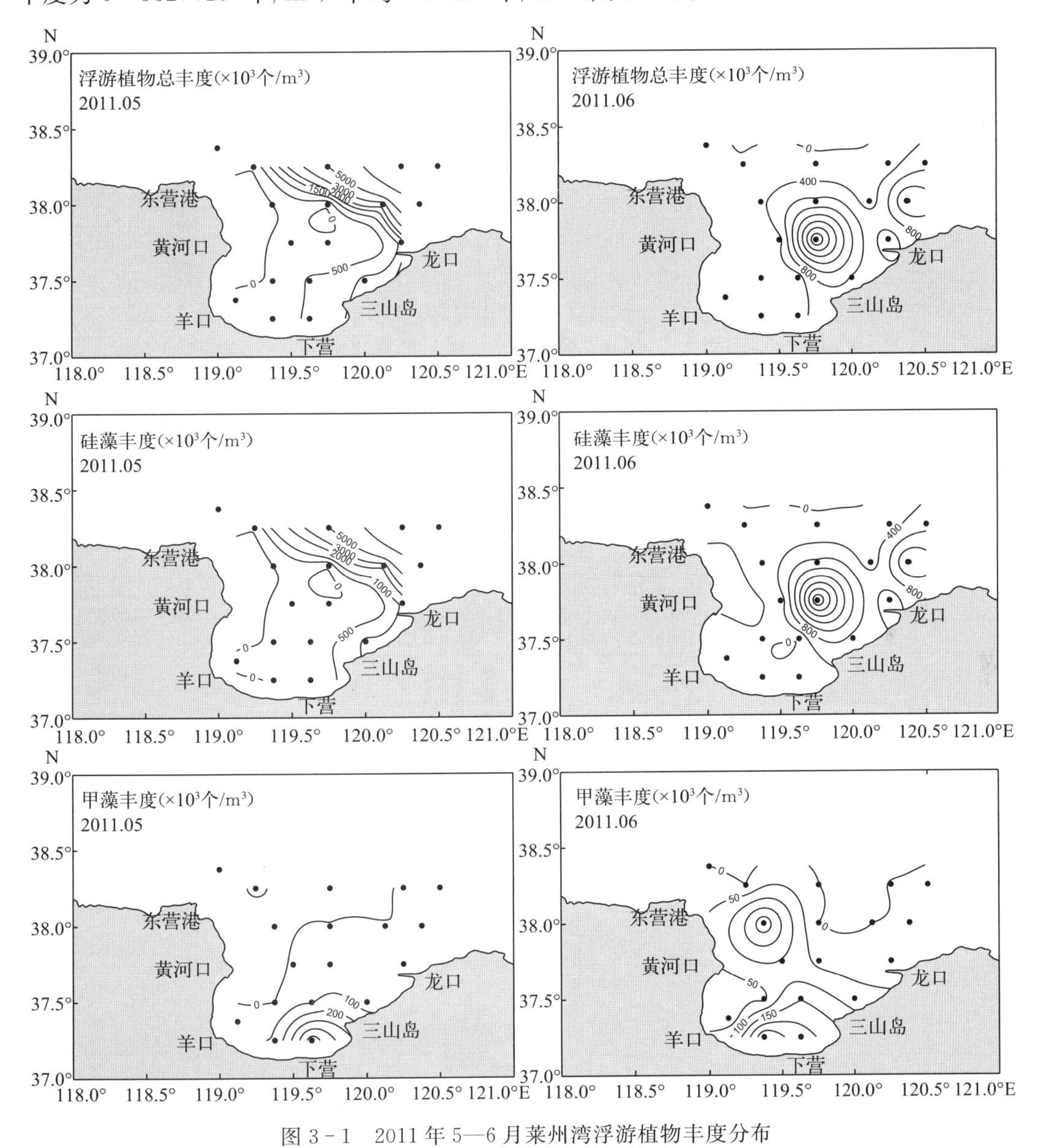

图 3-1　2011 年 5—6 月莱州湾浮游植物丰度分布

2011 年 6 月，浮游植物总丰度为 11×10^3～3.3×10^6 个/m^3，平均 5.3×10^5 个/m^3，密集分布在莱州湾中部水域。硅藻丰度为 10.6×10^3～3.2×10^6 个/m^3，平均 4.7×10^5 个/m^3；甲藻丰度为 0～3×10^5 个/m^3，平均 6.6×10^4 个/m^3（图 3-1）。

2011 年 7 月，浮游植物总丰度为 7×10^3～1.3×10^6 个/m^3，平均 2.7×10^5 个/m^3，密集分布在羊口近岸水域。硅藻丰度为 2.7×10^3～1.3×10^6 个/m^3，平均 2.1×10^5 个/m^3；甲藻丰度为（0.2～317）$\times10^3$ 个/m^3，平均 62×10^3 个/m^3（图 3-2）。

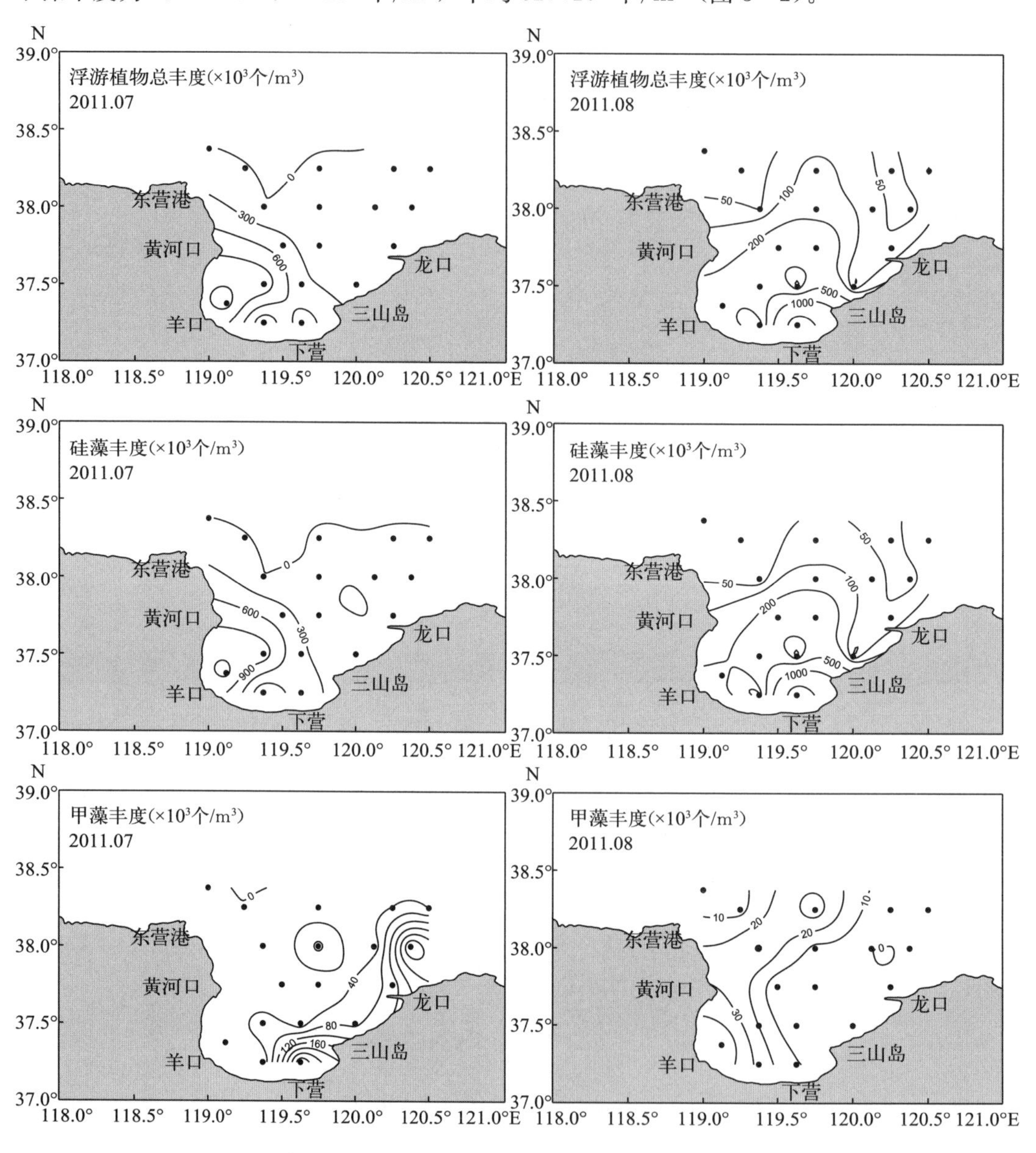

图 3-2　2011 年 7—8 月莱州湾浮游植物丰度分布

2011 年 8 月，浮游植物总丰度为 8×10^3～2.7×10^6 个/m^3，平均 2.77×10^5 个/m^3，密集分布在三山岛近岸水域。硅藻丰度为 5.5×10^3～2.7×10^6 个/m^3，平均 2.65×10^5 个/m^3；甲藻丰度为（0.1～50）$\times10^3$ 个/m^3，平均 11.3×10^3 个/m^3（图 3-2）。

2011 年 9 月，浮游植物总丰度为 74×10^3～6.1×10^6 个/m^3，平均 1.1×10^6 个/m^3，密集分布在莱州湾中部水域。硅藻丰度为 61×10^3～6.1×10^6 个/m^3，平均 1×10^6 个/m^3；甲

藻丰度为（0.8～552）$\times10^3$ 个/m^3，平均 1.1×10^5 个/m^3（图 3-3）。

2011 年 10 月，浮游植物总丰度为 151×10^3～7×10^6 个/m^3，平均 9.29×10^5 个/m^3，密集分布在羊口近岸水域。硅藻丰度为 21×10^3～6.6×10^6 个/m^3，平均 7.51×10^5 个/m^3；甲藻丰度为（1～551）$\times10^3$ 个/m^3，平均 178×10^3 个/m^3（图 3-3）。

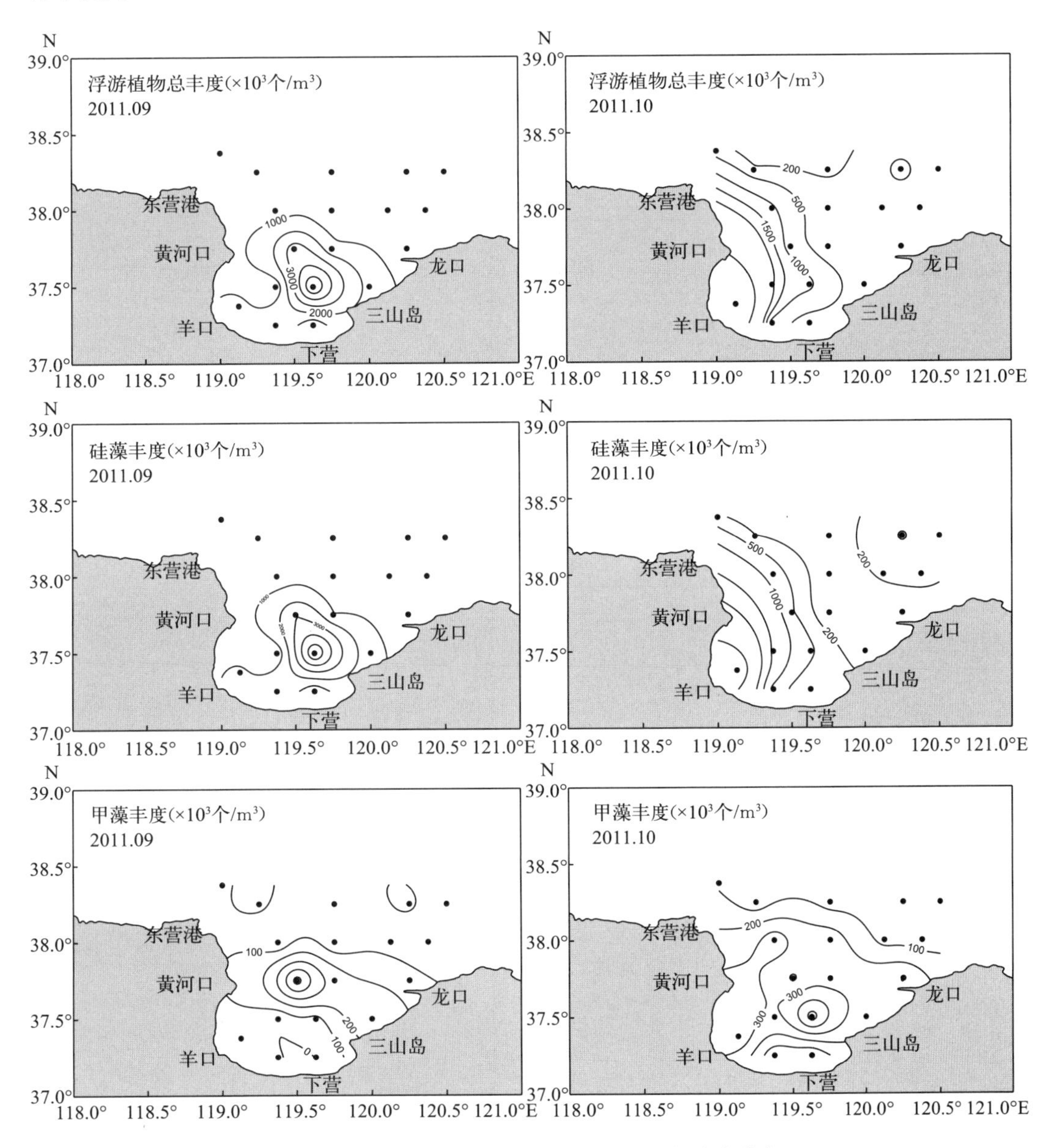

图 3-3　2011 年 9—10 月莱州湾浮游植物丰度分布

三、优势种类

2011 年 5 月，浮游植物优势种为地中海细柱藻（*Leptocylindrus mediterraneus*）、斯氏几

内亚藻（*Guinardia striata*）、辐射圆筛藻（*Coscinodiscus radiatus*）、夜光藻（*Noctiluca scintillans*）、具槽帕拉藻（*Paralia sulcata*）、布氏双尾藻（*Ditylum brightwellii*），其优势度分别为0.40、0.04、0.02、0.02、0.02、0.01。地中海细柱藻丰度为792～1.78×10^7 个/m^3，平均2.13×10^6 个/m^3；斯氏几内亚藻丰度为864～1.08×10^6 个/m^3，平均1.51×10^5 个/m^3；辐射圆筛藻丰度为3.56×10^3～3.51×10^5 个/m^3，平均6.16×10^4 个/m^3；夜光藻丰度为1.19×10^3～5.62×10^5 个/m^3，平均6.31×10^4 个/m^3；具槽帕拉藻丰度为6×10^3～6.9×10^5 个/m^3，平均7.83×10^4 个/m^3；布氏双尾藻丰度为100～8.52×10^5 个/m^3，平均1.23×10^5 个/m^3（图3-4）。

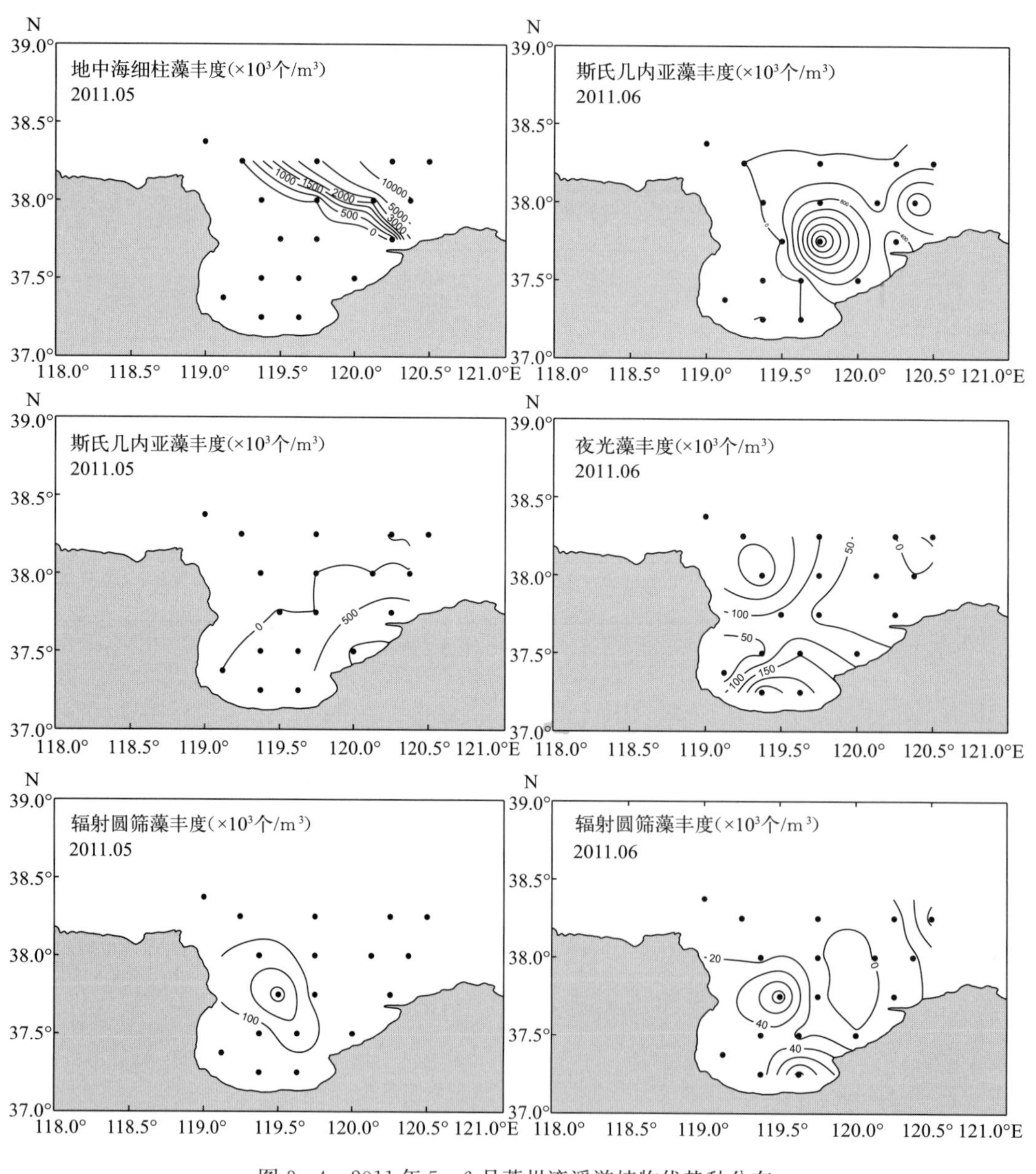

图3-4　2011年5—6月莱州湾浮游植物优势种分布

2011年6月，浮游植物优势种为斯氏几内亚藻（*G. striata*）、夜光藻（*N. scintillans*）、辐射圆筛藻（*C. radiatus*）、具槽帕拉藻（*P. sulcata*）、星脐圆筛藻（*C. asteromphalus*）、印度鼻状藻（*Proboscia indica*），其优势度分别为0.70、0.09、0.05、0.02、0.01、0.01。斯氏几内亚藻丰度为100～3.2×10^6个/m^3，平均3.93×10^5个/m^3；夜光藻丰度为91～2.97×10^5个/m^3，平均6.47×10^4个/m^3；辐射圆筛藻丰度为777～1.09×10^5个/m^3，平均2.45×10^4个/m^3；具槽帕拉藻丰度为2×10^3～2.72×10^5个/m^3，平均2.38×10^4个/m^3；星脐圆筛藻丰度为190～2.93×10^4个/m^3，平均5.82×10^3个/m^3；印度鼻状藻丰度为570～5.82×10^4个/m^3，平均9.81×10^3个/m^3（图3-4）。

2011年7月，浮游植物优势种为辐射圆筛藻（*C. radiatus*）、夜光藻（*N. scintillans*）、星脐圆筛藻（*C. asteromphalus*）、锥形原多甲藻（*Protoperidinium conicum*）、丹麦细柱藻（*L. danicus*）、圆柱角毛藻（*Chaetoceros teres*），其优势度分别为0.41、0.19、0.03、0.02、0.01、0.01。辐射圆筛藻丰度为1.05×10^3～9.7×10^5个/m^3，平均1.12×10^5个/m^3；夜光藻丰度为532～3.05×10^5个/m^3，平均5.45×10^4个/m^3；星脐圆筛藻丰度为83～4.49×10^4个/m^3，平均9×10^3个/m^3；锥形原多甲藻丰度为236～5.06×10^4个/m^3，平均7.13×10^3个/m^3；丹麦细柱藻丰度为0～1×10^6个/m^3，平均5.79×10^4个/m^3；圆柱角毛藻丰度为1.68×10^3～1.34×10^5个/m^3，平均8.11×10^3个/m^3（图3-5）。

2011年8月，浮游植物优势种为辐射圆筛藻（*C. radiatus*）、星脐圆筛藻（*C. asteromphalus*）、透明幅杆藻（*Bacteriastrum hyalinum*）、扁面角毛藻（*C. compressus*）、锥形原多甲藻（*P. conicum*）、具槽帕拉藻（*P. sulcata*），其优势度分别为0.75、0.03、0.02、0.02、0.02、0.02。辐射圆筛藻丰度为1.55×10^3～2.55×10^6个/m^3，平均2.07×10^5个/m^3；星脐圆筛藻丰度为637～4.81×10^4个/m^3，平均8.36×10^3个/m^3；透明幅杆藻丰度为160～5.03×10^4个/m^3，平均6.79×10^3个/m^3；扁面角毛藻丰度为1.18×10^3～1.33×10^5个/m^3，平均1.23×10^4个/m^3；锥形原多甲藻丰度为104～3.22×10^4个/m^3，平均5.73×10^3个/m^3；具槽帕拉藻丰度为2.73×10^3～8.16×10^4个/m^3，平均1.05×10^4个/m^3（图3-5）。

2011年9月，浮游植物优势种为辐射圆筛藻（*C. radiatus*）、星脐圆筛藻（*C. asteromphalus*）、中华齿状藻（*Odontella sinensis*）、泰晤士扭鞘藻（*Streptotheca thamesis*）、窄隙角毛藻（*C. affinis*）、三角角藻（*Ceratium tripos*），其优势度分别为0.20、0.13、0.09、0.05、0.03、0.03。辐射圆筛藻丰度为2.22×10^3～1.01×10^6个/m^3，平均2.39×10^5个/m^3；星脐圆筛藻丰度为2.22×10^3～7.26×10^5个/m^3，平均1.41×10^5个/m^3；中华齿状藻丰度为490～2.31×10^6个/m^3，平均1.42×10^5个/m^3；泰晤士扭鞘藻丰度为98～5.23×10^5个/m^3，平均6.94×10^4个/m^3；窄隙角毛藻丰度为840～8.5×10^5个/m^3，平均5.25×10^4个/m^3；三角角藻丰度为741～2.05×10^5个/m^3，平均3.59×10^4个/m^3（图3-6）。

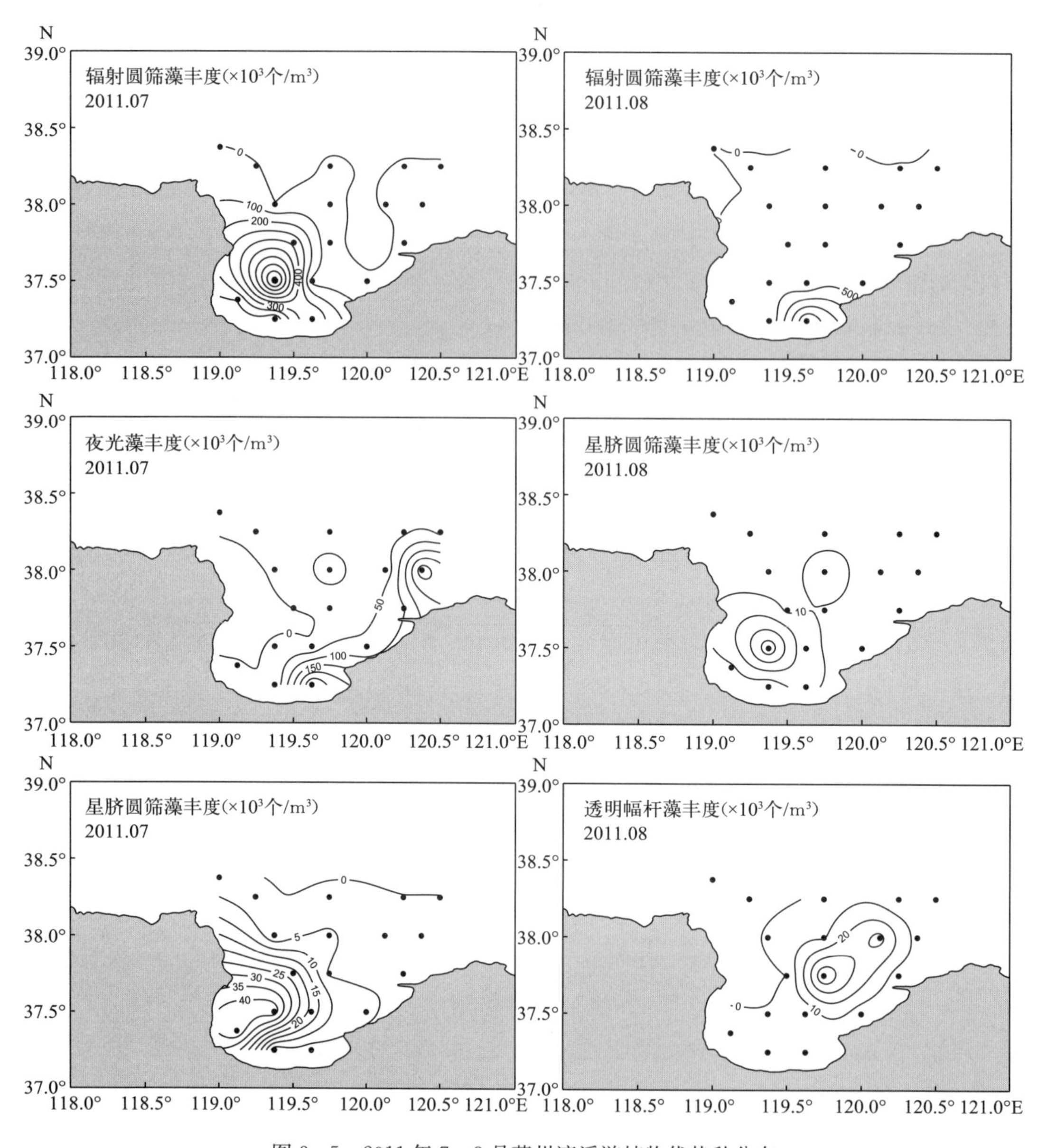

图 3-5　2011 年 7—8 月莱州湾浮游植物优势种分布

2011 年 10 月，浮游植物优势种为萎软几内亚藻（*G. flaccida*）、辐射圆筛藻（*C. radiatus*）、三角角藻（*C. tripos*）、星脐圆筛藻（*C. asteromphalus*）、叉状角藻（*C. furca*）、锥形原多甲藻（*P. conicum*），其优势度分别为 0.41、0.13、0.09、0.07、0.03、0.03。萎软几内亚藻丰度为 206～6.3×10^6 个/m³，平均 4.57×10^5 个/m³；辐射圆筛藻丰度为 1.21×10^4～3.84×10^5 个/m³，平均 1.21×10^5 个/m³；三角角藻丰度为 333～5.02×10^5 个/m³，平均 8.14×10^4 个/m³；星脐圆筛藻丰度为 3.65×10^3～2.32×10^5 个/m³，平均 6.21×10^4 个/m³；叉状角藻丰度为 164～3.66×10^5 个/m³，平均 $3.12\times$

10^4 个/m^3；锥形原多甲藻丰度为 437～3.67×10^5 个/m^3，平均 6.71×10^3 个/m^3（图 3-6）。

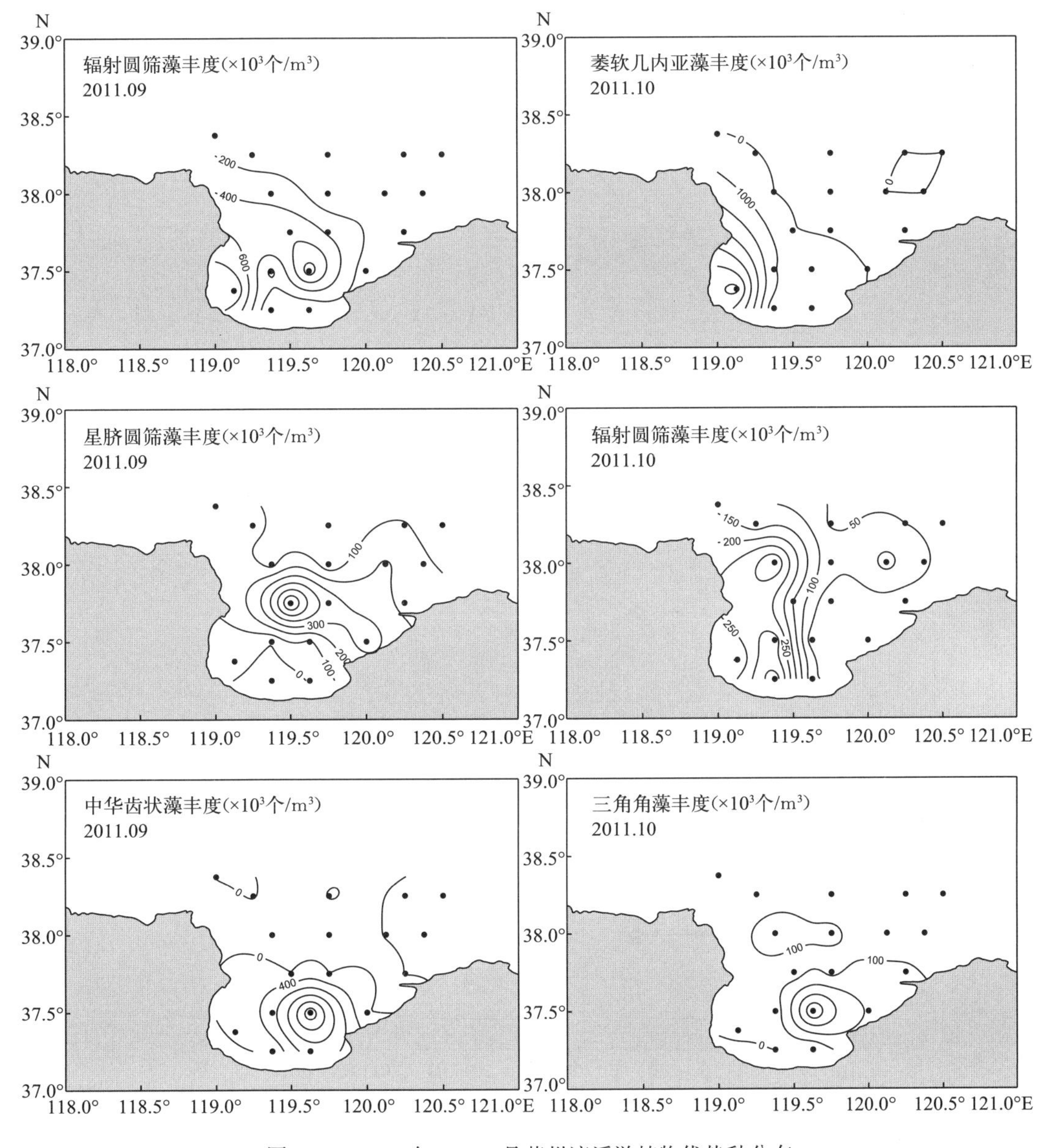

图 3-6 2011 年 9—10 月莱州湾浮游植物优势种分布

四、物种多样性

从物种多样性水平来看（图 3-7），莱州湾浮游植物呈现明显的季节变化。物种丰富度指数平均水平，从春季的 0.76 逐渐升高到夏季的 1.0 和秋季的 1.51，分别增加了 31.6%和 98.7%。物种多样性指数平均水平，从春季的 1.23 逐渐升高到夏季的 1.63 和秋季的 2.52，分别增加了 32.5%和 104.9%。物种均匀度指数平均水平，从春季的 0.40 逐渐升高到夏季的 0.46 和秋季的 0.57，分别增加了 15%和 42.5%。由此可见，莱州湾浮游植物多样性在秋季较好，群落稳定性程度较高，物种均一性较好。

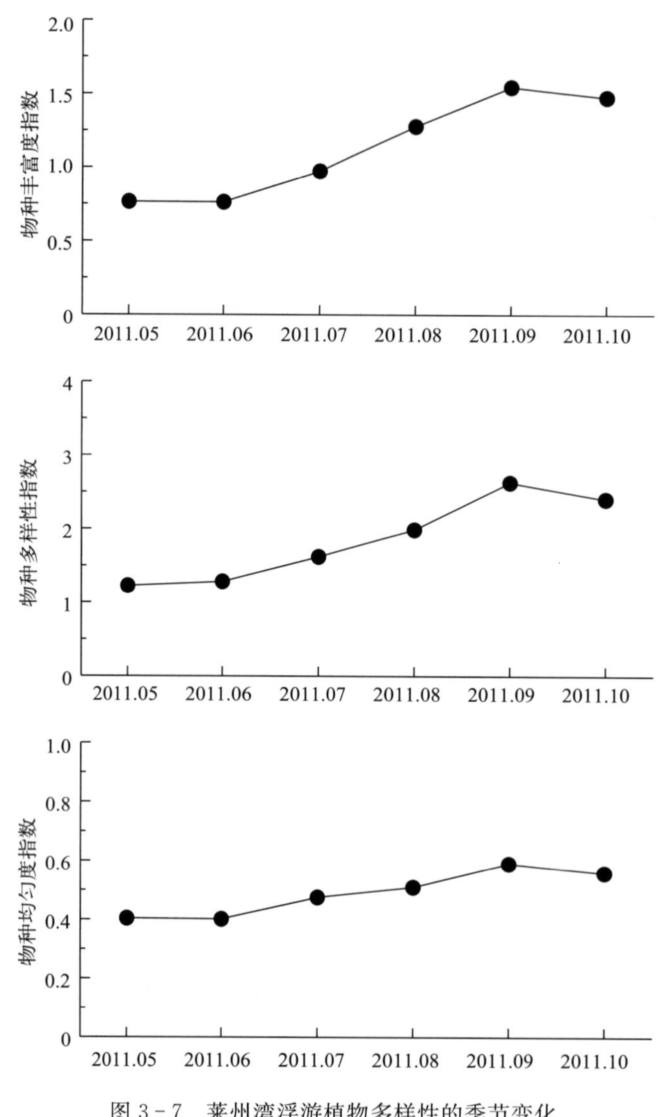

图 3-7　莱州湾浮游植物多样性的季节变化

五、长期变化

1960—2011 年莱州湾 26 次调查的结果显示：浮游植物在 20 世纪 80 年代初（1982 年）丰度最高，平均丰度达到 2×10^7 个/m^3 以上，此后呈逐渐下降的趋势。硅藻的年际变化趋势与总丰度相似，甲藻的最高峰则出现在 21 世纪初（2004 年），达到 1×10^6 个/m^3 以上（图 3-8）。

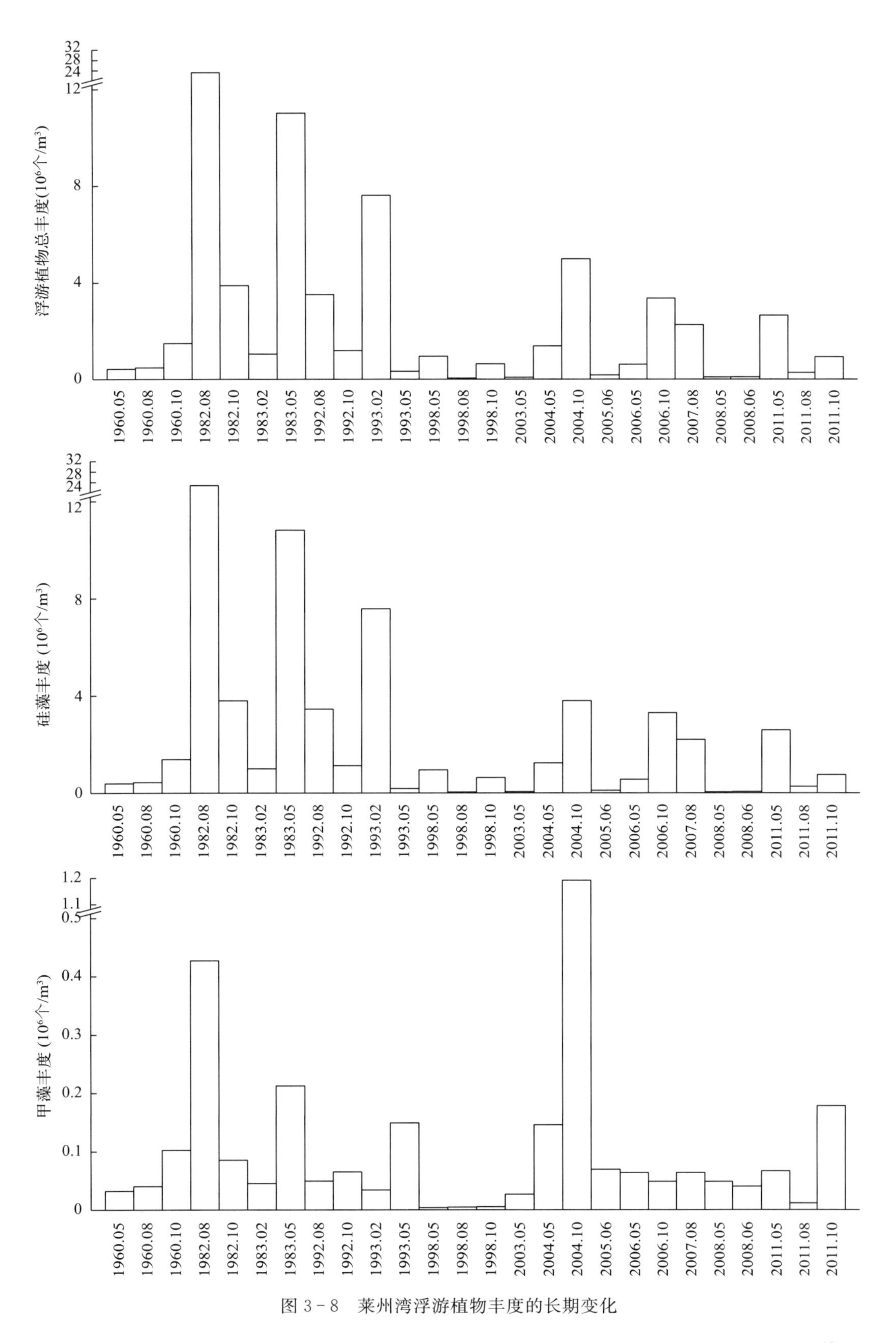

图 3-8 莱州湾浮游植物丰度的长期变化

第二节　浮游动物

一、小型水母

（一）种类组成

相对于渤海内其他海湾而言，莱州湾内的水母种类较多，其中水螅虫纲和钵水母纲已有记录52种（马喜平 等，2000）。莱州湾周年调查样中，共出现水母27种，种类组成季节变化明显。八斑唇腕水母（*Rathkea octopunctata*）出现月份最多，除11月外的所有调查月均有出现。四枝管水母（*Proboscidactyla flavicirrata*）、细颈和平水母（*Eirene menoni*）、塔形和平水母（*E. pyramidalis*）、曲膝薮枝螅水母（*Obelia geniculata*）也是莱州湾出现月份较多的种类（表3-2）。

表3-2　莱州湾浮游动物种类

中文名	学名/英文名	3月	4月	5月	6月	7月	8月	9月	10月	11月
水螅虫总纲 Cnidaria										
自育水母纲 Automedusa										
硬水母亚纲 Trachymedusae										
烟台异手水母	*Varitentaculata yantaiensis*							+	+	
水螅水母纲 Hydroidomedusa										
花水母亚纲 Anthomedusae										
鳞茎高手水母	*Bougainvillia muscus*	+	+			+	+		+	
首要高手水母	*B. principis*					+			+	
单肢水母（未定种）	*Nubiella* sp.					+	+	+		
灯塔水母	*Turritopsis nutricula*							+		
顶突介螅水母	*Hydractinia apicata*					+	+	+	+	
八斑唇腕水母	*Rathkea octopunctata*	+	+	+	+	+	+	+	+	
四枝管水母	*Proboscidactyla flavicirrata*	+	+		+	+		+	+	+
六枝管水母	*P. stellata*	+								
贝氏真囊水母	*Euphysora bigelowi*				+	+	+	+		
耳状囊水母	*Euphysa aurata*					+				
杜氏外肋水母	*Ectopleura dumortieri*				+	+	+	+		
软水母亚纲 Leptomedusae										
和平水母（未定种）	*Eirene* sp.								+	
锡兰和平水母	*E. ceylonensis*							+	+	

（续）

中文名	学名/英文名	3月	4月	5月	6月	7月	8月	9月	10月	11月
六辐和平水母	*E. hexanemalis*								+	
细颈和平水母	*E. menoni*	+			+	+	+	+	+	
塔形和平水母	*E. pyramidalis*				+	+	+	+	+	
真瘤水母	*Eutima levuka*							+		
印度强壮水母	*Eutonina indicans*							+		
卡玛拉水母	*Malagazzia carolinae*				+		+	+	+	
嵊山秀氏水母	*Sugiura chengshanense*				+	+				
多手帽形水母	*Tiaropsis multicirrata*								+	
单囊美螅水母	*Clytia folleata*								+	
半球美螅水母	*C. hemisphaerica*								+	
曲膝薮枝螅水母	*Obelia geniculata*	+	+	+			+	+	+	
真拟杯水母	*Phialucium mbenga*								+	
管水母亚纲 Siphonophorae										
大西洋五角水母	*Muggiaea atlantica*	+						+	+	+
节肢动物门 Arthropoda										
甲壳纲 Crustacea										
鳃足亚纲 Branchiopoda										
枝角目 Cladocera										
鸟喙尖头溞	*Penilia avirostris*				+	+	+	+	+	
桡足亚纲 Copepoda										
中华哲水蚤	*Calanus sinicus*	+	+	+	+	+	+	+	+	+
拟哲水蚤	*Paracalanus* sp.	+	+	+	+	+	+	+	+	+
强额拟哲水蚤	*Pavocalanus crassirostris*	+	+	+	+	+	+	+	+	+
太平洋真宽水蚤	*Eurythemora pacifica*	+		+						
腹针胸刺水蚤	*Centropages abdominalis*	+	+	+	+	+				+
背针胸刺水蚤	*Centropages dorsispinatus*				+	+	+	+	+	+
海洋伪镖水蚤	*Pseudodiaptomus marinus*								+	
汤氏长足水蚤	*Calanopia thompsoni*						+	+	+	
双刺唇角水蚤	*Labidocera bipinnata*			+	+	+	+	+	+	+
真刺唇角水蚤	*Labidocera euchaeta*	+	+	+	+	+	+	+	+	+
瘦尾简角水蚤	*Pontellopsis tenuicauda*							+		
双毛纺锤水蚤	*Acartia bifilosa*	+	+	+	+	+	+	+	+	+
太平洋纺锤水蚤	*Acartia pacifica*				+	+	+	+	+	+
捷氏歪水蚤	*Tortanus derjugini*						+	+		
钳形歪水蚤	*Tortanus forcipatus*							+	+	
刺尾歪水蚤	*Tortanus spinicaudatus*			+		+	+	+		
拟长腹剑水蚤	*Oithona similis*	+	+	+	+	+	+	+	+	+
短角长腹剑水蚤	*Oithona brevicornis*							+		+
近缘大眼剑水蚤	*Corycaeus affinis*	+	+	+	+	+	+	+	+	+

（续）

中文名	学名/英文名	3月	4月	5月	6月	7月	8月	9月	10月	11月
挪威小毛猛水蚤	*Microsetella norvegica*	+	+	+	+	+	+	+	+	+
软甲亚纲 Malacostraca										
糠虾目 Mysidacea										
小红糠虾	*Erythrops minuta*									+
长额刺糠虾	*Acanthomysis longirostris*		+							
粗糙刺糠虾	*A. aspera*			+		+	+		+	
黄海刺糠虾	*A. hwanhaiensis*	+		+	+		+	+	+	+
涟虫目 Cumacea										
涟虫	*Cumacea* sp.	+		+			+	+		+
端足目 Amphipoda										
钩虾亚目 Gammaridea										
钩虾	*Gammaridea* sp.	+		+		+	+		+	+
细长脚	*Themisto gracilipes*	+	+	+	+	+			+	+
磷虾目 Euphausiacea										
太平洋磷虾	*Euphausia pacifica*	+						+	+	
十足目 Decapoda										
中国毛虾	*Acetes chinensis*				+	+	+	+		
细螯虾	*Leptochela gracilis*	+	+	+	+	+	+			
毛颚动物门 Chaetoganaths										
强壮滨箭虫	*Aidanosagitta crass*	+	+	+	+	+	+	+	+	+
尾索动物门 Urochordata										
有尾纲 Appendiculata										
长尾住囊虫	*Oikopleura longicauda*							+	+	+
其他浮游幼体										
担轮幼虫	trochophore larva								+	
面盘幼虫	veliger larva	+	+	+	+	+	+	+	+	+
长尾类幼虫	macrura larva	+	+	+	+	+	+	+		+
短尾类幼虫	brachyura larva	+	+	+	+	+	+	+	+	+
桡足类无节幼体	nauplius	+	+	+	+	+	+	+	+	+
阿利玛幼体	alima				+	+	+	+	+	
舌贝幼虫	lingula larva				+	+	+	+		
蛇尾纲长腕幼虫	ophiopluteus larva	+	+	+		+	+	+	+	+
羽腕幼虫	bipinnaria larva	+	+			+	+	+	+	
多毛类幼虫	polychacta larva	+	+	+	+	+	+	+	+	+
幼螺	gastropod post larva	+		+	+	+	+	+	+	+
鱼卵	fish egg			+	+	+	+			
仔稚鱼	fish larva			+	+	+	+	+		

（二）数量分布及季节变化

小型水母各月数量介于每立方米 0.09～81.33 个，以 5 月值最高，其次为 7—8 月，11 月最低（图 3-9）。月平均数量为每立方米 13.86 个。

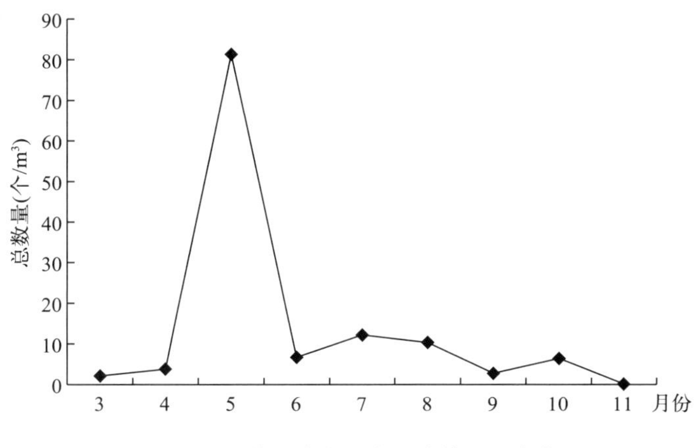

图 3-9 莱州湾小型水母总数量月变化

虽有报道一些海湾水母随生境改变，其数量大幅增加和种类组成年代更替明显，如胶州湾（张芳 等，2005；Sun et al.，2012），但 2011 年莱州湾小型水母季节种类组成与 1959 年（马喜平 等，2000）、1992—1993 年（毕洪生 等，2001）基本相似，并没有发生明显的改变，优势种或数量较多的种类，在冬末（2—3 月）和春季 5 月仍为八斑唇腕水母，夏季 8 月为和平水母属和薮枝螅水母，秋季 10 月为五角水母和和平水母属。目前暂未收集到其他莱州湾小型水母历史数据，无法确定其数量是否有较大幅度的波动。对比中国近海或海湾水母相关报道，2011 年莱州湾小型水母总数量年均丰度为每立方米 13.86 个，低于胶州湾的每立方米 26.4 个（张芳 等，2005），高于渤海 1959 年的每立方米 2～3 个（马喜平 等，2000）、1992 年的每立方米 0.4～3.3 个（毕洪生 等，2001），也高于黄海 2000 年之后的每立方米 0.8 个（孙松 等，2012），以及东海 1997—2000 年的每立方米 1.01～5.41 个（徐兆礼 等，2003）。但由于各报道中采样方法不尽相同，比较结果还待进一步考证。

3—4 月，小型水母主要分布于湾中央区域，密集区的数量低于每立方米 20 个；5 月在湾内东侧出现高密集区，中心区域的数量高于每立方米 450 个；6—8 月，小型水母的数量急剧下降，但在湾底少数站位还存在一些相对密集区；9—11 月，湾内的水母数量更少，基本不形成密集区，仅在少数站位零星出现（图 3-10）。

（三）优势种

小型水母数量在种类间的分布极为集中，各月总数量的 80%都是由 1～2 种贡献。所有种类中，单一种数量占当月小型水母总数量的百分比大于 10%的小型水母，有八斑唇

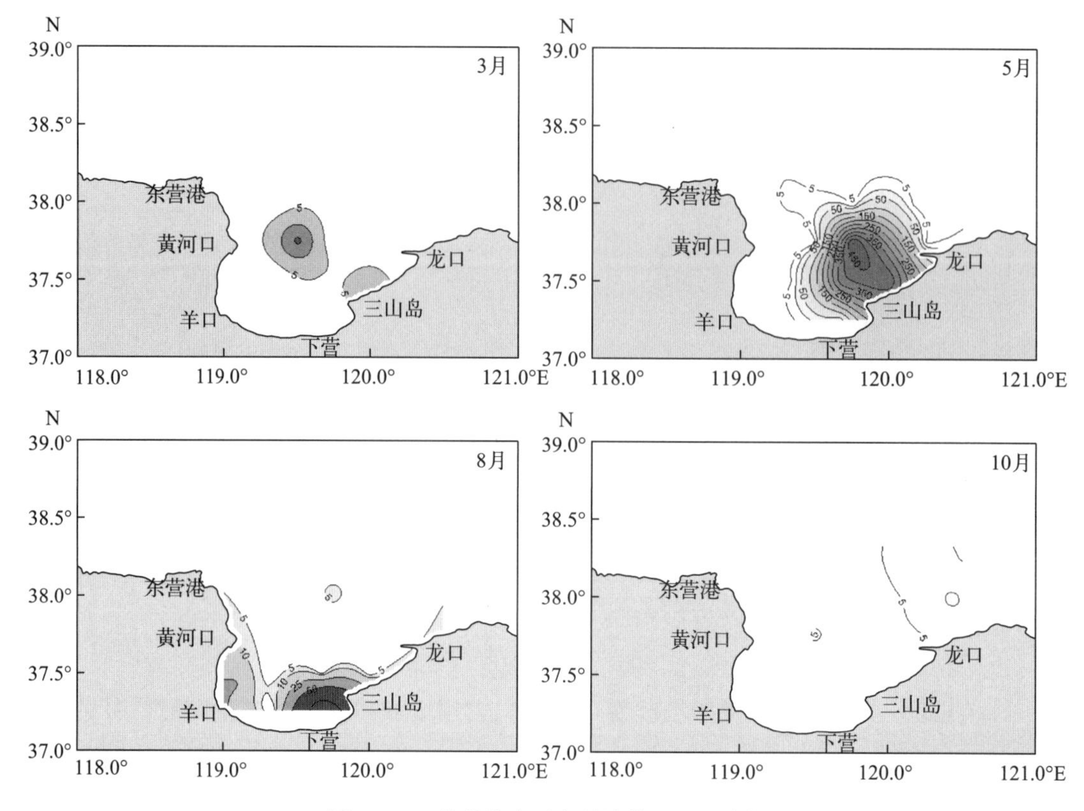

图 3-10 莱州湾小型水母总数量平面分布

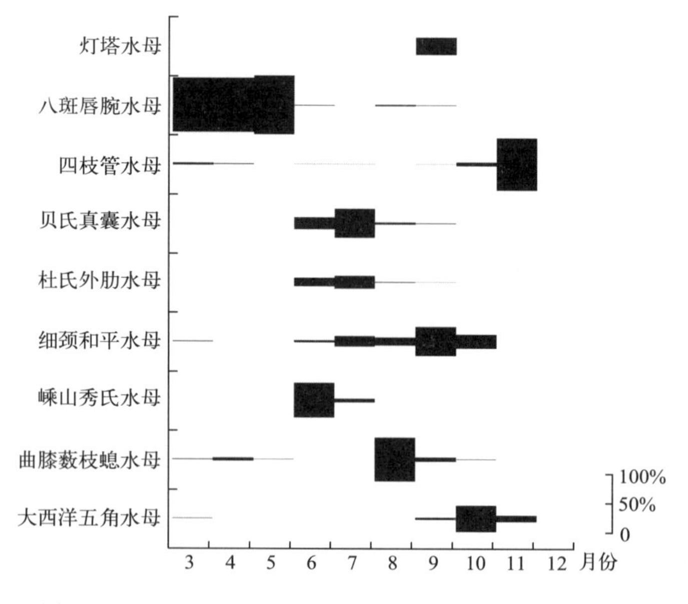

图 3-11 莱州湾各月小型水母主要种类所占的数量百分比

腕水母（3—5 月）、嵊山秀氏水母（6 月）、杜氏外肋水母和贝氏真囊水母（6、7 月）、细颈和平水母（7、8、9、10 月）、曲膝薮枝螅水母（8 月）、灯塔水母（9 月）、大西洋五角水母（10、11 月）、四枝管水母（11 月）（图 3-11）。

总而言之，莱州湾小型水母优势种（数量较多，且出现站位频率>50%），3—5 月为八斑唇腕水母，6 月为嵊山秀氏水母和贝氏真囊水母，7 月为贝氏真囊水母，9 月为细颈和平水母，10 月为细颈和平水母和大西洋五角水母。8 月和 11 月没有出现站位频率>50%的小型水母种类。大型水母以海蜇、沙海蜇和海月水母占主导地位。

（四）群落结构

小型水母的群落特征与种类组成季节更替关系密切。可分为四个群落：6—8 月，在莱州湾口或接近湾中部站位由贝氏真囊水母、杜氏外肋水母和嵊山秀氏水母组成的群落；6—11 月，主要以细颈和平水母为代表的群落，分布于莱州湾中底部；代表种类为四枝管水母和大西洋五角水母，多出现于 10 月，主要分布于莱州湾口及接近中部站位的群落；最后一个群落的代表种是八斑唇腕水母和曲膝薮枝螅水母，该代表种 3—9 月都有出现，但以 4 月和 5 月出现频率较多，数量高峰值多出现在莱州湾内（图 3－12）。

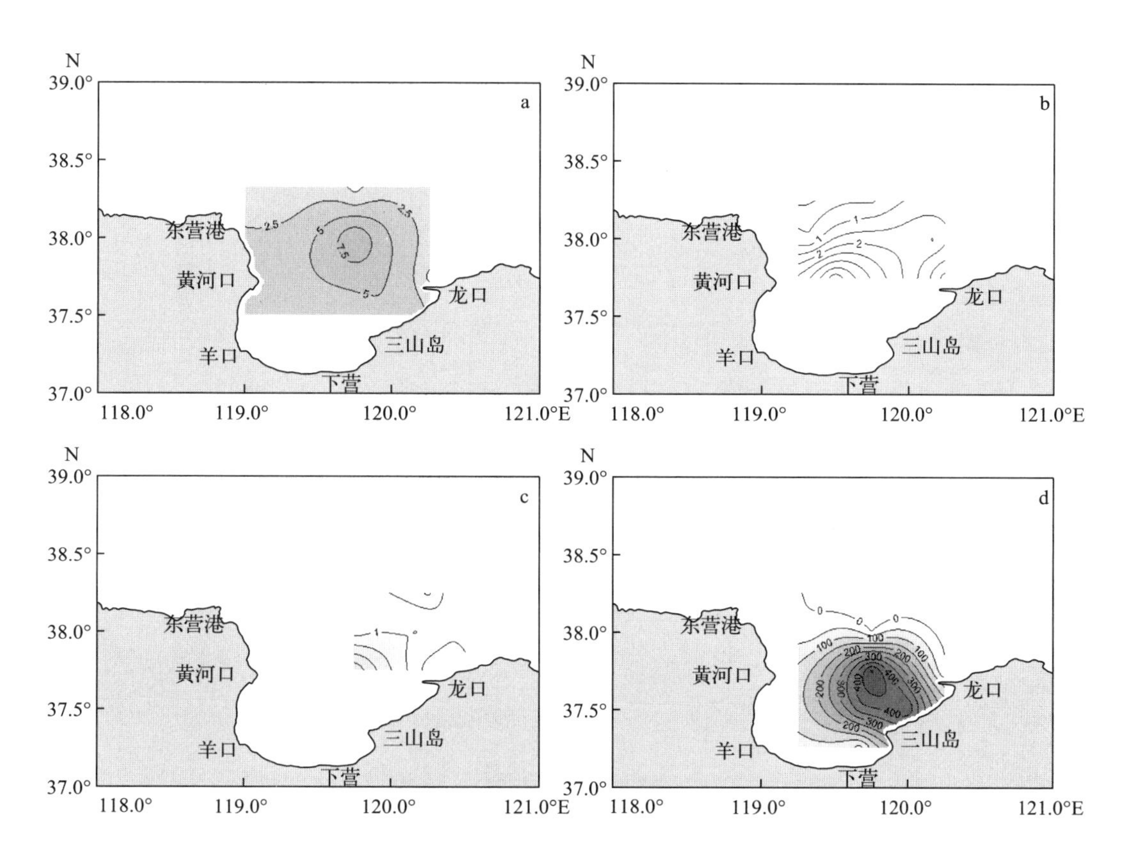

图 3－12　莱州湾小型水母代表种数量平面分布
（a. 6 月贝氏真囊水母；b. 10 月细颈和平水母；c. 10 月四枝管水母；d. 5 月八斑唇腕水母）

总体而言，莱州湾的小型水母群集结构更多表现为季节性时间格局上的变化，它可能与湾内水浅、水温季节变幅大（>26 ℃）（刘哲 等，2003）有关。春季（3—5 月），莱州湾水温低，形成以偏冷水性的近岸种八斑唇腕水母为代表的群集组。夏季（6—8 月），水温升高，黄河入海径流受莱州湾顺时针环流和东南季风影响，向东或东北方向流出，外海水以补偿形式流入湾内，从而促成以广布性暖温带近岸种如嵊山秀氏水母和贝氏真囊水母为代表，以在湾口西侧和湾中部分布的聚集组。此外，夏季为丰水期，沿岸径流增强，故而又存在以偏喜略高水温的近岸低盐种细颈和平水母为代表，在中底部分布的群集组。秋季（9—11月），形成以偏外海性广布种四枝管水母和大西洋五角水母为代表，更多分布于湾口和中部的群集组，但由于此季黄河径流开始向近岸东南向流入莱州湾湾底，阻止了其向37.5°N以北湾底扩展。

二、饵料浮游动物

（一）种类组成

莱州湾内的鱼类饵料浮游动物种类已鉴定31种（表3-2），其中枝角类1种，桡足类20种，糠虾4种，端足类和磷虾类各1种，十足类2种，毛颚类和尾索动物各1种。此外，还有浮游幼体13类。已鉴定种类中，有9种周年都出现，包括中华哲水蚤、拟哲水蚤、强额拟哲水蚤、真刺唇角水蚤、克氏纺锤水蚤、长腹剑水蚤、近缘大眼剑水蚤、挪威小毛猛水蚤、强壮滨箭虫。浮游幼体中，面盘幼虫、短尾类幼虫、桡足类无节幼虫、多毛类幼虫周年都出现。

出现种类在秋季9月最多，为35种。春季4月出现种类最少，不足20种（图3-13）。出现种类数的季节变化总趋势为夏、秋季较多，冬、春季较少。

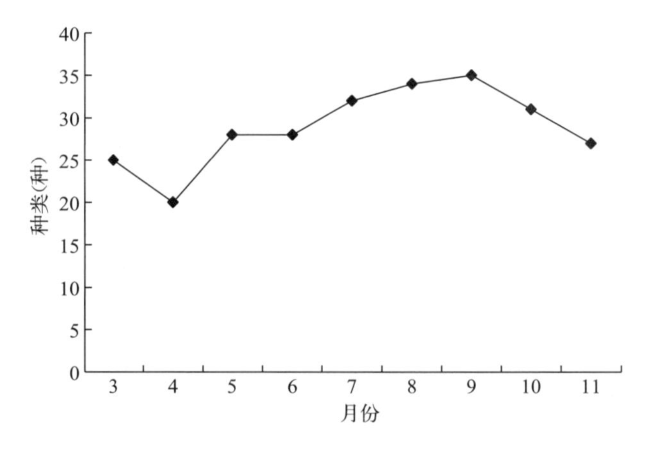

图3-13　莱州湾饵料浮游动物种类季节变化

（二）数量分布及季节变化

饵料浮游动物的月平均数量为每立方米1.11×10^4个，月数量值介于每立方米0.23×10^4～2.3×10^4个。总数量的季节变化为典型的双峰型，最高峰出现于4月（大于每立方米28 000个），次高峰出现于8月（大于每立方米14 000个）。各月中，11月总数量最低（小于每立方米2 500个）（图3-14）。

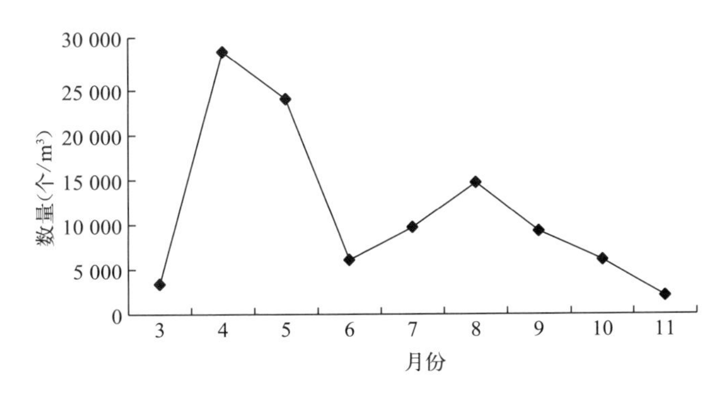

图 3-14　莱州湾饵料浮游动物数量月变化

饵料浮游动物总数量的平面空间分布表现为：春季 4—5 月湾内及湾口的浮游动物的数量整体都很高（大于每立方米 10^4 个），近黄河口东侧沿岸为数量高密集区（大于每立方米 2.5×10^4 个）；而早春 3 月，以湾东侧浮游动物数量较高、黄河口沿岸较低（小于每立方米 0.5×10^4 个）；夏季（6—8 月），大部分湾内中部水域及东侧为浮游动物相对高密集区（大于每立方米 10^4 个）；秋季（9—10 月），除在湾中央有相对小范围数量密集区外，其余均小于每立方米 10^4 个，特别是湾口东侧和湾底近羊口和下营处的浮游动物数量密度低于每立方米 0.5×10^4 个（图 3-15）。总之，春、夏季黄河口外近海的饵料浮游动物较多，而在秋季和早春则相对较少。

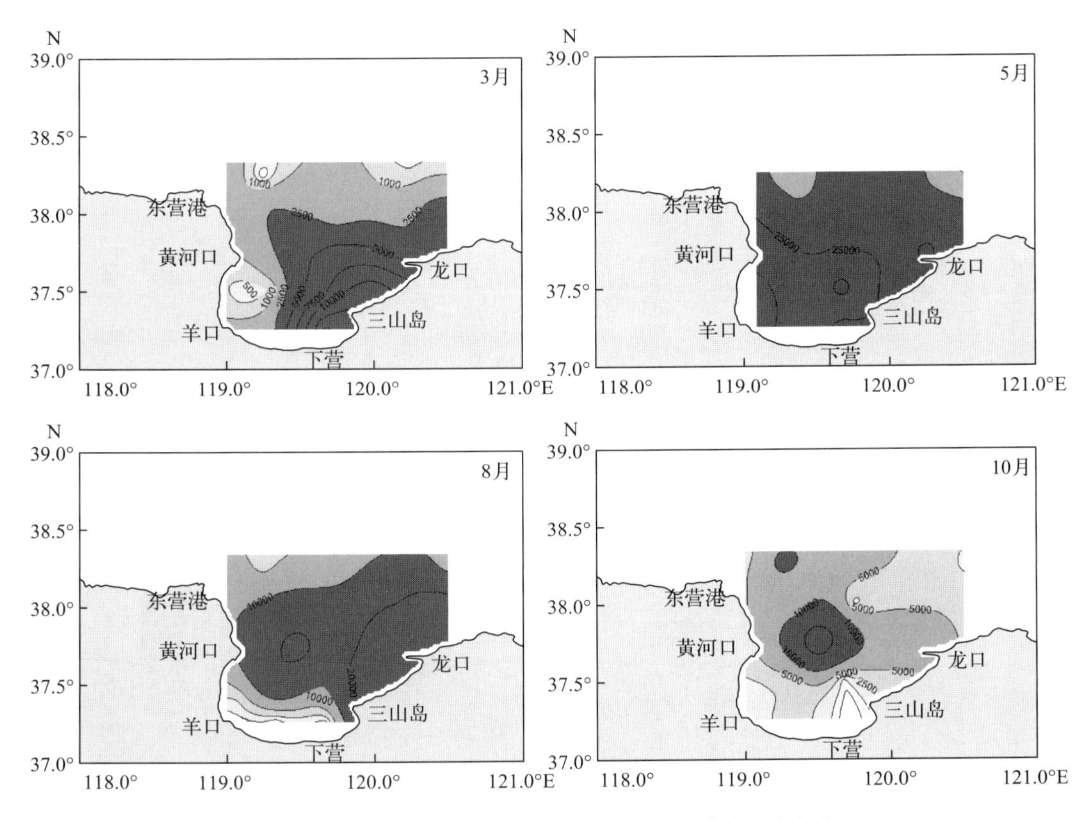

图 3-15　莱州湾饵料浮游动物总数量平面分布（个/m³）

（三）多样性

饵料浮游动物种类组成的香农-威纳多样性指数值（以 2 为底）月平均值为 1.9，均匀度月平均值为 0.49。两者的季节变化趋势相似，在 3—5 月逐渐下降，而后逐渐增加，8—9 月达到最高值，之后又略有下降（图 3-16）。总体而言，莱州湾饵料浮游动物的多样性水平以春季较低，夏、秋季较高。多样性与总数量的季节变化为负相关。

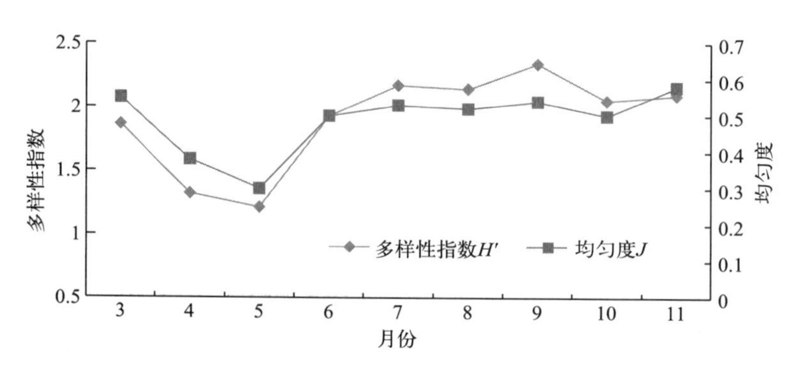

图 3-16　莱州湾饵料浮游动物多样性指数和均匀度月变化

从多样性指数平面分布来看，春季 3—5 月以湾外的浮游动物多样性水平较高（大于 2），而夏季（6—8 月）和秋季（9—10 月）湾内浮游动物多样性水平整体水平都较高，其中夏季浮游动物多样性水平表现为西侧较东侧高、湾内较湾外高；秋季整个莱州湾的浮游动物多样性水平较均匀，仅在中央个别站位小于 2（图 3-17）。

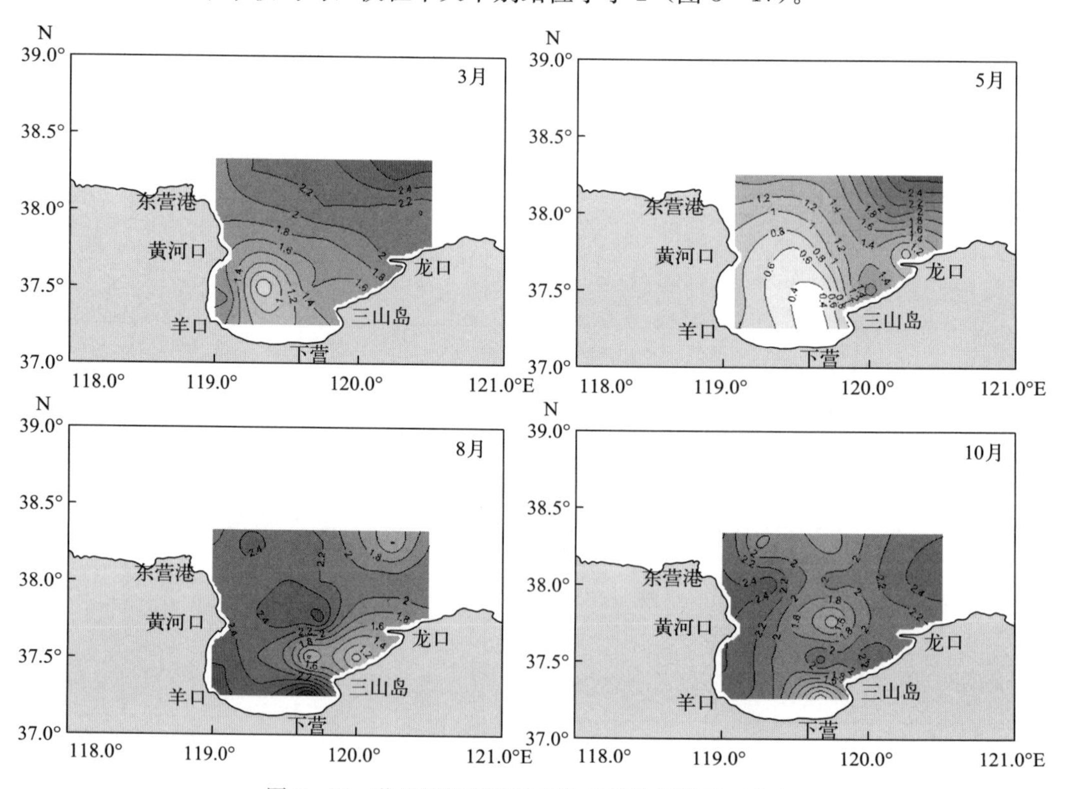

图 3-17　莱州湾饵料浮游动物多样性指数平面分布

（四）优势种

饵料浮游动物种类中，数量最多的是桡足类，它们占总数量的百分比在5—7月较高，大多大于90%，在3月较低，仅为56%（图3-18）。浮游幼虫的数量仅次于桡足类，在3月和10月，它们占总数量的百分比可达44%。浮游幼虫中，无节幼体和贝类幼体是主要的数量贡献种类。另外，毛颚类的数量所占比例也较高，可占总数量的2%～4%。

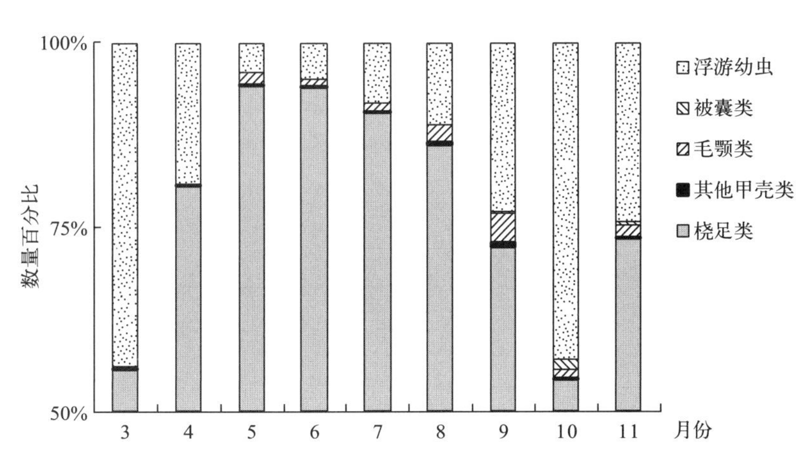

图3-18 莱州湾饵料浮游动物种类数量构成

具体种类中，拟哲水蚤、双毛纺锤水蚤、长腹剑水蚤、强壮滨箭虫是湾内各季节均出现且数量较多的种类，腹针胸刺水蚤、中华哲水蚤为春季至初夏（3—6月）数量较多，背针胸刺水蚤、太平洋纺锤水蚤则于夏、秋季（7—10月）出现较多（图3-19）。另外，受周边养殖、增殖放流等人类活动影响，莱州湾内浮游动物优势种类还包括贝类幼体和短尾类幼体。出现频率>50%和数量较多的优势种类列于表3-3。

表3-3 莱州湾饵料浮游动物优势种组成

月份	种 类
3	拟哲水蚤、腹针胸刺水蚤、双毛纺锤水蚤、长腹剑水蚤
4	强额拟哲水蚤、双毛纺锤水蚤、长腹剑水蚤
5	拟哲水蚤、腹针胸刺水蚤、双毛纺锤水蚤、长腹剑水蚤、强壮滨箭虫
6	中华哲水蚤、小拟哲水蚤、双毛纺锤水蚤、长腹剑水蚤、舌贝幼虫
7	拟哲水蚤、强额拟哲水蚤、双毛纺锤水蚤、长腹剑水蚤、近缘大眼剑水蚤、舌贝幼虫、幼螺
8	拟哲水蚤、双毛纺锤水蚤、长腹剑水蚤、强壮滨箭虫、舌贝幼虫、幼螺
9	拟哲水蚤、背针胸刺水蚤、太平洋纺锤水蚤、长腹剑水蚤、近缘大眼剑水蚤、强壮滨箭虫、蛇尾纲长腕幼虫、舌贝幼虫、幼螺
10	拟哲水蚤、长腹剑水蚤、近缘大眼剑水蚤、舌贝幼虫
11	拟哲水蚤、双毛纺锤水蚤、长腹剑水蚤、强壮滨箭虫、舌贝幼虫

上述种类的周年数量变化大多表现为单峰型，如中华哲水蚤和腹针胸刺水蚤均以5月数量最多，双毛纺锤水蚤以4月数量最多，长腹剑水蚤数量高峰为夏季，背针胸刺水蚤和

拟哲水蚤分别在秋初9月、夏季8月数量最多。与上述种类不同的是，强壮滨箭虫数量周年变化为双峰型，数量峰值分别出现在春季（5月）和夏末秋初（8—9月）（图3-19）。

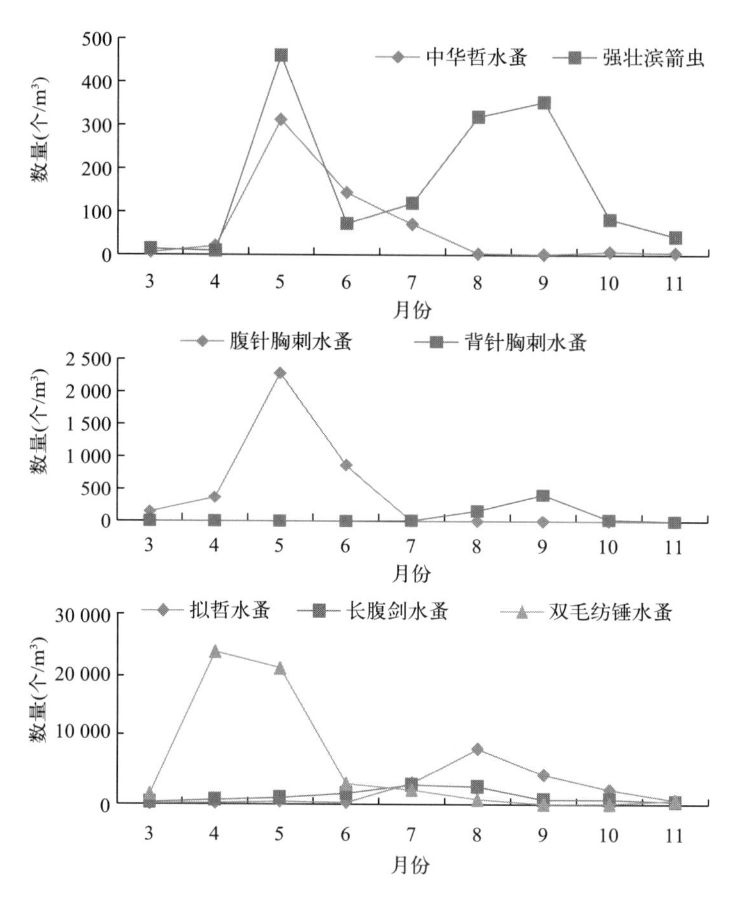

图3-19 莱州湾饵料浮游动物优势种数量季节变化

（五）评价

与其他海湾相似，莱州湾饵料浮游动物的种类组成相对简单，以小型种类为主。桡足类是饵料浮游动物数量组成的主要贡献者。中型或较大个体桡足类如中华哲水蚤、腹针胸刺水蚤的出现频率和数量峰值集中于春季。湾内常见小型桡足类为双毛纺锤水蚤、长腹剑水蚤和拟哲水蚤，它们的数量高峰出现季节各不相同，依次为4—5月、7月和8月。

三、饵料浮游动物代表种

（一）拟哲水蚤

根据近年不同地理区域的拟哲水蚤线粒体DNA鉴定分析结果（Cornils and Held,

2014)，西北太平洋中国近海出现的原定名为小拟哲水蚤 *Paracalanus parvus* 可能并不同于位于大西洋东北部的小拟哲水蚤的原模式种。鉴于此种分类尚存分歧，暂使用拟哲水蚤（*Paracalanus* sp.）。

拟哲水蚤在包括莱州湾在内的中国北部近海广布且常年出现。在饵料浮游动物中，拟哲水蚤是数量占绝对优势的小型桡足类，是许多幼鱼开口饵料的重要贡献者，具备独有的粒级和季节变化双重优势。在黄、渤海以及相邻的海湾内，拟哲水蚤喜略高温和高盐，适宜生长水温为 13～25 ℃，数量以夏、秋季居多，冬、春季较少。

1. 数量季节变化

小拟哲水蚤数量具有明显的季节变化，3—6 月数量较少，7—11 月数量较多，最高值出现于 8 月。湾内周年平均数量为每立方米 2 156 个。平均数量的月变化以 3 月最低，仅为每立方米 113 个，7 月快速增加至约每立方米 3 000 个，8 月出现周年最高值达每立方米 7 305 个，之后又快速下降，11 月整个湾内总数量降至每立方米 547 个。它的数量高峰季节也是莱州湾总渔获量及桡足类食性鱼类（如赤鼻棱鳀、许氏平鲉和青鳞小沙丁鱼等）渔获量的高峰期（孙鹏飞 等，2014；张波 等，2013），同时，也是莱州湾渔业生物产卵盛期（5—8 月）和浮游动物食性鱼类（如鳀）的仔稚鱼数量高峰期（8 月）（万瑞景 等，1998）。

数量发育期相对组成中，3 月、7—11 月主要由桡足幼体Ⅲ期（CⅢ）、桡足幼体Ⅳ期（CⅣ）和桡足幼体Ⅴ期（CⅤ）构成，4—6 月以成体所占比例最高。各发育期中，桡足幼体Ⅰ期（CⅠ）和桡足幼体Ⅱ期（CⅡ）所占数量比例总体较低，10—11 月略多，但也不超过 10%；成体中，雄体以 4 和 5 月所占数量比例较高（约为 20%），随后逐月降低；雌体所占数量比例以 5 月和 6 月最高，接近 50%，4 月为 28%，其他月份相应值均小于 15%。

2. 性比

莱州湾拟哲水蚤成体中雌雄性比月均值介于 1.46～9.62。3 月和 4 月性比值最低，不超过 1.5；10 月和 11 月最高，分别为 8.85 和 9.65；5 月值也较高，为 8.68；6—9 月，拟哲水蚤的性比均值介于 3～5。雄体占成体数量比例介于 0.02～0.21，月均值为 0.06，低于自然海域拟哲水蚤属的相应值（0.1～0.45，平均值为 0.2）（Kiorboe，2006）。各月中，莱州湾拟哲水蚤成体明显都以雌体为主导。自然环境中拟哲水蚤成体以雌体居多（Liang and Uye，1996；Kouwenberg，1993），这与雄体寿命较短以及雌体能交配一次后保持受精状态、多批次产卵生殖策略有关。实际上，拟哲水蚤在桡足幼体后期，雌体和雄体数量比例接近，只是至成体时，才以雌体居多（Liang and Uye，1996）。

3. 前体长

各发育期的拟哲水蚤在 3—4 月、9—11 月前体长表现为随月增加的趋势。雌体以 5 月前体长值最大，其他发育期均以 4 月前体长均值最高，夏季 7—8 月个体前体长平均值最小，但 9 月之后前体长又开始增加。雄体前体长均值在 4 月与雌体相应值接近，其他月份均小于雌体（图 3－20）。各发育期前体长与表层水温都呈现显著的负相关（表 3－4）。

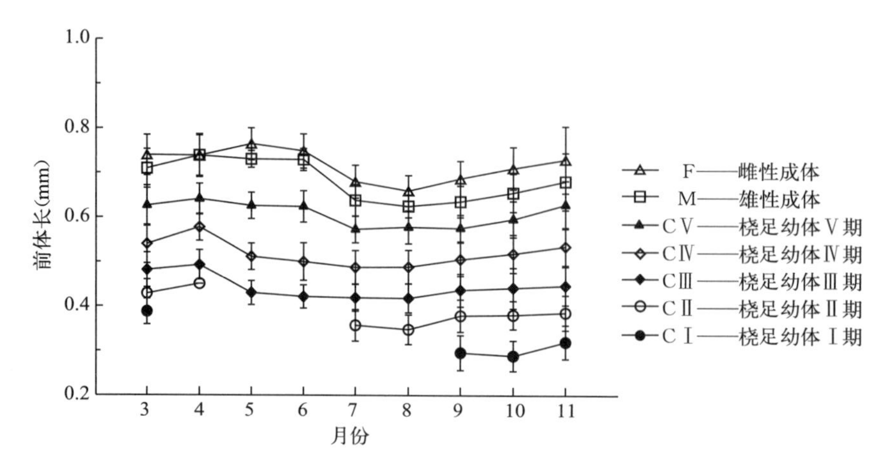

图 3－20　莱州湾拟哲水蚤各发育期前体长季节变化

表 3－4　莱州湾拟哲水蚤各发育期前体长与表层水温的回归关系

发育期	线性回归			回归		
	方程	r^2	P	方程	r^2	P
桡足幼体Ⅰ期	$PL=0.053-0.121T$	0.47	<0.0001	$PL=4.0246\ (144.56+T)^{-1.87}$	0.43	<0.000
桡足幼体Ⅱ期	$PL=0.083-0.174T$	0.53	<0.000	$PL=0.0875\ (124.48+T)^{-1.1}$	0.52	<0.000
桡足幼体Ⅲ期	$PL=0.091-0.166T$	0.45	<0.000	$PL=0.0030\ (59.45+T)^{-0.44}$	0.45	<0.000
桡足幼体Ⅳ期	$PL=0.096-0.151T$	0.38	<0.000	$PL=0.0074\ (98.11+T)^{-0.56}$	0.38	<0.000
桡足幼体Ⅴ期	$PL=0.111-0.156T$	0.43	<0.000	$PL=0.0090\ (108.88+T)^{-0.56}$	0.42	<0.000
雌性成体	$PL=0.088-0.100T$	0.34	<0.000	$PL=0.096\ (179.70+T)^{-0.93}$	0.33	<0.000
雄性成体	$PL=0.072-0.080T$	0.38	<0.000	$PL=0.0042\ (46.91+T)^{-0.44}$	0.38	<0.000

总体而言，莱州湾拟哲水蚤各发育期的个体（前体长）以冬、春季大，夏、秋季小；除雌体外，高峰值均出现在 4 月，雌体最大前体长出现在 5 月。拟哲水蚤的周年最大前体长出现季节往往为其数量低值期，而且数量最多的月份往往为其个体前体长低值时期，这在胶州湾、日本濑户内海湾等水域都有类似报道。如，胶州湾小拟哲水蚤的平均前体长高值为春季 5 月，其数量高峰为 6 月（Sun et al.，2012）；威海小石岛小拟哲水蚤的前体长自 3 月开始增加，最大值出现在 6 月，其数量高峰期为 9 月（Sun et al.，2013）；韩国 Jangmok Bay 的小拟哲水蚤的雌体从 8 月至翌年 5 月前体长呈增加趋势，然后至夏季开始降低（Jang et al.，2013）。上述现象被认为是与水温的季节变化有关。桡足类的前体长与其发育蜕皮过程间隔时间有关，发育期间隔时间的长短与水温有关（Deevey，1960）。拟哲水蚤后期桡足幼体过冬时，受低温特别是采样前一个月水温的影响，世代生长慢、周期长，因而成体的个体大（仲学锋 等，1992；Hirst et al.，1999）。从表 3－4 中也可看到，莱州湾拟哲水蚤的前体长与水温呈现明显的负相关。另外，也有人认为叶绿素、盐度对拟哲水蚤的种群平均体长有一定的影响（Sun et al.，2012）。

4. 数量空间分布

5 月、6 月和 8 月拟哲水蚤数量分布集中于近岸区域：5 月以西侧、近东营广利河河口的站位居多；6 月数量分布呈现东高西低的趋势，密集中心转移至湾东侧近岸的 15 站位；8 月，整个调查区的数量普遍增加，相对高密集区仍位于湾东侧近岸站位；7 月、9—11 月及 4 月密集区位于离岸站位、湾中部海域，沿湾西南至东北沿线分布；3 月，大部分个体均匀分布于湾口 38 °N 附近，近岸海域数量极少（图 3－21）。

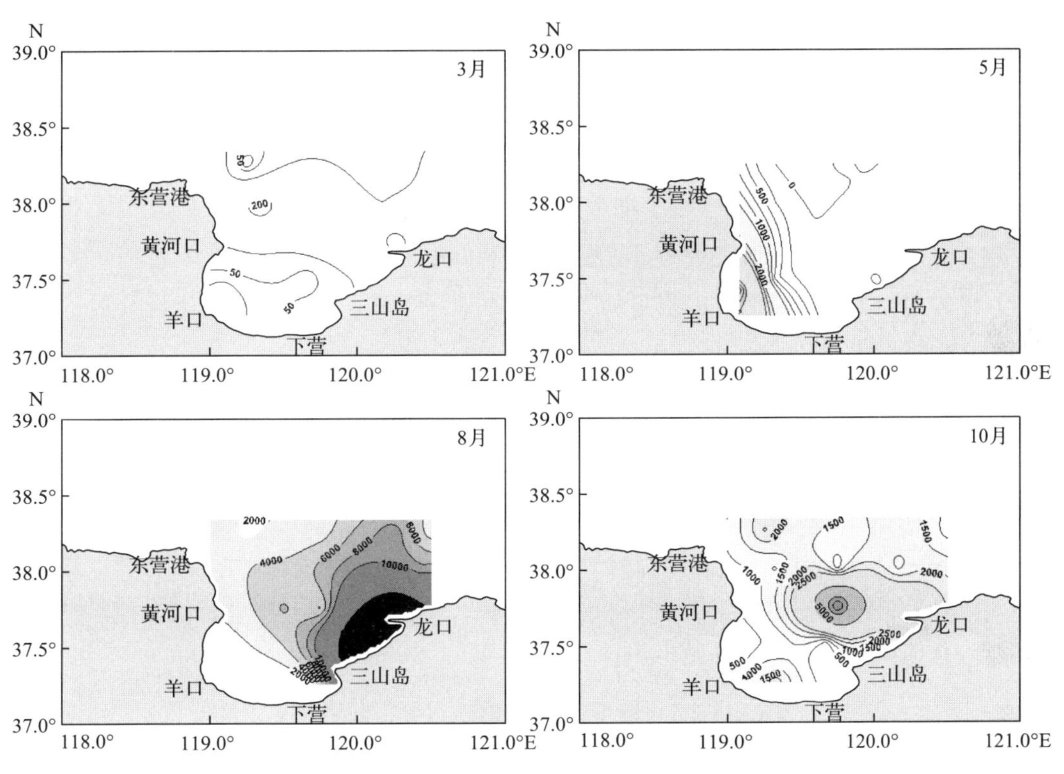

图 3－21 莱州湾拟哲水蚤数量平面分布（个/m^3）

拟哲水蚤是莱州湾内数量多、分布广、偏暖水性的小型桡足类，它在莱州湾的总数量分布水平高于整个渤海均值。与小型水母相似，莱州湾拟哲水蚤的数量时空分布以及种群结构等方面表现出较为明显的季节性时间格局上的变化。拟哲水蚤种群的周年变化特点是：在湾内全年存在，5 月数量还很少，6 月开始增加，至夏季 8 月数量最高，之后数量急剧减少；8 月至翌年 3 月均以桡足幼体为主，其中夏末和秋季早期桡足幼体明显增多，冬季和早春桡足幼体和成体较少，主要由后期桡足幼体 CⅣ期和 CⅤ期构成；成体所占的数量比例以及各发育期桡足幼体的前体长，以 5、6 月最大，之后急剧降低，9 月开始缓慢增加，直至翌年 3 月才恢复较高水平。由此可推，4—6 月为其生殖开始季节，7—10 月为其种群快速生长时期，之后为种群增长停滞期及减少期。前体长的季节变化与物种数量相反。拟哲水蚤数量变化、发育期组成、个体大小、分布与环境因子中水温有明显的相关性。

（二）中华哲水蚤

中华哲水蚤属于温带种，偏好于略高盐水，它在渤海的分布可以反映高、低盐水系互相推移（白雪娥 等，1991），间接指示近岸径流的影响范围。中华哲水蚤是莱州湾内唯一成体大于 2 mm 的浮游桡足类优势种，其所对应的粒级生物是许多鱼类稚鱼至幼鱼生长过程中重要的饵料来源（郑严 等，1965；孟田湘，2003）。

1. 数量季节变化

3—11 月，中华哲水蚤的数量均值为每立方米 93 个，季节变化为典型的单峰型，峰值出现在 5、6 月。各发育期的数量季节变化表现为：CⅣ期和 CⅤ期的数量最高；CⅡ～CⅤ期和成体的数量季节变化均表现典型的单峰型；除雌体的最高峰值出现在 6 月外，其他各发育期的峰值都位于 5 月；CⅠ期数量最高峰值位于 5 月，其次为 7 月。

各发育期数量相对组成表现为：4 月和 10 月以桡足幼体前期（CⅠ～CⅢ期）所占的数量比例较多；3 月、5—7 月以桡足幼体后期（CⅠ～CⅤ期）所占数量比例较多；8、9 和 11 月以成体所占的数量比例较多。

2. 性比

成体的性（雌/雄）比值以 11 月最高，为 6.46；其次为 3 月和 8 月，分别为 4.36 和 4.95；4—6 月，性比值为 2～3.8；7 月和 9 月性比值为 1～2；10 月性比值最低，仅为 0.82。

3. 前体长

中华哲水蚤桡足幼体各期和成体的前体长均值自 4 月至 8 月有减少的趋势，而后又逐渐增加，其值以 8—9 月最小，4 月最高（图 3 - 22）。

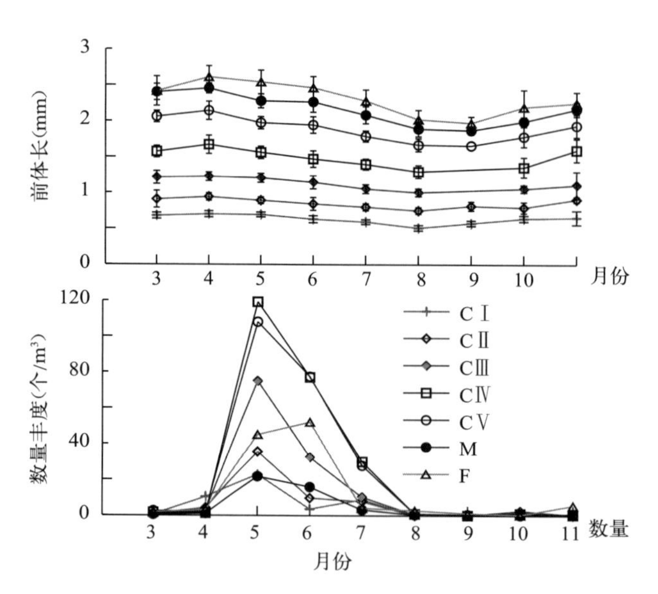

图 3 - 22　莱州湾中华哲水蚤各发育期前体长和数量丰度的季节变化

各发育期的前体长与表层水温呈负相关。除CⅡ期外，各发育期的最大体长值所对应的水温不同，CⅠ期和雄体对应的水温较高，为7.35℃和8.73℃，其他发育期的最大体长值对应水温都不超过5℃。

4. 数量空间分布

中华哲水蚤并不出现在莱州湾所有区域内。3月始，中华哲水蚤以每立方米10个的等值线从东北侧湾口向西南湾内扩展；6月，中华哲水蚤分布范围达最大，但湾内中央水域仍保持低丰度（小于每立方米10个）；7月始，中华哲水蚤的分布开始向东北侧湾口退缩，且丰度也开始下降；8月，整个莱州湾中华哲水蚤分布范围和丰度急剧减少，此期湾口相对密集区的丰度值也降至每立方米10个以下；9月，该种丰度和分布范围继续减小，仅局限于湾口东侧少数站位的丰度值可达每立方米10个；10月，中华哲水蚤数量略有增加，大于每立方米10个的等值线覆盖莱州湾北侧，涉及范围与7月相近，但相对密集区对应的数量不超过每立方米25个；11月，仅在黄河口东侧有每立方米10～25个的相对密集区。总体而言，丰度高值区（大于每立方米100个）集中出现于莱州湾口东侧（图3-23）。中华哲水蚤数量大于每立方米10个的基本分布于等盐线31或32以高区域。数量高值区（大于每立方米100个）出现于5月水温为10～15℃、盐度为32～34的站位，以及6—7月水温为15～25℃、盐度为33～34的站位。

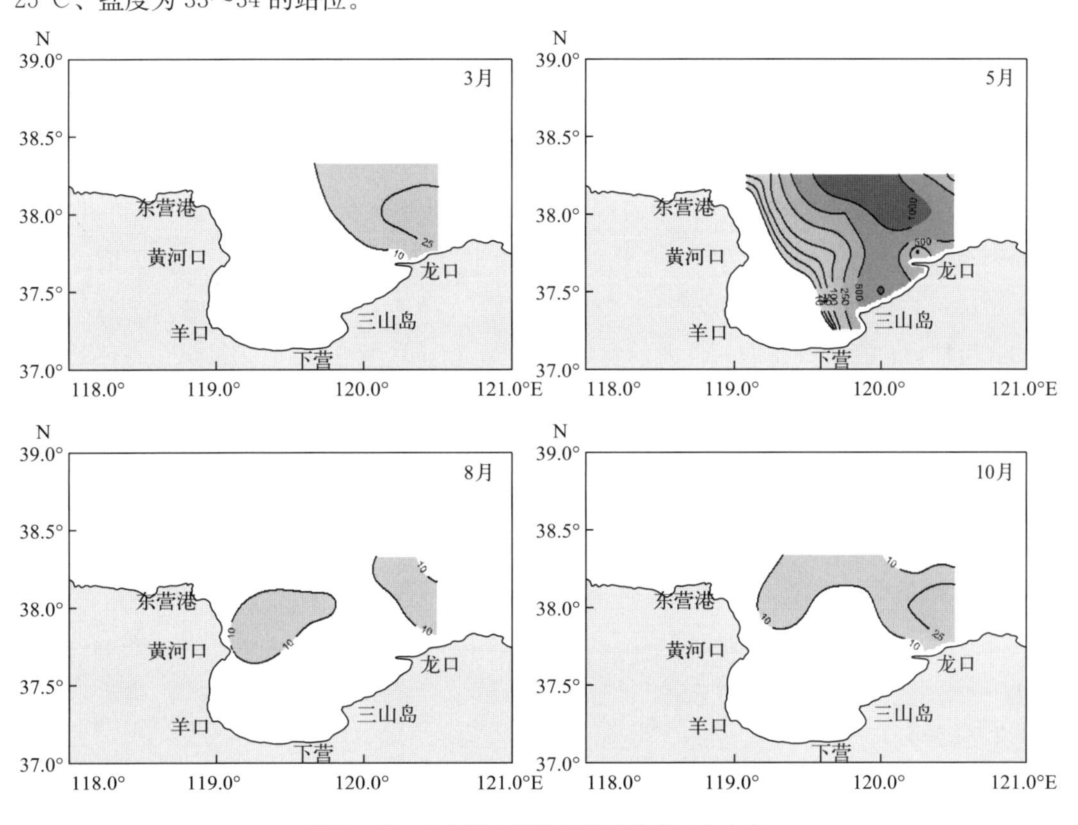

图3-23　中华哲水蚤数量平面分布（个/m³）

5. 分布规律

莱州湾并不是中华哲水蚤在渤海分布的主要密集区（白雪娥 等，1991；王荣 等，2002），但湾内中华哲水蚤全年都有出现，它的丰度分布以湾口东侧为中心，是春季优势种类。数量高峰持续时间短，4 月开始增加，5 月即达到峰值，6 月数量略有下降但分布范围最大，7 月数量和分布范围大减，8—9 月密集区消失，10 月和 11 月数量和分布范围稍有增加，但幅度不大；季节性高值区的温度范围为 10～25 ℃，盐度范围为 32～34。中华哲水蚤的丰度和分布特征、其生态习性以及湾内水文变化是相符的。中华哲水蚤适温范围为 5～23 ℃（Uye，1988；Huang et al.，1993；Wang et al.，2003），若温度超过 25 ℃时，基本不出现。同期莱州湾调查显示，3 月湾内水温 3～8 ℃，4 月则快速升至 9～12 ℃，6 月大幅升温，湾内近岸温度可达 23 ℃，至 7 月湾内温度在 24～25 ℃，8—9 月持续在 23～28 ℃，直至 10 月水温才开始下降至 10～18 ℃，11 月 10～11 ℃，冬季 12 月至翌年 2 月持续 75 天海区存在结冰。也就是说，该种仅有春季出现数量高峰，可能由于莱州湾冬季水温过低，有冰冻现象，夏季水温过高，仅春季 4—6 月和秋季 10—11 月的水温属于中华哲水蚤生长适温范围内。高温和低盐易导致中华哲水蚤数量降低和分布区向深水区退缩。因此，盐度也是影响中华哲水蚤分布的重要因素。虽然中华哲水蚤在野外出现的水域盐度范围较宽（20～35）（Wang et al.，2003），但它的数量密集区盐度多高于 31 和 32（郑重，1965；白雪娥 等，1991；王荣 等，2002）。

（三）强壮滨箭虫

强壮滨箭虫（*Aidanosagitta crass*）是毛颚类动物的一种，主要分布于黄海、渤海，在日本和朝鲜沿岸也有分布，是中国近海北部浮游动物优势种。它在渤海及莱州湾内，周年都有出现（白雪娥 等，1991），是浮游动物生物量季节性贡献者。强壮滨箭虫既是上、中层鱼类和幼鱼的食物组分之一（林景祺 等，1980），又具有很强的主动捕食和消化能力，可捕食包括自身在内的浮游动物以及幼鱼。不同学者根据泡状组织在身体的分布延展程度，对强壮滨箭虫进行不同的分型，总体上分为个体较大的冬季型、个体较小的夏季型（内海型或囊开型），以及介于前两者之间的中间型。强壮滨箭虫的体型季节更替明显。内海型在春末—夏季滋生旺盛，成体体长 7～10 mm；冬季型适低温，多在冬春繁殖，成体体长 13～20 mm；中间型体长介于两者之间（萧贻昌，2004）。

1. 总数量季节变化

强壮滨箭虫月均数量为每立方米 186 个，它们的年变化曲线都为双峰型，最高峰值出现于 5 月，次峰值出现于 9 月。

2. 体长分布

强壮滨箭虫的个体中，大于 10 mm 的个体多出现于 11 月至翌年 6 月，7—10 月极少或基本不出现。7—10 月强壮滨箭虫的个体体长分布上限阈值多在 11 mm 以内。强壮滨箭虫平均体长以 3—4 月最高，分别为 9.15 mm 和 10.80 mm 左右，其次为 6 月（8.34 mm）和 11 月（7.19 mm），5 月和 9 月最低（小于 5 mm），其他月的平均体长为 5～5.5 mm。各月的体长频数分布可以分离出三个平均体长分别为小于 5 mm（Ⅰ）、5～8 mm（Ⅱ）和大于 10 mm（Ⅲ）的同生群，其中仅有 6 月和 11 月都存在上述三个同生群，7—10 月仅出现同生群Ⅰ和Ⅱ，3 月和 4 月仅出现同生群Ⅱ和Ⅲ，5 月出现同生群Ⅰ和Ⅲ（图 3-24）。

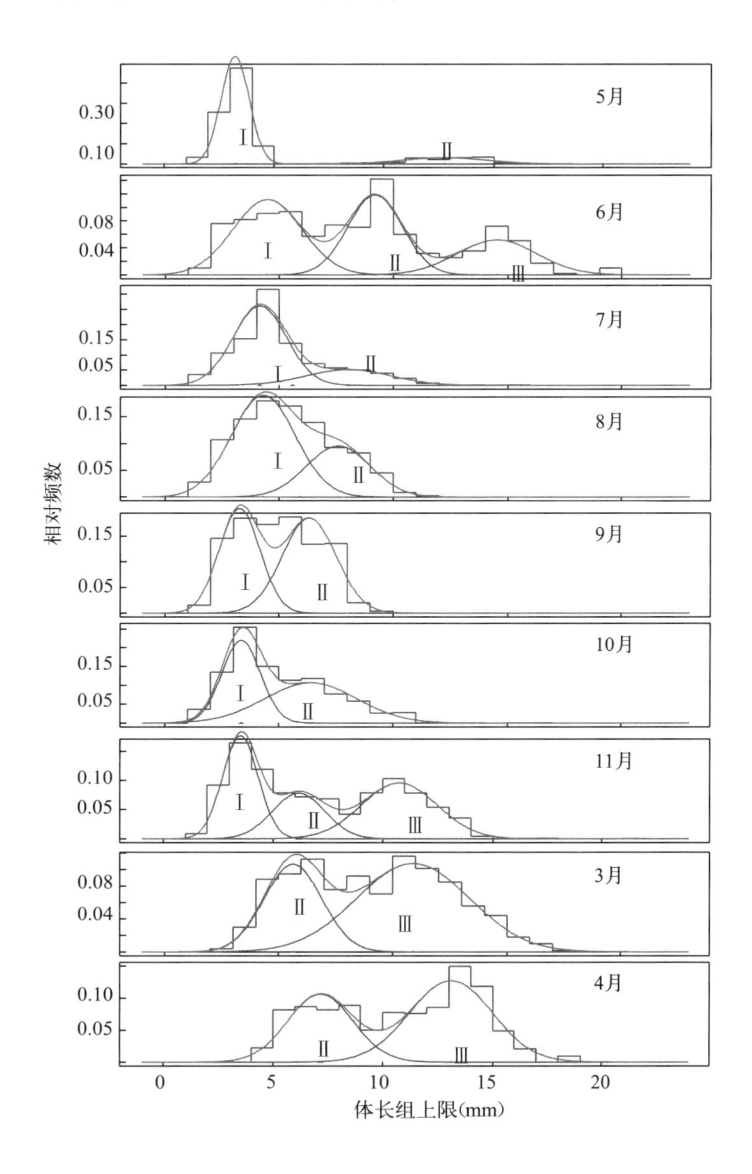

图 3-24　2011 年 5 月至 2012 年 4 月莱州湾强壮滨箭虫的体长相对频数分布

注：此数据不包含 2011 年 12 月和 2012 年 1—2 月的冰期；图中实线代表总频数分布拟合曲线，虚线代表分离出的同生群，阶梯图为总的频数分布。

各体长组中，对数量贡献最多的是 4 mm 体长组（14%），其次为 3 mm 体长组和

5 mm体长组（约占 9%）。小于 2 mm 的体长组以及大于 19 mm 的体长组数量占总数量比例小于 2%，其他体长组（6～18 mm）所占数量比例为 4%～8%（图 3－25）。

3—6 月，三个同生群的体长多呈增加趋势，之后开始下降，其中以同生群Ⅱ最为明显，9 月各同生群的体长不再明显下降。同生群Ⅰ和同生群Ⅲ都以 5 月数量最多，同生群Ⅰ在 8 月还有一个数量丰度次高峰；同生群Ⅱ以 6 月和 9 月数量丰度最多（图 3－25）。

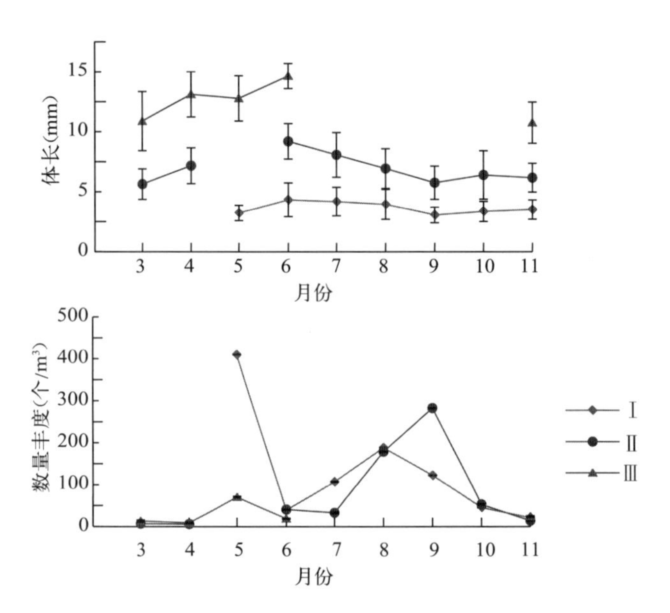

图 3－25　莱州湾强壮滨箭虫的体长相对频数分布的正态分布组同生群对应的平均体长和数量丰度

3. 数量分布

在海区内，5 月强壮滨箭虫的数量密集中心（大于每立方米 3 000 个）在湾顶近黄河口侧（图 3－26），主要由小于 5 mm 的强壮滨箭虫个体贡献所致，强壮滨箭虫的数量从湾顶向湾口逐渐减少，且逐渐由大于 10 mm 的个体所代替。6 月整个湾内强壮滨箭虫数量较 5 月有明显降低。数量相对高值主要沿湾沿岸分布。湾口外近入海口的数量主要由大于 10 mm 的个体组成，湾内沿岸 5～10 mm 的个体数量相对较多。7 月数量相对高值区位于羊口外沿岸，由小于 5 mm 和 5～10 mm 的个体组成，小于 5 mm 的个体是数量组成的主体。8 月湾内绝大多数站位都是由小于 10 mm 的个体组成，其中小于 5 mm 的个体在湾中部站位的数量比例较高，5～10 mm 的个体在湾内及沿岸的数量比例较高。9 月与 8 月类似，小于 5 mm 和 5～10 mm 的个体共同构成数量主体，不同的是，小于 5 mm 的个体在湾内部分站位的数量较多。10 月湾内的强壮滨箭虫数量持续减少，且仍以小于 5 mm 和 5～10 mm 的个体为数量主体，但大于 10 mm 的个体在部分站位所占的数量比例有所增加，特别是在湾西侧站位。11 月，强壮滨箭虫的分布已退缩至湾内，湾口站位的数量极少或不出现，大于 10 mm 的个体所占数量比例增多。3—4 月，湾内各站位的强壮滨箭虫数量都很少，一般都在每立方米 50 个以下，数量主要由大于 10 mm 的个体组成，其次为 5～10 mm 的个体，小于 5 mm 的个体极少。

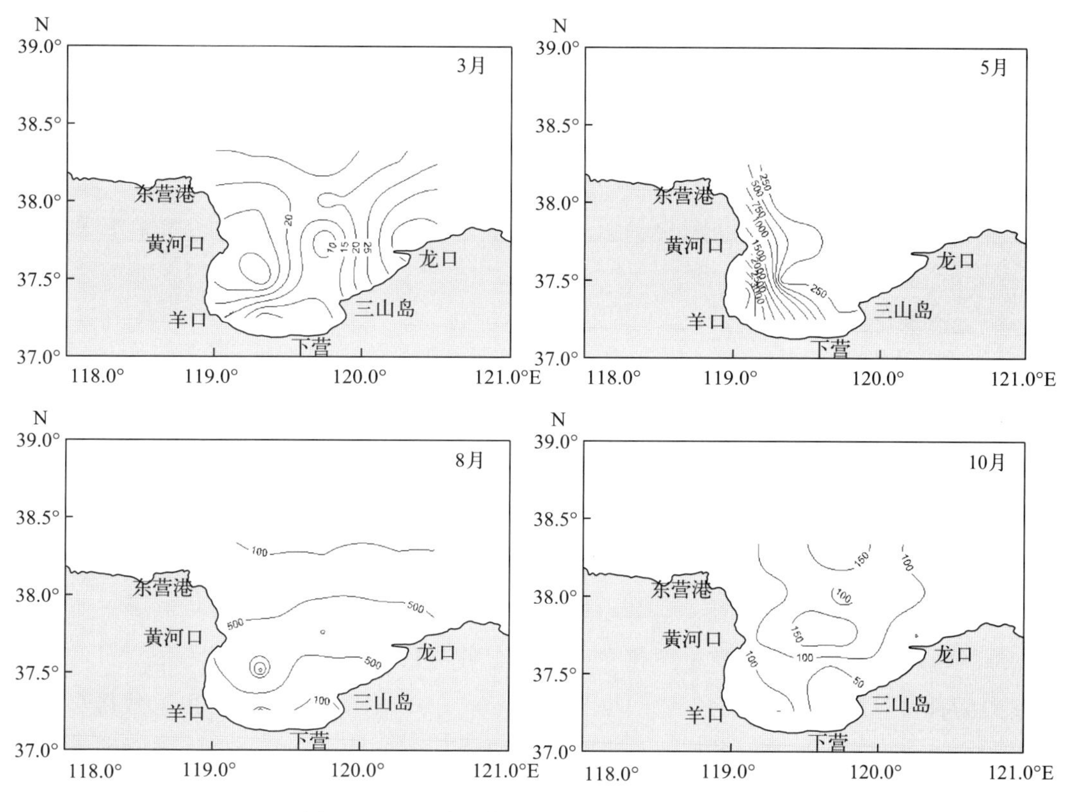

图 3-26　强壮滨箭虫数量平面分布（个/m^3）

大于 10 mm 和小于 5 mm 的强壮滨箭虫的数量高值区所对应的水温和盐度都为 5 月水温 15～17 ℃、盐度 29～32 的站位，但大于 10 mm 的个体基本不出现在 7—9 月水温大于 24 ℃的站位（小于每立方米 1 个），而小于 5 mm 的强壮滨箭虫个体在 3—4 月以及 11 月水温低于 11 ℃的站位基本不出现（小于每立方米 1 个）。5～10 mm 的强壮滨箭虫在各季节绝大多数站位都有分布，它的数量密集区主要位于 8 月水温 26～27 ℃、盐度 30～32 的部分站位。

各采样站的强壮滨箭虫的平均体长基本表现为随温度递减的趋势，在湾内水温低于 17 ℃的 3、4、5、11 月各站位，其平均体长为 8～12 mm，而在高于 17 ℃的其他采样季的站位中，其平均体长多为 4～6 mm。出现平均体长大于 10 mm 的强壮滨箭虫采样站的水温都低于20 ℃，盐度介于 28～34。

强壮滨箭虫的数量及体长与水温相关。表层水温与强壮滨箭虫中大于 10 mm 的个体数量和生物量呈负相关，与小于 10 mm 的个体数量以及总的个体数量和生物量呈正相关。平均体长与表层水温和盐度呈负相关（表 3-5）。

表 3-5 莱州湾强壮滨箭虫数量及体长与表层水温、盐度相关性分析

体长指标	表层水温		表层盐度	
	相关系数 r	P 值	相关系数 r	P 值
体长小于 5 mm	0.1353	0.105	−0.0175	0.835
体长 5～10 mm	0.4175	0.000**	0.0967	0.247
体长大于 10 mm	−0.1198	0.151	−0.0824	0.324
所有个体	0.2373	0.004**	0.0079	0.925
平均体长	−0.5398	0.000**	−0.1777	0.032*

* $P<0.05$；** $P<0.01$。

4. 分布规律

莱州湾强壮滨箭虫体型季节变化特点为：11 月至 6 月水温较低期间，强壮滨箭虫个体体长上限阈值高（大于 20 mm），且绝大多数大于 10 mm 的个体出现于该时期；在 7—10 月水温较高的夏、秋季，强壮滨箭虫平均体长小于 5 mm，各月出现的个体体长上限阈值多小于 11 mm。莱州湾强壮滨箭虫冬春季个体较大、夏秋季较小，这与烟台外海、胶州湾内外、日本内海等的强壮滨箭虫体型的季节变化模式（Hirota，1959；Murakami，1959；郑重 等，1965；王倩 等，2010；霍元子 等，2010）基本相似。

莱州湾强壮滨箭虫周年数量变化中应有三个种群数量补充期，其中春季 5 月和夏季 7—8 月为种群数量快速增长期，它们也是促使形成 9 月莱州湾强壮滨箭虫总数量和较大个体（5～10 mm）的数量高峰的动力所在。与日本近海的补充期为 2—11 月和黄海的补充期为 3—10 月（Murakami，1959）相比较，莱州湾强壮滨箭虫的数量高值季节持续时间更短，仅局限于 5—10 月。冬季 12 月至翌年 2 月属于冰期，湾内水温低，似乎并不可能形成强壮滨箭虫数量快速增加的适宜的外部条件。除水温对强壮滨箭虫的生长、分布起着重要的控制作用外，盐度以及湾内水文状况对于强壮滨箭虫的数量分布也有一定影响。强壮滨箭虫的生态类型被认为属于近岸广盐种和较喜低温的广温种（刘青 等，2006），莱州湾内强壮滨箭虫对盐度的耐受范围广，盐度范围可为 29～32。但是，强壮滨箭虫的相对高值区位于 33 等盐线以低一侧，而在高于 33 的等盐线一侧，数量极少或不出现。强壮滨箭虫的相对密集区的分布也基本遵循了低盐近岸水的季节分布。莱州湾内水文主要受季风、黄河冲淡水和外海水共同作用。春季（3—5 月），莱州湾水温低，黄河冲淡水向南及东南方扩散，强壮滨箭虫特别是内海型的个体数量激增，高密集区位于湾南侧底部；夏季（6—8 月）水温升高，黄河入海径流受莱州湾顺时针环流和东南季风影响，向东或东北方向流出，外海水以补偿形式流入湾内，导致湾底特别是东侧湾底盐度反而较高，此季强壮滨箭虫的数量和生物量分布中心明显向湾中西侧偏移；冬季（11—2 月）沿岸黄河冲淡水向莱州湾底输送积聚，因此在冬季莱州湾底存在。动力学低盐区，湾底水温较高、盐度较低，湾口处水温低、盐度高，强壮滨箭虫更多退缩于湾内，湾口站位基本不出现。

第三节 底栖动物

底栖生物是指那些依托水体沉积物底内、底表以及以水中物体（包括生物体和非生物体）而栖息的生态类群。在其生活史的全部或大部分时间，生活于水体底部。除定居和活动生活的以外，栖息的形式多为固着于岩石等坚硬的基体上和埋没于泥沙等松软的基底中。此外，还有附着于植物或其他底栖生物体表的以及栖息在潮间带的底栖种类。在摄食方法上，以悬浮物摄食和沉积物摄食居多。底栖生物是生态学上的名词，不是分类学名词，是一个庞杂的生态类群复合体，包括大部分生物分类系统（门、纲）的代表，如海绵生物、腔肠生物、扁形生物、环节生物、软体生物、节肢生物（甲壳纲）、棘皮生物和脊索生物，也包括底栖鱼类。底栖生物根据其粒径大小，可分为3种类型：大型底栖生物、小型底栖生物、微型底栖生物。按其生活方式，可分为5种类型：固着型、底埋型、钻蚀型、底栖型和自由移动型。多数底栖生物长期生活在底泥中，具有区域性强、迁移能力弱等特点，对于环境污染及其变化，通常少有回避能力，其群落的破坏和重建需要相对较长的时间。同时，不同种类底栖生物对环境条件的适应性及对污染等不利因素的耐受力和敏感程度不同。根据这些特点，利用底栖生物的种群结构、优势种类、数量等参数可以确切反映水体的质量状况。

底栖动物是多种渔业生物特别是中国对虾、三疣梭子蟹等放流种类的优质饵料，是提高海洋渔业资源量的重要基础生产力之一，同时，也是海洋生态系统的重要结构组成，是海洋食物网中的重要环节。底栖动物在耦合湖泊底层营养与水层营养、水体生物分解（降低有机污染）和加速物质循环等多方面具有重要作用，也是海洋生态系统质量评价的重要指示生物类群。在渔业资源调查及其相关研究中涉及的底栖生物均为大型底栖动物（网筛孔径大于0.5 mm）。因此，了解莱州湾及其黄河口海域大型底栖动物的生态特点，对拟订该水域渔业生产计划和维护水生态系统健康发展具有积极意义。

本节采用2009年夏季（8月）、秋季（10月）及2010年春季（5月）、夏季（8月）渤海大型底栖动物调查样品数据。调查使用开口面积为0.05 m^2 的箱式采泥器，在调查海区采集未受扰动的沉积物样品。每个站位取2个平行样。莱州湾调查站位如图3-27所示。在取样现场使用0.05 mm的网筛来分选大型底栖动物。将生物标本和残渣全部转移至样品瓶，用5%福尔马林固定后带回实验室称重、分析，软体动物带壳称重，并换算成单位面积的生物量（g/m^2）和栖息密度（个/m^2）。样品的处理、保存、计数和称量等均按照《海洋调查规范》进行。

底栖生物群落中的优势种类根据Pinkas等提出的相对重要性指数（*IRI*）确定：

$$IRI=(N+W)F$$

式中，N 为某一种类的密度占总密度的百分率；W 为某一种类的生物量占总生物量的百分率；F 为某一种类出现的站数占调查总站数的百分率。

相对重要性指数（IRI）包含生物的个体数、生物量及出现频率 3 个重要信息，常被用来研究群落中各种类的生态优势度。IRI 值$>$500 定为优势种，IRI 值在 100～500 为重要种，IRI 值在 10～100 为常见种，IRI 值$<$10 为少见种。

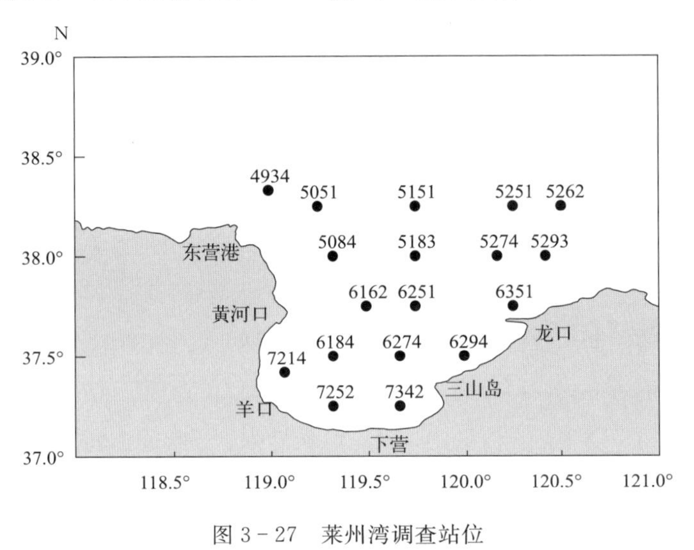

图 3－27　莱州湾调查站位

一、种类组成和季节变化

2009 年夏季共采集到大型底栖动物 90 种（图 3－28），优势种主要是低温、广盐、暖水种。其中，多毛类有 27 种，占总种数的 30.00%；软体类有 31 种，占总种数的 34.44%；甲壳类有 14 种，占总种数的 15.56%；棘皮类有 8 种，占总种数的 8.89%；其他类有 10 种（腔肠动物 1 种、纽形动物 2 种、螠虫动物 2 种、海绵动物 2 种、星虫动物 1 种，鱼类 2 种），占总种数的 11.11%。所采集的大型底栖动物，能鉴定到种的有 82 种。

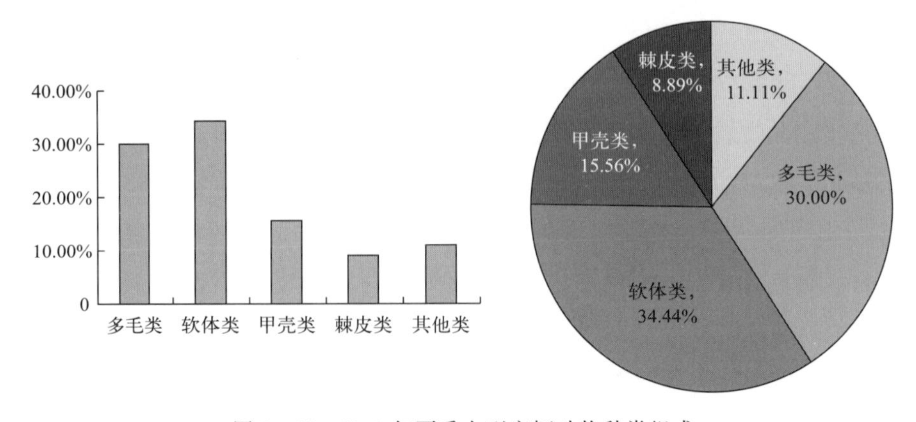

图 3－28　2009 年夏季大型底栖动物种类组成

2009 年秋季共采集到大型底栖动物 74 种（图 3－29），优势种主要是低温、广盐、暖水种。其中，多毛类有 26 种，占总种数的 35.13％；软体类有 22 种，占总种数的 29.73％；甲壳类有 14 种，占总种数的 18.91％；棘皮类有 7 种，占总种数的 9.46％；其他类有 5 种（纽形动物 1 种、螠虫动物 1 种、海绵动物 1 种、星虫动物 1 种，鱼类 1 种），占总种数的 6.77％。所采集的大型底栖动物，能鉴定到种的有 70 种。

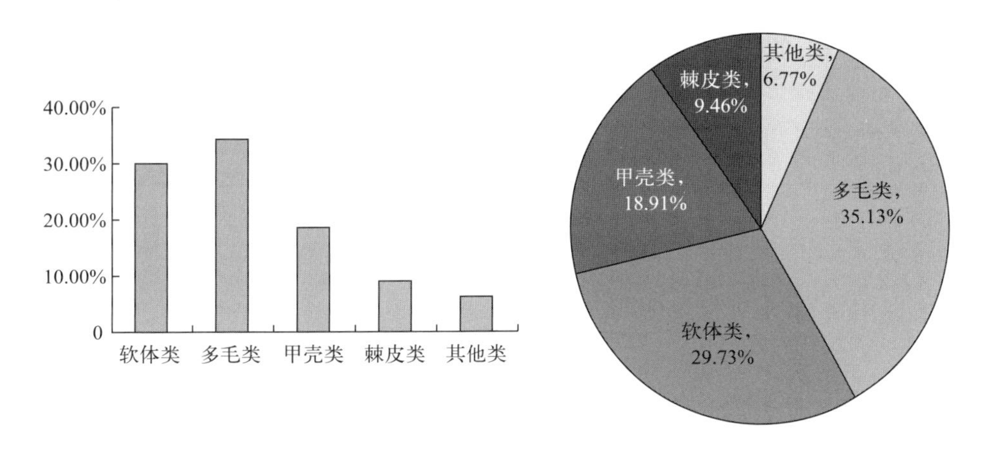

图 3－29　2009 年秋季大型底栖动物种类组成

2010 年春季共采集到大型底栖动物 65 种（图 3－30），优势种主要是低温、广盐、暖水种。其中，多毛类有 26 种，占总种数的 40.00％；软体类有 13 种，占总种数的 20.00％；甲壳类有 15 种，占总种数的 23.08％；棘皮类有 5 种，占总种数的 7.69％；其他类有 6 种（纽形动物 2 种、螠虫动物 1 种、星虫动物 1 种，鱼类 2 种），占总种数的 9.23％。所采集的大型底栖动物，能鉴定到种的有 58 种。

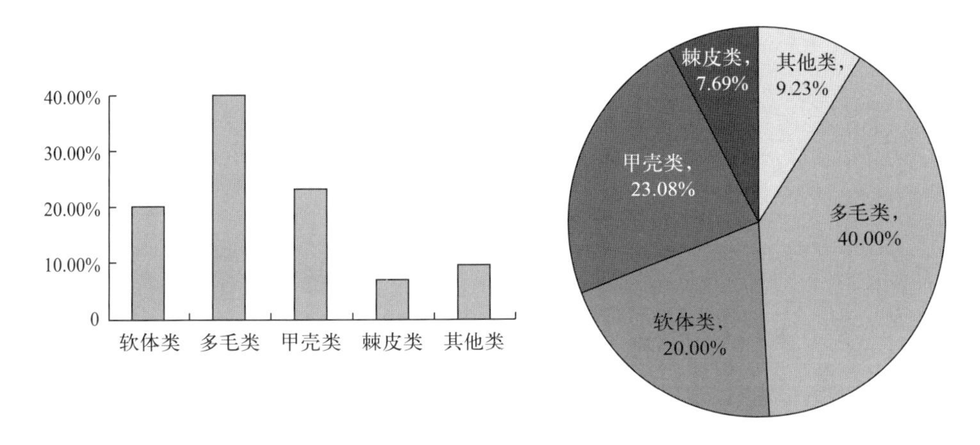

图 3－30　2010 年春季大型底栖动物种类组成

2010 年夏季共采集到大型底栖动物 98 种（图 3－31），优势种主要是低温、广盐、暖水种。其中，多毛类有 36 种，占总种数的 36.73％；软体类有 31 种，占总种数的

31.63%；甲壳类有17种，占总种数的17.35%；棘皮类有6种，占总种数的6.12%；其他类有8种（腔肠动物1种、纽形动物1种、螠虫动物2种、星虫动物1种，鱼类3种），占总种数的8.17%。所采集的大型底栖动物，能鉴定到种的有88种。

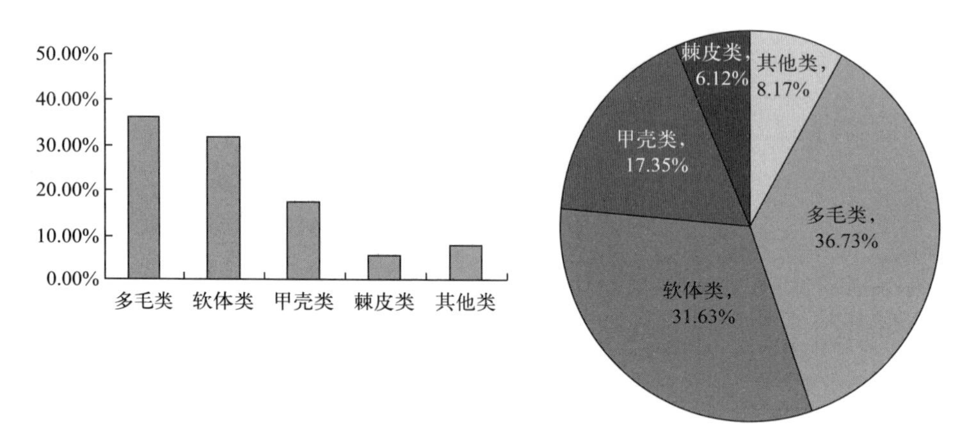

图3-31 2010年夏季大型底栖动物种类组成

2009年夏季、2009年秋季、2010年春季和2010年夏季平均每个站位的底栖动物分别为21.6种、14.9种、11.7种和16.2种，图3-32、图3-33、图3-34和图3-35表示15个站位在不同调查航次中底栖动物的物种数和对应的物种出现频率，图中显示，不同站位的底栖生物种数存在较大差异。其中物种数最少的为4934站，该站位位于黄河口北侧，渤海湾外。物种数较多的站位为5151站、5251站、5183站和5274站，这些站位位于胶州湾至渤海中部海域，站位水深。在调查海域，由于黄河口相对莱州湾其他海域沉积物生态环境的复杂多变，底栖动物的分布具有显著的空间异质性。河口附近4934站、5051站、5084站、6183站和6151站种类数相对较少，软体类脆壳理蛤（*Thieora lata*）、纵肋织纹螺（*Nassarius*）、紫壳阿文蛤（*Alvenius ojianus*）在这几个站位中出现个体相对较多。

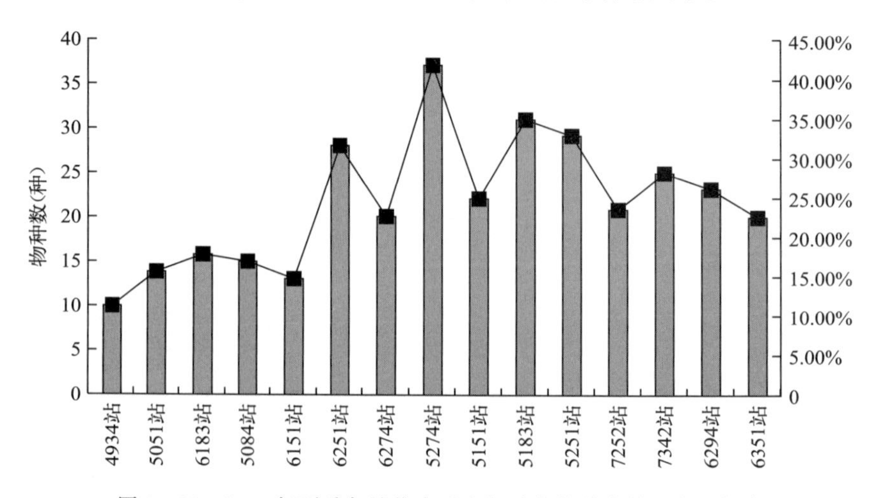

图3-32 2009年夏季各站位大型底栖动物的种类数和出现频率

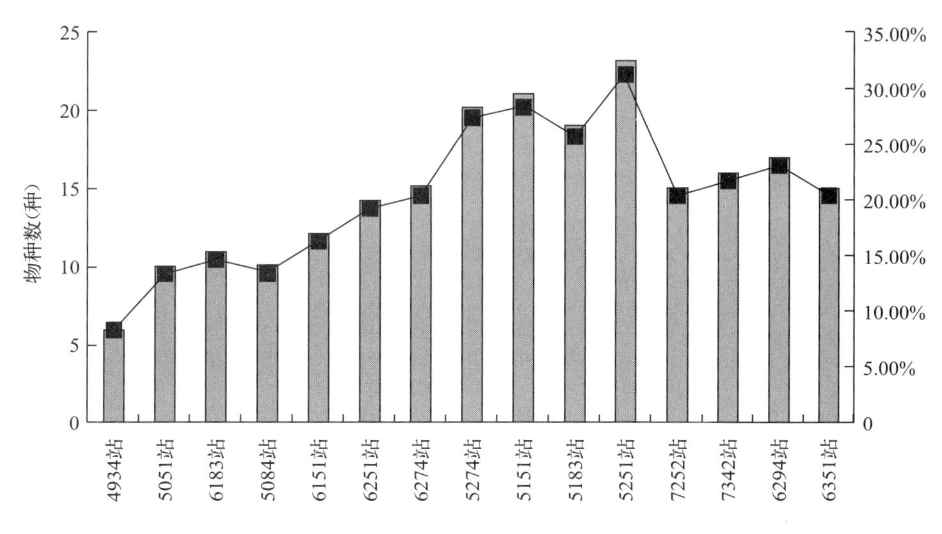

图 3-33　2009 年秋季各站位大型底栖动物的种类数和出现频率

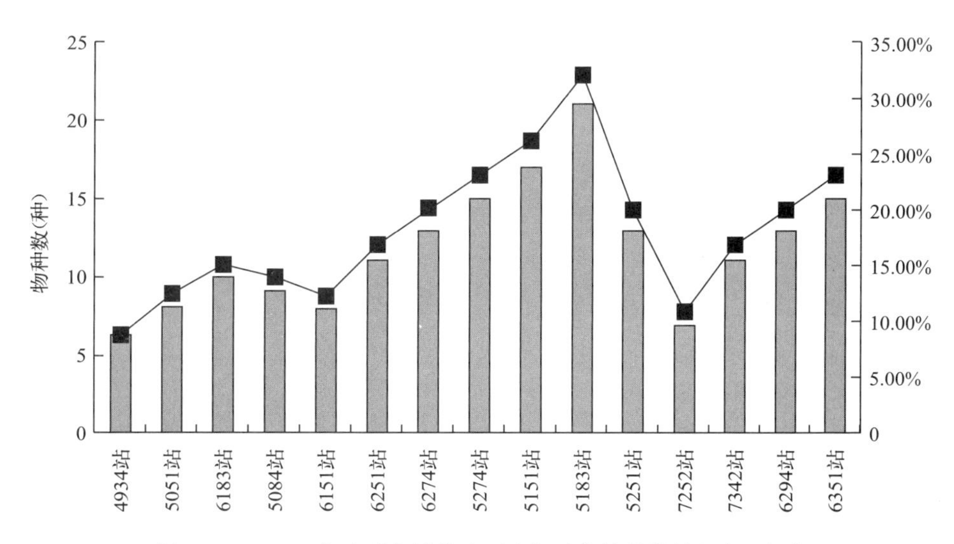

图 3-34　2010 年春季各站位大型底栖动物的种类数和出现频率

从丰度来看，环节动物多毛类占绝对优势，达 521.54 个/m^2，占总平均丰度的 47.30%；软体类为 331.88 个/m^2，占 30.10%；甲壳类为 104.55 个/m^2，占 9.48%；棘皮类为 88.06 个/m^2，仅占 7.99%；而其他类的丰度为 56.53 个/m^2，占 5.13%，多毛类>软体类>甲壳类>棘皮类>其他。在生物量上，软体类则占优势，为 9.48 g/m^2，占总平均生物量的 33.67%；多毛类为 6.23 g/m^2，占 22.12%；棘皮类为 5.67 g/m^2，占 20.13%；甲壳类为 3.82 g/m^2，占 13.57%；其他类的生物量为 2.96 g/m^2，占 10.51%（图 3-36）。

各主要类群所占比例，季节性变动比较明显。多毛类所占比例最高，从 2009 年夏季

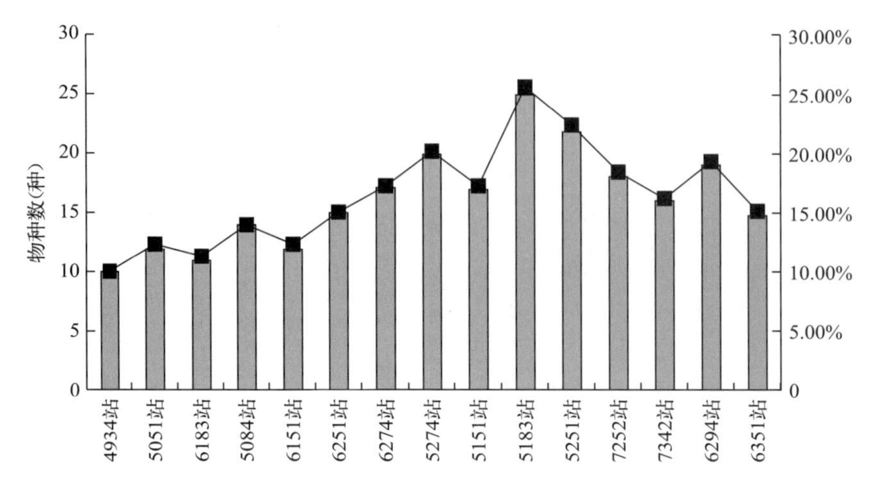

图 3-35　2010 年夏季各站位大型底栖动物的种类数和出现频率

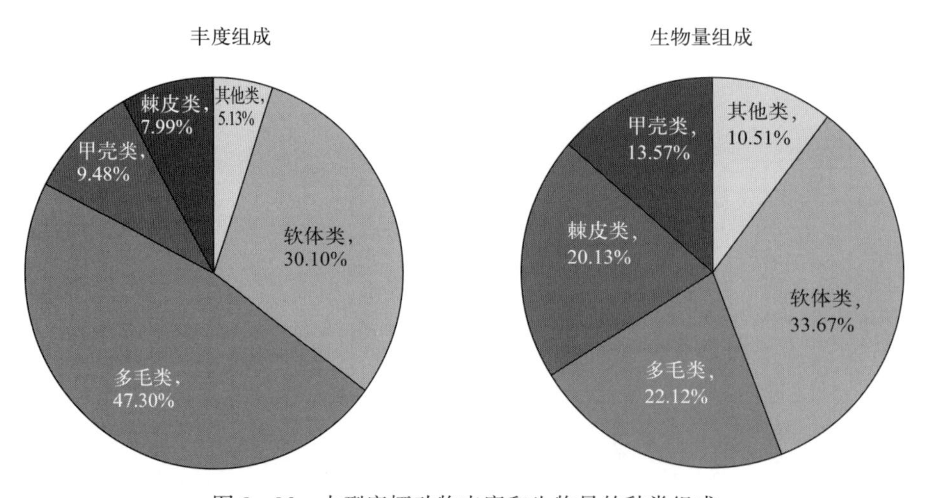

图 3-36　大型底栖动物丰度和生物量的种类组成

至 2010 年夏季呈现逐步增加的趋势，然后到 2010 年夏季回落到 35%左右；软体类和甲壳类呈现一个犬牙交错的态势，2009 年夏季，软体类的比例要高于甲壳类，但在 2010 年春季，甲壳类比例升高到 25%，高于此时软体类的比例，到了 2010 年夏季，又恢复到一个软体类高、甲壳类低的状态；棘皮类、鱼类的变化趋势相似，为波峰—波谷—波峰的变动规律，其他种类为波谷—波峰—波谷的变化趋势。

莱州湾大型底栖动物群落以多毛类、软体类和甲壳类动物为主。表 3-6 列出了出现频率较高、分布较广的常见种。各季节的优势种数量有所变化，夏季最高，为 43 种，其次是秋季，为 38 种，春季为 34 种。

表 3-6　莱州湾大型底栖动物各年份、季节的常见种和出现频率

单位：%

类别	常见种	2009 年 8 月	2009 年 10 月	2010 年 5 月	2010 年 8 月
多毛类	不倒翁虫（*Sternaspis sculata*）	86.67	86.67	93.33	93.33
	寡节甘吻沙蚕（*Glycinde gurjanovae*）	80.00	93.33	86.67	86.67
	西方似蛰虫（*Amaeana occidentalis*）	60.00	86.67	73.33	60.00
	寡鳃齿吻沙蚕（*Nephthys oligobranchia*）	66.67	60.00	60.00	73.33
	中蚓虫（*Mediomastus* sp.）	40.00	80.00	73.33	60.00
	深钩毛虫（*Sigambra bassi*）	73.33	73.33	33.33	73.33
	长叶索沙蚕（*Lumbrineris longigolia*）	73.33	40.00	66.67	60.00
	拟特须虫（*Paralacydonia paradoxa*）	53.33	46.67	53.33	40.00
	多丝独毛虫（*Tharyx multifilis*）	46.67	33.33	33.33	46.67
软体类	脆壳理蛤（*Thieora lata*）	93.33	86.67	66.67	86.67
	纵肋织纹螺（*Nassarius*）	80.00	93.33	60.00	80.00
	秀丽波纹蛤（*Raetellops fortilirata*）	60.00	60.00	86.67	73.33
	紫壳阿文蛤（*Alvenius ojianus*）	86.67	86.67	80.00	80.00
	微型小海螂（*Leptomya minuta*）	46.67	60.00	46.67	73.33
	江户明樱蛤（*Moerella jedoensis*）	40.00	40.00	46.67	73.33
	日本胡桃蛤（*Nucula nipponica*）	53.33	73.33	46.67	40.00
	薄索足蛤（*Thyasira tokunagai*）	46.67	46.67	46.67	40.00
	豆形凯利蛤（*Kellia porculus*）	33.33	33.33	60.00	60.00
	小亮樱蛤（*Nitidotellina minuta*）	53.33	60.00	33.33	20.00
	皮氏蛾螺（*Buccinum perryi*）	33.33	33.33	33.33	20.00
甲壳类	日本美人虾（*Calliana jiaponica*）	60.00	60.00	46.67	86.67
	背尾水虱（*Cythura* sp.）	33.33	66.67	60.00	73.33
	中华蜾蠃蜚（*Corophium sinense*）	86.67	73.33	40.00	60.00
	长指马尔他钩虾（*Melita longidactyla*）	46.67	86.67	40.00	86.67
	细长涟虫（*Iphinoe tenera*）	86.67	86.67	93.33	80.00
	塞切尔泥钩虾（*Eriopisella sechellensis*）	60.00	46.67	46.67	33.33
	长鳃麦杆虫（*Caprella aequilibra*）	33.33	33.33	40.00	53.33
	三崎双眼钩虾（*Ampelisca misakiensis*）	53.33	20.00	33.33	40.00
棘皮类	金氏真蛇尾（*Ophiura kinbergi*）	33.33	60.00	53.33	53.33
	日本倍棘蛇尾（*Amphioplus japonicus*）	73.33	66.67	86.67	53.33
	萨氏真蛇尾（*Ophiura sarsii*）	53.33	40.00	33.33	53.33
	紫蛇尾（*Ophiopholis mirabilis*）	33.33	40.00	40.00	20.00
	砂海星（*Luidia quinaria*）	33.33	20.00	33.33	33.33
其他类	海仙人掌（*Cavernulara obesa*）	40.00	40.00	33.33	33.33
	纽虫（Nemertinea）	53.33	20.00	40.00	33.33

调查海域内大型底栖动物常见种的出现频率不一，2009 年夏季软体动物脆壳理蛤出

现频率最高（93.33%），出现频率大于等于80%小于90%的种类包括多毛类的不倒翁虫（*Sternaspis sculata*）、寡节甘吻沙蚕（*Glycinde gurjanovae*），软体类的纵肋织纹螺、紫壳阿文蛤，甲壳类的中华蜾蠃蜚（*Corophium sinense*）、细长涟虫（*Iphinoe tenera*）。出现频率大于50%小于80%的种类最多，包括多毛类的西方似蛰虫（*Amaeana occidentalis*）、寡鳃齿吻沙蚕（*Nephthys oligobranchia*）、深钩毛虫（*Sigambra bassi*）、长叶索沙蚕（*Lumbrineris longigolia*）、拟特须虫（*Paralacydonia paradoxa*），软体类的秀丽波纹蛤（*Raetellops fortilirata*）、日本胡桃蛤（*Nucula nipponica*）、小亮樱蛤（*Nitidotellina minuta*），甲壳类的日本美人虾（*Calliana jiaponica*）、塞切尔泥钩虾（*Eriopisella sechellensis*）、三崎双眼钩虾（*Ampelisca misakiensis*），棘皮类的日本倍棘蛇尾（*Amphioplus japonicus*）、萨氏真蛇尾（*Ophiura sarsii*），其他类的纽虫（Nemertinea）。

2009年秋季出现频率最高的种类是多毛类的寡节甘吻沙蚕和软体类的纵肋织纹螺，出现频率同为93.33%。出现频率大于等于80%小于90%的种类包括多毛类的不倒翁虫、西方似蛰虫、中蚓虫（*Mediomastus* sp.），软体类的脆壳理蛤和紫壳阿文蛤，甲壳类的长指马尔他钩虾（*Melita longidactyla*）和细长涟虫。出现频率大于等于50%小于80%的种类包括多毛类的寡鳃齿吻沙蚕和深钩毛虫，软体类的秀丽波纹蛤、日本胡桃蛤、微型小海螂（*Leptomya minuta*）、小亮樱蛤，甲壳类的背尾水虱（*Cythura* sp.）、日本美人虾、中华蜾蠃蜚，棘皮类的金氏真蛇尾（*Ophiura kinbergi*）和日本倍棘蛇尾。

2010年春季多毛类的不倒翁虫和甲壳类的细长涟虫出现频率最高（93.33%），出现频率大于等于80%小于90%的种类包括多毛类的寡节甘吻沙蚕，软体类的秀丽波纹蛤和紫壳阿文蛤，棘皮类的日本倍棘蛇尾。出现频率大于50%小于80%的种类包括多毛类的西方似蛰虫、中蚓虫、寡鳃齿吻沙蚕、长叶索沙蚕、拟特须虫，软体类的脆壳理蛤、纵肋织纹螺、豆形凯利蛤（*Kellia porculus*），甲壳类的背尾水虱。

2010年夏季多毛类的不倒翁虫出现频率最高（93.33%），出现频率大于等于80%小于90%的种类包括多毛类的寡节甘吻沙蚕，软体类的脆壳理蛤、纵肋织纹螺和紫壳阿文蛤，甲壳类的日本美人虾、长指马尔他钩虾和细长涟虫。出现频率大于50%小于80%的种类包括多毛类的西方似蛰虫、寡鳃齿吻沙蚕、中蚓虫、深钩毛虫、长叶索沙蚕，软体类的秀丽波纹蛤、微型小海螂、江户明樱蛤（*Moerella jedoensis*）、豆形凯利蛤，甲壳类的背尾水虱、中华蜾蠃蜚。

大型底栖动物的中、小个体种类，往往在丰度上占有优势，而大个体则在生物量上占有优势，因此，单纯以个体数量来判断优势种，会忽视生命周期长、生物量较大的物种。相对重要性指数能兼顾丰度、生物量和出现频率，如纽虫和背尾水虱等，虽然不是莱州湾大型底栖动物的优势种，但其相对重要性指数较高，这说明它们在生物群落中也起到重要作用。表3-7列出了不同年份、季节大型底栖动物的相对重要性指数居前的种类。不同年份、不同季节，各种底栖动物的相对重要性指数存在差异。2009年夏季，不倒翁虫、紫壳阿文蛤、寡鳃齿吻沙蚕、细长涟虫、秀丽波纹蛤、深沟毛虫等6种底栖动物的相对重要性指数大于500，包括3种多毛类、1种甲壳类和2种软体类，它们为该航次的优势种；2009年秋季的优势种为寡鳃齿吻沙蚕、不倒翁虫、纵肋织纹螺、紫壳阿文蛤，其中寡鳃齿吻沙蚕、不倒翁虫的重要性指数大于1000，是绝对优势种类；2010年春季的优势种类是多毛类的不倒翁虫、寡鳃齿吻沙蚕、细长涟虫、脆壳理蛤、紫壳阿文蛤，包括2种多毛类、1种甲壳类和2种软体类，只有不倒翁虫是绝对优势种类；2010年夏季的优势种类是寡鳃齿吻沙蚕、紫壳阿文蛤、不倒翁虫、脆壳理蛤、细长涟虫、中蚓虫和深沟毛虫，包括4种多毛类、1种甲壳类和2种软体类。

表3-7　莱州湾不同年份、季节大型底栖动物的相对重要性指数

种名	2009年夏季	种名	2009年秋季	种名	2010年春季	种名	2010年夏季
不倒翁虫	1 233	寡鳃齿吻沙蚕	1 411	不倒翁虫	1 756	寡鳃齿吻沙蚕	1 243
紫壳阿文蛤	972	不倒翁虫	1256	寡鳃齿吻沙蚕	863	紫壳阿文蛤	991
寡鳃齿吻沙蚕	802	纵肋织纹螺	863	细长涟虫	814	不倒翁虫	973
细长涟虫	730	紫壳阿文蛤	710	脆壳理蛤	804	脆壳理蛤	882
秀丽波纹蛤	660	细长涟虫	496	紫壳阿文蛤	529	细长涟虫	868
深沟毛虫	524	寡节甘吻沙蚕	482	纵肋织纹螺	466	中蚓虫	567
微型小海螂	431	中蚓虫	428	微型小海螂	345	深沟毛虫	538
中蚓虫	364	秀丽波纹蛤	356	背尾水虱	242	纵肋织纹螺	300
脆壳理蛤	246	纽虫	206	中蚓虫	209	微型小海螂	279
寡节甘吻沙蚕	120	日本背棘蛇尾	101	秀丽波纹蛤	167	纤细长涟虫	206
纵肋织纹螺	116					日本背棘蛇尾	156

二、大型底栖动物的分布特征

1. 丰度分布

2009年夏季，莱州湾大型底栖动物的平均总丰度为（1 306±688.36）个/m²，变动范围为420～2 500个/m²，位于莱州湾湾口附近海域的5151站、5274站和5251站丰度均大于2 000个/m²，占总调查站位数的20.00%，这些站位中多毛类占绝对优势；位于莱州湾西侧黄河口附近海域的6183站、5051站、4934站、5084站丰度较少，占总调查站位数的26.67%，其中6183站丰度最少，仅为420个/m²，在这些站位中，底栖动物种类和数量较少，软体类出现频率较高。2009年秋季，大型底栖动物的平均总丰度为（1 158±689.07）个/m²，变动范围为380～2 380个/m²，位于莱州湾湾口附近海域的5151站和5251站丰度均大于2 000个/m²，大于1 000个/m²小于2 000个/m²的站位包括5183站、6251站、6274站、5274站和6351站，占总调查站位数的26.67%，丰度值小于500个/m²的站位包括 5084 站、6183 站和 4934 站，占总调查站位数的 20.00%（图 3-37）。

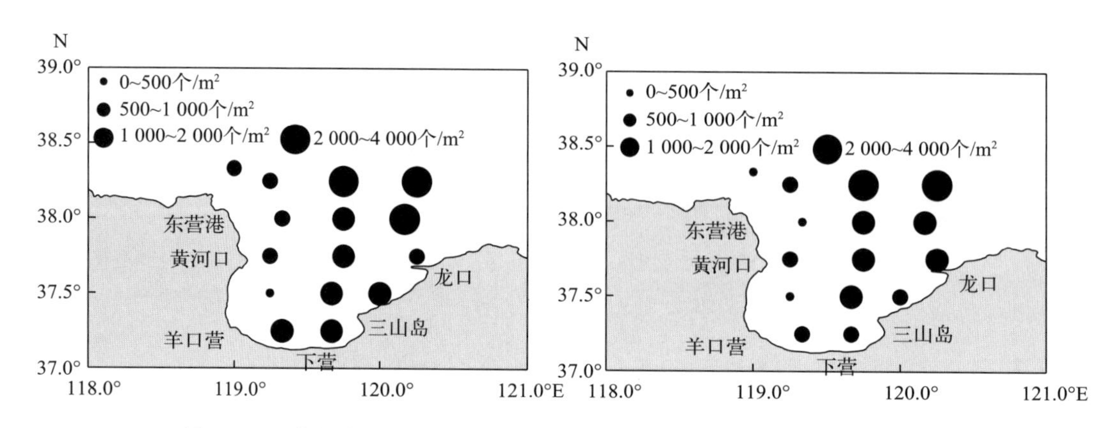

图 3-37 莱州湾 2009 年夏季（左）、秋季（右）大型底栖动物丰度的分布

2010 年春季，莱州湾大型底栖动物的平均总丰度为（831±484.68）个/m²，变动范围为 240～1 620 个/m²。站位丰度值都没有大于 2 000 个/m²，大于 1 000 个/m² 小于 2 000 个/m² 的站位包括 5151 站、6251 站、5274 站和 5251 站，占总调查站位数的 26.67%，丰度值小于 500 个/m² 的站位包括 5051 站、5084 站、6183 站、6351 站和 4934 站，占总调查站位数的 26.67%。2010 年夏季，大型底栖动物的平均总丰度为（1 229±754.74）个/m²，变动范围为 440～2 800 个/m²。位于莱州湾湾口附近海域的 5151 站、5274 站和 5184 站丰度值均大于 2 000 个/m²，占总调查站位数的 20.00%，这些站位中多毛类占绝对优势，比如不倒翁虫和寡鳃齿吻沙蚕两者在 5183 站的丰度值高达 1 600 个/m²（图 3-38）。

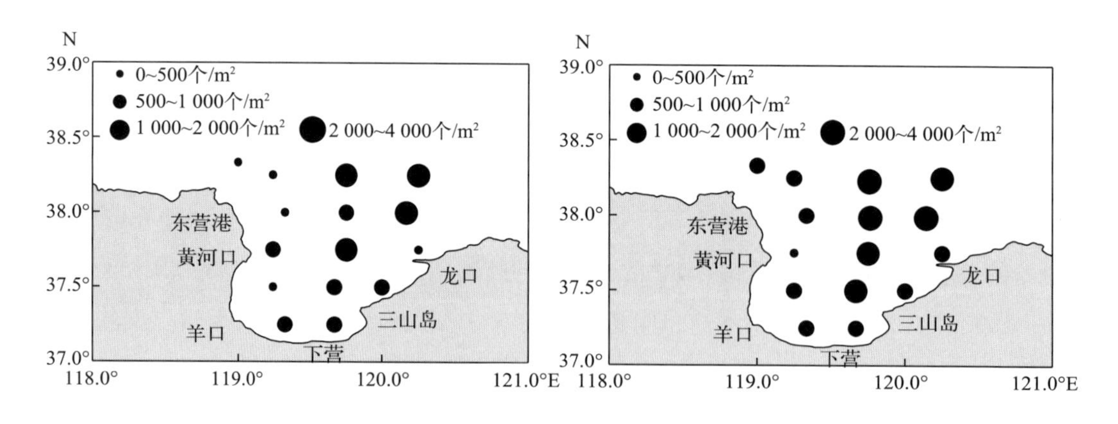

图 3-38 莱州湾 2010 年春季（左）、夏季（右）大型底栖动物丰度的分布

2. 生物量分布

2009 年夏季，莱州湾大型底栖动物平均总生物量为（9.09±5.58）g/m²，变动范围为 2.34～19.44 g/m²。5151 站、5183 站、6274 站、5274 站和 5251 站平均生物量均大于 10 g/m²，站位数占总调查站位数的 33.33%，站位基本上都位于莱州湾湾口海域；平均

生物量小于 4 g/m² 的站位分别是 5084 站、6151 站，站位都位于莱州湾西侧黄河口附近海域。2009 年秋季，大型底栖动物的平均总生物量为（5.19±3.15）g/m²，变动范围为 1.03～10.32 g/m²。秋季底栖动物生物量相比夏季较低，仅 5151 站的平均生物量大于 10 g/m²，5183 站、6251 站、6274 站、6183 站、4934 站、6351 站、5274 站和 5251 站平均生物量大于 4 g/m² 小于 10 g/m²，站位数占总调查站位的 53.33%，莱州湾西侧附近站位平均生物量相对较少（图 3－39）。

2010 年春季，莱州湾大型底栖动物的平均总生物量为（3.25±2.16）g/m²，变动范围为 0.56～7.24 g/m²。春季大型底栖动物平均生物量相比夏秋季少，站位平均生物量都低于 10 g/m²。2010 年夏季，大型底栖动物的平均总生物量为（5.58±2.94）g/m²，变动范围为 2.1～11.9 g/m²。5151 站和 5274 站平均总生物量均大于 10 g/m²，站位数占总调查站位的 13.33%，大于 4 g/m² 小于 10 g/m² 的站位包括 5183 站、6251 站、6274 站、6351 站、5251 站和 7252 站等 6 个站位，占总调查站位数的 40%（图 3－40）。

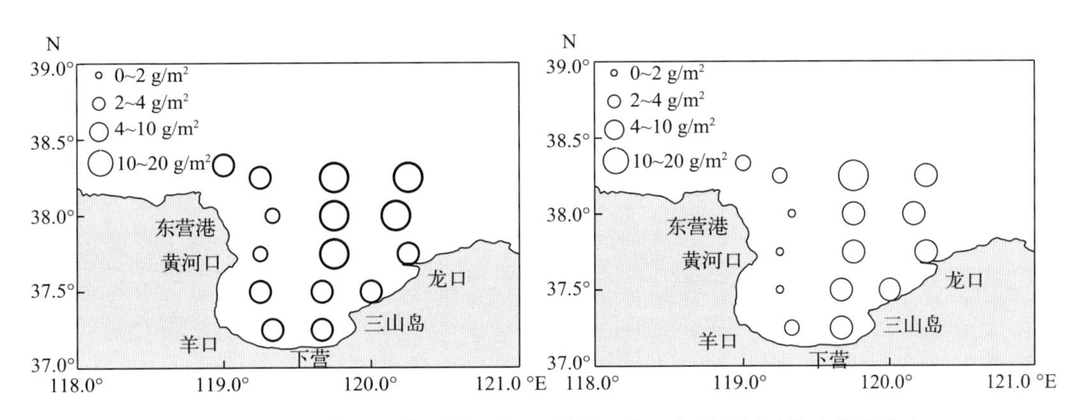

图 3－39　莱州湾 2009 年夏季（左）、秋季（右）大型底栖动物生物量分布

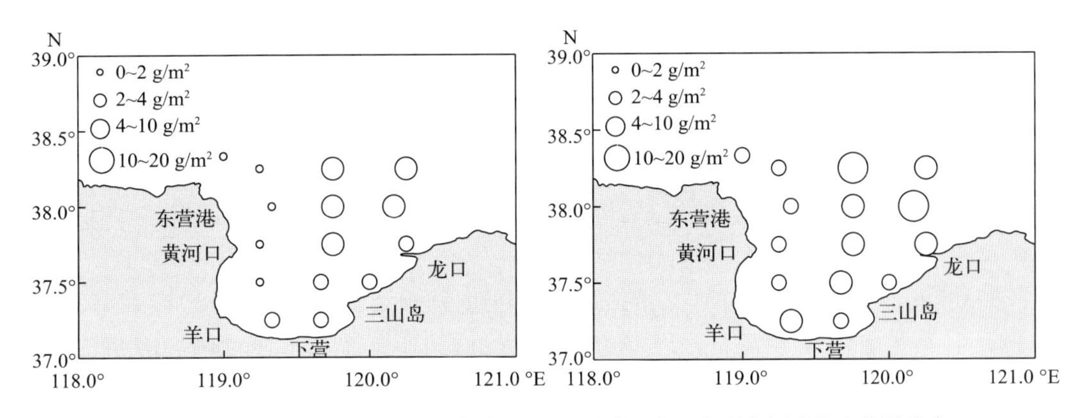

图 3－40　莱州湾渤海 2010 年春季（左）、夏季（右）大型底栖动物生物量分布

从大型底栖动物丰度和生物量分布可以看出：丰度和生物量分布规律具有很强的相似性，高值区在莱州湾中央至渤海中部海域，附近站位具有水深、盐度高、颗粒粗、含

砂量高、有机质含量低等特点（周红 等，2010）；在莱州湾西侧黄河口附近海域站位丰度和生物量较低，附近海域具有水浅、低盐、颗粒细、粉砂—黏土含量和有机质含量高等特点。

三、时空变动

莱州湾大型底栖动物丰度和生物量季节变化明显，并且变动规律相同，夏季最高，秋季其次，春季最低。

莱州湾的平均丰度值与其他海域差异不一（表 3－8），高于 1982—2001 年期间调查的大部分结果，但是低于渤海（1997—1999 年）和渤海海峡（1997—1998 年）的调查数据；平均生物量与其他海域相差较大，虽然也比以前高，但增加幅度相对较小。由于在海上取样和室内分选方法上的差异，使得取得的大型底栖动物的丰度和生物量资料与历史相关的资料进行比较异常困难。环境的变化可能会造成上述差异，使用不同孔径的网筛，也可能是造成上述差异的另一个主要原因。

表 3－8　不同海域大型底栖动物种类数、丰度、生物量比较

调查海域	时间	种类数	丰度（个/m²）	生物量（g/m²）
渤海	1982 年 7 月	—	343	2.76
渤海	1997—1999 年	306	2 575	42.59
渤海	2009 年	261	1 030	25.61
黄海北部	1999 年 12 月	178	357	44.65
黄海北部	2007 年 1 月	322	1 883	38.86
黄海北部	2010 年	287	1 326	34.62
渤海海峡	1997—1998 年	—	3 968	103.27
黄海北部近岸	1997—1998 年	107	511	106.1
黄海南部	2000—2001 年	272	272	19.23
黄河口及其邻近海域	1982 年 5 月	—	557	35.28

注：“—”表示无数据。

2009 年和 2010 年，莱州湾大型底栖动物的丰度调查结果与 20 世纪 80 年代和 90 年代相比整体呈下降趋势（表3－9），种数减少；在渤海中部，尽管大型底栖动物丰度与 10 年前比有所减少，但与 20 年前基本相当，而种数却与莱州湾呈一致的下降趋势。渤海沉积环境与 10 年和 20 年前相比也有了很大的改变：黏土含量在莱州湾和渤海中部均呈下降趋势；粉砂含量在渤海中部比 10 年前和 20 年前均有大幅度增加；沉积物粒度在莱州湾有变粗的趋势，而在渤海中部似有变细的倾向。莱州湾大型底栖动物的优势种变动较大，

1985 年莱州湾的优势种为个体较大的棘皮动物心形海胆和软体动物凸壳肌蛤，1997 年优势种更替为软体动物紫壳阿文蛤和银白齿缘壳蛞蝓，2009 年和 2010 年优势种变为个体更小的环节动物多毛类和软体动物双壳类，可以看出莱州湾大型底栖动物群落呈现明显的小型化趋势。

表 3-9　与莱州湾历史数据的比较

调查时间	丰度（个/m²）	平均种数	中值粒径 MD	优势种	资料来源
1985 年 5—6 月	1542	44	6.84	心形海胆和凸壳肌蛤	张志南 等（1990a，b）
1985—1987 年	1610	44	7.5		
1997 年 6 月	1851	47	6.6	紫壳阿文蛤和银白齿缘壳蛞蝓	韩杰 等（2001）
2006 年	698	41	5.4	不倒翁虫、小亮樱蛤、背尾水虱	周红 等（2010）
2009 年	1902	32	4.9	寡鳃齿吻沙蚕、微型小海螂、紫壳阿文蛤、江户明樱蛤、细长涟虫	刘晓收 等（2014）
2009 年	1232	21		不倒翁虫、寡鳃齿吻沙蚕、紫壳阿文蛤、细长涟虫	本调查项目
2010 年	1030	18		不倒翁虫、寡鳃齿吻沙蚕、脆壳理蛤、细长涟虫	本调查项目

四、评价

我国河海水系的很多河流都流入渤海湾，带来了大量的污水，海水水质很差。很多入渤海湾的河流入海海水水质属于劣五类。渤海湾现今已经基本成为我国近海海域最严重区域之一。陆源污水的排放是主要原因。渤海湾的海水状况一直都没有得到很好的治理。整个渤海湾基本上 1/3 的水质属于劣四类和劣于劣四类。黄河口作为中国的主要内陆河之一，每年都会给渤海带入大量的陆源污染，而黄河从黄土高原带来大量的泥沙，在黄河口附近沉降，这极大地改变了黄河口附近大型底栖动物的生境，对其生长造成不利的影响（洪业汤，1990）。近十多年来，由于黄河上游调水调沙工程的实施，短期内也引发入海径流和输沙量等物理环境的大幅波动（Cui and Li，2010）。近 30 年的研究显示，黄河口及其邻近海域大型底栖生物群落结构发生了一系列改变，其中以多毛类、甲壳类的比例增加，而双壳类动物比例减小的变化趋势最为明显（周红 等，2010；Zhou et al.，2012）。

丰度上各类生物所占比例较历史数据也发生了变化，即丰度比例依次为：多毛类＞软体类＞甲壳类＞棘皮类＞其他类。根据孙道元和刘银城于 1982 年对渤海资料的报道，渤海大型底栖动物丰度排序依次为：甲壳类＞多毛类＞棘皮类＞软体类。而韩洁（2001）报道的渤海大型底栖动物丰度排序为：软体类＞多毛类＞甲壳类＞棘皮类。从以上报道可以看出，随着时间的推移，莱州湾大型底栖动物在丰度上的优势种，由原先的甲壳类逐渐被体型更小的软体类取代，然后软体类又进一步被体型更小的多毛类取代，可以看出莱州湾大型底栖动物群落呈现明显的小型化趋势。20 世纪 80 年代莱州湾的生物量很高，在远离河口的低沉积速率区即莱州湾近渤海中部海域，生物扰动占优势，穴居型的双壳类和棘皮类在数量和生物量上均占明显优势（张志南 等，1990b），形成 1 个以凸壳肌蛤（*Musculista senhousia*）和心形海胆（*Echinocardium cordatum*）为优势种的群落（孙道元和唐质灿，1989；孙道元和刘银城，1991），到 20 世纪 90 年代在莱州湾丰度和生物量很高的心形海胆和凸壳肌蛤被较小的紫壳阿文蛤和银白齿缘壳蛞蝓（*Yokoyamaia argentata*）取代（韩杰 等，2001），而 21 世纪以来，又进一步被更小的种类小亮樱蛤和脆壳理蛤取代（周红 等，2010；刘晓收 等，2014）。对生物量贡献很大的大型种类已在莱州湾失去优势，小个体的种类逐步取代大个体成为底栖动物群落的优势种类。

另外，莱州湾大型底栖动物丰度和生物量的区域分布具有以下特点：丰度和生物量季节变化明显，夏季最高，秋季其次，春季最低；莱州湾西侧黄河口海域大型底栖动物的丰度和生物量都比较低，在湾口至渤海中央附近海域存在生物量和丰度的高值区，这与周红等（2010）和刘晓收等（2014）的报道是一致的，周红等（2010）发现，莱州湾 20 年前沉积物的异质性系数是沿水下三角洲—莱州湾—渤海中部呈现递增趋势，而现在研究海域沉积物的异质性变化趋势有所不同，莱州湾沉积物的异质性反而要高于渤海中部。此外，莱州湾小型生物平均丰度略高于渤海中部，而莱州湾大型底栖动物的总平均丰度和总平均生物量及总种数都要低于渤海中部。孙道元和刘银城（1991）报道，不包括海峡口在内的整个渤海的丰度排序为：渤海＜辽东湾＜渤海中部＜莱州湾。而韩洁（2001）的研究结果是，丰度高低的排列顺序依次为渤海中部＜莱州湾＜渤海湾＜渤海海峡口＜辽东湾。

总体而言，黄河口海域底栖生物物种丰富度相对较低，具有显著的空间异质性。物种丰富度的高值区集中在距黄河口较远的海域，而低值区主要集中在靠近河口的站位。原因可能与黄河口复杂多变的环境密切相关：黄河口径流量、输沙量月季变化很大，伴随着冲淡水的入侵，底栖生物难以适应环境的剧烈变动；此外，黄河三角洲油田开采活动的干扰和入海污染物的输入，也对底栖生物的生存造成一定的影响。

对 1959—1962 年、1982—1983 年和 1992—1993 年渔业资源的研究均表明：作为渤海传统捕捞对象的底层经济鱼类，资源不断衰退，而小型中、上层鱼类的数量，则相对略有增加。1962 年秋捕对虾以来，渤海区的捕捞强度不断增加，直到 1988 年，拖网渔业才退出渤海。这种较长时间的定向、大力捕捞，可能造成了渤海鱼类种群结构的变化，许多以大型底栖动物为食的鱼类，也相应地发生了变化。这种食物链的改变，必然会造成大型底栖动物群落结构的改变。另外，海水养殖业的污染，也影响着渔业资源的变动，这一因素，同样会直接或间接地影响到莱州湾大型底栖动物的群落结构。

综上所述，一是目前莱州湾大型底栖动物以小个体的软体类和多毛类占丰度上的优势；莱州湾西侧黄河口附近海域大型底栖动物区系贫乏、种类单调，多样性很低，占优势的物种主要是低盐、广温性、暖水种；靠近渤海海域大型底栖动物区系相对复杂，在一些站位中，软体类占有绝对的优势。二是丰度和生物量分布规律具有很强的相似性，高值区在莱州湾中央至渤海中部海域，莱州湾西侧黄河口附近海域站位丰度和生物量较低，莱州湾大型底栖动物丰度和生物量季节变化明显，并且变动规律相同，夏季最高，秋季其次，春季最低。三是大型底栖动物群落的多样性指数在夏季最高，秋季和春季相对较低，季节间的差异并不显著。

第四章
鱼卵及仔稚鱼

鱼卵、仔稚鱼是反映渔业资源补充的重要指标之一，是渔业资源可持续利用的基础，其孵化率和成活率的高低将决定渔业补充群体的资源量。因此，进行鱼卵、仔稚鱼的调查与研究，对于掌握鱼类早期发育规律，阐明鱼类种群补充机制具有重要意义。

第一节 种类组成

莱州湾是渤海三大海湾之一，有黄河等重要河流入海，适宜的地理位置和优越的自然条件，成为黄渤海众多渔业生物的产卵场和索饵场。根据 2009 年和 2010 年的 4 次调查，同时参考有关文献记载，共鉴定鱼卵及仔稚鱼 39 种，隶属于 10 目 26 科。其中，鱼卵 6 目 16 科 25 种，仔稚鱼 8 目 17 科 23 种。按照适温类型，莱州湾的鱼卵及仔稚鱼有暖水性种类 13 种，占总种数的 33.33%；暖温性种类 21 种，占 53.85%；冷温性种类 5 种，占 12.82%（表 4－1）。

表 4－1 莱州湾鱼卵、仔稚鱼种类组成

种 类	鱼卵属性	发育阶段		生态类型	
		鱼卵	仔稚鱼	适温性	栖息水层
鲱形目 Clupeiformes					
鲱科 Clupeidae					
斑鰶 *Konosirus punctatus*	浮性卵	√	√	暖温性	中上层
锯腹鳓科 Pristigasteridae					
鳓 *Ilisha elongata bennett*	浮性卵	√		暖水性	中上层
鳀科 Engraulidae					
鳀 *Engraulis japonicus*	浮性卵	√	√	暖温性	中上层
赤鼻棱鳀 *Thryssa kammalensis*	浮性卵		√	暖水性	中上层
黄鲫 *Setipinna taty*	浮性卵	√	√	暖水性	中上层
灯笼鱼目 Myctophiformes					
狗母鱼科 Synodontidae					
长蛇鲻 *Saurida elongata*	浮性卵	√		暖温性	底层
银汉鱼目 Atheriniformes					
银汉鱼科 Atherinidae					
白氏银汉鱼 *Allanetta bleeker*	粘着沉性卵		√	暖温性	中上层
颌针鱼目 Beloniformes					
鱵科 Hemiramphidae					
沙氏下鱵鱼 *Hyporhamphus sajori*	附着性卵		√	暖水性	中上层
刺鱼目 Gasterosteiformes					
海龙科 Syngnathidae					

（续）

种　类	鱼卵属性	发育阶段		生态类型	
		鱼卵	仔稚鱼	适温性	栖息水层
尖海龙 *Syngnathus acus*	卵胎生		√	暖温性	底层
冠海马 *Hippocampus fasciatus*	卵胎生		√	暖温性	底层
鲻形目 Mugiliformes					
魣科 Sphyraenidae					
油魣 *Sphyraena pinguis*	浮性卵	√		暖温性	中下层
鲻科 Mugilidae					
鲻 *Mugil cephalus*	浮性卵	√		暖水性	中下层
鮻 *Liza haematocheila*	浮性卵	√	√	暖温性	底层
鲈形目 Perciformes					
鮨科 Serranidae					
花鲈 *Lateolabrax japonicus*	粘性卵		√	暖温性	中下层
天竺鲷科 Apogonidae					
细条天竺鲷 *Apogon lieatus*	粘性卵		√	暖温性	中下层
鱚科 Sillaginidae					
多鳞鱚 *Sillago sihama*	浮性卵	√		暖水性	底层
石首鱼科 Sciaenidae					
小黄鱼 *Larimichthys polyactis*	浮性卵	√	√	暖温性	中下层
白姑鱼 *Argyrosomus argentatus*	浮性卵	√		暖水性	中下层
叫姑鱼 *Johnius grypotus*	浮性卵	√	√	暖水性	中下层
黄姑鱼 *Albiflora croaker*	浮性卵	√		暖温性	中下层
棘头梅童鱼 *Collichthys lucidus*	浮性卵	√		暖温性	底层
锦鳚科 Pholidae					
方氏云鳚 *Enedrias fangi*	卵胎生		√	冷温性	底层
鰤科 Callionymidae					
绯鰤 *Callionymus beniteguri*	浮性卵	√		暖温性	底层
带鱼科 Trichiuridae					
小带鱼 *Eupleurogrammus muticus*	浮性卵	√	√	暖水性	中下层
带鱼 *Trichiurus lepturus*	浮性卵	√	√	暖温性	中下层
鲭科 Scombridae					
日本鲭 *Scomber japonicus*	浮性卵	√	√	暖水性	中上层
蓝点马鲛 *Scomberomorus niphonius*	浮性卵	√		暖温性	中上层
鲹科 Rafinesque					
竹筴鱼 *Trachurus japonicus*	浮性卵	√		暖温性	中上层
鰕虎鱼科 Gobiidae					
矛尾复鰕虎鱼 *Synechogobius hasta*	粘性卵		√	暖温性	底层
矛尾鰕虎鱼 *Chaeturichthys stigmatias*	粘性卵		√	暖温性	底层
六丝矛尾鰕虎鱼 *Chaeturichthys hexanema*	粘性卵		√	暖温性	底层
鳗鰕虎鱼科 Taenioididae					
栉孔鰕虎鱼 *Ctenotrypauchen chinensis*	粘性卵		√	暖水性	底层

（续）

种　类	鱼卵属性	发育阶段		生态类型	
		鱼卵	仔稚鱼	适温性	栖息水层
鲉形目 Scorpaeniformes					
六线鱼科 Hexagrammidae					
大泷六线鱼 *Hexagrammos otakii*	粘着沉性卵		√	冷温性	底层
鲬科 Platycephalidae					
鲬 *Platycephalus indicus*	浮性卵	√	√	暖水性	底层
鲽形目 Pleuronectiformes					
舌鳎科 Cynoglossidae					
短吻红舌鳎 *Cynoglossus joyneri*	浮性卵	√		暖温性	底层
鲽科 Pleuronectidae					
高眼鲽 *Cleisthenes herzensteini*	浮性卵	√		冷温性	底层
虫鲽 *Eopsetta grigorjewi*	浮性卵	√		冷温性	底层
牙鲆科 Paralichthyidae					
褐牙鲆 *Paralichthys olivaceus*	浮性卵	√		冷温性	底层
鲀形目 Tetraodontiformes					
革鲀科 Aluteridae					
绿鳍马面鲀 *Navodon septentrionalis*	粘着沉性卵		√	暖水性	底层

第二节　数量分布

莱州湾鱼卵、仔稚鱼的数量具有明显的季节变化和年间差异，除冬季没有调查外，其中鱼卵以春季最高，夏季次之，秋季最少；仔稚鱼夏季高于春季，秋季几乎没有（图 4－1）。

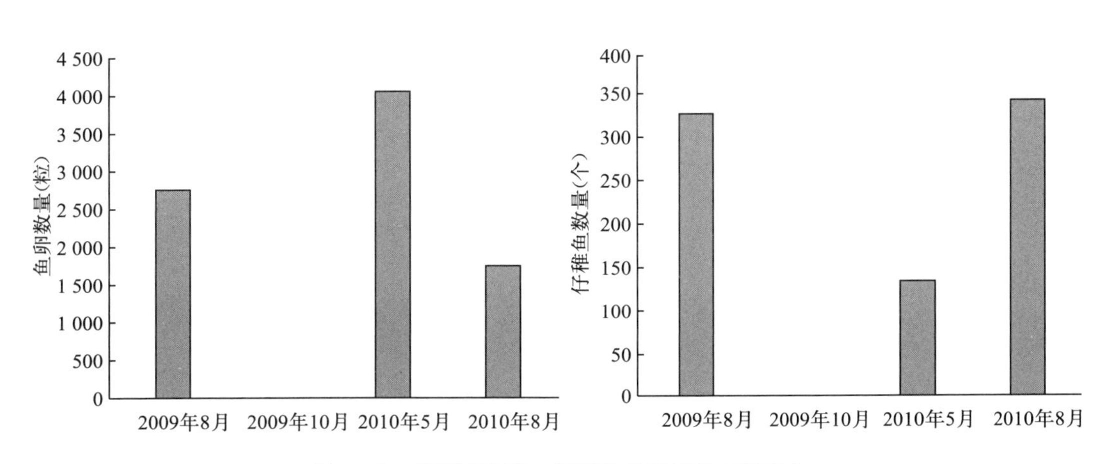

图 4－1　莱州湾鱼卵、仔稚鱼的季节和年间变化

莱州湾鱼卵、仔稚鱼的数量分布存在明显的季节差异，但年间的差异不明显。春季莱州湾鱼卵的数量东部高于西部，湾底有明显的高密度分布区，而仔稚鱼的分布比较均匀（图 4－2）；夏季莱州湾鱼卵的数量以湾底和湾口密度较高，东部略高于西部，而仔稚鱼的数量则是西部高于东部、北部高于南部（图 4－3、图 4－4）。

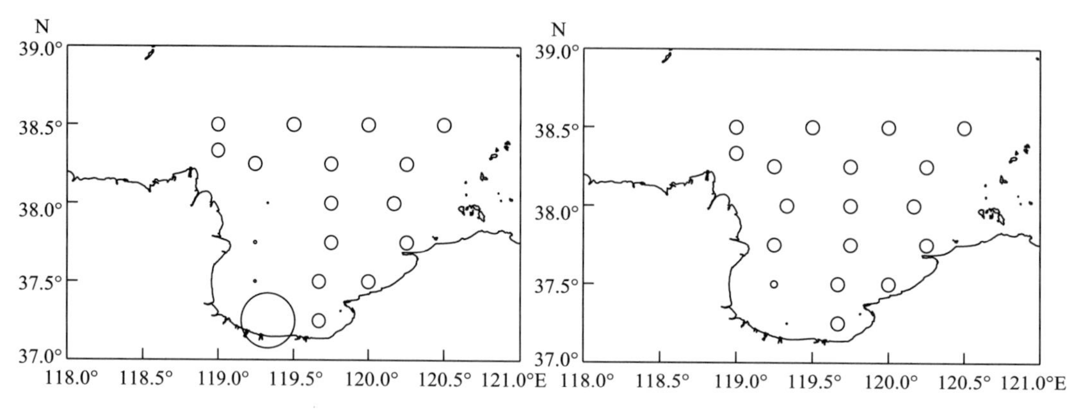

图 4－2　2010 年 5 月鱼卵（左）和仔稚鱼（右）的数量分布

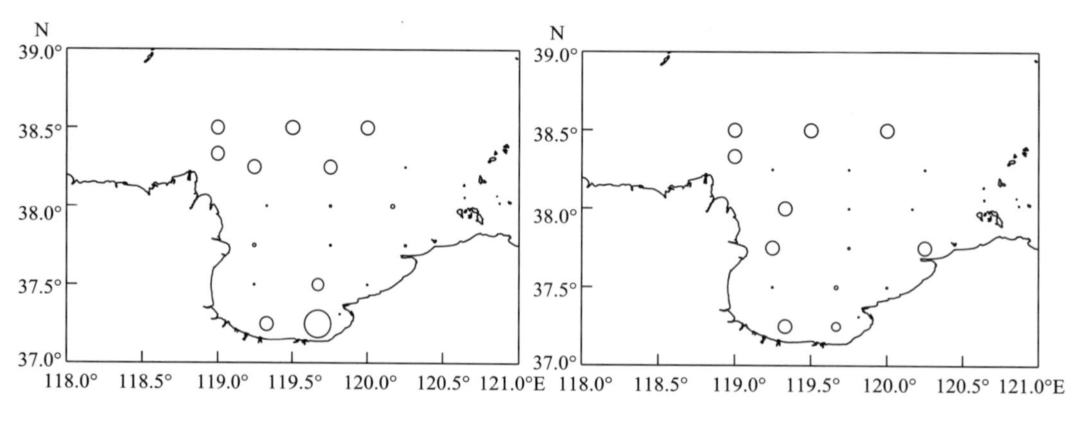

图 4－3　2009 年 8 月鱼卵（左）和仔稚鱼（右）的数量分布

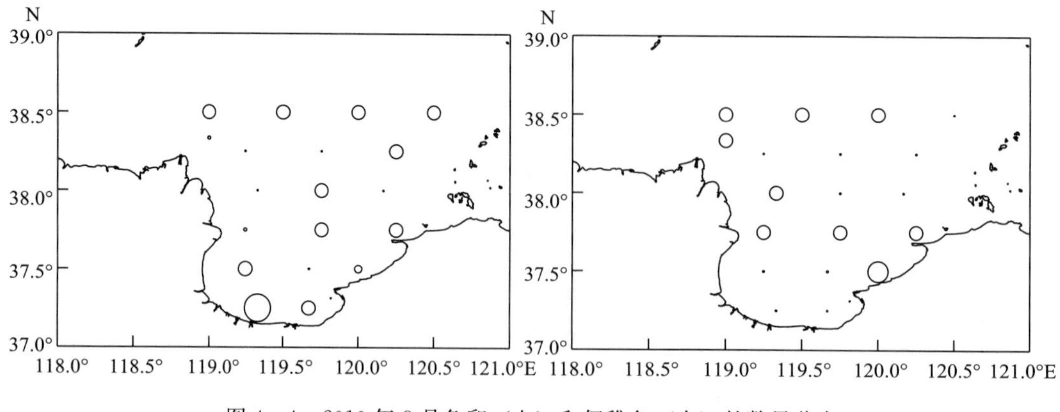

图 4－4　2010 年 8 月鱼卵（左）和仔稚鱼（右）的数量分布

第三节　优势种类

根据2009—2010年春、夏、秋三个季节的调查结果，莱州湾鱼卵和仔稚鱼的优势种类，其季节差异和年间差异都较大，其中以夏季的种类和数量最多，春季和秋季都较少（表4-2）。莱州湾鱼卵和仔稚鱼的优势种主要有多鳞鱚、短吻红舌鳎、沙氏下鱵鱼、白氏银汉鱼、斑鰶等。

表4-2　莱州湾2009—2010年鱼卵、仔稚鱼优势种组成

种类	2009年		2010年	
	8月	10月	5月	8月
多鳞鱚	○　◇			○
小带鱼	○			
短吻红舌鳎	○			○
斑鰶	◇		○	
沙氏下鱵鱼	◇			◇
白氏银汉鱼	◇			◇
花鲈		○		
矛尾复鰕虎鱼			◇	
鲬			○	

注：○代表鱼卵，◇代表仔稚鱼。

一、多鳞鱚

多鳞鱚，地方名为沙丁、沙里钻，属暖温性近底层鱼类。多鳞鱚在黄渤海均有分布，越冬场在黄海中部水深50～70 m的区域。每年3—4月开始进行生殖洄游，4月底进入渤海，在莱州湾沿岸分布较多。在2009年和2010年的夏季，多鳞鱚的鱼卵都是优势种，其分布以沿岸水域较高（图4-5）；多鳞鱚的仔稚鱼只在2009年夏季为优势种，其分布以

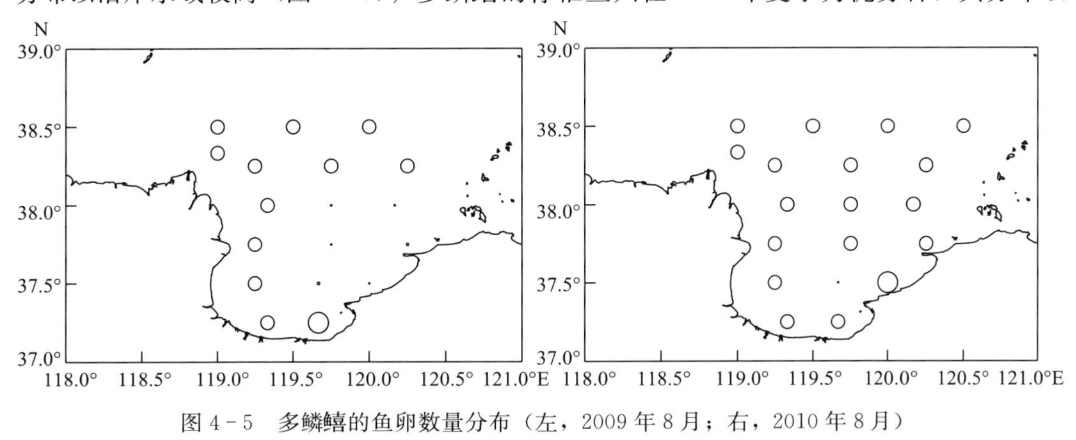

图4-5　多鳞鱚的鱼卵数量分布（左，2009年8月；右，2010年8月）

莱州湾中西部较多，与当年的鱼卵数量分布一致（图 4-6）。

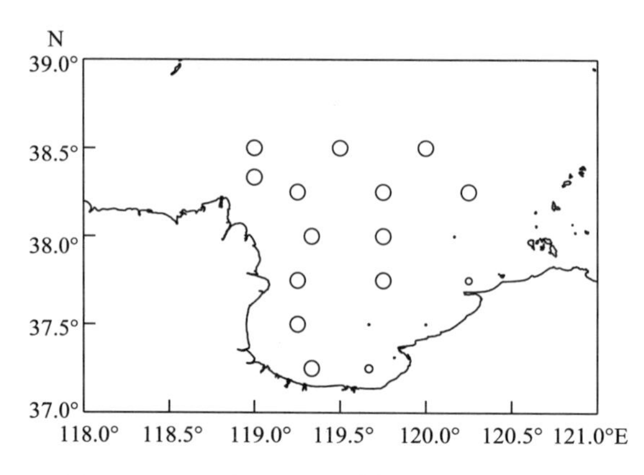

图 4-6　2009 年 8 月多鳞鱚的仔稚鱼数量分布

二、短吻红舌鳎

短吻红舌鳎，地方名为牛舌、鳎目等，广泛分布于我国沿海，在北方很常见，属于亚热带及暖温带浅海底层鱼。短吻红舌鳎鱼卵在 2009 年、2010 年的夏季都是优势种，但数量分布态势有所差别。其中，2009 年夏季主要分布在莱州湾底部和湾口，2010 年夏季分布范围很广，密集区在莱州湾底部（图 4-7）。

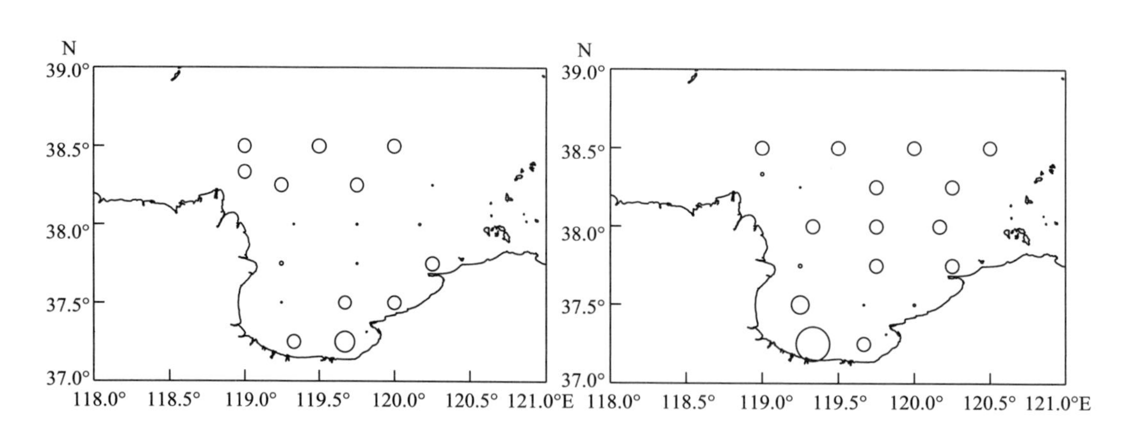

图 4-7　短吻红舌鳎的鱼卵数量分布（左，2009 年 8 月；右，2010 年 8 月）

三、斑鰶

斑鰶，地方名为海鰶、古眼、气泡子，属暖水性近海集群性小型鱼类，广泛分布于中国、朝鲜、日本和印度近海，在河口乃至入海河流中亦有分布。文献记载，斑鰶越冬场有 2 个，主要越冬场在黄海中部，另一个较小的越冬场在渤海的深水区。斑鰶每年 4 月开始生殖洄游，陆续进入产卵场，产卵盛期为4—6月，分批多次产卵。斑鰶仔稚鱼在2009年夏季为优势种，整个莱州湾均有分布；而鱼卵在2010年春季为优势种，除黄河口周边水域均有分布，其中在湾底有较密集分布区（图4-8）。

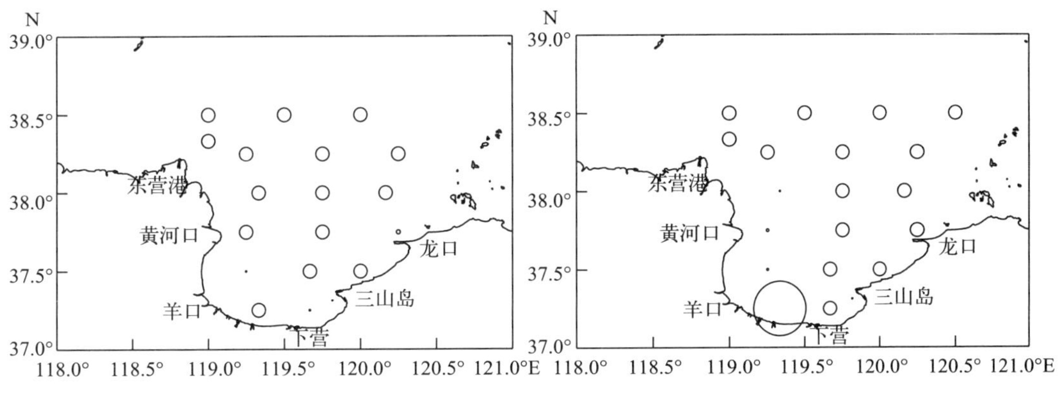

图4-8　斑鰶仔稚鱼（左，2009年8月）和鱼卵（右，2010年5月）的数量分布

四、沙氏下鱵鱼

沙氏下鱵鱼，是一种暖温性中小型鱼类，主要分布在西北太平洋，从中国的长江口起，到黄海、渤海、日本海，一直延伸到俄罗斯的库页岛以及符拉迪沃斯托克港湾附近，常栖息于浅海、河口，有时入淡水。沙氏下鱵鱼为黄渤海鱼卵常见种类，产卵期为5月下旬到6月上旬。沙氏下鱵鱼仔稚鱼在两个调查年度的夏季都是优势种，且分布趋势基本一致，密集区在黄河口附近水域（图4-9）。

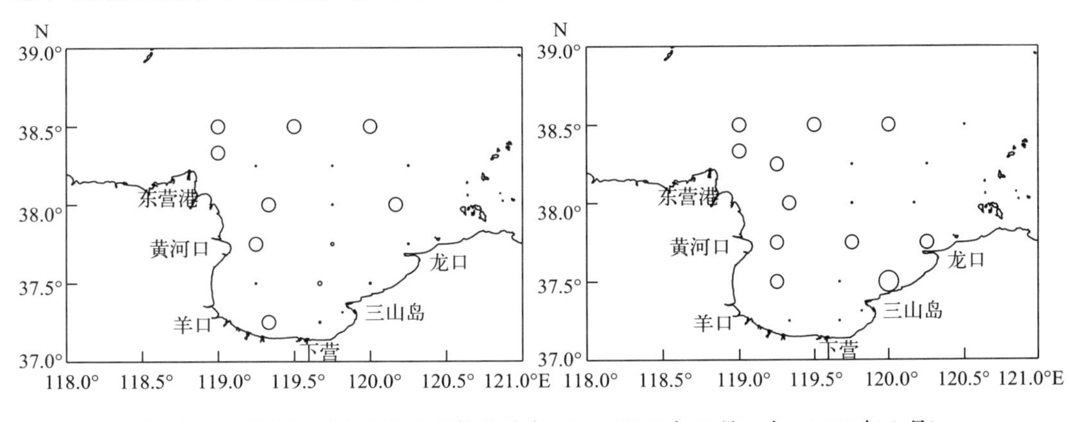

图4-9　沙氏下鱵鱼的仔稚鱼数量分布（左，2009年8月；右，2010年8月）

五、白氏银汉鱼

白氏银汉鱼，地方名为银汉鱼、小白鱼，为近海的小型鱼类，多栖息于内湾的中上

层，常结成小群。白氏银汉鱼的仔稚鱼在2009年、2010年的夏季都是优势种，分布趋势也基本一致，整个莱州湾均匀分布（图4-10）。

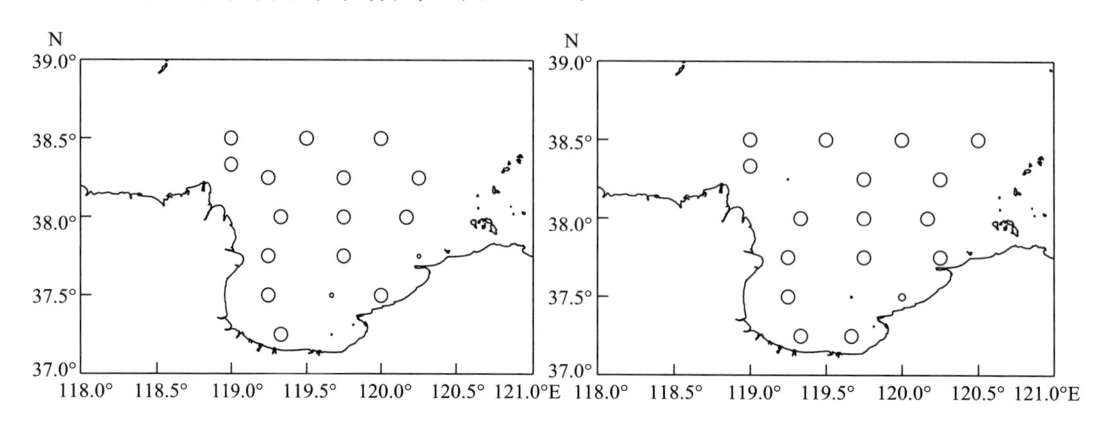

图4-10　白氏银汉鱼的仔稚鱼数量分布（左，2009年8月；右，2010年8月）

六、鲬

鲬，地方名为百甲鱼、辫子鱼、拐子鱼等，属暖温性底层鱼类，广泛分布于太平洋西部、印度洋等，在我国近海均匀分布。鲬的越冬场在黄海36°N以南、122.5°E以东水深50～80 m的水域。每年3月开始生殖洄游，4月可达渤海，以莱州湾和辽东湾较为集中。2010年5月鲬的鱼卵为优势种，在整个莱州湾均匀分布（图4-11）。

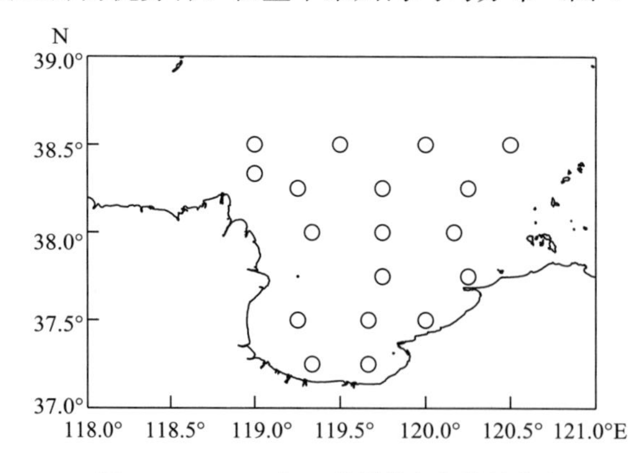

图4-11　2010年5月鲬的鱼卵数量分布

七、小带鱼

小带鱼，地方名为小金叉，为近岸浅海小型鱼类，在中国沿海、日本等地都有分布。在2009年夏季小带鱼的鱼卵为优势种，以黄河口东北部水域和莱州湾湾口及湾底分布密度较大（图4-12）。

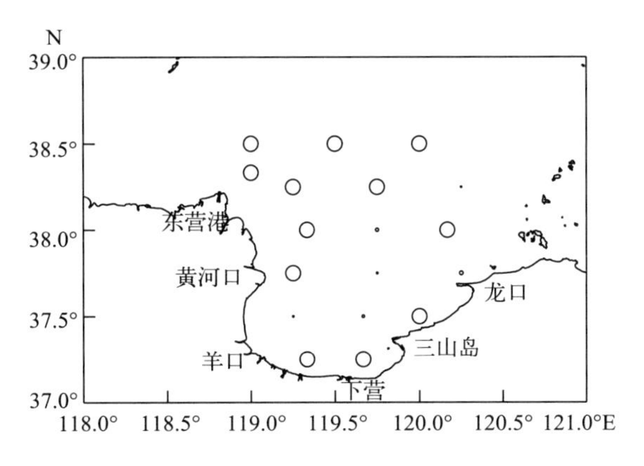

图 4-12　2009 年 8 月小带鱼的鱼卵数量分布

八、矛尾复鰕虎鱼

矛尾复鰕虎鱼，中国沿海以及朝鲜、日本直到印度尼西亚的爪哇等地的近海或咸淡水域均有分布，是鰕虎鱼科中个体最大的鱼类之一。在 2010 年春季矛尾复鰕虎鱼仔稚鱼为优势种，整个莱州湾都有分布，但以湾底的西南部密度较低（图 4-13）。

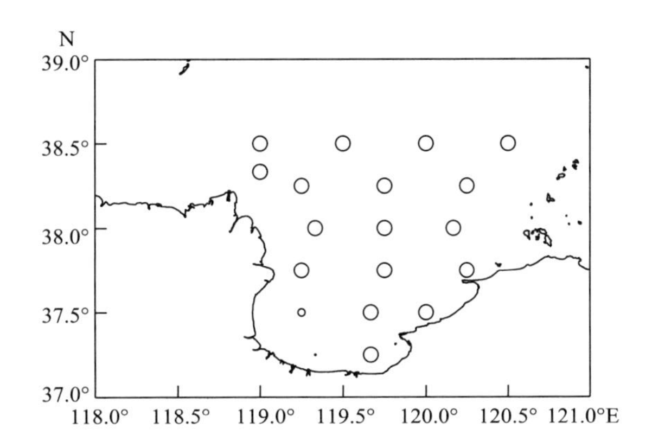

图 4-13　2010 年 5 月矛尾复鰕虎鱼的仔稚鱼数量分布

第五章
渔业资源结构

渔业资源结构资料来源于莱州湾水域长期的底拖网调查。其中，长期变化数据来自1982年以来莱州湾的春（5月）、夏（8月）两季的调查，共计11个航次；季节变化数据采用2013—2014年莱州湾7个航次的连续调查，以及2011—2012年9个航次的底拖网调查数据。

不同年代调查站位略有不同，但调查区域基本一致（37°15′—38°20′N，118°45′—120°30′E）。调查均采用300 hp* 左右的双拖渔船，底拖网具参数统一，网口高度为6 m，网口宽度为22.6 m，网口周长1 740目，网目63 mm，囊网网目20 mm；渔获率统一按每小时捕获量计，航速为3.0 kn左右。受调查船只吃水限制，调查区域未包括5 m以内浅近岸水域。

第一节　种类组成

一、种类名录

自1982年以来，莱州湾调查捕获游泳动物共116种。其中包括：鱼类79种，隶属于1目38科66属；虾蟹类32种，隶属于2目21科37属；头足类6种，隶属于3目4科4属（表5-1）。

表5-1　莱州湾游泳动物种类组成

类　别	种　别
鱼类	
鳐目 Rajiformes	
鳐科 Rajidae	
鳐属 *Raja*	孔鳐 *Raja porosa*（Günther）
	美鳐 *Raja pulchra*（Liu）
鲱形目 Clupeiformes	
鲱科 Clupeidae	
斑鰶属 *Konosirus*	斑鰶 *Konosirus punctatus*（Temminck et Schlegel）
沙丁鱼属 *Sardina*	青鳞小沙丁鱼 *Sardinella zunasi*（Bleeker）
鳀科 Engraulidae	
黄鲫属 *Setipinna*	黄鲫 *Setipinna taty*（Valenciennes）
棱鳀属 *Thrissa*	赤鼻棱鳀 *Thrissa kammalensis*（Bleeker）
	中颌棱鳀 *Thrissa mystax*（Bloch et Schneider）
鳀属 *Engraulis*	鳀 *Engraulis japonicus*（Temminck et Schlegel）

* hp为非法定计量单位，1 hp≈735 W。——编者注

（续）

类　别	种　别
鲚属 *Coilia*	凤鲚 *Coilia mystus*（Linnaeus）
	刀鲚 *Coilia ectens*（Jordan & Seale）
鲻形目 Mugiliformes	
鲻科 Mugilidae	
鲅属 *Liza*	鲅 *Liza haematocheila*（Temminck et Schlegel）
魣科 Sphyraenidae	
魣属 *Sphyraena*	油魣 *Sphyraena pinguis*（Günther）
鲉形目 Scorpaeniformes	
鲉科 Scorpaenidae	
平鲉属 *Sebastes*	许氏平鲉 *Sebastes schlegeli*（Hilgendorf）
鲬科 Platycephalidae	
鲬属 *Platycephalus*	鲬 *Platycephalus indicus*（Linnaeus）
鲂鮄科 Triglidae	
绿鳍鱼属 *Chelidonichthys*	绿鳍鱼 *Chelidonichthys kumu*（Lesson et Garnot）
红娘鱼属 *Lepidotrigla*	红娘鱼 *Lepidotrigla* sp.
圆鳍鱼科 Cyclopteridae	
狮子鱼属 *Liparis*	细纹狮子鱼 *Liparis tanakae*（Gilbert et Burker）
六线鱼科 Hexagrammidae	
六线鱼属 *Hexagrammos*	大泷六线鱼 *Hexagrammos otakii*（Jordan & Starks）
鲀形目 Tetraodontiformes	
革鲀科 Aluteridae	
马面鲀属 *Navodon*	绿鳍马面鲀 *Navodon septentrionalis*（Günther）
	黄鳍马面鲀 *Navodon xanthopterus*（Xu et Zhan）
鲀科 Tetraodontidae	
东方鲀属 *Takifugu*	红鳍东方鲀 *Takifugu rubripes*（Temminck et Schlegel）
	假睛东方鲀 *Takifugu pseudommus*（Chu）
	铅点东方鲀 *Takifugu alboplumbeus*（Richardson）
	虫纹东方鲀 *Takifugu vermicularis*（Temminck & Schlegel）
	星点东方鲀 *Takifugu nipholes*（Jordan & Snyder）
	菊黄东方鲀 *Takifugu flavidus*（Li，Wang & Wang）
鳗鲡目 Anguilliformes	
海鳗科 Muraenesocidae	
海鳗属 *Muraenesox*	海鳗 *Muraenesox cinereus*（Forskål）
鲈形目 Perciformes	
鲅科 Cybiidae	
马鲛属 *Scomberomorrus*	蓝点马鲛 *Scomberomorus niphonius*（Cuvier et Valenciennes）
鲭科 Scombridae	
鲭属 *Scomber*	日本鲭 *Scomber japonicus*（Houttuyn）

（续）

类　别	种　别
鲹科 Carangidae	
沟鲹属 *Atropus*	沟鲹 *Atropus atrops*（Bloch & Schneider）
鲳科 Stromateidae	
鲳属 *Pampus*	银鲳 *Pampus argenteus*（Euphrasen）
带鱼科 Trichiuridae	
带鱼属 *Trichiurus*	带鱼 *Trichiurus lepturus*（Linnaeus）
小带鱼属 *Eupleurogrammus*	小带鱼 *Eupleurogrammus muticus*（Gray）
鲷科 Sparidae	
鲷属 *Sparus*	黑鲷 *Sparus macrocephalus*（Basilewsky）
真鲷属 *Pagrosomus*	真鲷 *Pagrosomus major*（Temminck & Schlegel）
锦鳚科 Pholidae	
云鳚属 *Enedrias*	方氏云鳚 *Enedrias fangi*（Wang et Wang）
绵鳚科 Zoarcidae	
长绵鳚属 *Enchelyopus*	长绵鳚 *Enchelyopus elongatus*（Kner）
缝鳚属 *Azuma*	缝鳚 *Azuma emmnion*（Jordan & Snyder）
石首鱼科 Sciaenidae	
白姑鱼属 *Argyrosomus*	白姑鱼 *Argyrosomus argentatus*（Houttuyn）
黄鱼属 *Larimichthys*	小黄鱼 *Larimichthys polyactis*（Bleeker）
叫姑鱼属 *Johnius*	叫姑鱼 *Johnius belengeri*（Cuvier et Valenciennes）
黄姑鱼属 *Nibea*	黄姑鱼 *Nibea albiflora*（Richardson）
梅童鱼属 *Collichthys*	黑鳃梅童鱼 *Collichthys niveatus*（Jordan & Starks）
	棘头梅童鱼 *Collichthys lucidus*（Richardson）
鮨科 Serranidae	
花鲈属 *Lateolabrax*	花鲈 *Lateolabrax japonicus*（Cuvier et Valenciennes）
天竺鲷科 Apogonidae	
天竺鱼属 *Apogonichthys*	细条天竺鲷 *Apogon lineatus*（Temminck et Schlegel）
鱚科 Sillaginidae	
鱚属 *Sillago*	多鳞鱚 *Sillago sihama*（Forskål）
鳗鰕虎鱼科 Taenioididae	
狼牙鰕虎鱼属 *Odontamblyopus*	红狼牙鰕虎鱼 *Odontamblyopus rubicundus*（Hamilton）
栉孔鰕虎鱼属 *Ctenotrypauchen*	中华栉孔鰕虎鱼 *Ctenotrypauchen chinensis*（Steindachner）
鰕虎鱼科 Gobiidae	
钟馗鰕虎鱼属 *Triaenopogon*	钟馗鰕虎鱼 *Triaenopogon barbatus*（Günther）
缟鰕虎鱼属 *Tridentiger*	纹缟鰕虎鱼 *Tridentiger trigonocephalus*（Gill）
复鰕虎鱼属 *Synechogobius*	矛尾复鰕虎鱼 *Synechogobius hasta*（Temminck et Schlegel）
钝尾鰕虎鱼属 *Hexanema*	六丝钝尾鰕虎鱼 *Amblychaeturichthys hexanema*（Bleeker）
矛尾鰕虎鱼属 *Chaeturichthys*	矛尾鰕虎鱼 *Chaeturichthys stigmatias*（Richardson）
丝鰕虎鱼属 *Cryptocentrus*	丝鰕虎鱼 *Cryptocentrus filifer*（Cuvier et Valenciennes）
白鳍鰕虎鱼属 *Aboma*	白鳍鰕虎鱼 *Aboma lactipes*（Hilgendorf）
吻鰕虎鱼属 *Rhinogobius*	普氏吻鰕虎鱼 *Rhinogobius pflaumi*（Bleeker）

（续）

类　别	种　别
凹鳍孔鰕虎鱼属 *Ctenotrypauchen*	凹鳍孔鰕虎鱼 *Ctenotrypauchen chinensis*（Steindachner）
叉牙鰕虎鱼属 *Apocryptodon*	叉牙鰕虎鱼 *Apocryptodon bleeker*（Day）
玉筋鱼科 Ammodytidae	
玉筋鱼属 *Ammodytes*	玉筋鱼 *Ammodytes personatus*（Girard）
䲗科 Callionymidae	
䲗属 *Callionymus*	绯䲗 *Callionymus beniteguri*（Jordar et Snyder）
海龙科 Syngnathidae	
海龙属 *Syngnathus*	尖海龙 *Syngnathus acus*（Linnaeus）
海马属 *Hippocampus*	冠海马 *Hippocampus coronatus*（Temminck et Schlegel）
鲑形目 Salmoniformes	
银鱼科 Salangidae	
大银鱼属 *Protosalanx*	大银鱼 *Protosalanx chinensis*（Basilewsky）
银鱼属 *Salanx*	有明银鱼 *Salanx ariakensis*
颌针鱼目 Beloniformes	
鱵科 Hemiramphidae	
鱵属 *Hemiramphus*	沙氏下鱵鱼 *Hyporhamphus sajori*（Temminck et Schlegel）
颚针鱼科 Belonidae	
颚针鱼属 *Tylosurus*	颚针鱼 *Tylosurus anastomella*（Cuvier & Valenciennes）
鲽形目 Pleuronectiformes	
鲽科 Pleuronectidae	
高眼鲽属 *Cleisthenes*	高眼鲽 *Cleisthenes herzensteini*（Schmidt）
黄盖鲽属 *Pseudopleuronectes*	黄盖鲽 *Pseudopleuronectes yokohamae*（Günther）
石鲽属 *Kareius*	石鲽 *Kareius bicoloratus*（Basilewsky）
星鲽属 *Verasper*	星鲽 *Verasper moseri*（Jordan & Gilbert）
牙鲆科 Bothidae	
牙鲆属 *Paralichthys*	褐牙鲆 *Paralichthys olivaceus*（Temminck & Schlegel）
舌鳎科 Cynoglossidae	
舌鳎属 *Cynoglossus*	长吻红舌鳎 *Cynoglossus lighti*（Norman）
	短吻红舌鳎 *Cynoglossus joyneri*（Günther）
	半滑舌鳎 *Cynoglossus semilaevis*（Günther）
	窄体舌鳎 *Cynoglossus gracilis*（Günther）
条鳎属 *Zebrias*	带纹条鳎 *Zebrias zebra*（Bloch et Schneider）
灯笼鱼目 Myctophiformes	
狗母鱼科 Synodidae	
蛇鲻属 *Saurida*	长蛇鲻 *Saurida elongata*（Temminck et Schlegel）
鮟鱇目 Lophiiformes	
鮟鱇科 Lophiidae	
黄鮟鱇属 *Lophius*	黄鮟鱇 *Lophius litulon*（Jordan）

（续）

类　别	种　别
甲壳类	
十足目 Decapoda	
玻璃虾科 Pasiphaeidae	
细螯虾属 *Leptochela*	细螯虾 *Leptochela gracilis*（Stimpson）
长臂虾科 Palaemonidae	
长臂虾属 *Palaemon*	葛氏长臂虾 *Palaemon gravieri*（Yu）
白虾属 *Exopalamon*	脊尾白虾 *Exopalamon carincauda*（Holthuis）
对虾科 Penaeidae	
明对虾属 *Fenneropenaeus*	中国明对虾 *Fenneropenaeus chinensis*（Osbeck）
粗糙鹰爪虾属 *Trachysalambria*	粗糙鹰爪虾 *Trachysalambria curvirostris*（Stimpson）
鼓虾科 Alpheidae	
鼓虾属 *Alpheus*	日本鼓虾 *Alpheus japonicus*（Miers）
	鲜明鼓虾 *Alpheus distinguendus*（De Man）
樱虾科 Sergestidae	
毛虾属 *Acetes*	中国毛虾 *Acetes chinensis*（Hansen）
藻虾科 Hippolytidae	
深额虾属 *Latreutes*	海蜇虾 *Latreutes anoplonyx*（Kemp）
	疣背宽额虾 *Latreutes planirostris*（De Haan）
褐虾科 Crangonidae	
褐虾属 *Crangon*	脊腹褐虾 *Crangon affinis*（De Haan）
	黄海褐虾 *Crangon uritai*（Hayashi et Kim）
蝼蛄虾科 Upogebiidae	
蝼蛄虾属 *Upogebia*	大蝼蛄虾 *Upogebia major*（De Haan）
关公蟹科 Dorippidae	
关公蟹属 *Dorippe*	日本关公蟹 *Dorippe japonica*（von Siebold）
宽背蟹科 Euryplacidae	
强蟹属 *Eucrate*	隆线强蟹 *Eucrate crenata*（De Hann）
黄道蟹科 Cancridae	
黄道蟹属 *Cancer*	隆背黄道蟹 *Cancer gibbosulus*（De Haan）
馒头蟹科 Calappidae	
黎明蟹属 *Matuta*	红线黎明蟹 *Matuta planipes*（Fabricius）
梭子蟹科 Portunidae	
梭子蟹属 *Portunus*	三疣梭子蟹 *Portunus trituberculatus*（Yang，Dai et Song）
蟳属 *Charybdis*	日本蟳 *Charybdis japonica*（A. Milne Edwards）
	双斑蟳 *Charybdis bimaculata*（Miers）
	斑纹蟳 *Charybdis feriata*（Linnaeus）

（续）

类　别	种　别
突眼蟹科 Oregoniidae	
突眼蟹属 *Oregonia*	枯瘦突眼蟹 *Oregonia gracilis*（Dana）
玉蟹科 Leucosiidae	
栗壳蟹属 *Arcania*	十一刺栗壳蟹 *Arcania undecimspinosa*（De Haan）
拳蟹属 *Philyra*	豆形拳蟹 *Philyra pisum*（De Haan）
方蟹科 Grapsidea	
近方蟹属 *Hemigrapsus*	绒螯近方蟹 *Hemigrapsus penicillatus*（De Haan）
虎头蟹科 Orithyidae	
虎头蟹属 *Orithyia*	中华虎头蟹 *Orithyia sinica*（Linnaeus）
长脚蟹科 Goneplacidae	
隆背蟹属 *Carcinoplax*	泥脚隆背蟹 *Carcinoplax vestitus*（De Haan）
豆蟹总科 Pinnotheridae	
豆蟹属 *Pinnotheres*	豆蟹 *Pinnotheres* sp.
三强蟹属 *Genus Tritodynamia*	蓝氏三强蟹 *Tritodynamia rathbunae*（Shen）
寄居蟹总科 Paguridae	
活额寄居蟹属 *Diogenes*	艾氏活额寄居蟹 *Diogenes edwardsii*（De Haan）
	寄居蟹 *Paguridae* sp.
口足目 Stomatopoda	
虾蛄科 Squillidae	
口虾蛄属 *Oratosquilla*	口虾蛄 *Oratosquilla oratoria*（De Haan）
头足类	
乌贼目 Sepioidea	
耳乌贼科 Sepiolidae	
耳乌贼属 *Sepiola*	双喙耳乌贼 *Sepiola birostrat*（Sasaki）
乌贼科 Sepiidae	
无针乌贼属 *Sepiella*	曼氏无针乌贼 *Sepiella maindroni*（De Rochebrune）
枪形目 Enoploteuthidae	
枪乌贼科 Loliginidae	
枪乌贼属 *Loligo*	日本枪乌贼 *Loligo japonica*（Hoyle）
	火枪乌贼 *Loligo beka*（Sasaki）
八腕目 Octopoda	
章鱼科 Octopodidae	
蛸属 *Octopus*	短蛸 *Octopus ocellatus*（Gray）
	长蛸 *Octopus variabilis*（Sasaki）

二、生态类型

海洋渔业生物在摄食类型、繁殖生态、洄游移动、生活适温等生活习性方面，具有生态多样性。下面根据生活习性特征，对莱州湾鱼类进行各生态类型归纳总结。

（一）按摄食习性

根据食性对莱州湾水域的鱼类进行归类。草食性鱼类 2 种，占鱼类种类总数的 2.53%，包括鲅和银鲳。肉食性鱼类 73 种，占鱼类种类总数的 93.67%，包括孔鳐、美鳐、青鳞小沙丁鱼、黄鲫、赤鼻棱鳀、中颌棱鳀、鳀、凤鲚、刀鲚、油鲉、许氏平鲉、鲬、绿鳍鱼、红娘鱼、细纹狮子鱼、大泷六线鱼、绿鳍马面鲀、黄鳍马面鲀、红鳍东方鲀、假睛东方鲀、铅点东方鲀、虫纹东方鲀、星点东方鲀、菊黄东方鲀、海鳗、蓝点马鲛、鲐、沟鲹、带鱼、小带鱼、黑鲷、真鲷、方氏云鳚、长绵鳚、白姑鱼、黄姑鱼、黑鳃梅童鱼、棘头梅童鱼、花鲈、细条天竺鱼、多鳞鱚、红狼牙鰕虎鱼、中华栉孔鰕虎鱼、钟馗鰕虎鱼、纹缟鰕虎鱼、矛尾复鰕虎鱼、六丝钝尾鰕虎鱼、矛尾鰕虎鱼、丝鰕虎鱼、白鳍鰕虎鱼、普氏吻鰕虎鱼、凹鳍孔鰕虎鱼、叉牙鰕虎鱼、玉筋鱼、绯䲗、尖海龙、冠海马、大银鱼、有明银鱼、沙氏下鱵鱼、颚针鱼、高眼鲽、黄盖鲽、石鲽、星鲽、褐牙鲆、长吻红舌鳎、短吻红舌鳎、半滑舌鳎、窄体舌鳎、带纹条鳎、长蛇鲻和黄鮟鱇。杂食性鱼类 3 种，占鱼类种类总数的 3.80%，包括斑鰶、小黄鱼和叫姑鱼。肉食性鱼类中，以浮游动物及食鱼（虾）种类居多，底栖动物肉食性鱼类较少。

（二）按护幼（卵）类型

根据鱼类受精卵、亲体和环境三者关系，对莱州湾水域鱼类的繁殖生态类型进行归类。无亲体护卫型鱼类 72 种，占鱼类种类总数的 92.40%，包括孔鳐、美鳐、青鳞小沙丁鱼、黄鲫、赤鼻棱鳀、中颌棱鳀、鳀、凤鲚、银鲳、鲅、斑鰶、刀鲚、油鲟、鲬、绿鳍鱼、红娘鱼、细纹狮子鱼、大泷六线鱼、绿鳍马面鲀、黄鳍马面鲀、红鳍东方鲀、假睛东方鲀、铅点东方鲀、虫纹东方鲀、星点东方鲀、菊黄东方鲀、海鳗、蓝点马鲛、鲐、沟鲹、带鱼、小带鱼、黑鲷、真鲷、小黄鱼、叫姑鱼、白姑鱼、黄姑鱼、黑鳃梅童鱼、棘头梅童鱼、花鲈、多鳞鱚、红狼牙鰕虎鱼、中华栉孔鰕虎鱼、钟馗鰕虎鱼、纹缟鰕虎鱼、矛尾复鰕虎鱼、六丝钝尾鰕虎鱼、矛尾鰕虎鱼、丝鰕虎鱼、白鳍鰕虎鱼、普氏吻鰕虎鱼、凹鳍孔鰕虎鱼、叉牙鰕虎鱼、玉筋鱼、绯䲗、大银鱼、有明银鱼、沙氏下鱵鱼、颚针鱼、高眼鲽、黄盖鲽、石鲽、星鲽、褐牙鲆、长吻红舌鳎、短吻红舌鳎、半滑舌鳎、窄体舌鳎、带纹条鳎、长蛇鲻和黄鮟鱇。亲体护卫型1种，为细条天竺鱼，占鱼类种类总数的1.27%。亲体型5种，占鱼类种类总数的6.33%，包括方氏云鳚、长绵鳚、许氏平鲉、尖海龙、冠海马。无亲体护卫型鱼类中，以水层产卵型鱼类占大多数，还有部分种类为水底部产卵型、草上产卵型或洞穴产卵型鱼类。水底部产卵型、草上产卵型和洞穴产卵型鱼类的种类和占比分别为：8种，占19.05%；2种，占4.76%；9种，占21.43%。

（三）按洄游习性

根据渔业生物从越冬场到产卵场或索饵场洄游移动距离的长短，可将莱州湾水域鱼类划分为洄游性和地方性两大类型。洄游性种类一般是指在黄海中南部或东海越冬，产卵或索饵到渤海近岸的种类。地方性种类一般是指其越冬场、产卵场或索饵场均在同一海域，从越冬场到产卵场或索饵场，移动距离比较短的品种。莱州湾鱼类中，洄游性鱼类40种，占鱼类种类总数的51.90%，包括鳀、赤鼻棱鳀、中颔棱鳀、青鳞小沙丁鱼、黄鲫、斑鰶、凤鲚、刀鲚、银鲳、蓝点马鲛、鲐、沟鲹、油魣、绿鳍鱼、红娘鱼、沙氏下鱵鱼、颚针鱼、鮻、小黄鱼、叫姑鱼、白姑鱼、黑鳃梅童鱼、棘头梅童鱼、多鳞鱚、带鱼、小带鱼、方氏云鳚、大银鱼、有明银鱼、玉筋鱼、海鳗、红鳍东方鲀、假睛东方鲀、绿鳍马面鲀、铅点东方鲀、虫纹东方鲀、星点东方鲀、菊黄东方鲀、黄鳍马面鲀和长蛇鲻。

（四）按栖息水层

根据渔业生物栖息的主要水层可划分中上层种类、中下层种类（包括近底层和底层种类）两种类型。莱州湾鱼类中，中上层种类有15种，占鱼类种类总数的18.99%，包括鳀、赤鼻棱鳀、中颔棱鳀、青鳞小沙丁鱼、黄鲫、斑鰶、凤鲚、刀鲚、沙氏下鱵鱼、颚针鱼、鮻、蓝点马鲛、鲐、银鲳、沟鲹；中下层种类有64种，占81.01%，包括小黄鱼、叫姑鱼、白姑鱼、黑鲷、带鱼、小带鱼、方氏云鳚、细纹狮子鱼、大银鱼、有明银鱼、鲬、许氏平鲉、绿鳍鱼、冠海马、尖海龙、绯䲗、短吻红舌鳎、长吻红舌鳎、半滑舌鳎、玉筋鱼、黄鮟鱇、红鳍东方鲀、假睛东方鲀、黄鳍马面鲀、绿鳍马面鲀、多鳞鱚、细条天竺鱼、长蛇鲻以及鰕虎鱼类等。

（五）按适温性

根据渔业生物生活的最适水温可将莱州湾水域鱼类划分为暖水性（高于20℃）、温水性（4～20℃）、冷水性（低于4℃）三个基本类型，通常又把介于之间的称作冷温性、暖温性。莱州湾水域鱼类中暖水性种类共22种，占鱼类种类总数的27.85%，包括赤鼻棱鳀、中颌棱鳀、黄鲫、银鲳、鲐、沟鲹、刀鲚、凤鲚、叫姑鱼、白姑鱼、黄姑鱼、黑鳃梅童鱼、棘头梅童鱼、带鱼、小带鱼、丝虾虎鱼、鲬、绿鳍鱼、红娘鱼、海鳗、多鳞鱚、带纹条鳎。冷温性种类 16 种，占鱼类种类总数的 21.52%，包括孔鳐、美鳐、方氏云鳚、长绵鳚、繸鳚、大泷六线鱼、高眼鲽、黄盖鲽、石鲽、星鲽、褐牙鲆、细纹狮子鱼、大银鱼、许氏平鲉、冠海马和玉筋鱼。暖温性种类 40 种，占鱼类种类总数的 50.63%，包括鳀、青鳞小沙丁鱼、斑鰶、蓝点马鲛、沙氏下鱵鱼、鮻、黑鲷、小黄鱼、矛尾复虾鯱鱼、矛尾虾虎鱼、红狼牙虾虎鱼、六丝钝尾虾虎鱼、中华栉孔虾虎鱼、纹缟虾虎鱼、钟馗虾虎鱼、白鳍虾虎鱼、有明银鱼、尖海龙、绯䲗、短吻红舌鳎、长吻红舌鳎、窄体舌鳎、半滑舌鳎、黄鮟鱇、红鳍东方鲀、黄鳍马面鲀、假睛东方鲀、绿鳍马面鲀、细条天竺鱼、长蛇鲻、油鲟等。

第二节 渔业资源密度及分布

一、季节变化

（一）资源密度及结构组成

图 5-1 显示了莱州湾水域游泳动物资源分布的季节变化。2011 年 5 月，莱州湾渔业资源相对资源密度为 6.36 kg/h，其中鱼类占 22.5%，甲壳类占 74.97%，头足类占 2.53%。2011 年 6 月，莱州湾渔业资源相对资源密度为 12.43 kg/h，其中鱼类占 42.06%，甲壳类占 48.64%，头足类占 9.30%。2011 年 7 月，莱州湾渔业资源相对资源密度为 44.08 kg/h，其中鱼类占 49.50%，甲壳类占 38.95%，头足类占 11.55%。2011 年 8 月，莱州湾渔业资源相对资源密度为 48.83 kg/h，其中鱼类占 47.67%，甲壳类占 41.15%，头足类占 11.18%。2011 年 9 月，莱州湾渔业资源相对资源密度为 40.27 kg/h，其中鱼类占 54.19%，甲壳类占 37.21%，头足类占 8.60%。2011 年 10 月，莱州湾渔业资源相对资源密度为 31.41 kg/h，其中鱼类占 51.97%，甲壳类占 22.06%，头足类占 25.97%。2011 年 11 月，莱州湾渔业资源相对资源密度为 14.54 kg/h，其中鱼类占 49.35%，甲壳类占 26.18%，头足类占 24.47%。2012 年 3 月，莱州湾渔业资源相对资源密度为 4.28 kg/h，其中鱼类占 38.66%，甲壳类占 60.17%，头足类占 1.17%。2012 年 4 月，莱州湾渔业资源相对资源密度为 2.68 kg/h，其中鱼类占 29.71%，甲壳类占 66.33%，头足类占 3.96%（图 5-2）。

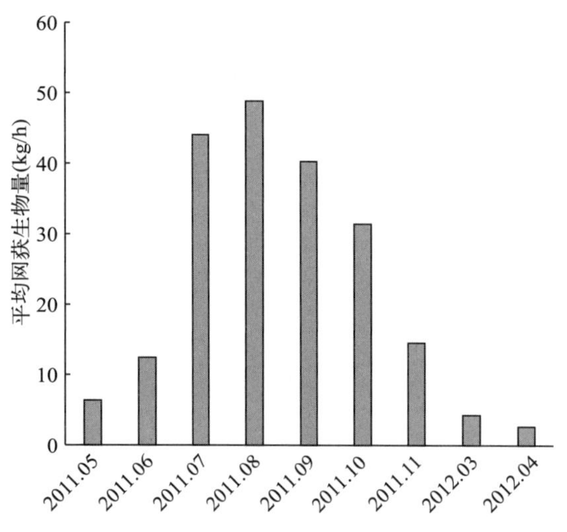

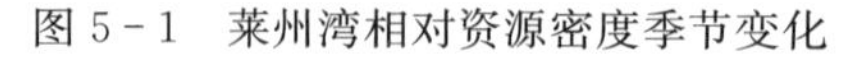
图 5-1 莱州湾相对资源密度季节变化

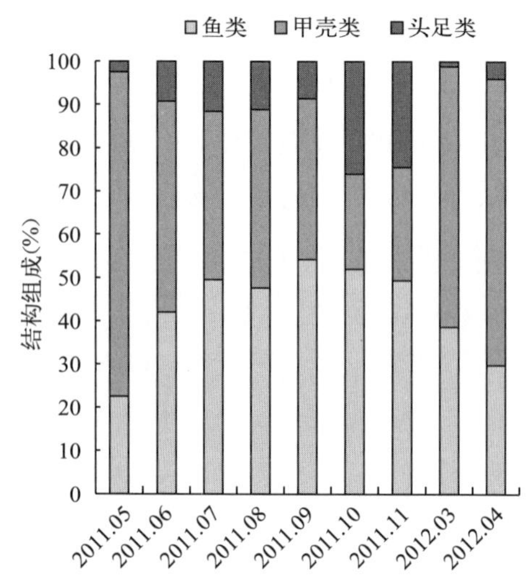

图 5-2 莱州湾渔业资源结构组成的季节变化

(二) 资源分布

图 5-3 显示了莱州湾水域游泳动物相对资源密度的时空分布。2011 年 5 月以莱州湾西南部、龙口近岸较高，莱州湾东南沿岸及中北部密度最低；2011 年 6 月以莱州湾南部及东部近岸密度较高，莱州湾北部密度较低；2011 年 7 月以莱州湾南部及东部沿岸密度最高，莱州湾北部密度较低；2011 年 8 月莱州湾中部密度较高，莱州湾南部及北部资源密度相对较低；2011 年 9 月以莱州湾北部密度较高，南部密度较低；2011 年 10 月以莱州湾东北部密度最高，南部沿岸密度最低；2011 年 11 月莱州湾中东部密度较高，西部密度较低；2012 年 3 月密度整体较低，以莱州湾北部密度较高；2012 年 4 月湾口密度整体较低，莱州湾南部沿岸密度相对较高。总体来看，莱州湾游泳动物 5—7 月主要集中在近岸浅水区，8 月开始逐渐向深水区迁移，9 月、10 月均以莱州湾口深水区密度较高，11 月至翌年 4 月，莱州湾水温较低，游泳动物洄游至黄海，导致资源密度大幅降低，地方种类大多短距离迁移至莱州湾口等深水区越冬。

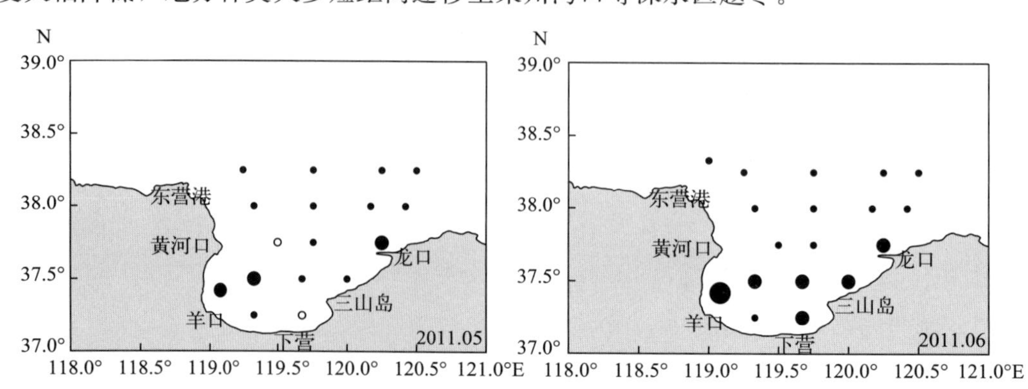

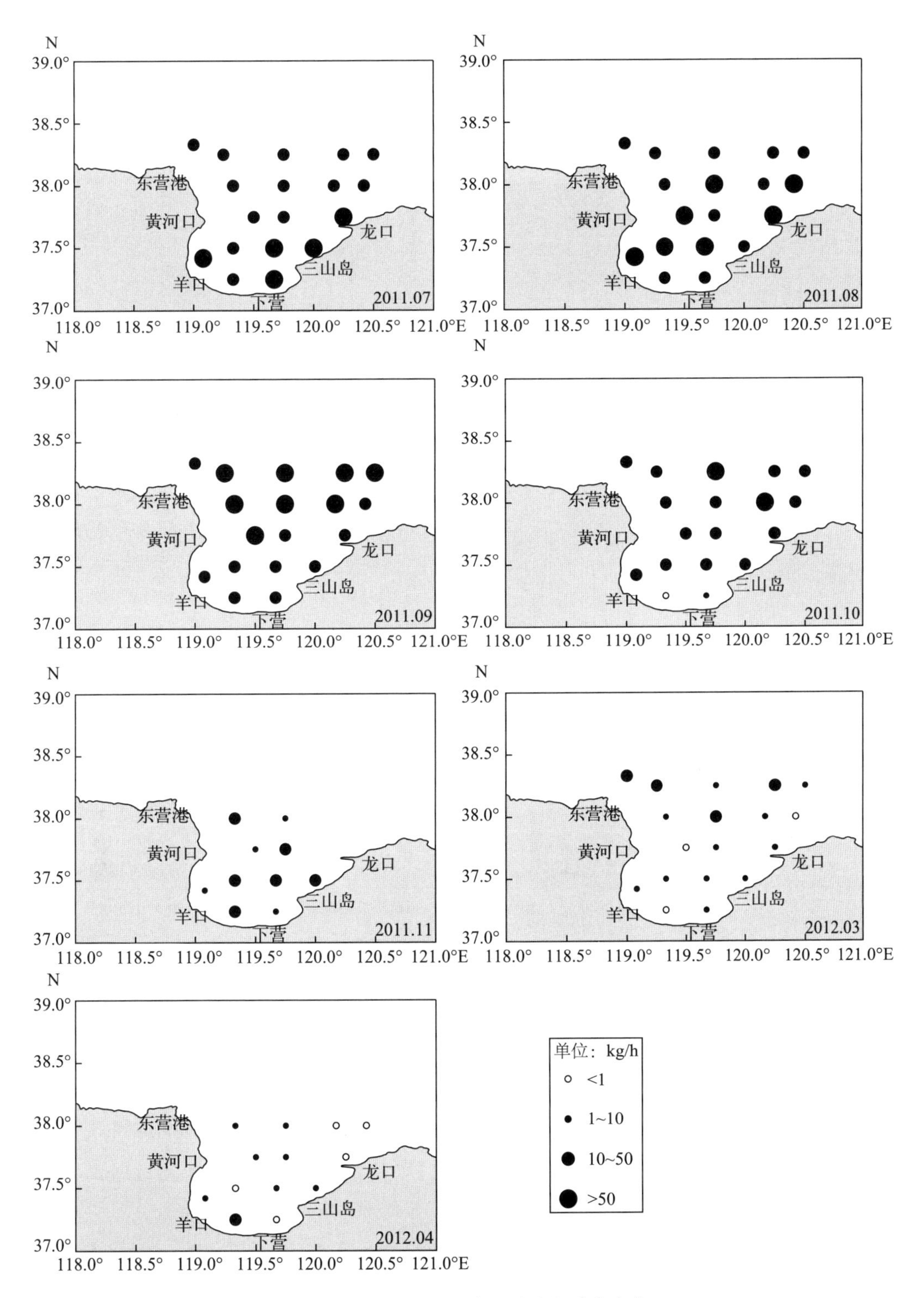

图 5-3 莱州湾渔业资源分布的季节变化

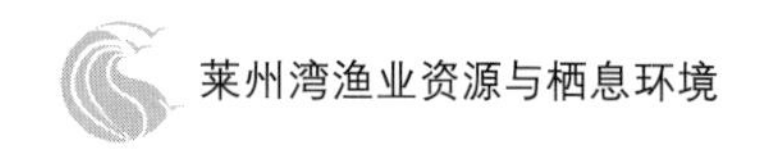

二、长期变化

1982 年以来，对莱州湾水域进行了春（5 月）、夏（8 月）两季的长期渔业资源调查。具体调查时间如下：春季（5 月）共 6 个航次，分别为 1982 年、1993 年、1998 年、2004 年、2010 年和 2015 年；夏季（8 月）共 5 个航次，分别为 1982 年、1992 年、1998 年、2010 年和 2015 年。

（一）春季

1982 年 5 月，莱州湾渔业资源平均密度为 161.81 kg/h。其中，鱼类资源密度为 158.33 kg/h，甲壳类为 2.29 kg/h，头足类为 1.19 kg/h。莱州湾南部及黄河口资源密度较高，东营港及龙口近岸资源密度较低。1993 年 5 月，莱州湾渔业资源平均密度为36.39 kg/h。其中，鱼类资源密度为 31.79 kg/h，甲壳类为 0.95 kg/h，头足类为3.65 kg/h。莱州湾东部龙口近岸及东营港北部近海资源密度较高，其次是莱州湾西南部，莱州湾中部及东北部资源密度较低（图 5 - 4）。

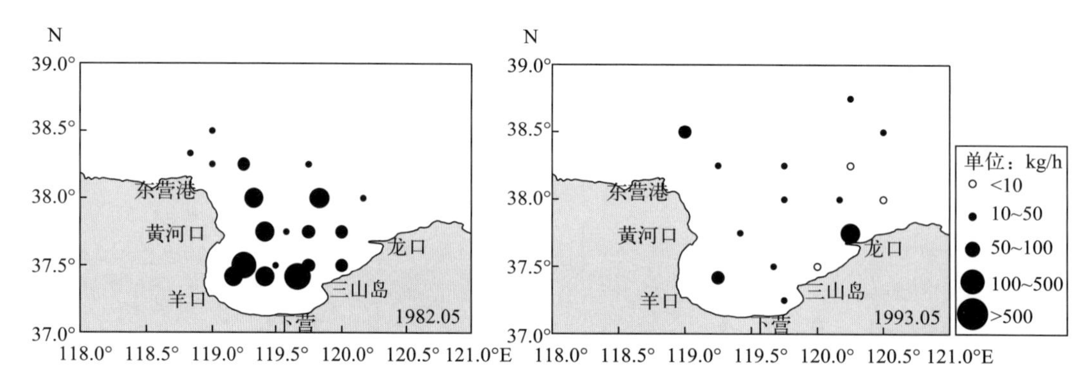

图 5 - 4　1982 年与 1993 年春季莱州湾渔业资源分布

1998 年 5 月，莱州湾渔业资源平均密度为 4.67 kg/h。其中，鱼类资源密度为 3.41 kg/h，甲壳类为 1.21 kg/h，头足类为 0.05 kg/h。莱州湾西北部资源密度最高，莱州湾东北部资源密度最低，其他区域资源分布相对均匀。2004 年 5 月，莱州湾渔业资源平均密度为 2.40 kg/h。其中，鱼类资源密度为 1.28 kg/h，甲壳类为 0.99 kg/h，头足类为 0.13 kg/h。莱州湾西北部东营港近海、黄河口以及龙口北部近海资源密度较高，莱州湾东南部资源密度较低（图 5 - 5）。

2010 年 5 月，莱州湾渔业资源平均密度为 1.50 kg/h。其中，鱼类资源密度为 0.90 kg/h，甲壳类为 0.54 kg/h，头足类为 0.07 kg/h。莱州湾渔业资源密度以沿岸站位密度较高，莱州湾中部及北部资源密度相对较低。2015 年 5 月，莱州湾渔业资源平均密度为 2.88 kg/h。其中，鱼类资源密度为 0.82 kg/h，甲壳类为 1.91 kg/h，头足类为 0.15 kg/h。渔业资源密度以黄河口、东营港东北近海及莱州湾中部相对较高，莱州湾东南部及东北部资源密度较低（图 5－6）。

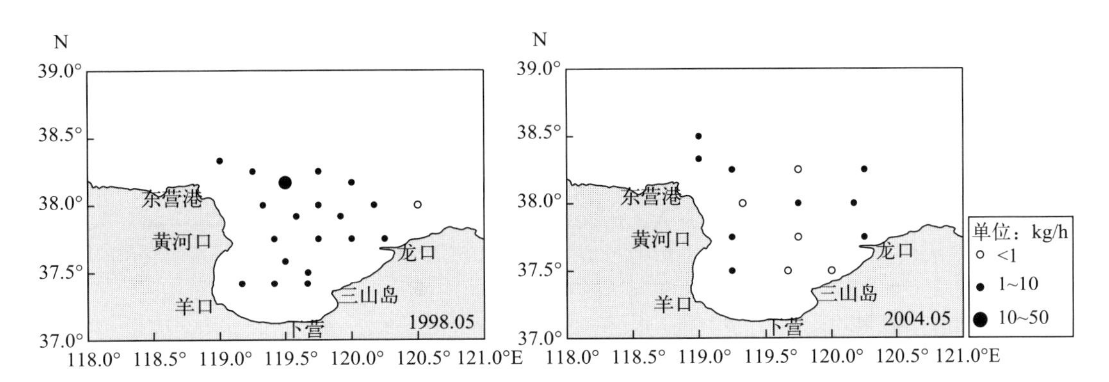

图 5－5　1998 年与 2004 年春季莱州湾渔业资源分布

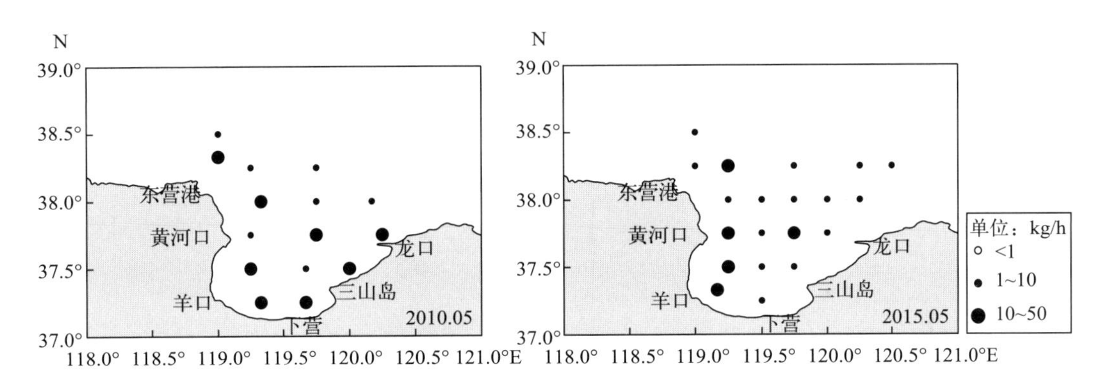

图 5－6　2010 年与 2015 年春季莱州湾渔业资源分布

（二）夏季

1982 年 8 月，莱州湾渔业资源平均密度为 115.8 kg/h。其中，鱼类资源密度为 79.02 kg/h，甲壳类为 23.81 kg/h，头足类为 12.97 kg/h。资源密度以东营港、黄河口及莱州湾南部较高，莱州湾中部及东北部资源密度较低。1992 年 8 月，莱州湾渔业资源平均密度为 65.87 kg/h。其中，鱼类资源密度为 40.47 kg/h，甲壳类为 22.94 kg/h，头足类为 2.46 kg/h。渔业资源密度以东营港近海最高，其次是黄河口、莱州湾中南部及龙口近海，莱州湾中北部及东北部资源密度较低（图 5－7）。

1998 年 8 月，莱州湾渔业资源平均密度为 5.44 kg/h。其中，鱼类资源密度为5.03 kg/h，甲壳类为 0.23 kg/h，头足类为 0.18 kg/h。渔业资源密度以下营港北部近海及龙口近岸最高，其次是莱州湾西南部，龙口北部、东营港近海及莱州湾北部资源密度较低。2010

年 8 月，莱州湾渔业资源平均密度为 67.34 kg/h。其中，鱼类资源密度为58.78 kg/h，甲壳类为 5.04 kg/h，头足类为 3.52 kg/h。渔业资源密度以三山岛近岸及羊口近海最高，其次是东营港北部及东部近海，莱州湾湾口及东北部密度最低。2015 年 8 月，莱州湾渔业资源平均密度为 47.92 kg/h。其中，鱼类资源密度为 30.40 kg/h，甲壳类为 13.26 kg/h，头足类为 4.26 kg/h。渔业资源密度以莱州湾北部、东北部及东营港近海较高，莱州湾中东部及南部资源密度较低（图 5-8）。

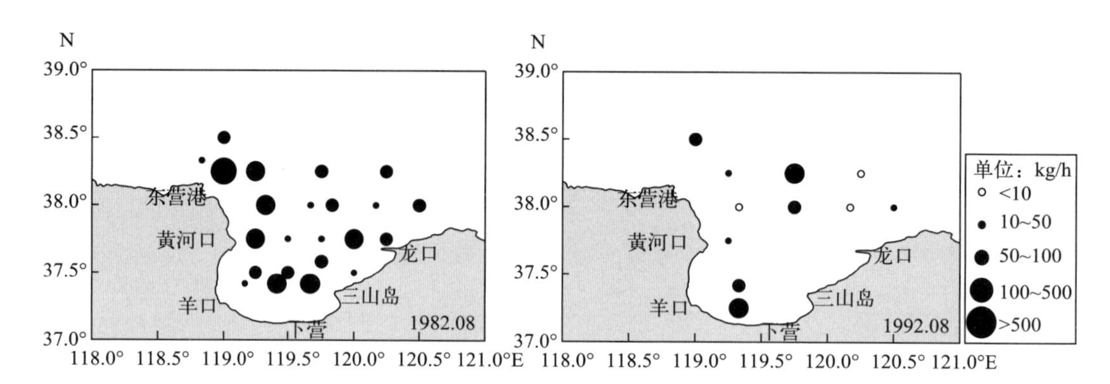

图 5-7　1982 年与 1992 年夏季莱州湾渔业资源分布

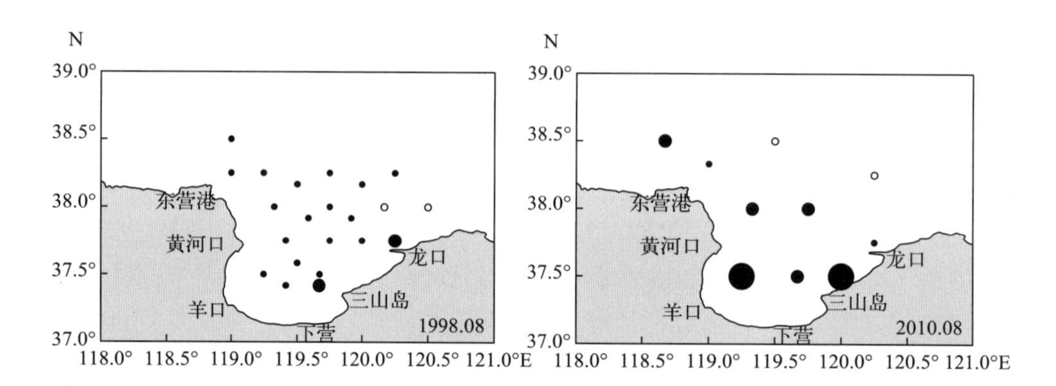

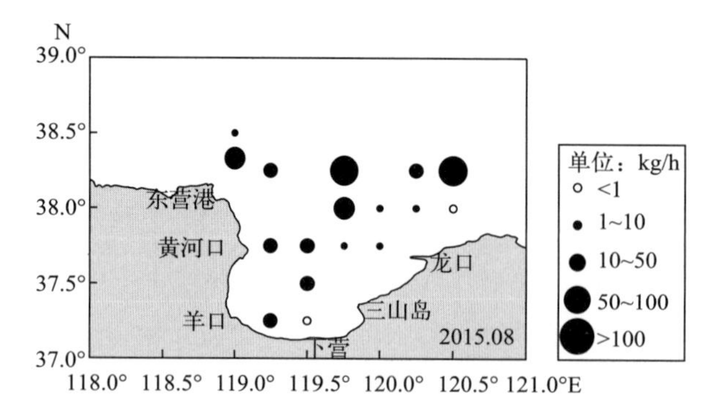

图 5-8　1998 年、2010 年与 2015 年夏季莱州湾渔业资源分布

第三节　优势种类

一、季节变化

图 5－9 显示了莱州湾游泳动物优势种的季节（月间）变化。2011 年 5 月，口虾蛄为第一优势种，其生物量占游泳动物总生物量的 42%，其次是脊腹褐虾、葛氏长臂虾、日本蟳及鰕虎鱼类等种类。2011 年 6 月，口虾蛄为第一优势种，其生物量占游泳动物总生物量的 18%，其次是赤鼻棱鳀、日本蟳、绯䲗、枪乌贼和脊腹褐虾等种类。2011 年 7 月，口虾蛄为第一优势种，其生物量占游泳动物总生物量的 26%，其次是矛尾鰕虎鱼、枪乌贼、斑鰶、日本蟳和蓝点马鲛等种类。2011 年 8 月，口虾蛄为第一优势种，其生物量占游泳动物总生物量的 26%，其次是矛尾鰕虎鱼、枪乌贼、斑鰶、日本蟳和短吻红舌鳎等种类。2011 年 9 月，鳀为第一优势种，其生物量占游泳动物总生物量的 16%，其次是口虾蛄、矛尾鰕虎鱼、斑鰶、小黄鱼和青鳞小沙丁鱼等种类。2011 年 10 月，枪乌贼为第一优势种，其生物量占游泳动物总生物量的 18%，其次是口虾蛄、赤鼻棱鳀、青鳞小沙丁鱼、小黄鱼和短蛸等种类。2011 年 11 月，矛尾复鰕虎鱼为第一优势种，其生物量占游泳动物总生物量的 16%，其次是口虾蛄、枪乌贼、矛尾鰕虎鱼、短蛸和脊腹褐虾等种类。2012 年 3 月，日本鼓虾为第一优势种，其生物量占游泳动物总生物量的 31%，其次是矛尾鰕虎鱼、葛氏长臂虾、脊腹褐虾、细纹狮子鱼和矛尾复鰕虎鱼等种类。2012 年 4 月，寄居蟹为第一优势种，其生物量占游泳动物总生物量的 18%，其次是葛氏长臂虾、脊腹褐虾、矛尾鰕虎鱼、口虾蛄和日本蟳等种类。

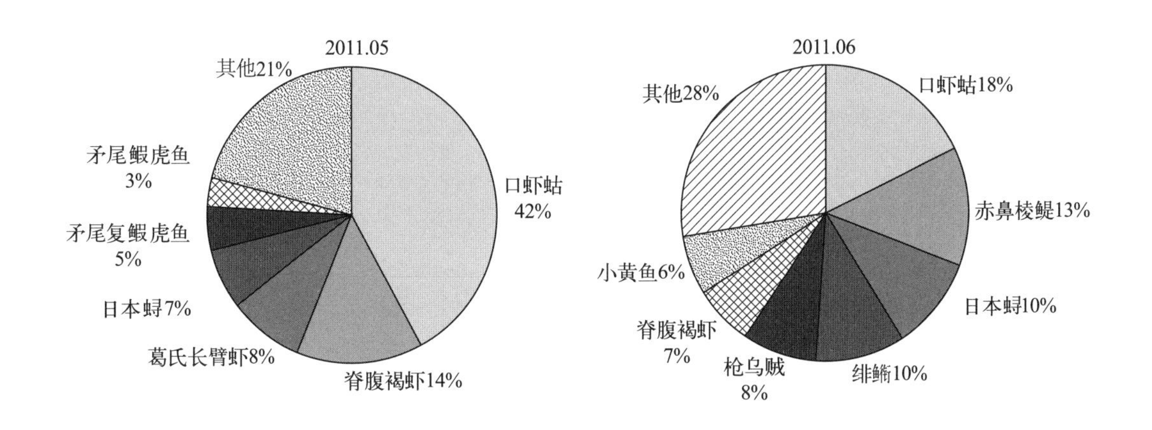

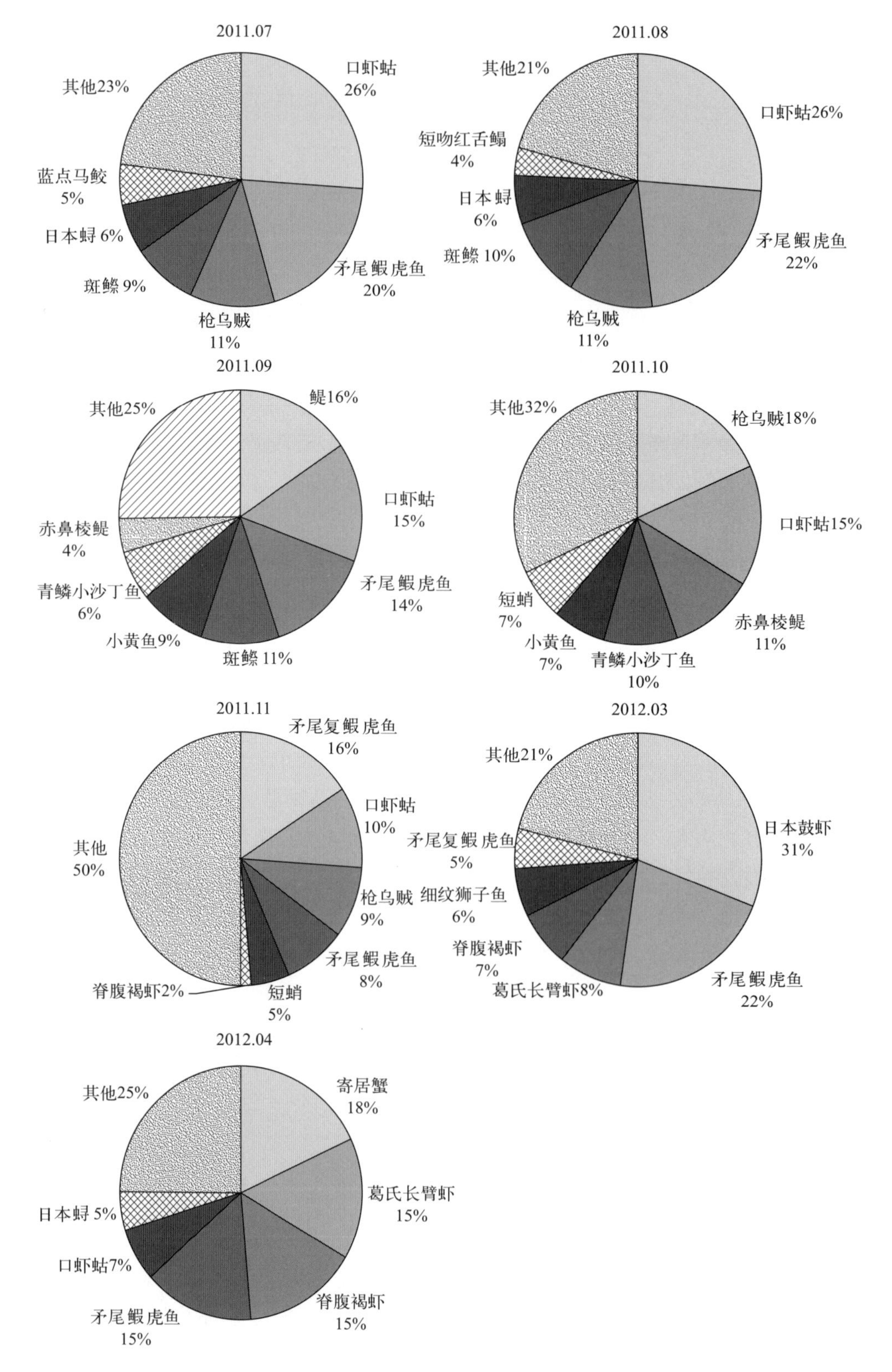

图 5－9　莱州湾游泳动物优势种的季节变化

二、长期变化

（一）春季

图 5－10 显示了春季莱州湾游泳动物生物量优势种的长期变化。1982 年以黄鲫和鳀占优势地位，两者分别占总渔获量的 41％和 25％；1993 年以鳀为主，占游泳动物总渔获量的 59％；1998 年则以赤鼻棱鳀、口虾蛄、黄鲫和鳀为主，4 个种类占游泳动物总渔获量的 74％；2004 年以口虾蛄、黄鲫、小黄鱼和赤鼻棱鳀的比重最高，分别占总渔获量的 27％、25％、7％和 7％；2010 年鲈的比例最高，其次是黄鲫、口虾蛄和鼓虾类；2015 年口虾蛄、赤鼻棱鳀和日本蟳这 3 种占总渔获量的 62％。总体来看，20 世纪 80—90 年代，莱州湾以黄鲫、鳀等中上层鱼类占优势地位，90 年代末至 21 世纪初，口虾蛄、小黄鱼、鲈等种类的比例大幅上升，2015 年则以口虾蛄占优势地位。

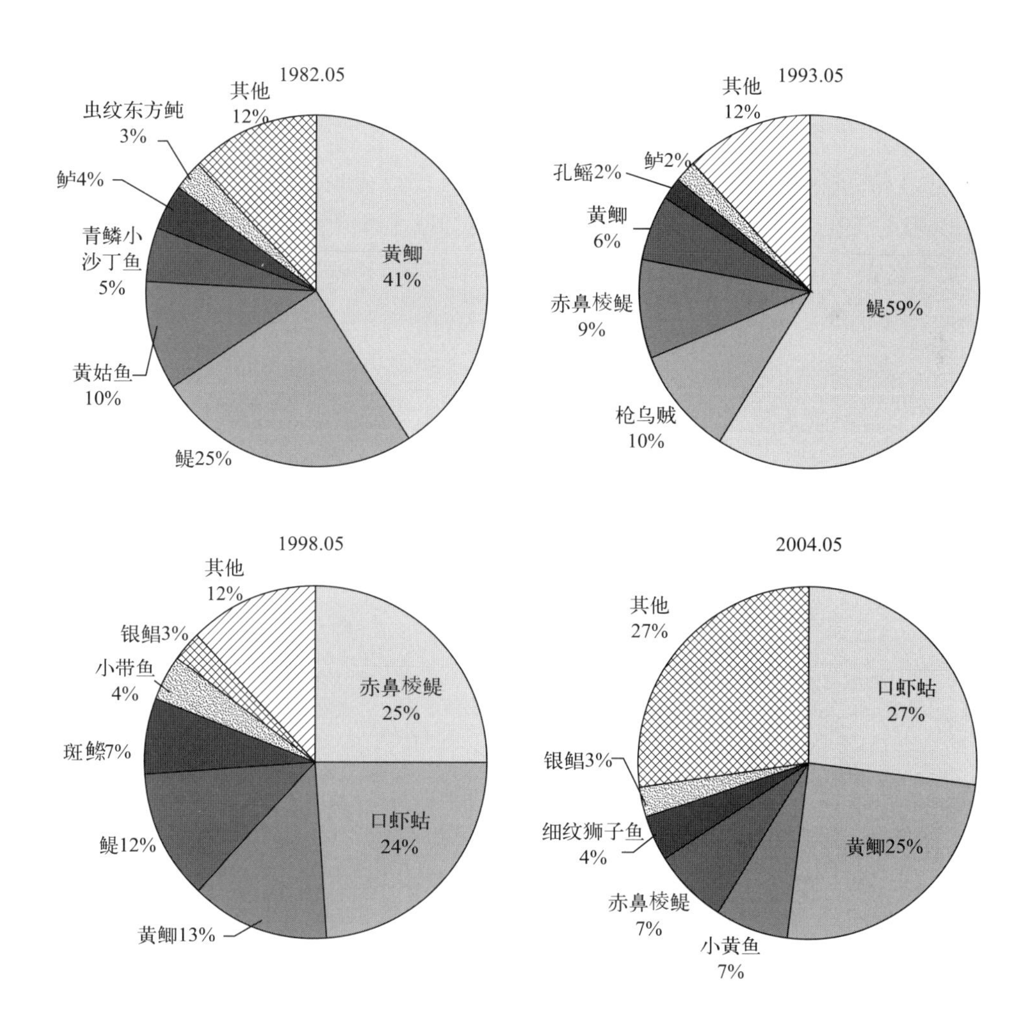

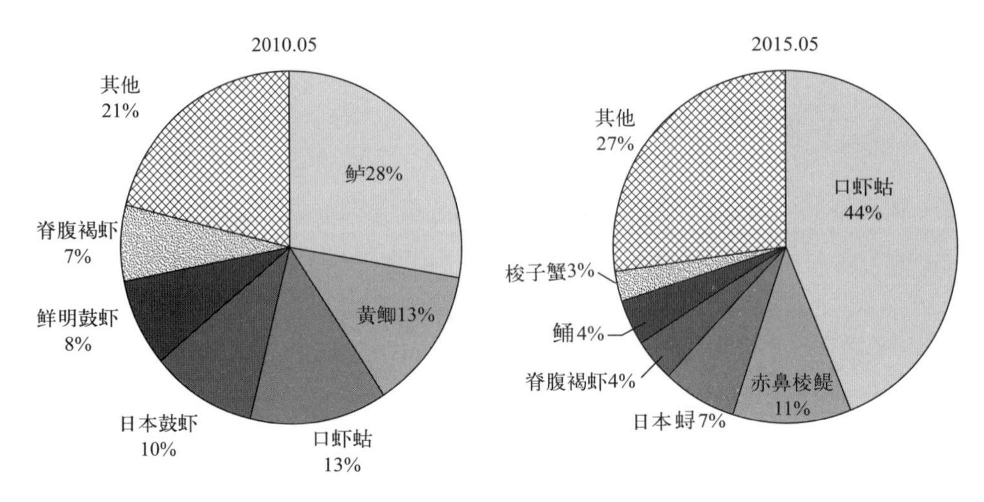

图 5-10 春季莱州湾游泳动物生物量优势种的长期变化

（二）夏季

图 5-11 显示了夏季莱州湾游泳动物生物量优势种的长期变化。1982 年以黄鲫、三疣梭子蟹、小黄鱼和枪乌贼比重较高，以上 4 个种类占游泳动物总渔获量的 63%；1992 年则以三疣梭子蟹、赤鼻棱鳀和黄鲫为主，以上 3 个种类占游泳动物总渔获量的 67%；1998 年以蓝点马鲛、黄鲫、银鲳和赤鼻棱鳀为主，以上 4 个种类占游泳动物总渔获量的 77%，其中蓝点马鲛占总渔获量的 45%；2010 年以斑鰶为绝对优势种类，占游泳动物总渔获量的 71%；2015 年以鳀、口虾蛄和枪乌贼 3 个种类的比重最高，占游泳动物总渔获量的 78%。总体来看，20 世纪 80 年代，莱州湾以黄鲫、小黄鱼和三疣梭子蟹、枪乌贼、口虾蛄等无脊椎动物为主，90 年代初以三疣梭子蟹和赤鼻棱鳀、黄鲫等中上层鱼类为主，90 年代末以蓝点马鲛、黄鲫、银鲳和赤鼻棱鳀等中上层鱼类为主。21 世纪以来，仍以斑鰶、鳀等中上层鱼类占优势地位，近年来口虾蛄的比例大幅上升。

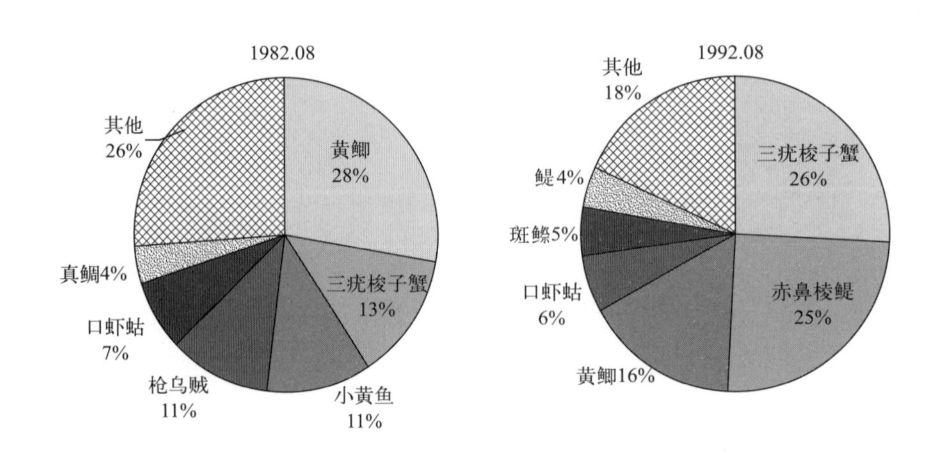

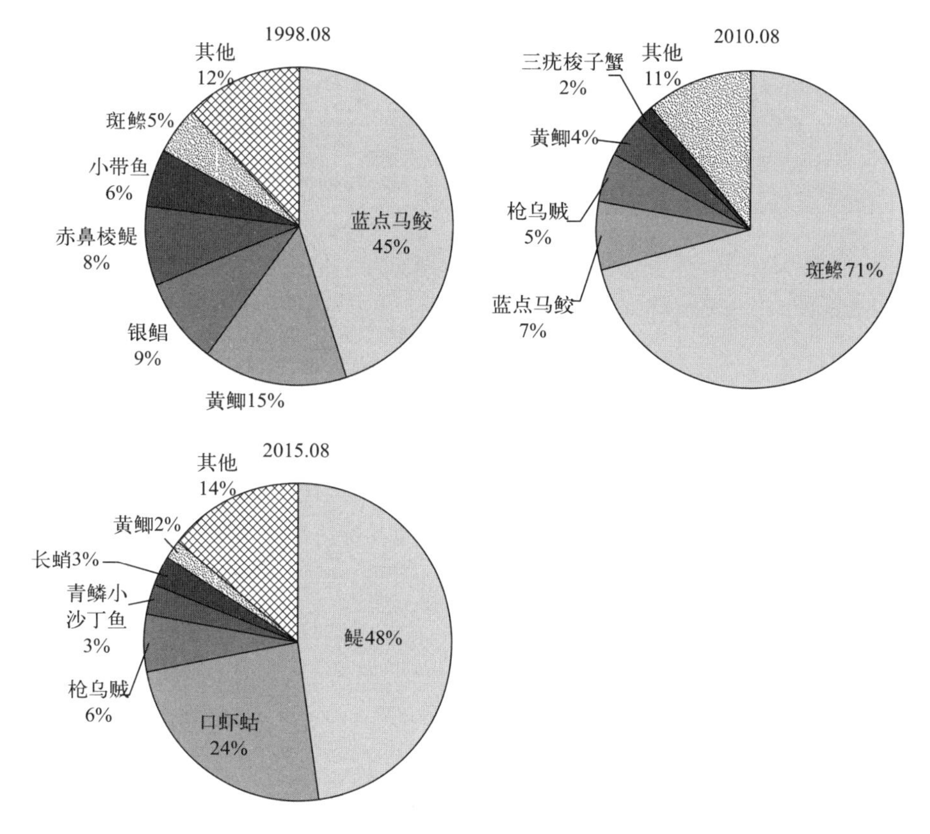

图 5－11　夏季莱州湾游泳动物生物量优势种的长期变化

第四节　甲壳类群落结构的季节变化

一、种类组成及优势度

2011—2012 年 9 个航次（月）共拖网 148 站，采集甲壳类样本总计 205 057 个，隶属于 31 种，其中虾类 15 种，蟹类 15 种，虾蛄 1 种。平均网获生物量及个体数密度分别为 6.61 kg/h 和 1 385.52 个/h。生物量密度以 2011 年 8 月、9 月最高，2012 年 3 月、4 月最低。个体数密度以 2011 年 7 月、8 月最高，2011 年 10 月最低。综合 9 个航次（月）的统计数据，计算不同种类的生物量百分比（W_t）、个体数百分比（N_t）及出现频率（F_t）后，进一步得到各种类的相对重要性指数（IRI_t）。不同月份捕获甲壳类种类数差异较大，从 12 种到 23 种不等，平均值为 17.78 种。捕获的 31 种甲壳类物种中，稀有种（$IRI_t<1$）为 13 种（表 5－2）。

表 5-2　2011—2012 年莱州湾甲壳类群落不同种类的生物量密度、生物量百分比（W_t）、个体数百分比（N_t）、出现频率（F_t）和相对重要性指数（IRI_t）

种　类	生物量密度（g/h）									生物量百分比（W_t）	个体数百分比（N_t）	出现频率（F_t）	相对重要性指数（IRI_t）
	2011 年							2012 年					
	5 月	6 月	7 月	8 月	9 月	10 月	11 月	3 月	4 月				
中国对虾 *Fenneropenaeus chinensis*			7.22	663.22*	127	39.56*				1.17	0.27	20.27	29.18
日本囊对虾 *Penaeus aponicus*					83		2.50			0.00	0.00	0.68	0.00
鹰爪虾 *Trachypenaeus curvirostris*				1.61	13.3	41.00*				0.08	0.14	11.49	2.51
中国毛虾 *Acetes chinensis*				2.22				0.94	1.06	0.01	0.12	7.43	0.95
细螯虾 *Leptoehela graeilis*	0.59	2.61	11.11	1.33			41.00	15.81	19.27	0.09	2.22	18.92	43.76
鲜明鼓虾 *Alpheus distinguendus*	13.59	21.67	47.22	33.11	0.22	0.83	5.40	2.89	24.62	0.19	0.17	28.38	10.37
日本鼓虾 *Alpheus japonicus*	47.68	57.67	166.39	49.56	8.11	7.22	282.00	1 323.8	99.95	12.61	5.39	62.16	1 118.95
海蜇虾 *Latreutes anoplonyx*		1.67	1.11	1.56						0.01	0.05	3.38	0.19
中华安乐虾 *Eualus sinensis*	0.06									0.00	0.00	0.68	0.00
疣背宽额虾 *Latreutes planirostris*	0.24							0.58	0.08	0.00	0.04	3.38	0.14
葛氏长臂虾 *Palaemon gravieri*	540.35	321.78	231.67	457.78	247	30.22	53.91	355.30*	414.11	3.11	15.1	70.95	1 298.58
脊尾白虾 *Exopalaemon carinicauda*		0.50					0.60	1.97		0.00	0.02	2.70	0.08
褐虾 *Crangon* spp.	891.88	824.06	538.33	13.56			345.66	303.83	408.3	4.19	32.5	52.70	1 936.01
大蝼蛄虾 *Upogebia major*	0.94	0.28				0.67		84.11	0.31	0.12	0.08	6.08	1.21
寄居蟹 *Paguridae* spp.	77.29*	138.94	302.59		222			24.56	482.7	1.54	2.34	18.92	73.40
日本关公蟹 *Dorippe japonica*	28.94	49.22	350.17	593.50	8.72	1.44	4.60			1.42	1.26	29.05	77.97

（续）

种类	生物量密度（g/h）									生物量百分比（W_i）	个体数百分比（N_i）	出现频率（F_i）	相对重要性指数（IRI_i）
	2011年							2012年					
	5月	6月	7月	8月	9月	10月	11月	3月	4月				
红线黎明蟹 *Matuta planipes*		1.17	46.67	4.28	5.56					0.08	0.08	4.05	0.64
三疣梭子蟹 *Portunus trituberculatus*	24.18	139.44	568.44	463.67	196	1 290.5	119.70	34.26	10.10	6.46	1.72	54.73	447.9
日本蟳 *Charybdis japonica*	420.53	1 292.6	2 785.1	3 028.33*	267	675.56	325.03	6.28	131.6	15.4	2.72	65.54	1 193
枯瘦突眼蟹 *Oregonia gracilis*	2.35		5.56							0.01	0.00	1.35	0.02
泥脚隆背蟹 *Cardisoma vestitus*	36.76	40.28	54.17	633.33*	17.0	4.44	3.70	95.86	1.15	1.23	1.14	27.70	65.63
隆线强蟹 *Eucrate crenata*		635.50	337.22	1 113.89*	141	6.11	33.70	165.36	2.06	3.37	2.45	33.11	192.6
隆背黄道蟹 *Cancer gibbosulus*		8.06	15.72	1.33						0.03	0.05	6.08	0.52
蓝氏三强蟹 *Tritodynamia rathbunae*	0.53	0.11		0.28			0.70			0.00	0.01	6.08	0.08
绒毛近方蟹 *Hemigrapsus penicillatus*	0.82									0.00	0.00	1.35	0.00
中华绒螯蟹 *Eriocheir sinensis*		13.33					5.40			0.02	0.01	2.70	0.09
十一刺栗壳蟹 *Arcania undecimspinosa*		0.44		1.56						0.00	0.00	2.03	0.01
豆形拳蟹 *Philyra pisum*	3.76	264	198.7	217.11				0.33		0.95	7.54	8.78	74.54
口虾蛄 *Oratosquilla oratoria*	2 679.2	2 231.6	677.44	12 810*	955	4 829.4	2 579.2	160.02	181.9	47.8	24.4	81.76	5 905
单位捕捞努力量渔获量（kg/h）	4.77	6.05	6.34	20.09	14.9	6.93	3.80	2.58	1.78				
样本数（个/h）	1 384	1 761	1 938	2 136	1 077	364	1 597	1 450	655				
种类数（种）	20	23	20	21	14	12	16	18	16				
调查站位数（个）	17	18	18	18	18	18	10	18	13				

注：* 表示前5位；*Crangon* spp. 包括日本褐虾和黄海褐虾；*Paguridae* spp. 包括艾氏活额寄居蟹和大寄居蟹。

根据相对重要性指数，口虾蛄、褐虾、葛氏长臂虾、日本鼓虾和日本鼓虾为优势种（IRI_t＞500），以上 5 个种的累计生物量和个体数量分别占总生物量和总个体数的 83.20％和 80.28％。口虾蛄的生物量最高，占总生物量的 47.80％，褐虾的个体数最高，占总个体数的 32.55％。出现频率最高的种类依次为口虾蛄、葛氏长臂虾、日本鼓虾、日本鼓虾、三疣梭子蟹和褐虾，以上种类的出现频率均超过 50％。

基于生物量和个体数种类排序的甲壳类累计优势度曲线和种类优势度曲线见图 5－12。可以看到，各种类生物量百分比和个体数百分比的累计值，以及各种类的生物量百分比和个体数百分比，无论从生物量还是个体数看，前 5 种的累计百分比均超过 80％。

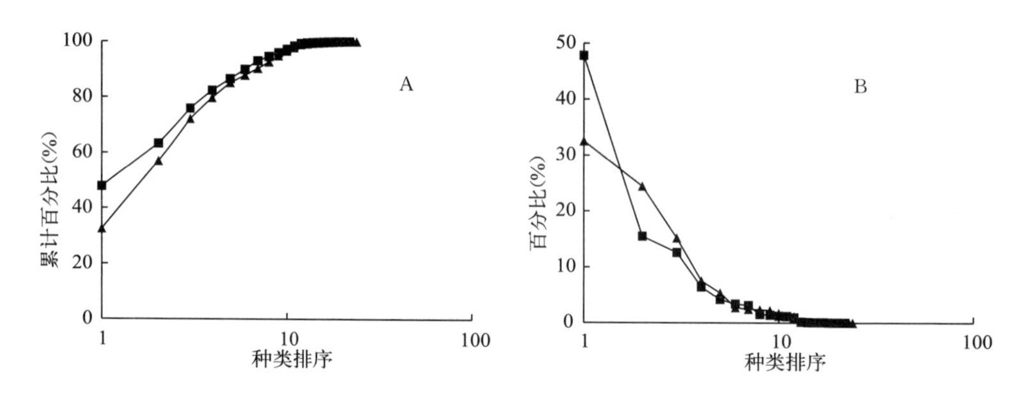

图 5－12　莱州湾甲壳类累计优势度曲线（A）和种类优势度曲线（B）（▪：生物量，▴：个体数）

二、生物多样性指数

2011—2012 年莱州湾甲壳类丰富度指数（D）、均匀度指数（J'）和 Shannon－Wiener 多样性指数（H'）的周年变化见表 5－3。丰富度指数（D）的周年变化如下：2011 年 5 月平均值为 0.80，6 月平均值为 0.74，7 月平均值为 0.68，8 月平均值为 0.59，9 月平均值为 0.47，10 月平均值为 0.47，11 月平均值为 0.70，2012 年 3 月平均值为 0.78，4 月平均值为 0.75。均匀度指数（J'）的周年变化如下：2011 年 5 月平均值为 0.52，6 月平均值为 0.53，7 月平均值为 0.47，8 月平均值为 0.50，9 月平均值为 0.50，10 月平均值为 0.46，11 月平均值为 0.47，2012 年 3 月平均值为 0.64，4 月平均值为 0.66。Shannon－Wiener 多样性指数（H'）的周年变化如下：2011 年 5 月平均值为 0.99，6 月平均值为 1.04，7 月平均值为 0.91，8 月平均值为 0.92，9 月平均值为 0.77，10 月平均值为 0.72，11 月平均值为 0.85，2012 年 3 月平均值为 1.17，4 月平均值为 1.13。

综上所述，无论丰富度指数（D）、均匀度指数（J'）还是 Shannon－Wiener 多样性指数（H'），其周年变化都呈相似的趋势。根据2011—2012年9个月的统计结果，莱州湾甲壳类丰富度指数（D）的平均值及标准差分别为0.66和0.13，平均值以9月和10月最低（0.47）、5月最高（0.80）；均匀度指数（J'）的平均值及标准差分别为0.53和0.20，平均值以10月最低（0.46）、4月最高（0.66）；Shannon－Wiener多样性指数（H'）的平均值及标准差分别为0.95和0.40，平均值以10月最低（0.72）、3月最高（1.17）。3种多样性指数的最高值均出现在春季（D：5月；J'：4月；H'：3月），最低值均出现在秋季（D：9月、10月；J'、H'：10月）。

表5－3 莱州湾甲壳类丰富度指数、均匀度指数、Shannon－Wiener多样性指数的周年变化

调查时间	丰富度指数 D			均匀度指数 J'			Shannon－Wiener 多样性指数 H'		
	平均值	范围	标准差	平均值	范围	标准差	平均值	范围	标准差
2011年5月	0.80	0.19～1.91	0.40	0.52	0.37～0.68	0.21	0.99	0.40～1.54	0.34
2011年6月	0.74	0.44～0.98	0.14	0.53	0.13～0.80	0.20	1.04	0.24～1.53	0.40
2011年7月	0.68	0.39～1.12	0.20	0.47	0.15～0.84	0.22	0.91	0.28～1.75	0.45
2011年8月	0.59	0.22～1.01	0.21	0.50	0.08～0.96	0.25	0.92	0.13～1.71	0.45
2011年9月	0.47	0.11～0.89	0.19	0.50	0.11～0.98	0.25	0.77	0.22～1.40	0.33
2011年10月	0.47	0.00～0.84	0.27	0.46	0.00～0.90	0.25	0.72	0.00～1.30	0.41
2011年11月	0.70	0.23～1.37	0.41	0.47	0.10～0.76	0.22	0.85	0.11～1.51	0.47
2012年3月	0.78	0.23～1.33	0.25	0.64	0.13～0.92	0.20	1.17	0.29～1.81	0.46
2012年4月	0.75	0.29～1.20	0.29	0.66	0.42～0.92	0.13	1.13	0.65～1.58	0.30

图5－13显示了莱州湾甲壳类Shannon－Wiener多样性指数（H'）平面分布的周年变化。2011年5月、6月均以莱州湾南部指数较高，北部较低；7月，莱州湾东南部指数较高，北部较低；8月，莱州湾西南部指数较高，东北部较低；9月，以莱州湾南部指数较高，北部较低；10月，莱州湾西部指数较高，南部较低；11月，莱州湾西部指数较高，东部较低；2012年3月，莱州湾北部指数较高，南部较低；4月，莱州湾北部指数较高，东南部较低。总体来看，在水温较高的月份（5—9月），莱州湾甲壳类Shannon－Wiener多样性指数以近岸浅水区较高，远岸深水区较低；相反，在水温较低的月份（10月至翌年4月），莱州湾甲壳类Shannon－Wiener多样性指数以远岸深水区较高，近岸浅水区较低。

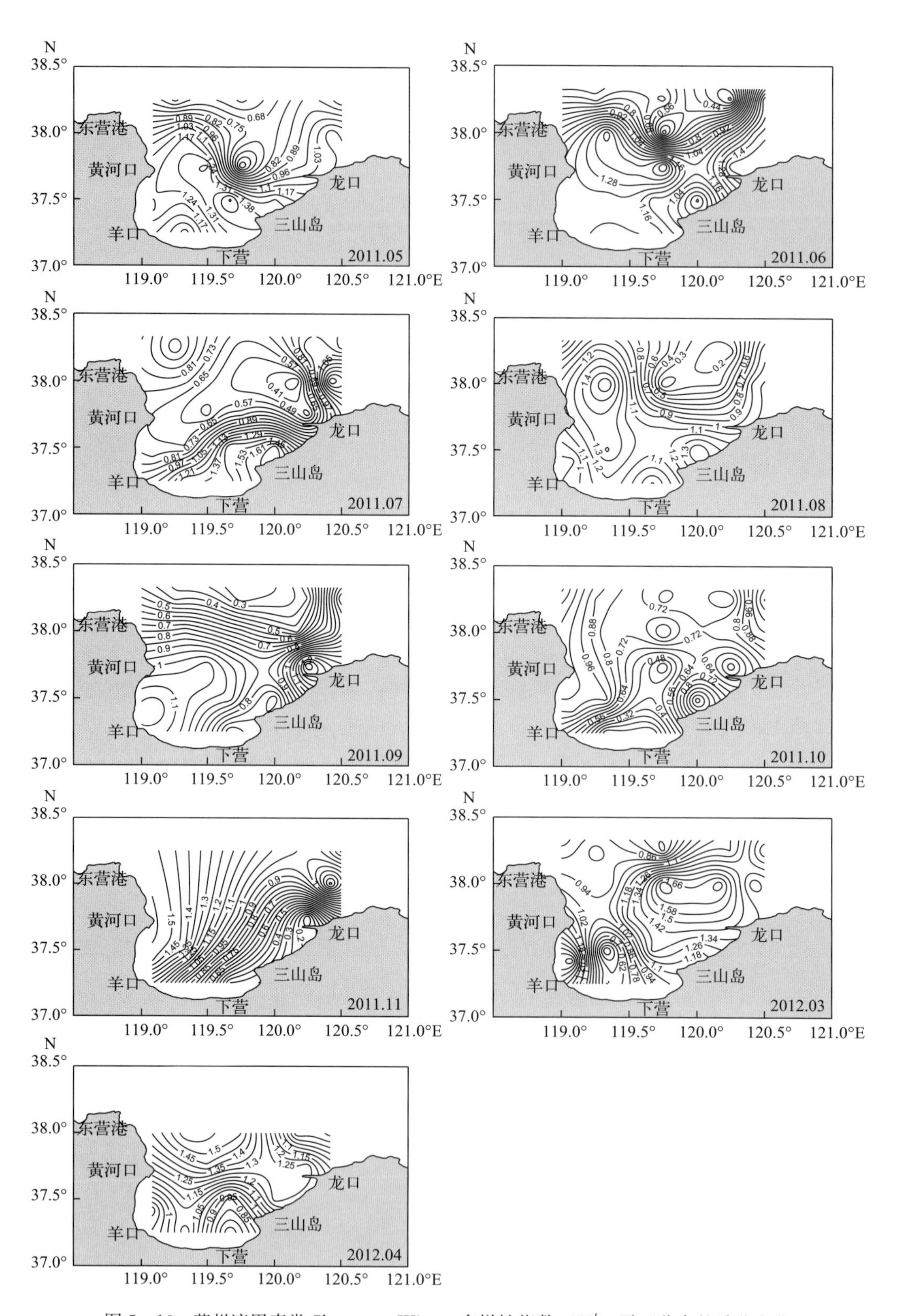

图 5-13 莱州湾甲壳类 Shannon-Wiener 多样性指数（H'）平面分布的季节变化

根据2011—2012年莱州湾甲壳类生物量数据，在60%相似性水平上，9个航次（月）被区分为2个群组（图5-14）。群组Ⅰ包括2011年9月和10月，群组Ⅱ包括其他月份。根据Primer软件包中的SPMPER程序，口虾蛄、日本蟳和三疣梭子蟹对群落区分的贡献最大，三者贡献了群落结构相似性的70%以上。在2011年9月、10月（群组Ⅰ），口虾蛄、日本蟳和三疣梭子蟹的生物量密度远高于其他月份（群组Ⅱ）。

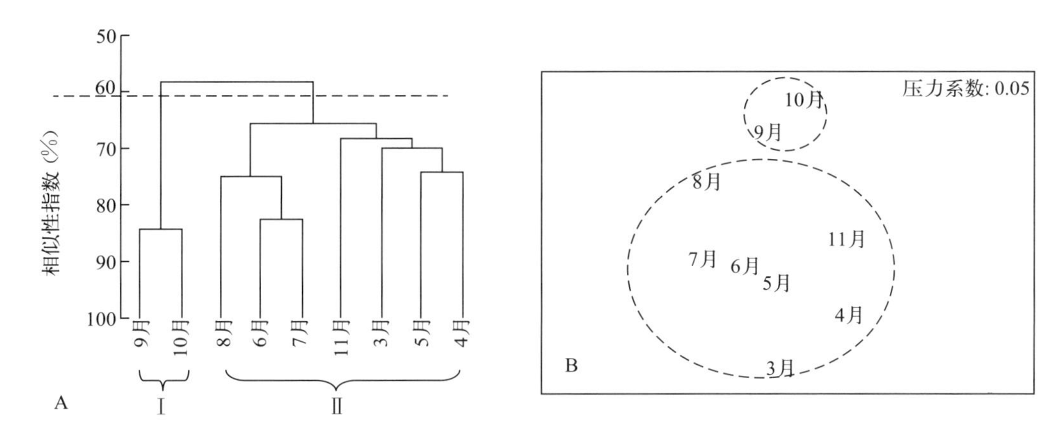

图5-14 莱州湾甲壳类群落的聚类分析（A）及多维定标分析（B）

三、数量分布与环境因子的关系

匹配莱州湾甲壳类群落结构的最佳环境因子组合见表5-4。2011—2012年各月份匹配甲壳类群落结构的最佳环境因子组合如下：2011年5月为溶解氧和水深，6—8月均为水深，9月为海表温度、溶解氧和水深，10月为海表温度和水深，11月为海表温度；2012年3月为盐度和水深，4月为溶解氧、盐度和水深。显著性检验结果显示，2011年7—8月甲壳类群落与环境因子的相关系数最高，相关显著性高于其他月份。

表5-4 匹配莱州湾甲壳类群落结构的最佳环境因子组合及其相关系数、显著性水平

调查时间	最佳环境因子组合	相关系数（ρ）	显著性水平（P）
2011年5月	DO，WD	0.502	0.003
2011年6月	WD	0.533	0.016
2011年7月	WD	0.675	0.001
2011年8月	WD	0.586	0.001
2011年9月	SST，DO，WD	0.466	0.002
2011年10月	SST，WD	0.562	0.003
2011年11月	SST	0.511	0.014
2012年3月	SAL，WD	0.451	0.003
2012年4月	DO，SAL，WD	0.604	0.003

四、评价

莱州湾位于渤海南部，水深较浅，受季风及陆地气候的影响，渤海水温随季节更替变化显著（陈大刚 等，2000），这给甲壳类动物的栖息造成了不利影响。因此，渤海的甲壳类物种数目在中国各海区里是最少的（赵传细，1990）。莱州湾位于 38°N 以南，属暖温带，甲壳类物种大多为温水种，少数为暖水种。个别冷水种的出现（如褐虾）和黄海冷水团的影响有较大关系（陈大刚 等，2000）。虽然莱州湾甲壳类物种中暖水种的数目不多，然而这些种类的数量常常是巨大的，如口虾蛄、三疣梭子蟹、脊尾白虾和泥脚隆背蟹（赵传细，1990）。

1982 年 4 月至 1983 年 5 月，邓景耀等（1988）曾研究了莱州湾的无脊椎动物群落结构的周年变化，但调查船只功率及拖网参数与 2011—2012 年数据不同。对比 2011—2012 年与 1982—1983 年的调查结果发现：莱州湾甲壳类物种数目由 1982—1983 年的 33 种（虾类 19 种，蟹类 13 种，虾蛄 1 种）转变为 2011—2012 年的 31 种（虾类 15 种，蟹类 15 种，虾蛄 1 种）；优势种类发生了显著变化，1982—1983 年依次为口虾蛄、鹰爪虾、中国对虾、日本鼓虾和三疣梭子蟹，2011—2012 年转变为口虾蛄、褐虾、葛氏长臂虾、日本蟳和日本鼓虾；经济价值较高的大个体种类（如中国对虾、三疣梭子蟹和鹰爪虾）优势度大幅下降，经济价值较低的小个体种类（如褐虾、葛氏长臂虾）的优势度上升。类似的研究结果也出现在莱州湾及其毗邻水域鱼类群落结构的演变中（Tian et al.，1991；Iversen et al.，1993，2001；Jin et al.，2003）。

历史文献均把脊腹褐虾作为渤海的常见甲壳类物种之一（邓景耀 等，1988；吴耀泉，1995；吴强 等，2011；吴强 等，2012）。然而，近期的报道认为渤海的脊腹褐虾应更正为日本褐虾（韩庆喜和李新正，2010；韩庆喜和李新正，2012）。因此，褐虾应包括日本褐虾和黄海褐虾。由于日本褐虾和黄海褐虾的高度相似性，调查中未能区分，误将两种褐虾鉴定为一种，虽然返回实验室后鉴定为两种，然而自然状态下的数量比例已无法确定。

Shannon - Wiener 多样性指数综合了物种丰富度指数和各种间个体均匀度两方面信息，因此在生态研究中被广泛应用（Manuel，2007）。2011 年 5—8 月，莱州湾近岸水域甲壳类群落 Shannon - Wiener 多样性指数高于其他调查月份。究其原因，5—8 月多数甲壳类物种规律性地迁移至莱州湾近岸浅繁殖，10 月开始逐渐迁移至远岸深水区进行越冬。莱州湾甲壳类均匀度指数及 Shannon - Wiener 多样性指数与生物量密度的周年变化趋势并不一致。表 5 - 2、表 5 - 3 均显示甲壳类生物量密度较高的月份（2011 年 8—9 月），均匀度指数及 Shannon - Wiener 多样性指数反而低于生物量密度较低的月份（2012 年 3—4 月）。此前，有关鱼类群落结构的研究也有同样的结果（金显仕 等，2009）。将春季莱州湾甲壳类多样性的研究结果与黄渤海其他区域对比，发现无论丰富度指数、均匀度指数还是 Shannon - Wiener 多样性指数，各海区的排序均为黄海南部>莱州湾>渤海>黄海北部>黄海中部（吴强 等，2012）。

莱州湾的大部分甲壳类物种为底栖习性的本地种（邓景耀 等，1988），仅在近岸浅水区与远岸深水区之间进行短距离洄游。少部分种类，如中国对虾和鹰爪虾，则每年春季通过长距离洄游进入渤海进行繁殖，秋季离开渤海进入黄海深水区进行越冬。口虾蛄是唯一在调查的 9 个月份均列生物量密度前五位的物种。其次，日本蟳在 8 个月份位列生物量密度前五位，褐虾在 6 个月份位列生物量密度前五位，葛氏长臂虾在 5 个月份位列生物量密度前五位。作为最具经济价值的物种，三疣梭子蟹和中国对虾分别在 4 个月份和 2 个月份位列生物量密度前五位。鉴于三疣梭子蟹、中国对虾和口虾蛄之间食物及栖息地的竞争关系（王波 等，1998；姜卫民 等，1997；唐启升 等，1990），建议在增殖放流三疣梭子蟹或中国对虾时选择合适的时间与海域，以降低口虾蛄的干扰。

第五节　头足类群落结构的季节变化

一、种类组成及优势度

2011—2012 年 9 个航次（月）共拖网 148 站次，采集头足类样本共 37 947 个，隶属于 3 目、3 科、4 属、6 种，包括日本枪乌贼、火枪乌贼、短蛸、长蛸、毛氏四盘耳乌贼和双喙耳乌贼。头足类的周年平均网获生物量密度及个体数密度分别为 3 111.39 g/h 和 723.54 个/h。生物量密度以 2011 年 10 月最高，达 8 157.11 g/h，3 月最低，仅 49.11 g/h；其月间排序为 10 月>8 月>7 月>11 月>9 月>6 月>5 月>翌年 4 月>翌年 3 月。个体数密度以 10 月最高，达 2 108.17 个/h，3 月最低，仅 0.39 个/h；其月间排序为 10 月>7 月>9 月>8 月>11 月>6 月>5 月>翌年 4 月>翌年 3 月（图 5 - 15）。

利用头足类各种类的生物量百分比（W）、个体数百分比（N）和出现频率（F），计算得到其相对重要性指数（IRI），进而确定头足类的优势种。由表 5 - 5 可知，枪乌贼在 8 个航次（月）为优势种（仅 2012 年 3 月除外），且在其中的 5 个航次（月）为唯一优势种；短蛸在 3 个航次（月）为优势种；长蛸在 1 个航次（月）为优势种；其他种类在各航次（月）均未成为优势种。

综合 9 个航次（月）148 站次的底拖网调查数据，统计得出头足类各种类周年的生物量百分比、个体数百分比及出现频率，进一步计算得出各种类的相对重要性指数（表 5 - 5）。可以看到，枪乌贼的周年生物量百分比为 79.82%，个体数百分比为 98.01%，出现频率

为73.65%，计算得出其相对重要性指数为13 097，这使其成为莱州湾头足类的绝对优势种类。此外，短蛸的周年生物量百分比为17.04%，个体数百分比为1.82%，出现频率为37.84%，计算得出其相对重要性指数为714；长蛸的周年生物量百分比为3.13%，个体数百分比为0.12%，出现频率为25.00%，计算得出其相对重要性指数为81；双喙耳乌贼和毛氏四盘耳乌贼的周年生物量百分比和个体数百分比均不足0.1%，其相对重要性指数仅分别为0.43和0.00。

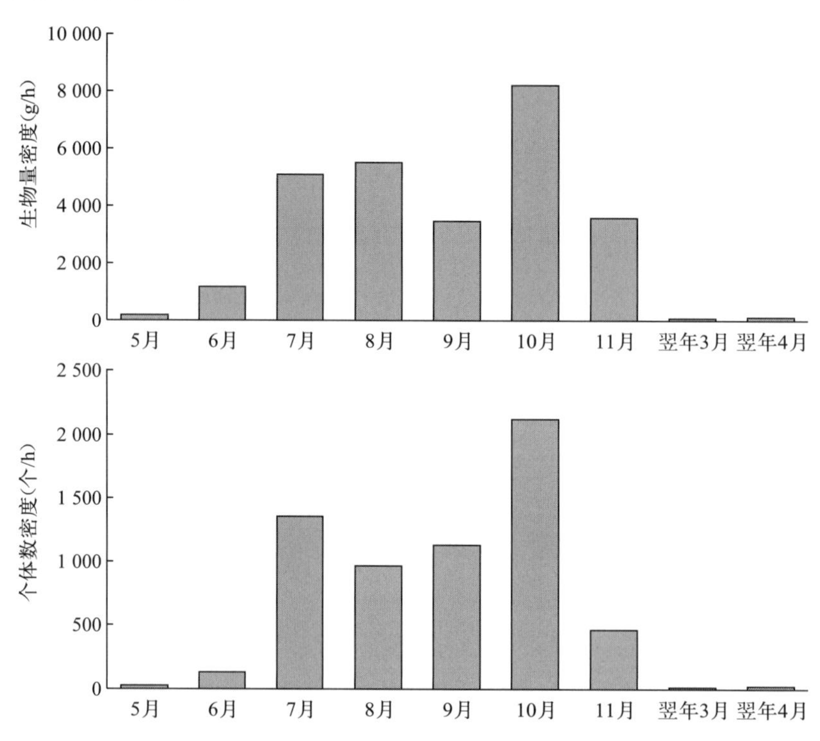

图5-15　莱州湾头足类生物量密度与个体数密度的季节变化

表5-5　莱州湾头足类各种类的优势度指数

调查时间	种　类	生物量百分比（%）	个体数百分比（%）	出现频率（%）	相对重要性指数
2011年5月	枪乌贼 *Loligo* spp.	61.17	94.44	64.71	10 069
	长蛸 *O. variabilis*	20.77	1.85	11.76	266
	短蛸 *O. ocellatus*	17.84	2.12	29.41	587
	双喙耳乌贼 *S. birostrata*	0.21	1.59	11.76	21
2011年6月	枪乌贼 *Loligo* spp.	89.48	98.08	83.33	15 630
	长蛸 *O. variabilis*	9.58	0.33	27.78	275
	短蛸 *O. ocellatus*	0.71	0.21	11.11	10
	双喙耳乌贼 *S. birostrata*	0.20	1.21	27.78	39
	毛氏四盘耳乌贼 *E. morsei*	0.04	0.17	5.56	1
2011年7月	枪乌贼 *Loligo* spp.	97.68	99.91	88.89	17 564

（续）

调查时间	种　类	生物量百分比（%）	个体数百分比（%）	出现频率（%）	相对重要性指数
	长蛸 *O. variabilis*	2.31	0.09	38.89	93
	短蛸 *O. ocellatus*	0.01	0.01	5.56	0
2011 年 8 月	枪乌贼 *Loligo* spp.	99.16	99.63	94.44	18 774
	长蛸 *O. variabilis*	0.11	0.02	11.11	1
	短蛸 *O. ocellatus*	0.71	0.30	22.22	22
	双喙耳乌贼 *S. birostrata*	0.02	0.06	5.56	0
2011 年 9 月	枪乌贼 *Loligo* spp.	53.61	94.15	88.89	13 134
	长蛸 *O. variabilis*	2.98	0.10	38.89	120
	短蛸 *O. ocellatus*	43.42	5.75	94.44	4 643
2011 年 10 月	枪乌贼 *Loligo* spp.	70.37	98.27	94.44	15 927
	长蛸 *O. variabilis*	4.55	0.17	72.22	329
	短蛸 *O. ocellatus*	25.08	1.56	88.89	2 230
2011 年 11 月	枪乌贼 *Loligo* spp.	63.65	97.24	80.00	12 871
	短蛸 *O. ocellatus*	36.35	2.76	80.00	3 129
2012 年 3 月	长蛸 *O. variabilis*	91.74	85.71	27.78	4 929
	短蛸 *O. ocellatus*	8.26	14.29	5.56	125
2012 年 4 月	枪乌贼 *Loligo* spp.	65.58	97.27	69.23	11 274
	长蛸 *O. variabilis*	17.98	0.38	7.69	141
	短蛸 *O. ocellatus*	16.18	0.96	15.38	264
	双喙耳乌贼 *S. birostrata*	0.26	1.39	7.69	13
周年	枪乌贼 *Loligo* spp.	79.82	98.01	73.65	13 097
	长蛸 *O. variabilis*	3.13	0.12	25.00	81
	短蛸 *O. ocellatus*	17.04	1.82	37.84	714
	双喙耳乌贼 *S. birostrata*	0.02	0.05	6.08	0.43
	毛氏四盘耳乌贼 *E. morsei*	0.002	0.004	0.68	0.00

注：枪乌贼包括日本枪乌贼和火枪乌贼。

二、数量分布的季节变化

图 5－16 显示了莱州湾头足类生物量分布的季节变化。2011 年 5 月以羊口近岸及莱州湾湾口密度较高，莱州湾中部及下营近岸密度较低；6—7 月均以羊口、下营、三山岛和龙口近岸以及莱州湾中部密度较高，莱州湾湾口密度相对较低；8 月以龙口北部密度最高，东营港近岸密度较低；9 月头足类的分布比较均匀，以莱州湾南部近岸密度相对较低；10 月以莱州湾湾口密度较高，南部近岸密度较低；11 月以莱州湾中部及羊口近岸密度较高，下营近岸密度较低；2012 年 3 月头足类密度整体较低，以东营港、羊口和三山岛近岸相对较高；4 月头足类密度整体较低，以羊口近岸及莱州湾中北部密度较高。总体

来看，2011 年 6—11 月头足类的生物量密度较高，其中 6—7 月以莱州湾中南部密度较高，8—11 月以莱州湾北部密度较高；2011 年 5 月及 2012 年 3—4 月头足类密度整体较低。

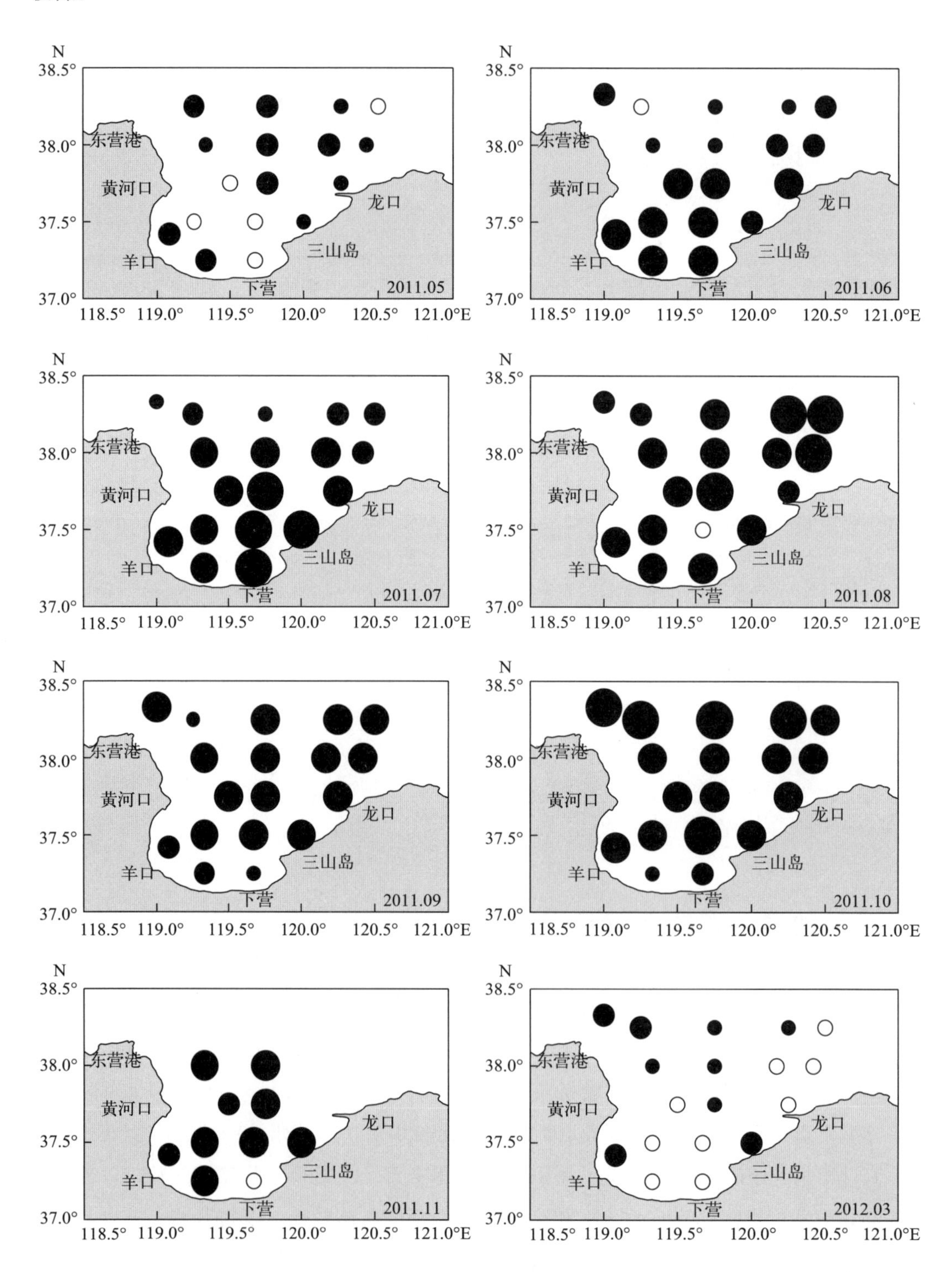

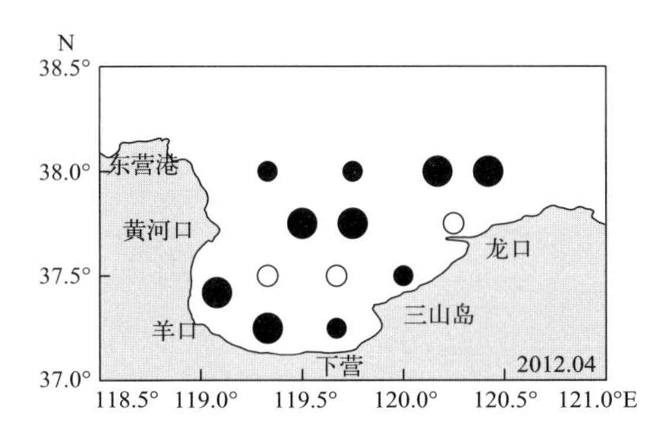

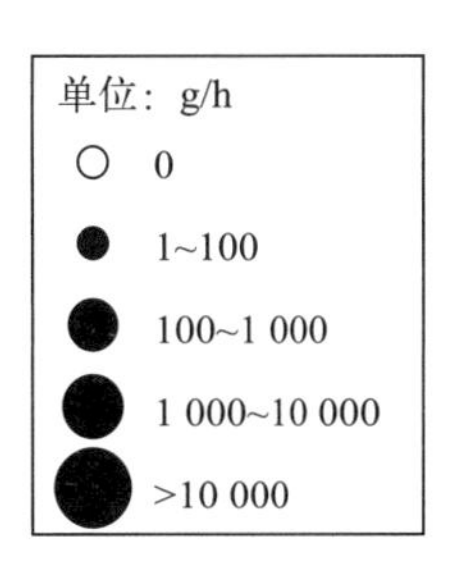

图 5-16　莱州湾头足类生物量分布的季节变化

根据 2011—2012 年莱州湾头足类个体数矩阵，通过聚类（CLUSTER）和非度量多维标度（MDS）分析，9 个航次（月）在 85%相似性水平上被区分为 4 个群组。群组Ⅰ仅包括 2012 年 3 月，群组Ⅱ包括 2011 年 4 月、5 月和 6 月，群组Ⅲ包括 2011 年 9 月、10 月和 11 月，群组Ⅳ包括 2011 年 7 月和 8 月。此外，2012 年 3 月与其他月份的相似性指数在 18%～41%，远低于其他航次（月）之间的相似性（71%～95%）。MDS 压力系数（Stress）为 0.01，说明二维点图对群落结构排序具有很好的代表性（图 5-17）。

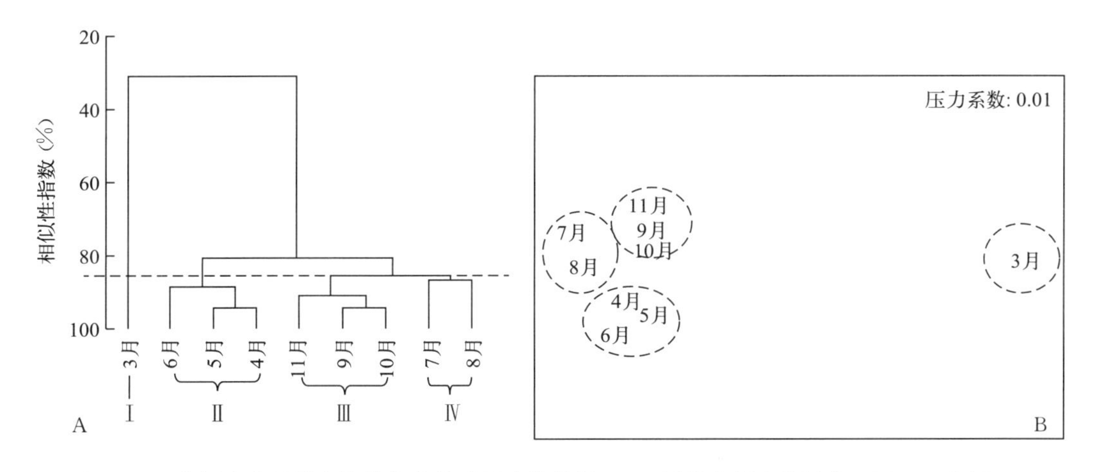

图 5-17　莱州湾头足类个体数密度的时间聚类分析（A）及非度量多维标度（MDS）分析（B）

2011 年 5 月、11 月及 2012 年 4 月 3 个航次（月）的部分调查站位缺失，根据 2011 年 6—10 月及 2012 年 3 月 6 个航次莱州湾头足类个体数的平均值矩阵，通过聚类（CLUSTER）和非度量多维标度（MDS）分析，18 个调查站位在 90%相似性水平上分为 5 个群组：群组Ⅰ仅包括 6251 站，群组Ⅱ包括 7342 站、7252 站和 5183 站，群组Ⅲ包括 6351 站、6184 站和 5051 站，群组Ⅳ包括 5084 站和 5293 站，群组Ⅴ包括其余站位。结合站位位置，群组Ⅰ位于莱州湾中部；群组Ⅱ位于莱州湾南部近岸及湾口；群组Ⅲ分散在黄河口、龙口北部及东营港近岸，群组Ⅳ的 2 个站位分别位于东营港及龙口北部近岸，群组Ⅴ的站位散布在莱州湾南部近岸以外的大部分水域。MDS 压力系数（Stress）为 0.08，说明二维点图对群落结构的排序效果基本可信（图 5－18）。

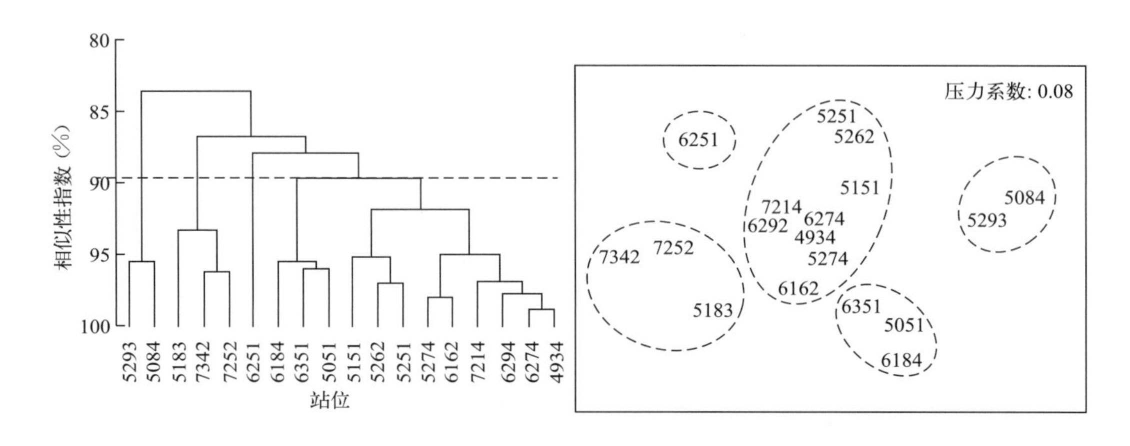

图 5－18　莱州湾头足类个体数密度的空间聚类及 MDS 分析

三、数量分布与环境因子的关系

表 5－6 显示了 2011 年 5—10 月莱州湾头足类个体数分布与环境因子的相关性。可以看到，莱州湾头足类个体数于 2011 年 5 月与水深呈显著负相关（$P<0.05$），于 2011 年 8 月、9 月分别与浮游动物密度呈显著正相关（$P<0.05$）和极显著负相关（$P<0.01$），于 2011 年 10 月与 pH 呈显著负相关（$P<0.05$）。2011 年 6—7 月莱州湾头足类个体数与环境因子的相关性均不显著（$P>0.05$）。总体来看，莱州湾头足类个体数分布与浮游动物密度的相关性最高，其次是 pH 和水深，与海表温度、溶解氧及盐度的相关性最低（表 5－6）。

表 5－6　莱州湾头足类个体数分布与环境因子的相关性

影响因子	调查时间					
	2011.05	2011.06	2011.07	2011.08	2011.09	2011.10
海表温度	0.059	0.552	0.370	−0.280	−0.423	0.374
盐度	−0.191	−0.077	0.065	−0.106	0.383	0.133
溶解氧	−0.152	−0.547	−0.552	0.327	−0.449	0.235
水深	−0.038*	−0.673	−0.311	0.390	0.580	0.108
pH	−0.123	−0.172	−0.364	0.068	−0.274	−0.034*
浮游动物密度	−0.045	−0.075	−0.177	0.045*	−0.008**	−0.086

** 表示相关性水平为 $P<0.01$；

* 表示相关性水平为 $P<0.05$。

四、评价

Voss et al.（1971）将中国大陆架的浅海性头足类分成 2 个区系区。董正之（1978）

在充分考虑东海头足类组成的复杂性后，认为中国海域的头足类应划分为3个区系，Ⅰ区为舟山群岛以北海域（即黄海和渤海），Ⅱ区为长江口至福建平潭海坛岛附近海域，Ⅲ区为台湾海峡至北部湾。根据种类的地理分布全貌及其分布中心，中国近海头足类大体分成狭分布种、广分布种、环分布种和地方种4个类型。本研究于莱州湾采集的头足类物种均为浅海性种类，显然隶属于舟山群岛以北海域区（Ⅰ区）；采集的6个头足类物种中，日本枪乌贼和毛氏四盘耳乌贼属于狭分布种，仅分布于黄渤海；火枪乌贼、长蛸、短蛸和双喙耳乌贼则属于广分布种，在我国各海区均有分布。

受季风及陆地气候的影响，渤海水温随季节变化明显（董正之，1978），这给在此栖息的渔业生物造成了较大影响，渤海的头足类物种数目在中国的各海区最少。莱州湾位于渤海南部，属暖温带气候，这里的头足类多为暖温种，如日本枪乌贼、双喙耳乌贼、毛氏四盘耳乌贼和短蛸；少数为暖水种，如火枪乌贼和长蛸。对比董正之于20世纪70年代的报道，本研究中莱州湾头足类的物种名录减少了曼氏无针乌贼和金乌贼，增加了毛氏四盘耳乌贼，对比邓景耀等（1988）于1982年4月至1983年5月进行的周年渤海调查，本研究中头足类的物种名录减少了曼氏无针乌贼和太平洋褶柔鱼；对比吴耀泉（1995）于1984年4—11月在莱州湾进行的逐月调查，头足类物种名录减少了曼氏无针乌贼，增加了毛氏四盘耳乌贼。综合来看，曾经作为20世纪70—80年代常见种的曼氏无针乌贼、金乌贼和太平洋褶柔鱼3个物种，在本研究中的莱州湾周年调查中没有出现。

据报道，自20世纪50年代以来渤海渔业资源组成发生了很大变化（金显仕 等，2000）。1959年游泳动物生物量前5位依次为小黄鱼、带鱼、中国对虾、黄鲫和孔鳐，1982年变化为黄鲫、枪乌贼、鳀、小黄鱼和蓝点马鲛，1992年依次为鳀、黄鲫、斑鰶、小黄鱼和口虾蛄，1998年演变为斑鰶、黄鲫、银鲳、蓝点马鲛和口虾蛄（Tang，2003）。在此期间，枪乌贼的生物量比重由1982年的10.7%下降至1992—1993年的5.9%，再到1998年的不足4%（金显仕，2000；Tang，2003）。与本研究中枪乌贼为莱州湾头足类绝对优势种的结论类似，根据2010—2011年春（5月）、夏（8月）、秋（10月）、冬（12月）在莱州湾进行的8航次（月）的底拖网调查，发现枪乌贼在2010年及2011年的游泳动物群落中均为优势种（李凡 等，2013）；根据2014年秋季渤海东部海域底层游泳动物种类组成及群落多样性的研究，同样发现枪乌贼为绝对优势种（任中华 等，2016）。综合历史文献，枪乌贼在莱州湾渔业资源中的比重1959—1982年呈上升趋势，1982—1992年及1998年一直呈下降趋势，2010年以来枪乌贼的比重大幅回升。

根据季节性迁移的特点，莱州湾头足类可分为常年定居种类和长距离洄游种类。前者季节性迁移距离较小，常年栖息在渤海，如长蛸、短蛸、毛氏四盘耳乌贼和双喙耳乌贼；后者有明显季节性洄游特性，每年春季通过长距离洄游至渤海近岸繁殖，秋冬季则离开渤海进入黄海深水区越冬，如火枪乌贼和日本枪乌贼（吴耀泉 等，1990）。根据莱州湾头足类个体数矩阵，通过聚类和MDS分析发现2012年3月与其他月份的相似性指数在18%～41%，远低于其他航次（月）之间的相似性（71%～95%）。这主要是因为2012年3月水温较低，此时枪乌贼仍在黄海深水区；其他月份渤海水温相对较高，枪乌贼繁殖群体已经从黄海完成越冬后返回渤海近岸，当年生的群体仍在渤海进行索饵、生长。PRIMER软件中的相似性百分比分析（SIMPRE）程序表明，枪乌贼对莱州湾头足类航次（月）间的群落相似性贡献率均在90%以上。

第六章 主要渔业种类

主要渔业种类指莱州湾的优势种类和主要经济种类，具体包括鳀、赤鼻棱鳀、青鳞小沙丁鱼、黄鲫、斑鰶、银鲳、蓝点马鲛等中上层鱼类，以及小黄鱼、带鱼、花鲈、鲬、鲆鲽类、舌鳎类、东方鲀类和鰕虎鱼类等底层鱼类，还包括三疣梭子蟹、日本蟳和口虾蛄等甲壳类，以及枪乌贼类、蛸类和曼氏无针乌贼等头足类。

第一节　鱼　　类

一、鳀

（一）资源密度

1. 季节变化

莱州湾鳀的平均网获生物量从2011年5月的0 g/h（未捕获）上升至6月的0.5 g/h，7月增加至851.5 g/h，8月为388.89 g/h，9月达最高值9 711 g/h，10月下降至1 757.61 g/h，11月下降至8.6 g/h。2012年3月仅为1.78 g/h，2012年4月进一步下降至0 g/h（未捕获）。

2. 长期变化

自1982年以来，鳀的资源密度整体呈大幅下降趋势。春季（5月），资源密度由1982年的40.66 kg/h下降至1993年的21.66 kg/h，1998年进一步下降至0.58 kg/h，2004年和2010年均未能捕获，2015年小幅回升至0.003 kg/h；夏季（8月），鳀的资源密度由1982年的0.16 kg/h上升至1992年的2.93 kg/h，1998年下降至0.02 kg/h，2010年进一步下降至0.001 kg/h，2015年未能捕获。

（二）资源分布

1. 季节变化

2011年5月，莱州湾水域未能捕获鳀。2011年6月，鳀的资源密度极低，仅莱州湾东北部1个站位有少量分布。2011年7月，鳀的资源密度以莱州湾东北部最高，其次是三山岛近海，近岸站位密度较低。2011年8月，鳀的资源密度以莱州湾东北部及中北部较高，其他区域大多数站位均未能捕获鳀。2011年9月，鳀的资源密度以莱州湾东北部及中北部较高，其他区域大多数站位均未能捕获鳀。2011年10月，鳀的资源密度以莱州湾中北部较高，近岸水域密度较低。2011年11月，莱州湾鳀的资源密度极低，仅三山岛近岸1个站位有少量捕获。2012年3月，莱州湾鳀的资源密度极低，仅龙口近岸1个站位有少量捕获。2012年4月，莱州湾水域未能捕获鳀（图6-1）。

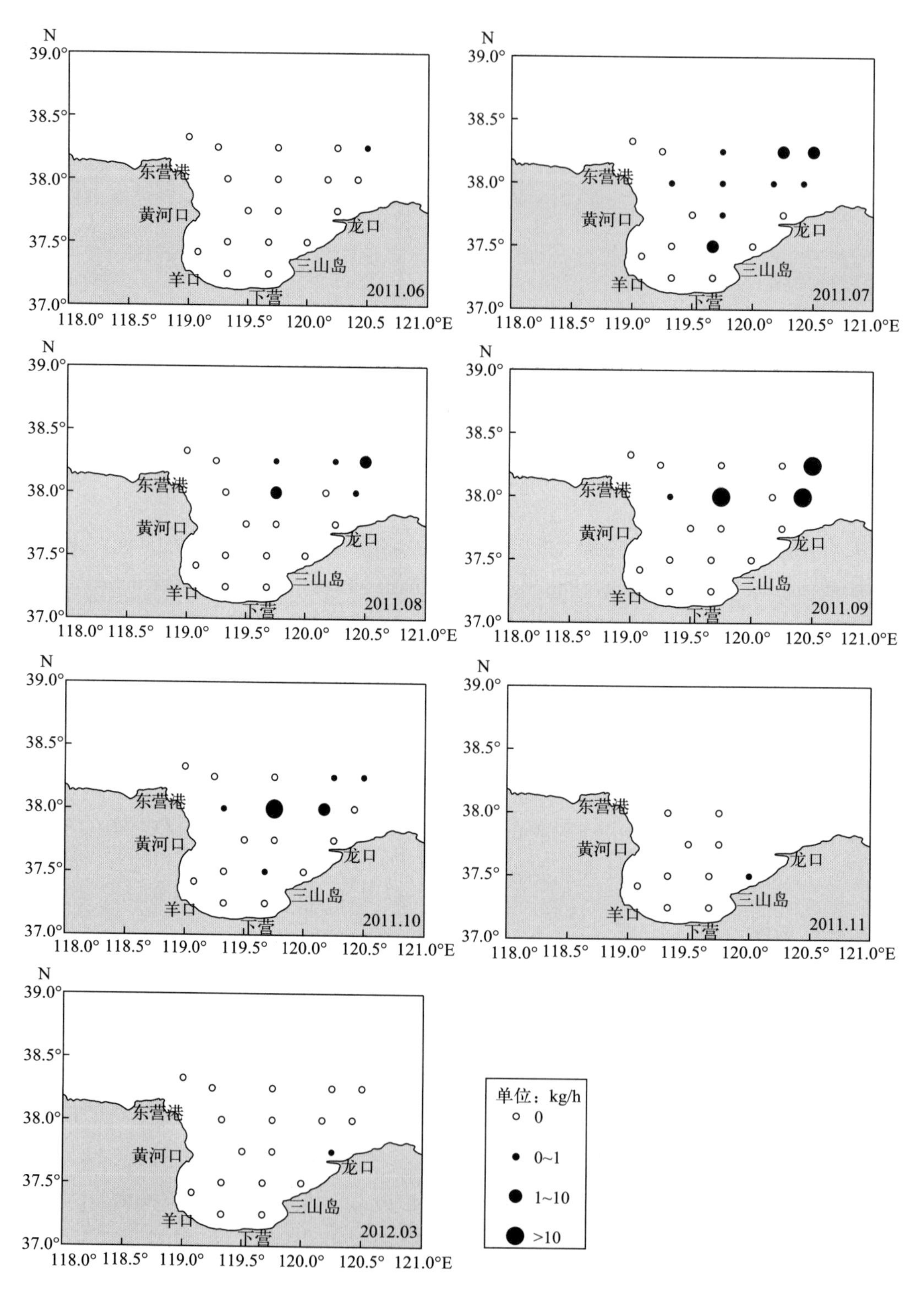

图 6-1　莱州湾鳀资源分布的季节变化

2. 长期变化

（1）春季　1982 年 5 月，鳀的资源密度以莱州湾中南部密度最高，其次是黄河口水域，东营港近海资源密度最低。1993 年 5 月，鳀的资源密度以龙口近岸密度最高，其次是黄河口、东营港北部近海及莱州湾中部，莱州湾东北部密度最低。1998 年 5 月，鳀的资源密度以莱州湾东北部及黄河口北部近海较高，其次是莱州湾中北部，莱州湾中南部资源密度较低。2015 年 5 月，鳀的资源密度整体偏低，以莱州湾中东部及羊口北部近海密度相对较高，其他水域均未能捕获（图 6－2）。

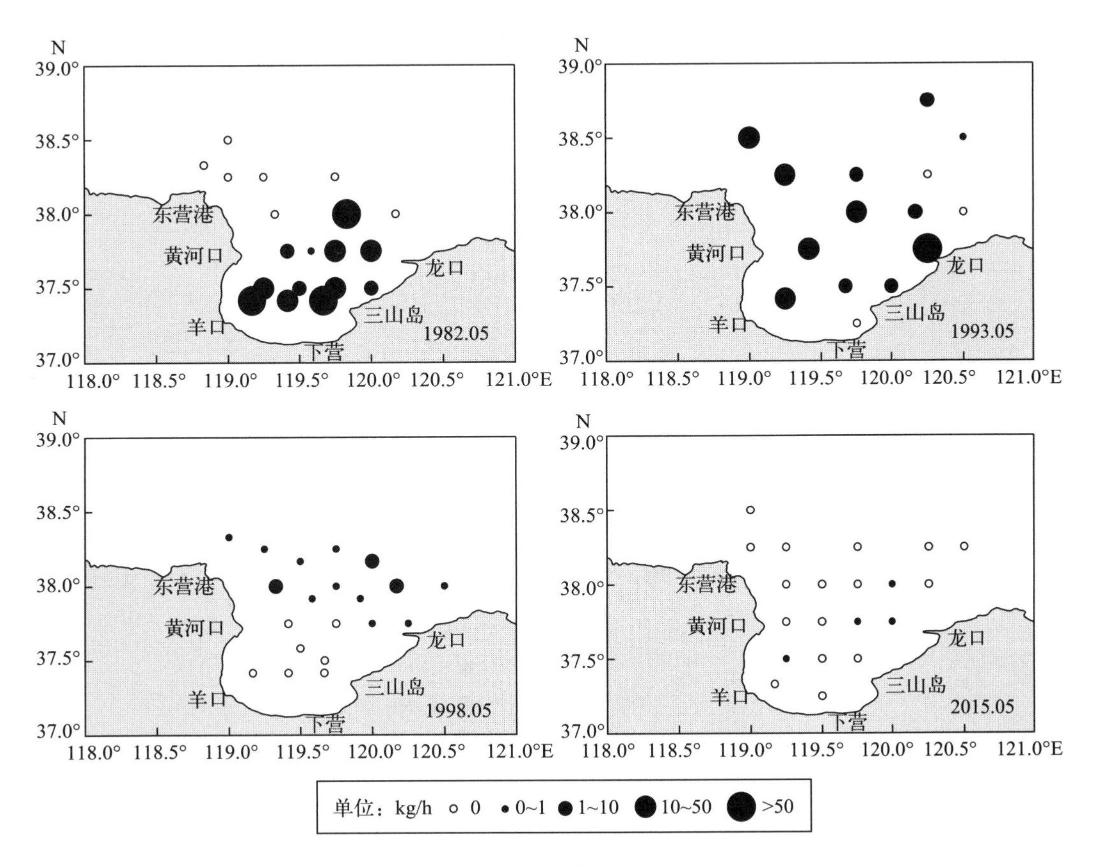

图 6－2　春季莱州湾鳀资源分布的长期变化

（2）夏季　1982 年 8 月，鳀的资源密度以莱州湾西南部密度较高，其次是莱州湾湾口中部，第三是东营港近海，莱州湾东部水域密度最低。1992 年 8 月，鳀的资源密度以莱州湾湾口中部最高，其次是东营港北部近海及龙口北部近海，黄河口及其以南水域密度较低。1998 年 8 月，鳀的资源密度极低，仅东营港外海 2 个站位有少量捕获，其余站位均未捕获。2010 年 8 月，鳀的资源密度极低，仅东营港北部近海 1 个站位有少量捕获，其余站位均未能捕获。2015 年 8 月，鳀的资源密度以莱州湾湾口中部及东北部密度较高，莱州湾南部及黄河口站位均未能捕获（图 6－3）。

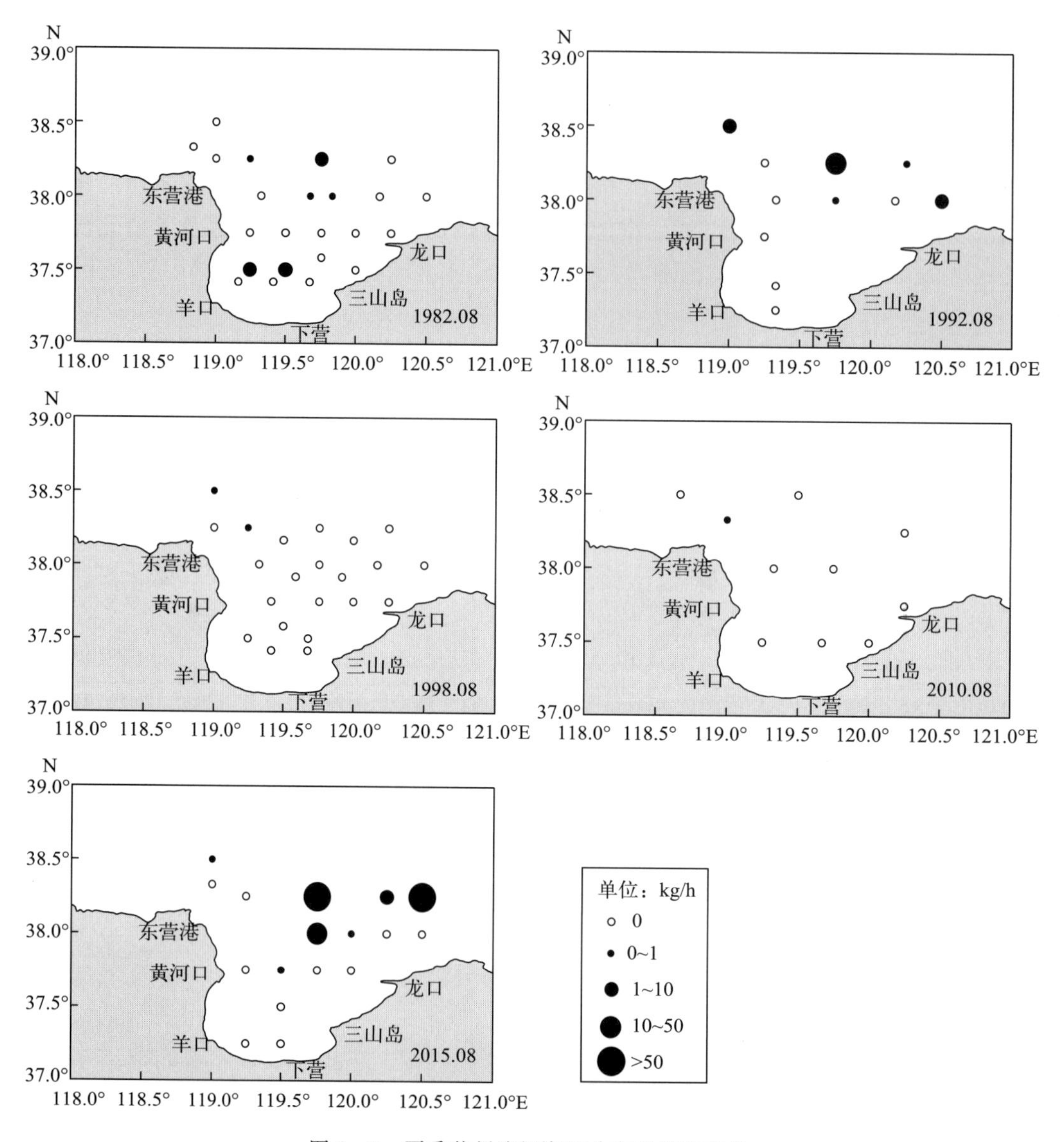

图 6-3 夏季莱州湾鳀资源分布的长期变化

（三）叉长与体重

2013—2014 年完成的 8 个调查航次中，除冬季鳀越冬洄游至黄海中南部水域，莱州湾未能捕获外，鳀在春、夏、秋三个季节的 5 个航次中位居相对重要性指数 *IRI* 的前 5 位，尤以夏季的数量最多。

由图 6-4 可以看到，夏季鳀的叉长范围在 85～151 mm，其中优势叉长组为 121～140 mm，该叉长组个体数占总个体数的 58.67%。体重范围在 2.2～26 g，其中以 10～25 g 为主，占总个体数的 81.58%。

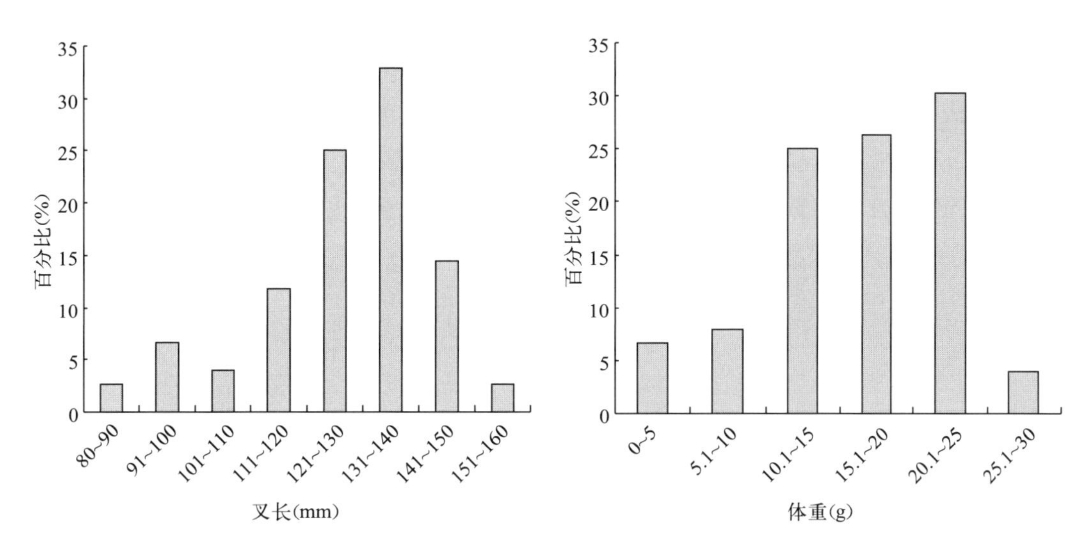

图 6-4 夏季莱州湾鳀的叉长及体重分布

二、赤鼻棱鳀

(一) 资源密度

1. 季节变化

莱州湾赤鼻棱鳀的平均网获量从 2011 年 5 月的 0 g/h（未捕获）上升至 6 月的 1 616.94 g/h，7 月下降至 377.39 g/h，8 月进一步下降至 150.17 g/h，9 月达到 2 734.39 g/h，10 月达最高值 3 472.22 g/h，11 月下降至 2.3 g/h。2012 年 3 月、4 月，莱州湾水域赤鼻棱鳀的平均网获量均为 0 g/h（未捕获）。

2. 长期变化

自 1982 年以来，赤鼻棱鳀的资源密度整体呈先升后降的趋势。春季（5 月），资源密度由 1982 年的未捕获上升至 1993 年的 3.25 kg/h，此后下降至 1998 年的 1.15 kg/h，2004 年进一步下降至 0.15 kg/h，2010 年未能捕获，2015 年上升至 0.30 kg/h；夏季（8 月），赤鼻棱鳀的资源密度由 1982 年的 2.73 kg/h 上升至 1992 年的 16.42 kg/h，1998 年下降至 0.46 kg/h，2010 年为 0.54 kg/h，2015 年下降至 0.30 kg/h。

(二) 资源分布

1. 季节变化

2011 年 5 月，莱州湾水域未能捕获赤鼻棱鳀。2011 年 6 月，赤鼻棱鳀的资源密度极低，仅莱州湾东北部 1 个站位有少量分布。2011 年 7 月，赤鼻棱鳀的资源密度以莱州湾东北部最高，其次是三山岛近海，近岸站位密度较低。2011 年 8 月，赤鼻棱鳀的资源密度以莱州湾东北部及中北部较高，其他区域大多数站位均未能捕获赤鼻棱鳀。2011 年 9 月，赤鼻棱鳀的资源密度以莱州湾东北部及中北部较高，其他区域的资源密度均极低。2011 年 10 月，赤鼻棱鳀的资源密度以莱州湾北部及中部较高，莱州湾南部的资源密度较低。2011 年 11 月，赤鼻棱鳀的资源密度整体较低，仅东营港及三山岛近岸有少量分布。2012 年 3 月、4 月均未能捕获赤鼻棱鳀（图 6－5）。

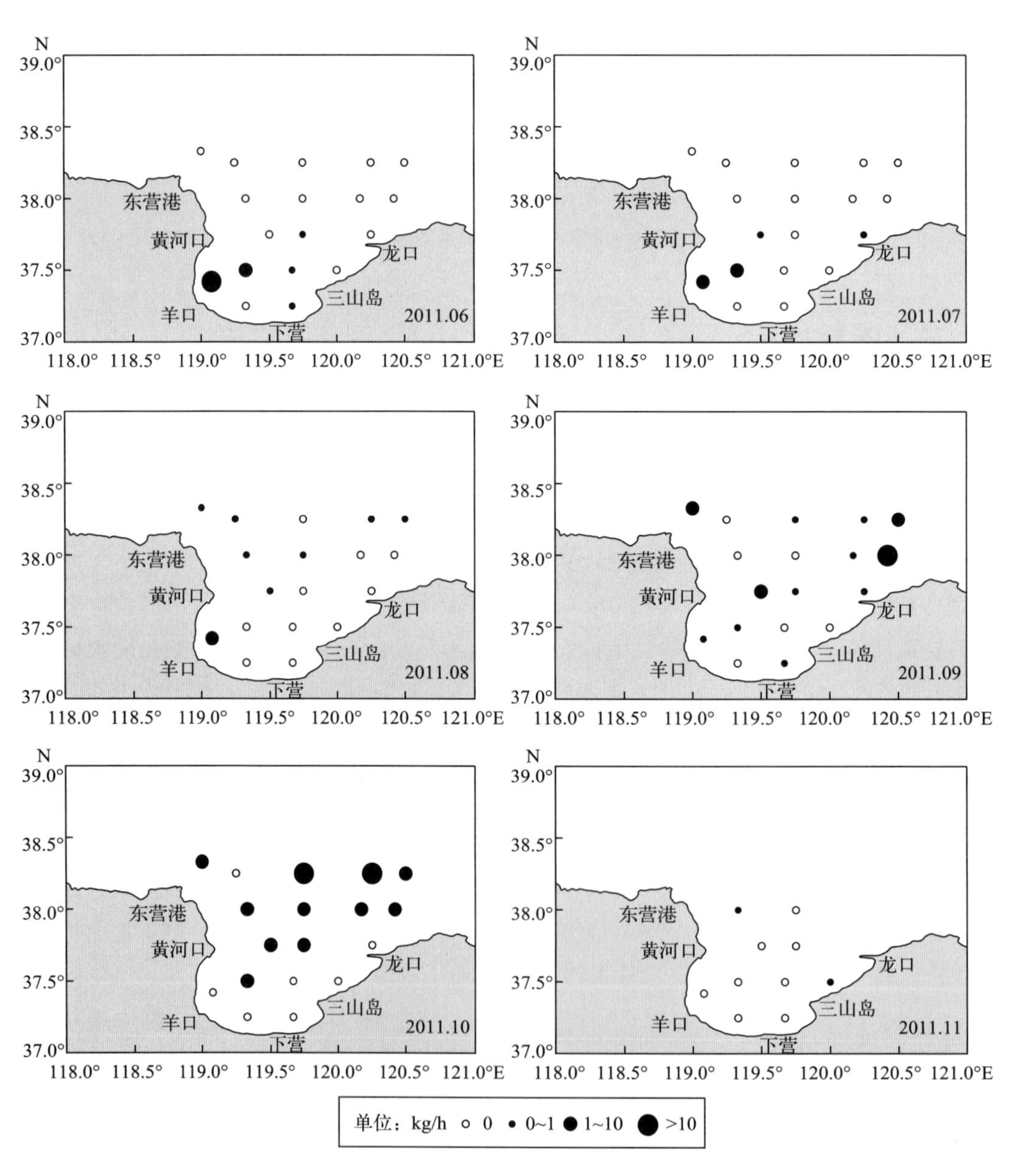

图 6－5　莱州湾赤鼻棱鳀资源分布的季节变化

2. 长期变化

（1）春季　1993年5月，赤鼻棱鳀的资源密度以羊口近岸密度最高，其次是莱州湾南部沿岸，再次为莱州湾湾口，莱州湾中部密度最低。1998年5月，赤鼻棱鳀的资源密度以莱州湾中南部较高，其次是莱州湾西北部，莱州湾东北部资源密度较低。2004年5月，赤鼻棱鳀的资源密度以龙口近岸最高，其次是黄河口近岸，莱州湾北部密度最低。2015年5月，赤鼻棱鳀的资源密度以莱州湾西南部较高，莱州湾湾口中部密度最低（图6-6）。

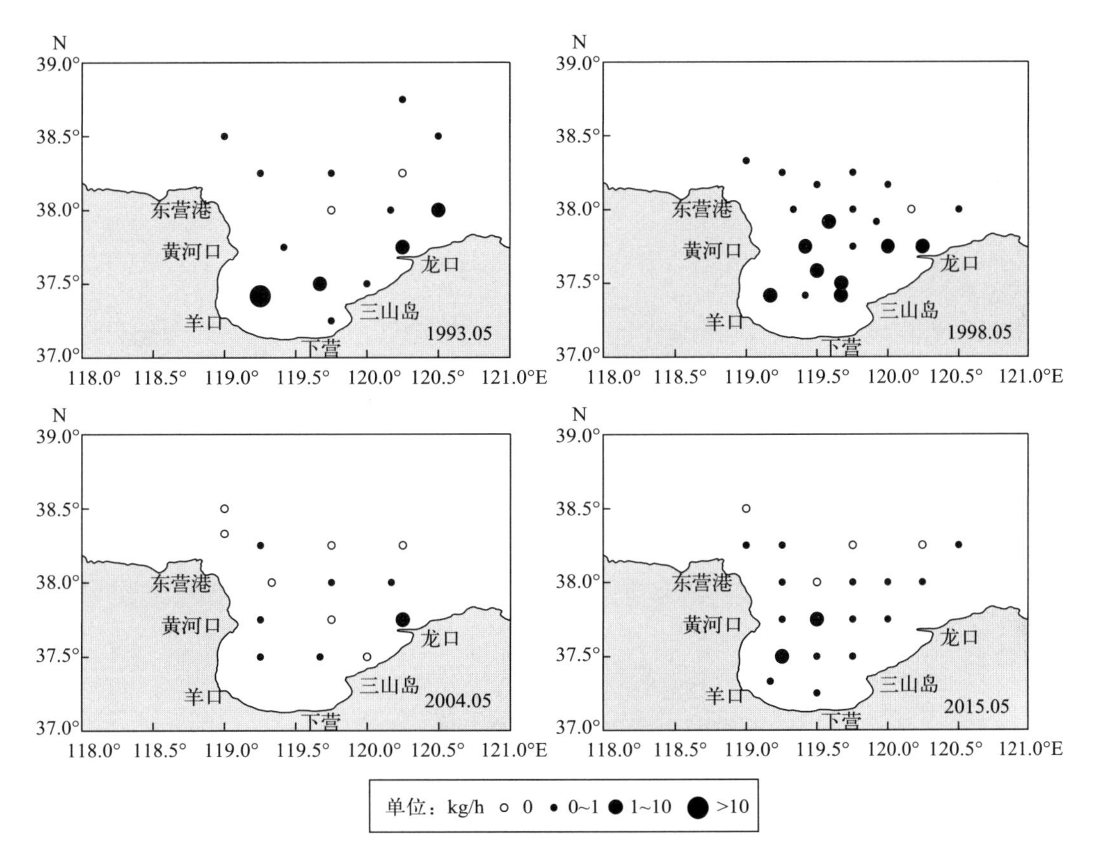

图6-6　春季莱州湾赤鼻棱鳀资源分布的长期变化

（2）夏季　1982年8月，赤鼻棱鳀的资源密度以黄河口近岸、东营港近海及龙口近海密度最高，其次是莱州湾中北部，莱州湾南部及东北部密度最低。1992年8月，赤鼻棱鳀的资源密度以莱州湾中部较高，其次是莱州湾西部及东北部。1998年8月，赤鼻棱鳀的资源密度以东营港北部近海及龙口西部近海密度最高，其次是莱州湾中部，莱州湾北部密度相对较低。2010年8月，赤鼻棱鳀的资源密度以莱州湾中部及东南部最高，其次是黄河口及东营港近海，莱州湾西南部及东北部密度最低。2015年8月，赤鼻棱鳀的资源密度以莱州湾中南部较高，其次是东营港近海，莱州湾东北部密度最低（图6-7）。

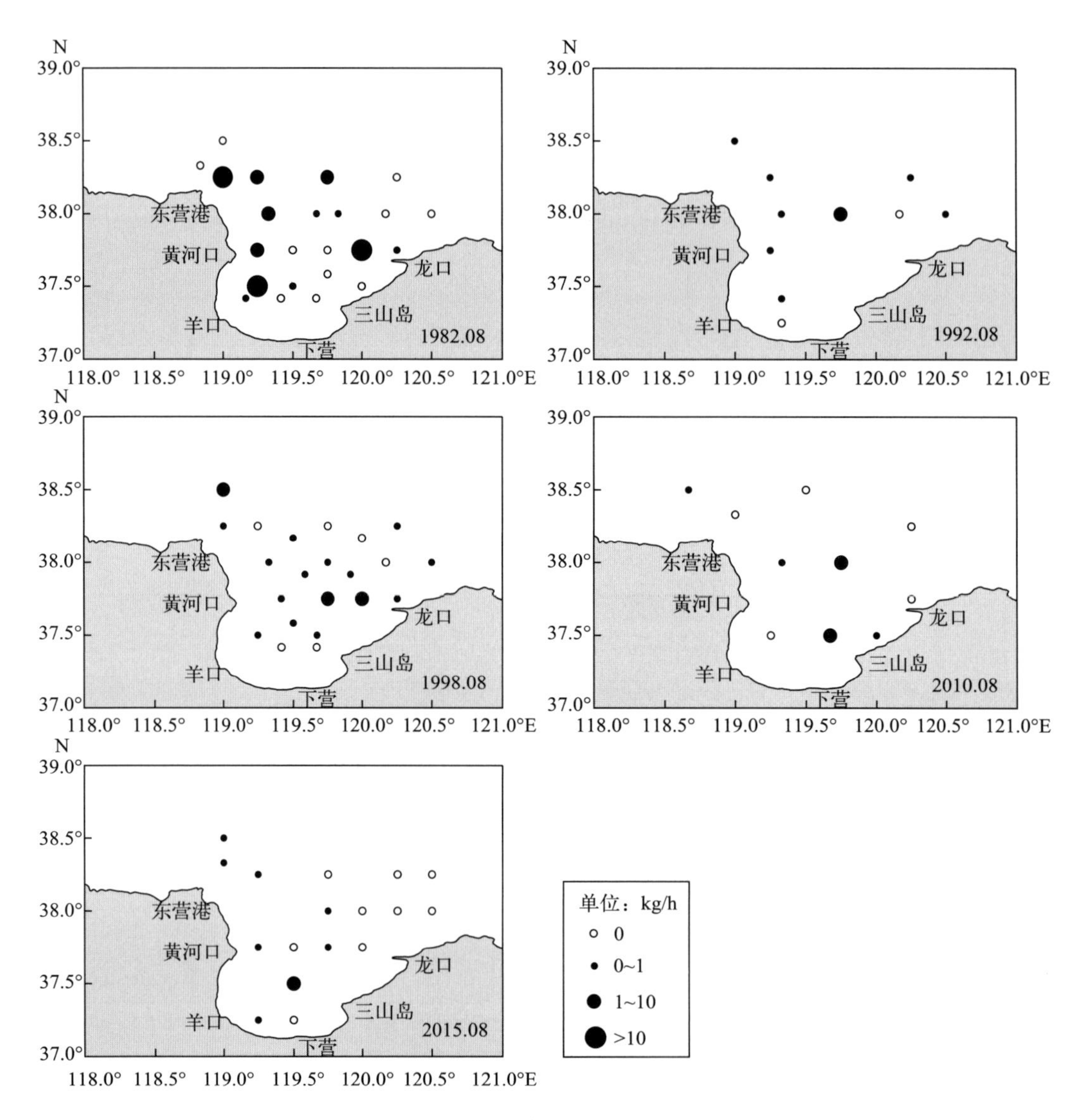

图 6-7 夏季莱州湾赤鼻棱鳀资源分布的长期变化

（三）叉长与体重

由图 6-8 可以看到，春季赤鼻棱鳀的叉长范围在 72～112 mm，其中优势叉长组为 81～90 mm，该叉长组个体数占总个体数的 52.35%。体重范围在 3.1～18 g，其中以3～9 g为主，占总个体数的 78.50%。

由图 6-9 可以看到，夏季赤鼻棱鳀的叉长范围在 41～112 mm，其中优势叉长组为 51～70 mm，该叉长组个体数占总个体数的 59.28%。体重范围在 0.3～13 g，其中以 0～4 g为主，占总个体数的 66.20%。

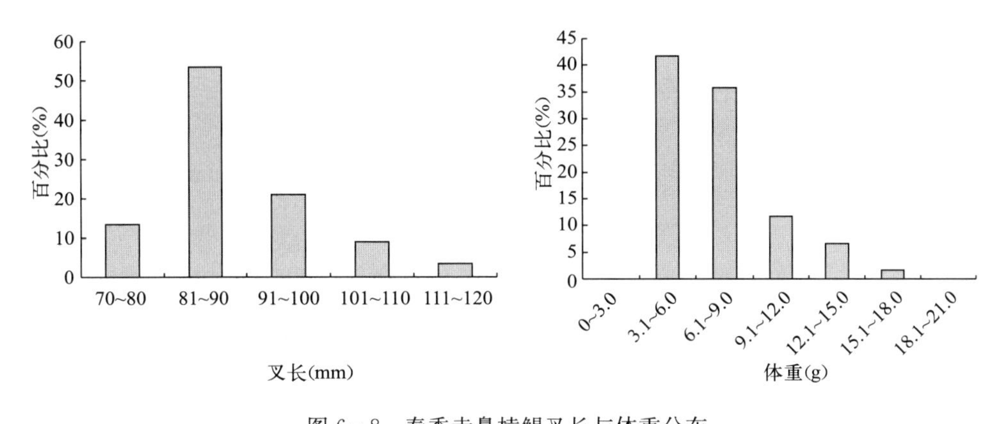

图 6-8　春季赤鼻棱鳀叉长与体重分布

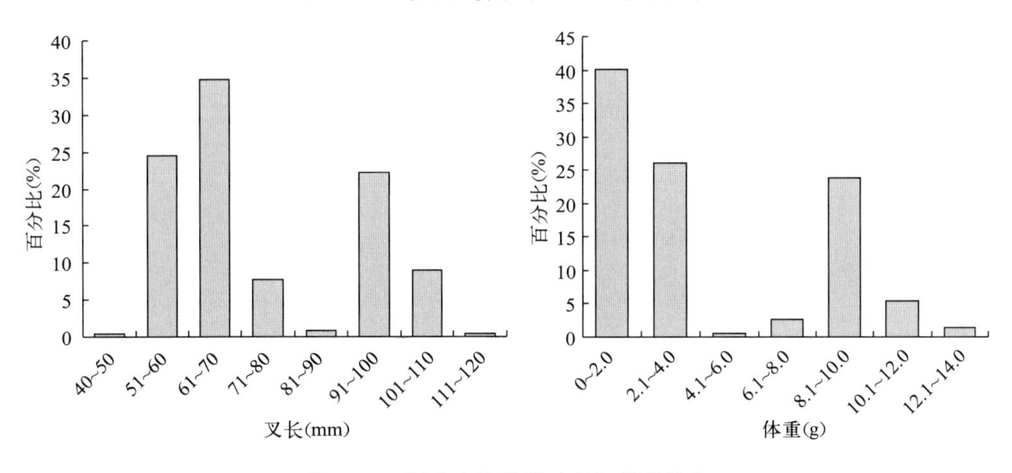

图 6-9　夏季赤鼻棱鳀叉长与体重分布

三、青鳞小沙丁鱼

（一）资源密度

1. 季节变化

莱州湾青鳞小沙丁鱼的平均网获量从 2011 年 5 月的 0 g/h（未捕获）上升至 6 月的 0.72 g/h，7 月达 746.29 g/h，8 月下降至 0 g/h（未捕获），9 月升高至 3 970.56 g/h，10 月为 3 031.12 g/h，11 月下降至 0 g/h（未捕获）。2012 年 3 月、4 月，莱州湾水域青鳞小沙丁鱼的平均网获量均为 0 g/h（未捕获）。

2. 长期变化

自 1982 年以来，青鳞小沙丁鱼的资源密度整体呈先降后升的趋势。春季（5 月），资源密度由 1982 年的 7.31 kg/h 下降至 1993 年的 0.32 kg/h，1998 年和 2004 年分别下降至 0.02 kg/h 和 0.01 kg/h，2010 年、2015 年下降至 0.00 kg/h；夏季（8 月），资源密度由 1982 年的 0.22 kg/h 下降至 1992 年的 0.20 kg/h、1998 年的 0.02 kg/h 和 2010 年的 0.04 kg/h，2015 年大幅升高至 1.55 kg/h。

（二）资源分布

1. 季节变化

2011 年 5 月、8 月、11 月及 2012 年 3 月、4 月，莱州湾水域均未能捕获青鳞小沙丁鱼。2011 年 6 月，青鳞小沙丁鱼的资源密度极低，仅羊口近海 1 个站位有少量捕获，其他站位均未能捕获。2011 年 7 月，青鳞小沙丁鱼的资源密度整体较低，仅莱州湾南部湾底 2 个站位有捕获，其他站位均未能捕获。2011 年 9 月，青鳞小沙丁鱼的资源密度以黄河口较高，其次是莱州湾近岸站位，莱州湾口密度较低。2011 年 10 月，青鳞小沙丁鱼的资源密度以黄河口及莱州湾口中部较高，莱州湾东南沿岸站位密度较低(图 6－10)。

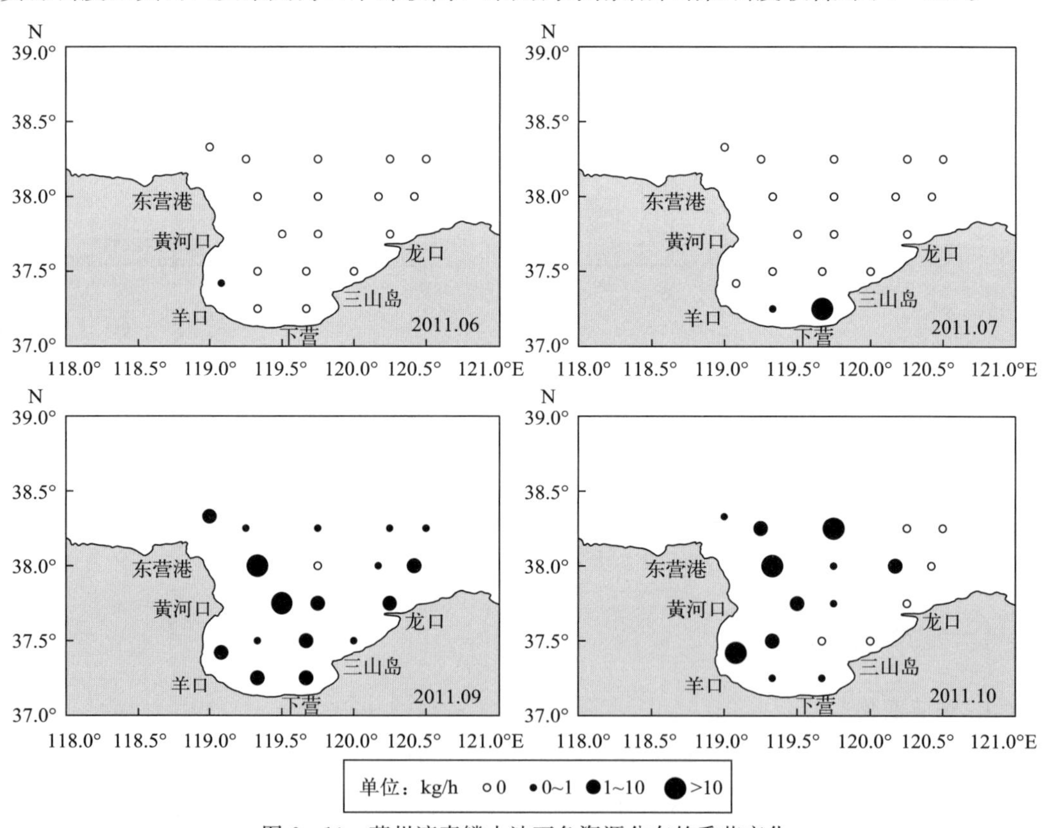

图 6－10　莱州湾青鳞小沙丁鱼资源分布的季节变化

2. 长期变化

（1）春季　1982 年 5 月，青鳞小沙丁鱼的资源密度以三山岛近海最高，其次是东营港近海北部，黄河口邻近水域密度最低。1993 年 5 月，青鳞小沙丁鱼的资源密度以龙口近岸及羊口近海较高，其次为下营港近海，莱州湾中部及北部水域绝大多数站位均未能捕获。1998 年 5 月，青鳞小沙丁鱼的资源密度以莱州湾中西部较高，莱州湾北部及东部站位均未能捕获。2004 年 5 月，青鳞小沙丁鱼的资源密度极低，仅三山岛近海及羊口北部 2 个站位有少量捕获，其他站位均未能捕获（图 6－11）。

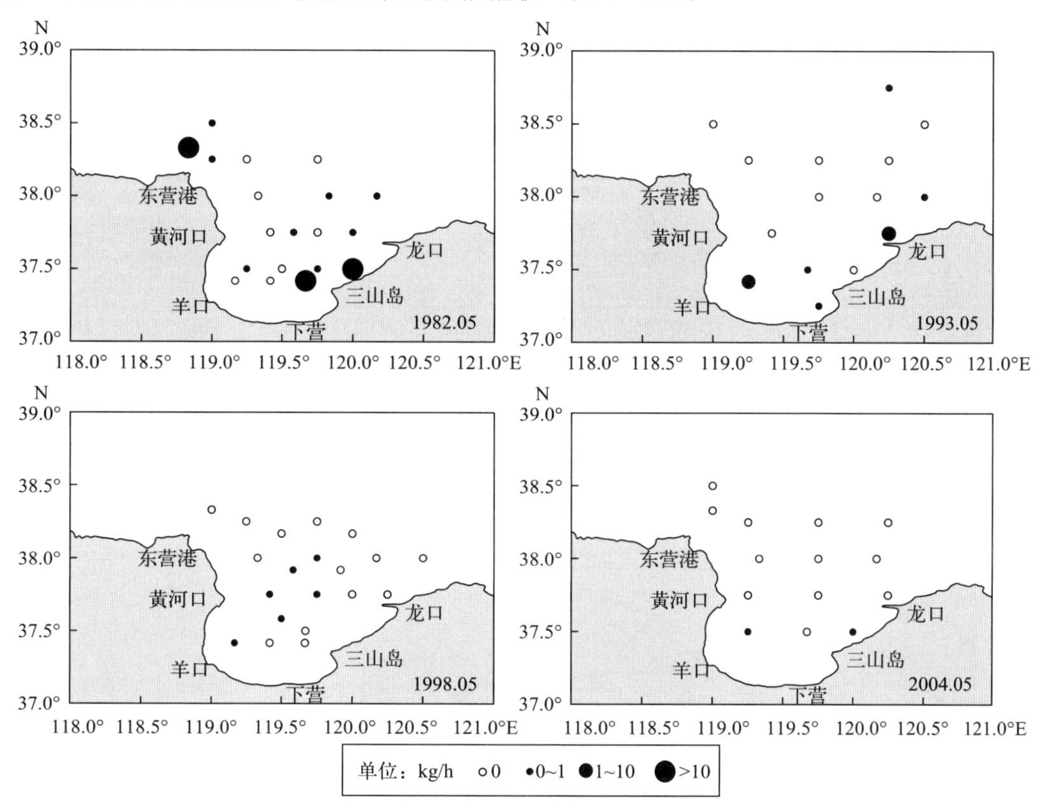

图 6－11　春季莱州湾青鳞小沙丁鱼资源分布的长期变化

（2）夏季　1982 年 8 月，青鳞小沙丁鱼的资源密度以莱州湾南部近海最高，其次是东营港近海及莱州湾东北部，黄河口邻近水域密度最低。1992 年 8 月，青鳞小沙丁鱼的资源密度以羊口近岸最高，其次为黄河口，莱州湾北部密度最低。1998 年 8 月，青鳞小沙丁鱼的资源密度整体偏低，仅莱州湾中南部及黄河口东北部 4 个站位有少量捕获，其余站位均未能捕获。2010 年 8 月，青鳞小沙丁鱼的资源密度极低，仅东营港近海 2 个站位有少量捕获，其余站位均未能捕获。2015 年 8 月，青鳞小沙丁鱼的资源密度以莱州湾中部密度最高，其次为东营港近海，莱州湾东北部密度最低（图 6－12）。

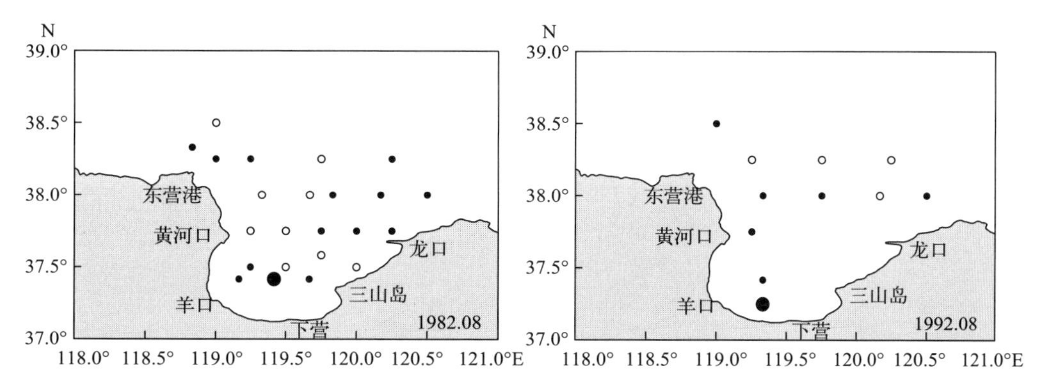

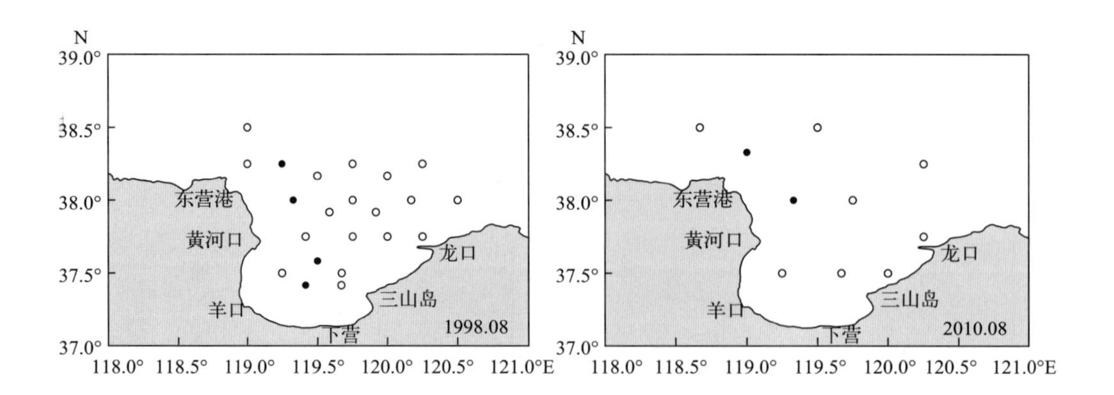

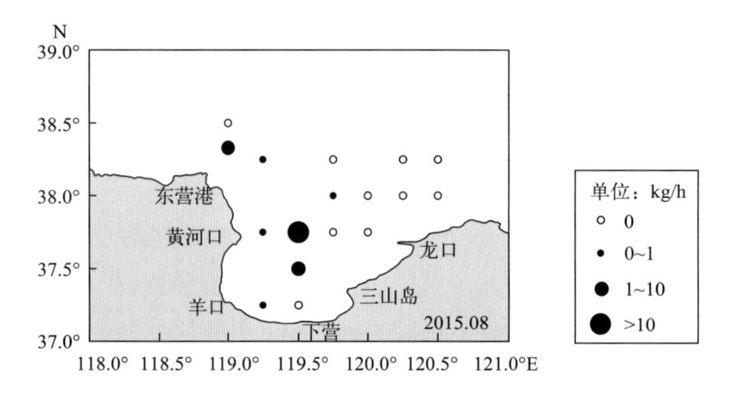

图 6－12　夏季莱州湾青鳞小沙丁鱼资源分布的长期变化

（三）叉长与体重

由图 6－13 可以看到，夏季青鳞小沙丁鱼的叉长范围在 42～95 mm，其中优势叉长组为 61～80 mm，该叉长组个体数占总个体数的 63.16 %。体重范围在 0.3～10 g，其中以 1.1～5.0 g 为主，占总个体数的 77.6%。

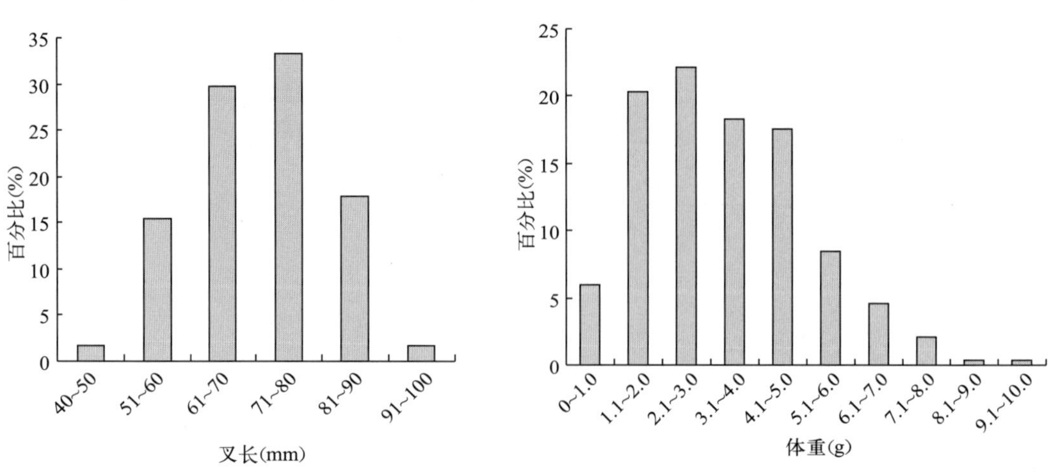

图 6－13　夏季青鳞小沙丁鱼叉长与体重分布

四、黄鲫

（一）资源密度

1. 季节变化

莱州湾黄鲫的平均网获量从 2011 年 5 月的 74.23 g/h 上升至 6 月的 111.28 g/h，7 月下降至 63.06 g/h，8 月上升至 76.39 g/h，9 月升高至 675.33 g/h，10 月下降为282.17 g/h，11 月下降至 0 g/h（未捕获）。2012 年 3 月及 4 月，莱州湾水域黄鲫的平均网获量均为0 g/h（未捕获）。

2. 长期变化

自 1982 年以来，黄鲫的资源密度一直呈下降趋势。春季（5 月），资源密度由 1982 年的 66.71 kg/h 下降至 1993 年的 2.05 kg/h，1998 年和 2004 年分别进一步下降至 0.22 kg/h和 0.61 kg/h，2010 年为 0.17 kg/h，2015 年下降至 0.06 kg/h；夏季（8 月），资源密度由 1982 年的 32.34 kg/h 下降至 1992 年的 10.38 kg/h 和 1998 年的 0.79 kg/h，2010 年上升至 2.53 kg/h，2015 年下降至 1.20 kg/h。

（二）资源分布

1. 季节变化

2011 年 5 月，莱州湾黄鲫的资源密度以莱州湾东北部较高，其他站位大多未能捕获。2011 年 6 月，黄鲫的资源密度以羊口外海较高，其次是莱州湾东北部及中部，其他站位密度均极低或未能捕获。2011 年 7 月，黄鲫的资源密度以黄河口及莱州湾东北部较高，其他区域密度均极低。2011 年 8 月，黄鲫的资源密度以黄河口近岸站位较高，其他区域密度均极低。2011 年 9 月，黄鲫的资源密度以莱州湾东北部较高，其次是莱州湾西南部，近岸站位的资源密度较低。2011 年 10 月，黄鲫的资源密度以莱州湾口中部及黄河口南部较高，其次是莱州湾西北部及东北部。2011 年 11 月及 2012 年 3 月、4 月，莱州湾水域均未能捕获黄鲫（图 6-14）。

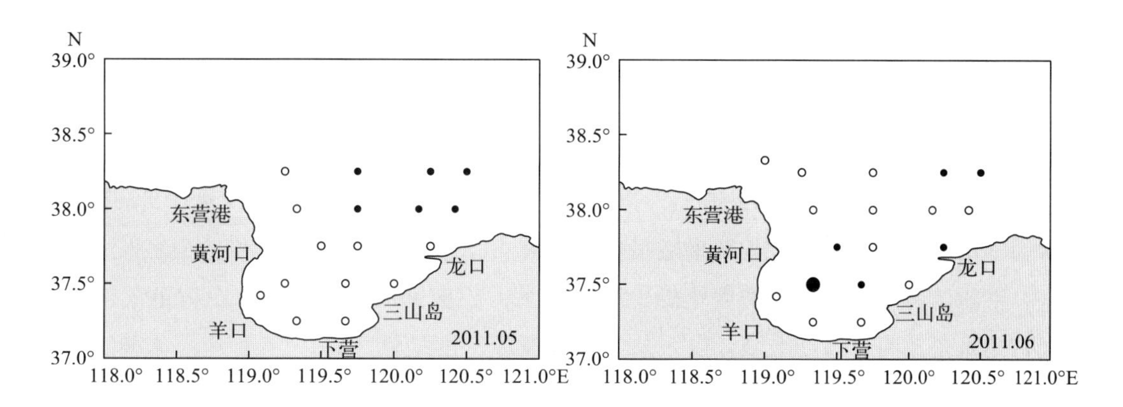

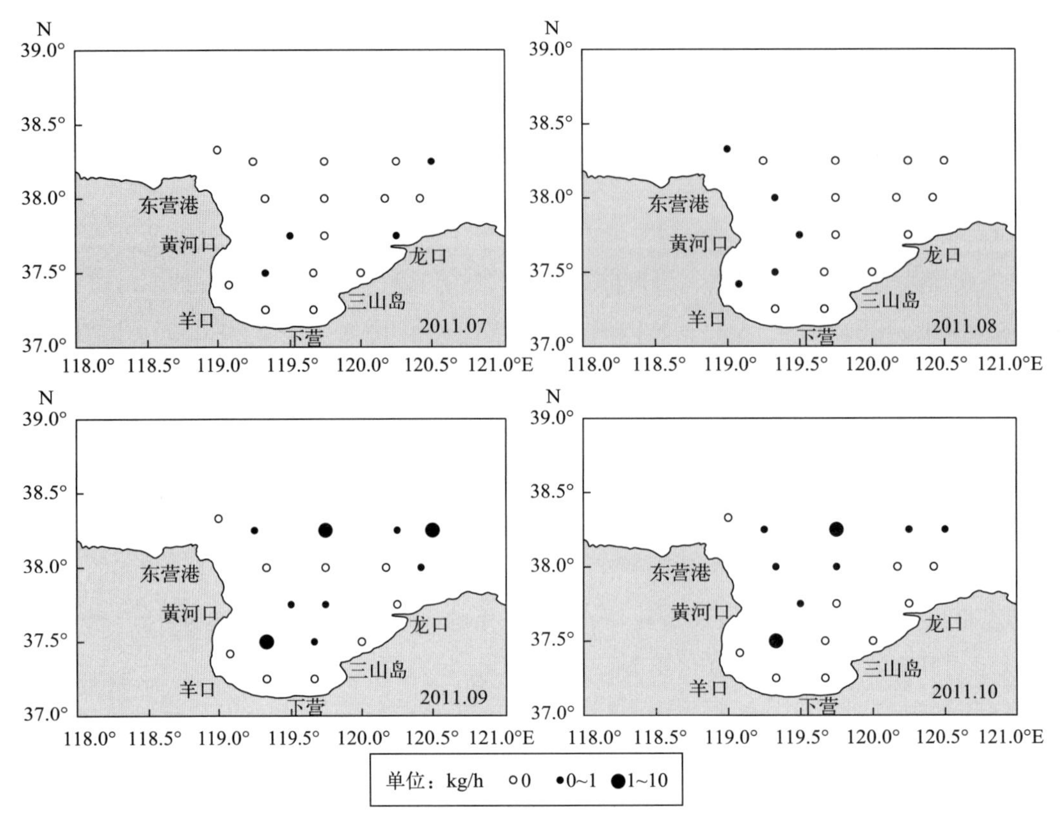

图 6-14 莱州湾黄鲫资源分布的季节变化

2. 长期变化

(1) 春季 1982 年 5 月，黄鲫的资源密度以莱州湾西部最高，其次是莱州湾中北部，以莱州湾西南部资源密度最低。1993 年 5 月，黄鲫的资源密度以羊口近海最高，其次为莱州湾西北部，莱州湾中部及东部密度最低。1998 年 5 月，黄鲫的资源密度以莱州湾中部及三山岛近海较高，其他站位密度较低。2004 年 5 月，黄鲫的资源密度以东营港近海及羊口外海密度较高，其次是莱州湾中部，以莱州湾北部及西南部密度最低。2010 年 5 月，黄鲫的资源密度以羊口近岸较高，其次是莱州湾中部及西北部，以莱州湾口及东部资源密度最低。2015 年 5 月，黄鲫的资源密度整体较低，以莱州湾西部密度相对较高，莱州湾北部及东南部密度相对较低（图 6-15）。

(2) 夏季 1982 年 8 月，黄鲫的资源密度以莱州湾西部黄河口邻近水域最高，莱州湾东部水域则密度极低。1992 年 8 月，黄鲫的资源密度以黄河口及莱州湾中北部最高，其次为羊口近海，莱州湾东北部密度最低。1998 年 8 月，黄鲫的资源密度以莱州湾中部较高，莱州湾南部及东北部密度较低。2010 年 8 月，黄鲫的资源密度以东营港北部近海较高，其次是黄河口邻近水域，以莱州湾东部资源密度最低。2015 年 8 月，黄鲫的资源密度以黄河口及东营港北部较高，莱州湾中东部及东南部密度较低（图 6-16）。

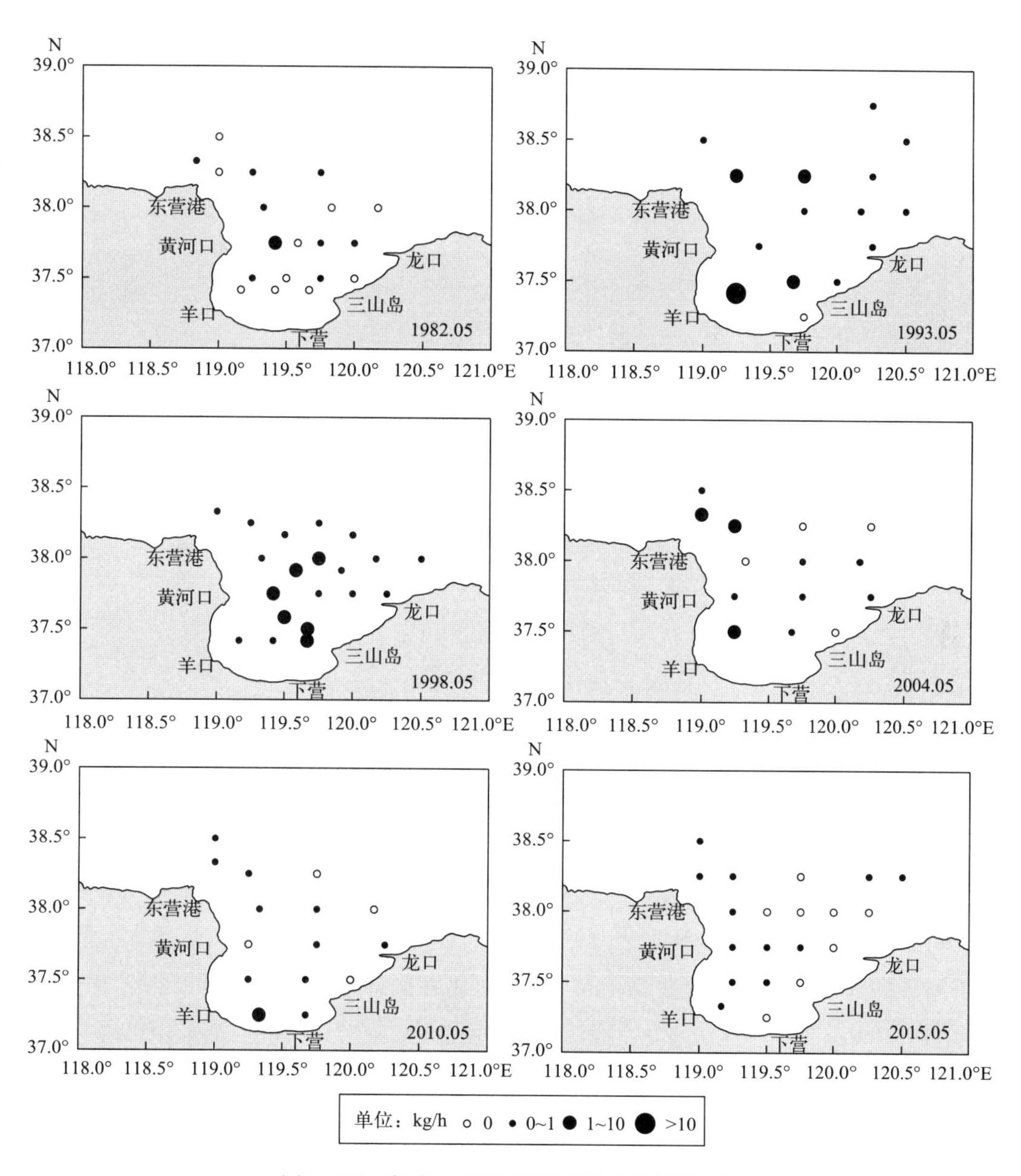

图 6-15　春季莱州湾黄鲫资源分布的长期变化

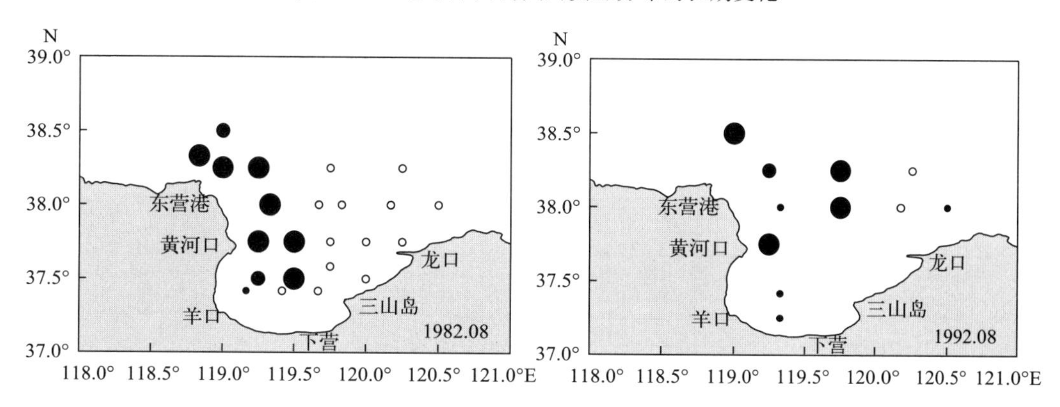

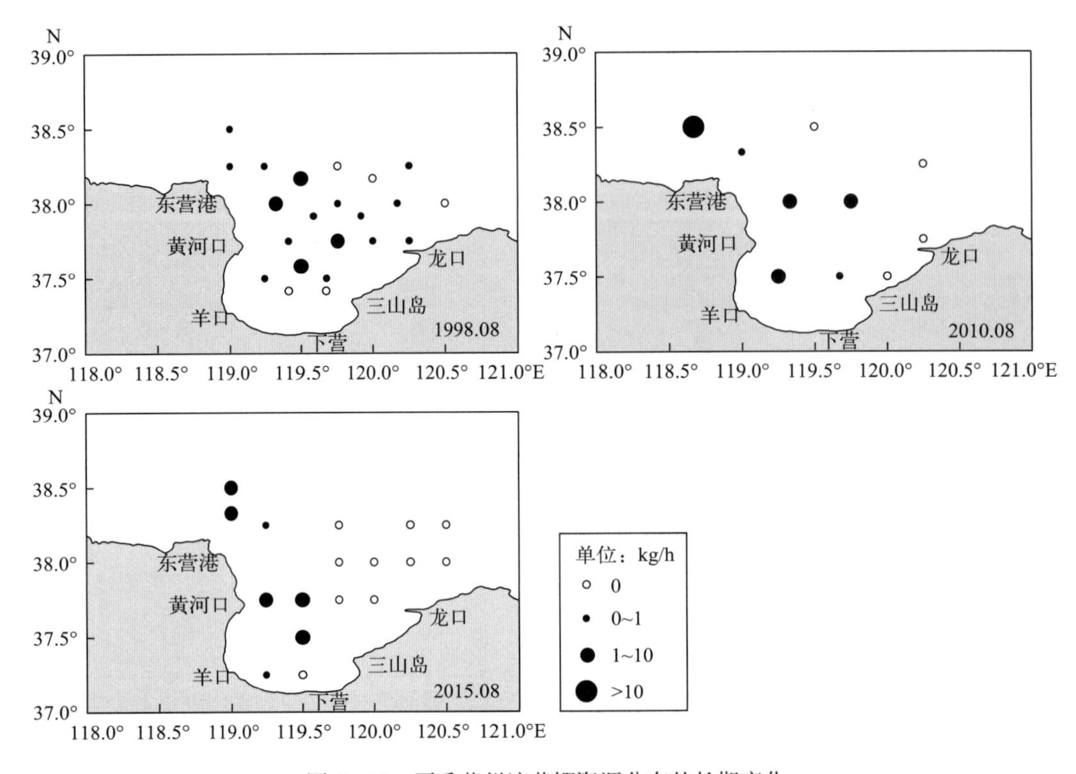

图 6-16 夏季莱州湾黄鲫资源分布的长期变化

（三）叉长与体重

2012 年 8 月黄鲫群体的叉长范围为 62～185 mm，优势叉长组是 121～150 mm，占群体的 57.78%，群体的平均叉长是 139.11 mm；群体的体重范围为 1.8～52 g，优势体重组为 11～30 g，占群体的 70.4%，群体的平均体重是 23.16 g（图 6-17）。群体的叉长与体重之间的关系式为：$W = 2\times10^{-5}L^{2.8584}$（$n=334$，$R^2=0.9581$）（图 6-18）。

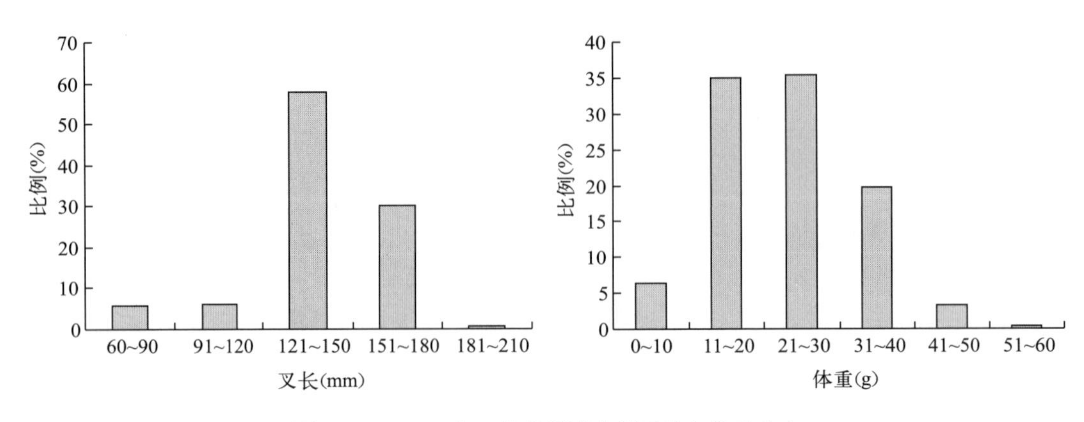

图 6-17 2012 年 8 月莱州湾黄鲫叉长与体重分布

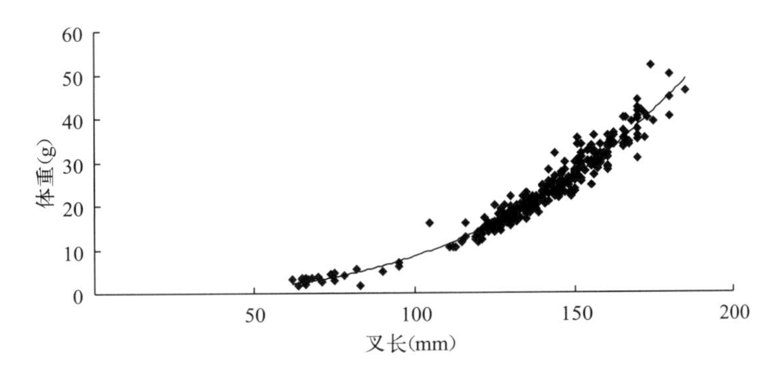

图 6-18　2012 年 8 月莱州湾黄鲫叉长与体重关系

2013 年 5 月捕获黄鲫尾数极少。2013 年 6 月黄鲫群体的叉长范围为 97～167 mm，优势叉长组是 111～130 mm，占群体的 41.18%，群体的平均叉长是 129.41 mm；群体的体重范围为 7～31.8 g，优势体重组为 10～15 g，占群体的 47.06%，群体的平均体重是 17.29 g（图 6-19）。群体的叉长与体重之间的关系式为：$W=2\times10^{-5}L^{2.8405}$（$R^2=0.9623$）（图 6-20）。

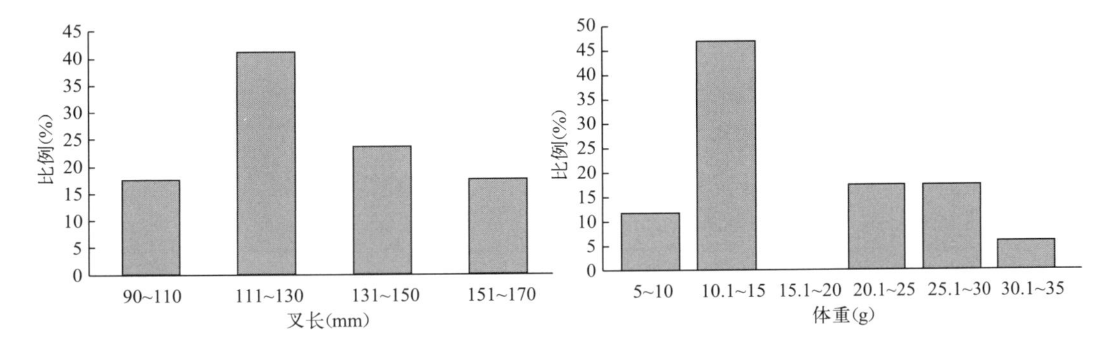

图 6-19　2013 年 6 月莱州湾黄鲫叉长与体重分布

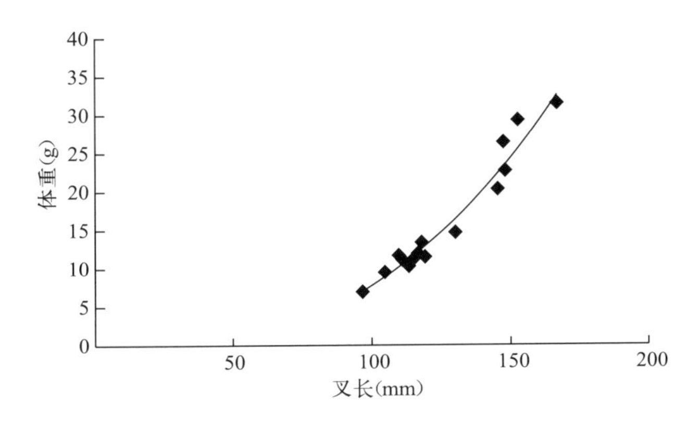

图 6-20　2013 年 6 月莱州湾黄鲫叉长与体重关系

2013 年 8 月黄鲫群体的叉长范围为 102～171 mm，优势叉长组是 141～160 mm，占群体的 45%，群体的平均叉长是 143.87 mm；群体的体重范围为 7～37 g，优势体重组为 15.1～20 g，占群体的 41.67%，群体的平均体重是 21.72 g（图 6-21）。群体的叉长与体重之间的关系式为：$W=4\times10^{-6}L^{3.1195}$（$R^2=0.9446$）（图 6－22）。

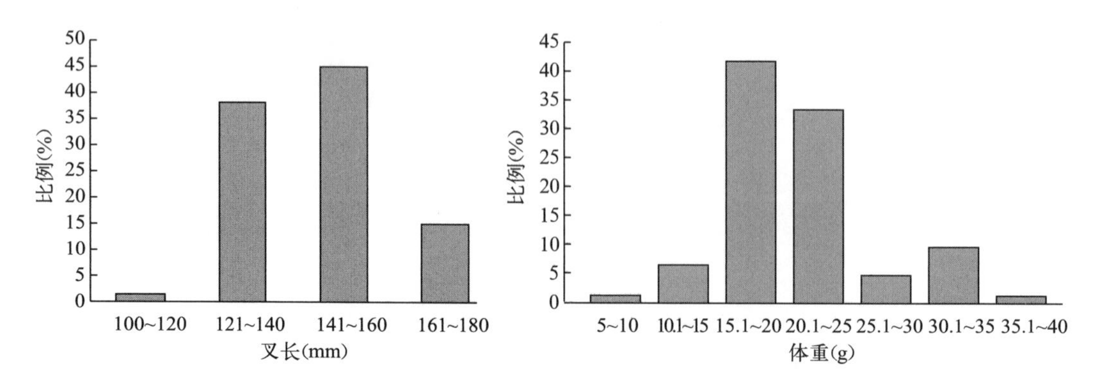

图 6－21　2013 年 8 月莱州湾黄鲫叉长与体重分布

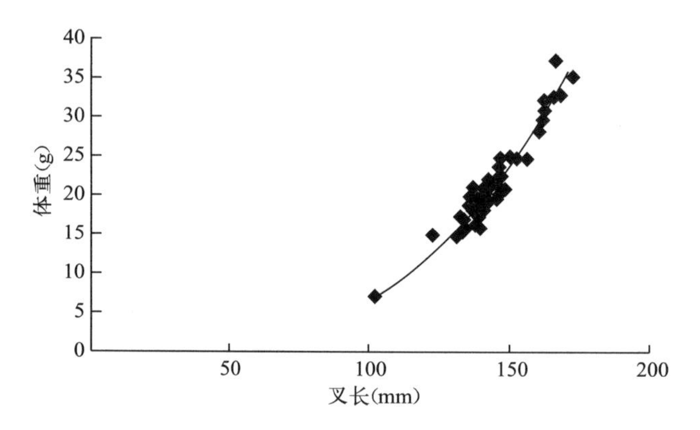

图 6－22　2013 年 8 月莱州湾黄鲫叉长与体重关系

2013 年 10 月黄鲫群体的叉长范围为 58～167 mm，优势叉长组是 71～130 mm，占群体的 80.25%，群体的平均叉长是 143.87 mm；群体的体重范围为 2～38.4 g，优势体重组为 0～10 g，占群体的 62.96%，群体的平均体重是 21.72 g（图 6－23）。群体的叉长与体重之间的关系式为：$W=1\times10^{-5}L^{2.875}$（$R^2=0.9529$）（图 6－24）。

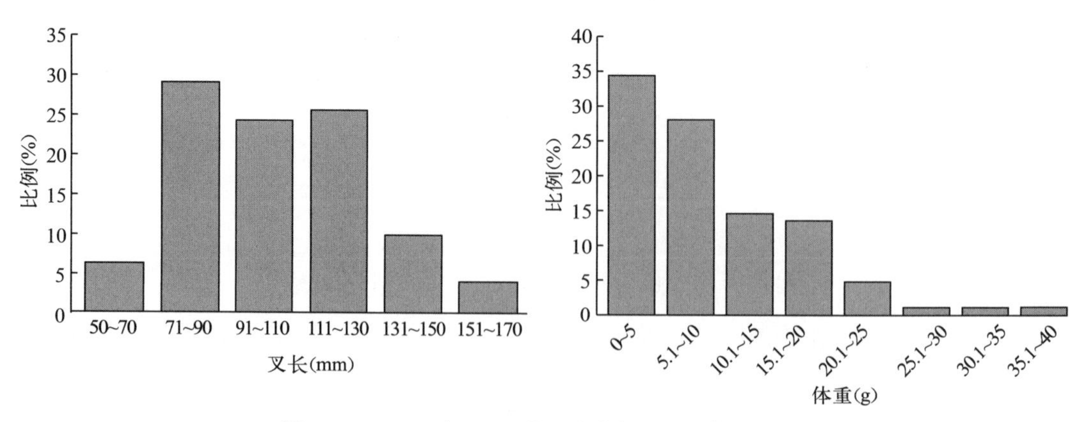

图 6－23　2013 年 10 月莱州湾黄鲫叉长与体重分布

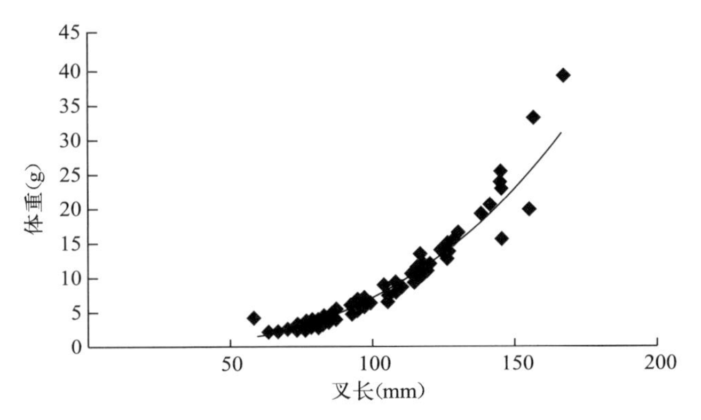

图 6-24　2013 年 10 月莱州湾黄鲫叉长与体重关系

五、斑鰶

（一）资源密度

1. 季节变化

莱州湾斑鰶的平均网获量从 2011 年 5 月的 60.59 g/h 下降至 6 月的 16.50 g/h，7 月大幅上升至 3 800.56 g/h，8 月进一步上升至 5 007 g/h，9 月达 6 545.44 g/h，10 月下降为 1 350.50 g/h，11 月下降为 10.30 g/h。2012 年 3 月及 4 月，莱州湾水域斑鰶的平均网获量均为 0 g/h（未捕获）。

2. 长期变化

自 1982 年以来，斑鰶的资源密度呈先降后升的趋势。春季（5 月），资源密度由 1982 年的 0.98 kg/h 下降至 1993 年的 0.72 kg/h，此后进一步下降，1998 年为 0.30 kg/h，2004 年为 0.01 kg/h，2010 年为 0.005 kg/h，2015 年上升至 0.013 kg/h；夏季（8 月），资源密度由 1982 年的 0.26 kg/h 上升至 1992 年的 3.26 kg/h，1998 年再次下降至 0.26 kg/h，2010 年大幅上升至 47.64 kg/h，2015 年下降至 0.69 kg/h。

（二）资源分布

1. 季节变化

2011 年 5 月，莱州湾斑鰶的资源密度整体较低，仅羊口近岸及龙口北部近海 2 个站位有少量捕获，其他站位均未捕获。2011 年 6 月，斑鰶的资源密度以莱州湾中南部较高，莱州湾北部及沿岸站位大多未捕获。2011 年 7 月，斑鰶的资源密度以莱州湾南部近岸站位较高，其次是龙口及黄河口近岸站位，其他站位密度均极低或未捕获。2011 年 8 月，斑鰶的资源密度以莱州湾西南部较高，其他区域资源密度相对较低。2011 年 9 月，斑鰶的资源分布比较均匀，以莱州湾北部相对较高，莱州湾东南部近岸站位密度较低。2011 年 10 月，斑鰶的资源密度以莱州湾北部及黄河口较高，其次是龙口近海站位。2011 年 11 月，斑鰶的资源密度整体较低，仅莱州湾中东部相对较高。2012 年 3 月、4 月，莱州湾水域未能捕获斑鰶（图 6－25）。

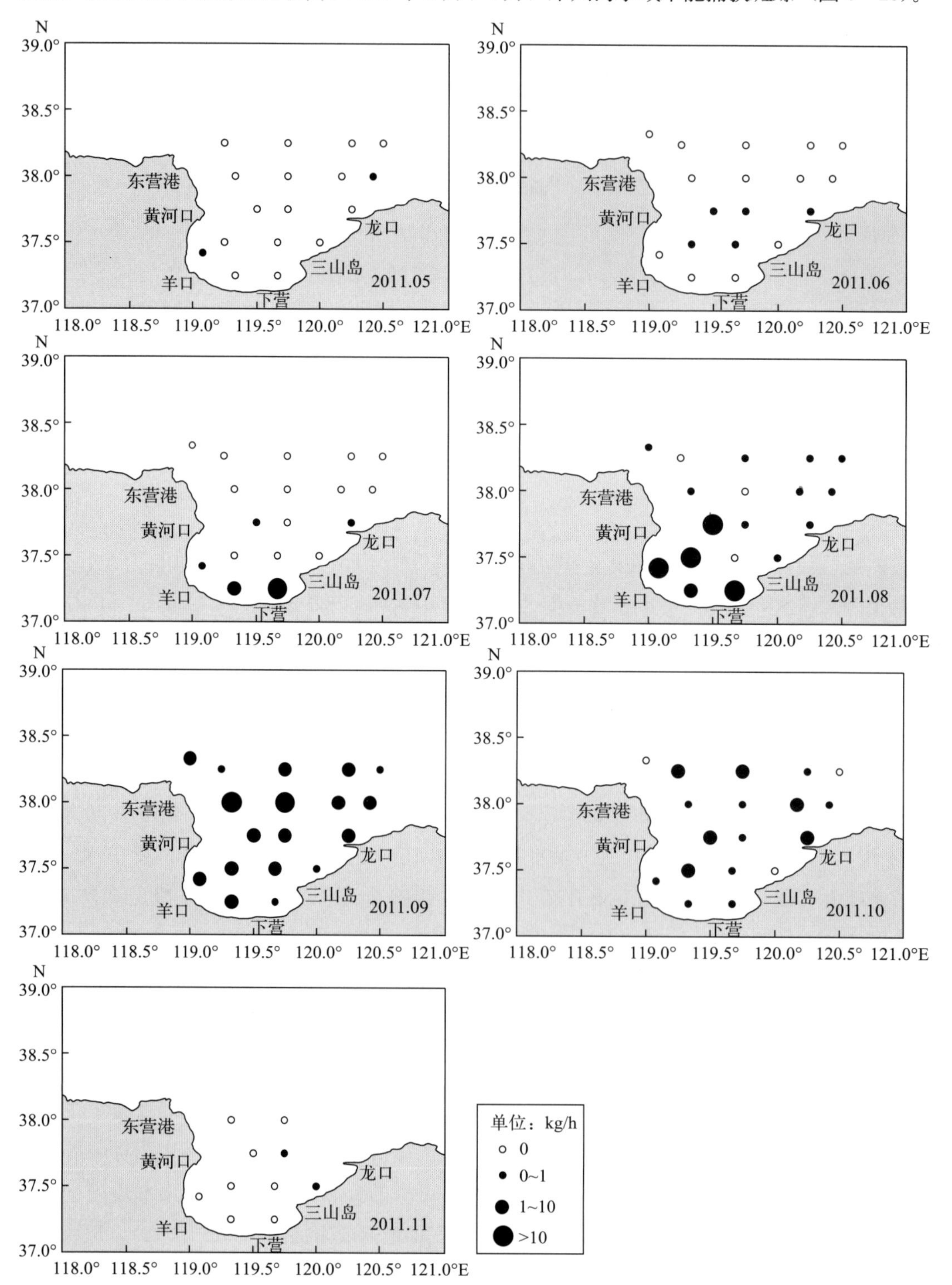

图 6－25 莱州湾斑鰶资源分布的季节变化

2. 长期变化

（1）春季　1982 年 5 月，斑鰶的资源密度以莱州湾南部较高，莱州湾中部及北部较低。1993 年 5 月，斑鰶的资源密度以莱州湾中南部较高，其次为莱州湾东南部及中北部，莱州湾西北部密度最低。1998 年 5 月，斑鰶的资源密度以莱州湾东南部较高，其次是莱州湾中西部，莱州湾东北部资源密度最低。2004 年 5 月，斑鰶的资源密度以莱州湾西南部相对较高，其他水域密度极低。2010 年 5 月，斑鰶的资源密度以羊口近岸较高，其他水域密度极低。2015 年 5 月，斑鰶的资源密度以莱州湾西南部相对较高，其他水域密度极低（图 6－26）。

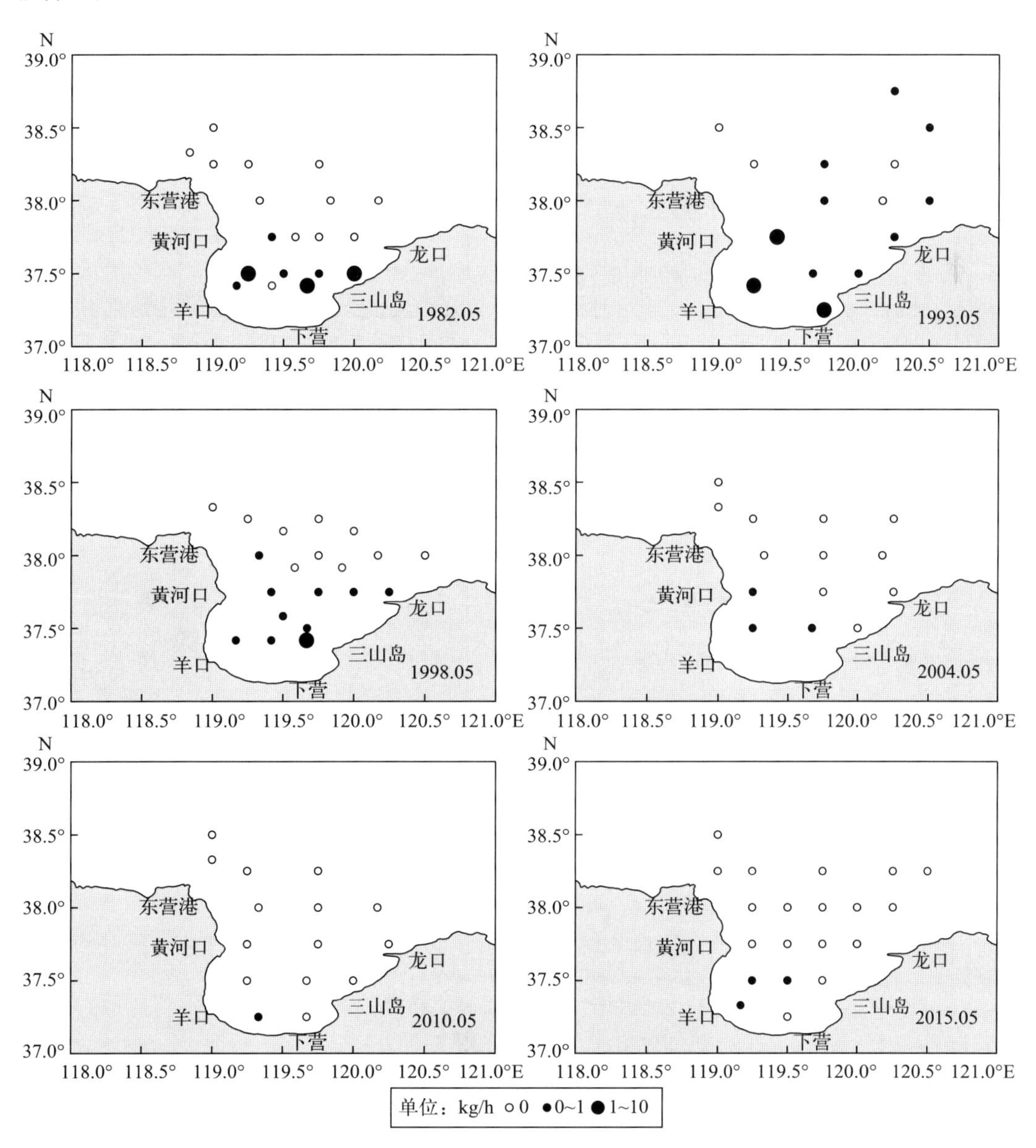

图 6－26　春季莱州湾斑鰶资源分布的长期变化

（2）夏季　1982 年 8 月，斑鰶的资源密度以龙口近海密度较高，其次是湾口区域，其他水域密度均极低。1992 年 8 月，斑鰶的资源密度以羊口近海及莱州湾中北部密度较高，其他水域密度相对较低。1998 年 8 月，斑鰶的资源密度以羊口近海及莱州湾中北部密度较高，其他水域密度相对较低。2010 年 8 月，斑鰶的资源密度以莱州湾南部密度最高，其次是莱州湾中西部水域，莱州湾北部资源密度较低。2015 年 8 月，斑鰶的资源密度以莱州湾中南部较高，莱州湾东北部密度最低（图 6－27）。

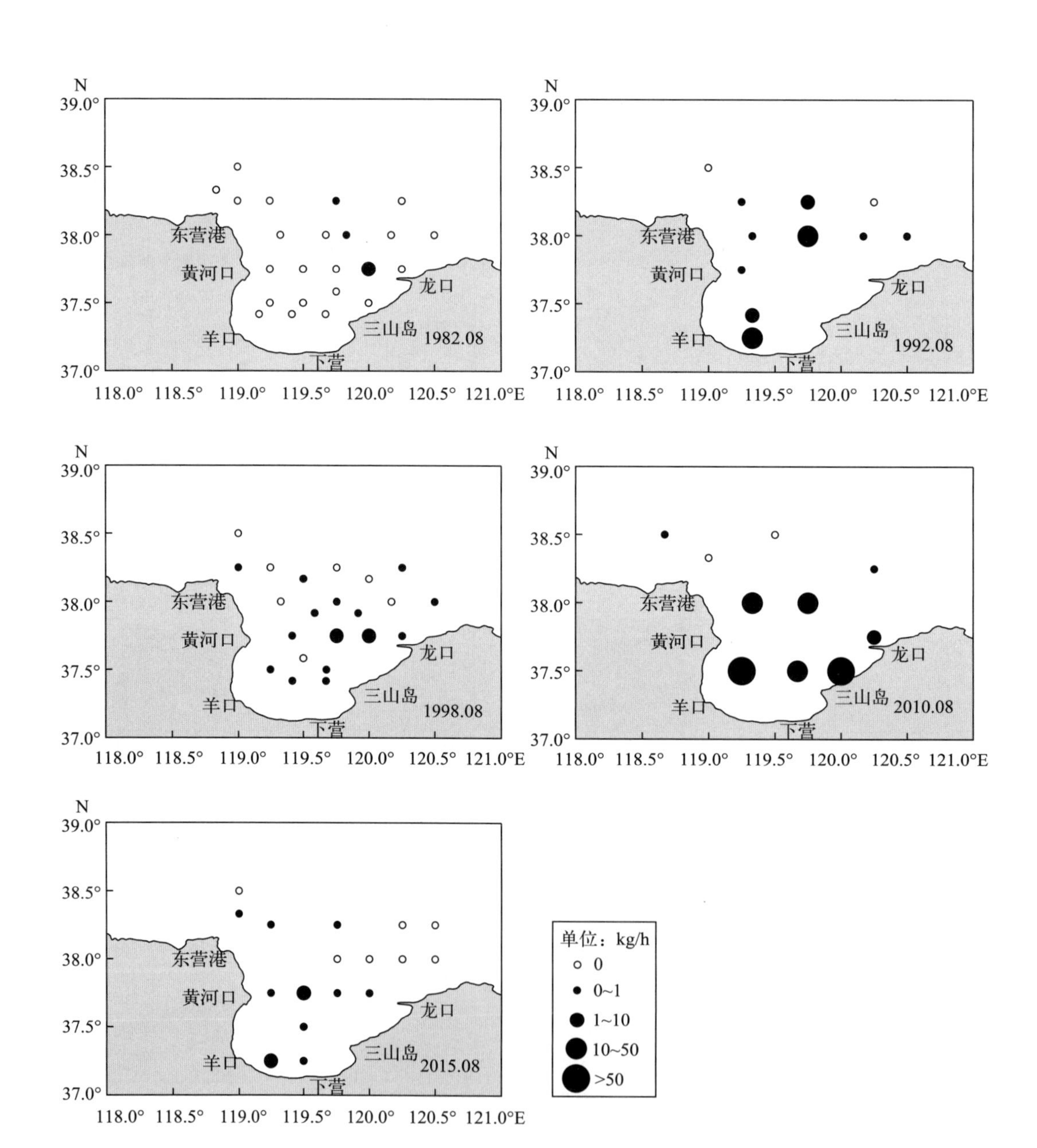

图 6－27　夏季莱州湾斑鰶资源分布的长期变化

六、银鲳

（一）资源密度

1. 季节变化

莱州湾银鲳的平均网获量从2011年5月的3.0 g/h升至6月的118.11 g/h，7月进一步上升至168.78 g/h，8月下降为44.89 g/h，9月进一步下降为34.17 g/h，10月仅为7.33 g/h，11月下降为0 g/h（未捕获）。2012年3月及4月，莱州湾水域银鲳的平均网获量均为0 g/h（未捕获）。

2. 长期变化

自1982年以来，银鲳的资源密度总体呈下降趋势。春季（5月），资源密度由1982年的0.35 kg/h下降至1993年的0.20 kg/h，此后进一步下降，1998年为0.15 kg/h，2004年为0.07 kg/h，2010年为0.05 kg/h，2015年为0.003 kg/h；夏季（8月），资源密度由1982年的3.35 kg/h锐减至1992年的0 kg/h（未捕获），1998年上升至0.50 kg/h，2010年再次下降至0.29 kg/h，2015年上升至0.46 kg/h。

（二）资源分布

1. 季节变化

2011年5月，莱州湾银鲳的资源密度整体较低，仅龙口北部1个站位有少量捕获，其他站位均未捕获。2011年6月，银鲳的资源密度以龙口近岸较高，其次是莱州湾中部、羊口及东营港近海，其他站位均未捕获。2011年7月，银鲳的资源密度以莱州湾北部较高，其次是莱州湾中东部，其他站位密度均极低或未捕获。2011年8月，银鲳的资源密度较低，仅莱州湾东北部及羊口近海3个站位有少量捕获，其他站位均未捕获。2011年9月，银鲳的资源密度较低，仅莱州湾东北部及西南部2个站位有少量捕获，其他站位均未捕获。2011年10月，银鲳的资源密度较低，仅莱州湾北部2个站位有少量捕获，其他站位均未捕获。2011年11月及2012年3月、4月，莱州湾水域均未能捕获银鲳（图6-28）。

2. 长期变化

（1）春季　1982年5月，银鲳的资源密度以黄河口较高，莱州湾南部近岸及东北部较低。1993年5月，银鲳的资源分布比较均匀，除三山岛近岸2个站位未能捕获外，其他站位的资源密度均在1 kg/h以下。1998年5月，银鲳的资源密度以莱州湾中南部较高，其次是莱州湾西北部，莱州湾东北部资源密度最低。2004年5月，银鲳的资源密度以莱州湾西北部较高，其次是莱州湾东北部，莱州湾中南部密度极低。2010年5月，银鲳的资源密度以莱州湾中南部相对较高，莱州湾西北部及东南部密度极低。2015 年 5 月，银鲳的资源密度整体较低，仅莱州湾东北角 1 个站位有少量捕获，其余站位均未捕获（图 6-29）。

（2）夏季　1982 年 8 月，银鲳的资源密度以东营港东北近海密度最高，其次是莱州湾东北部，莱州湾中南部资源密度较低。1992 年 8 月，银鲳的资源密度以东营港近

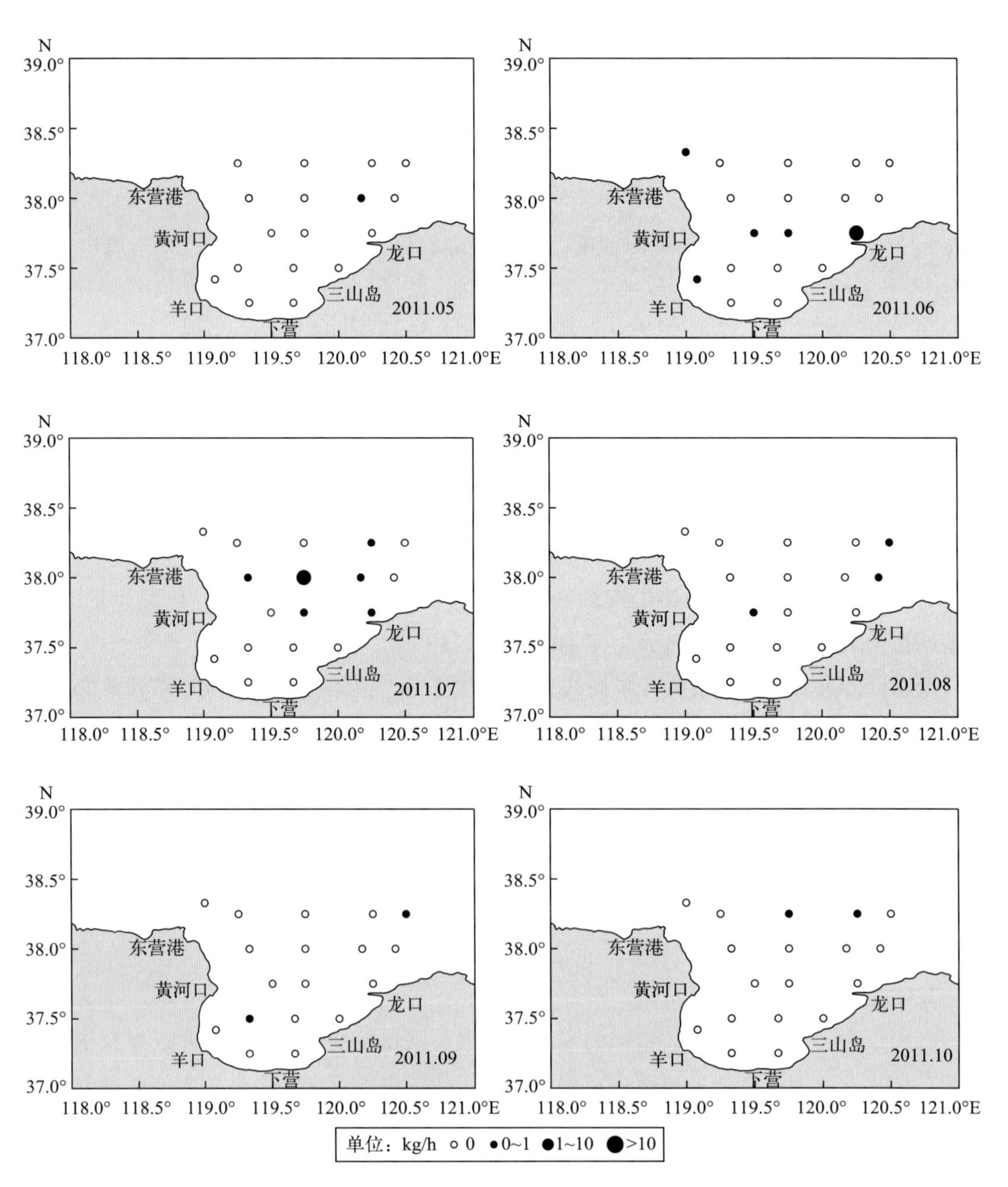

图 6-28　莱州湾银鲳资源分布的季节变化

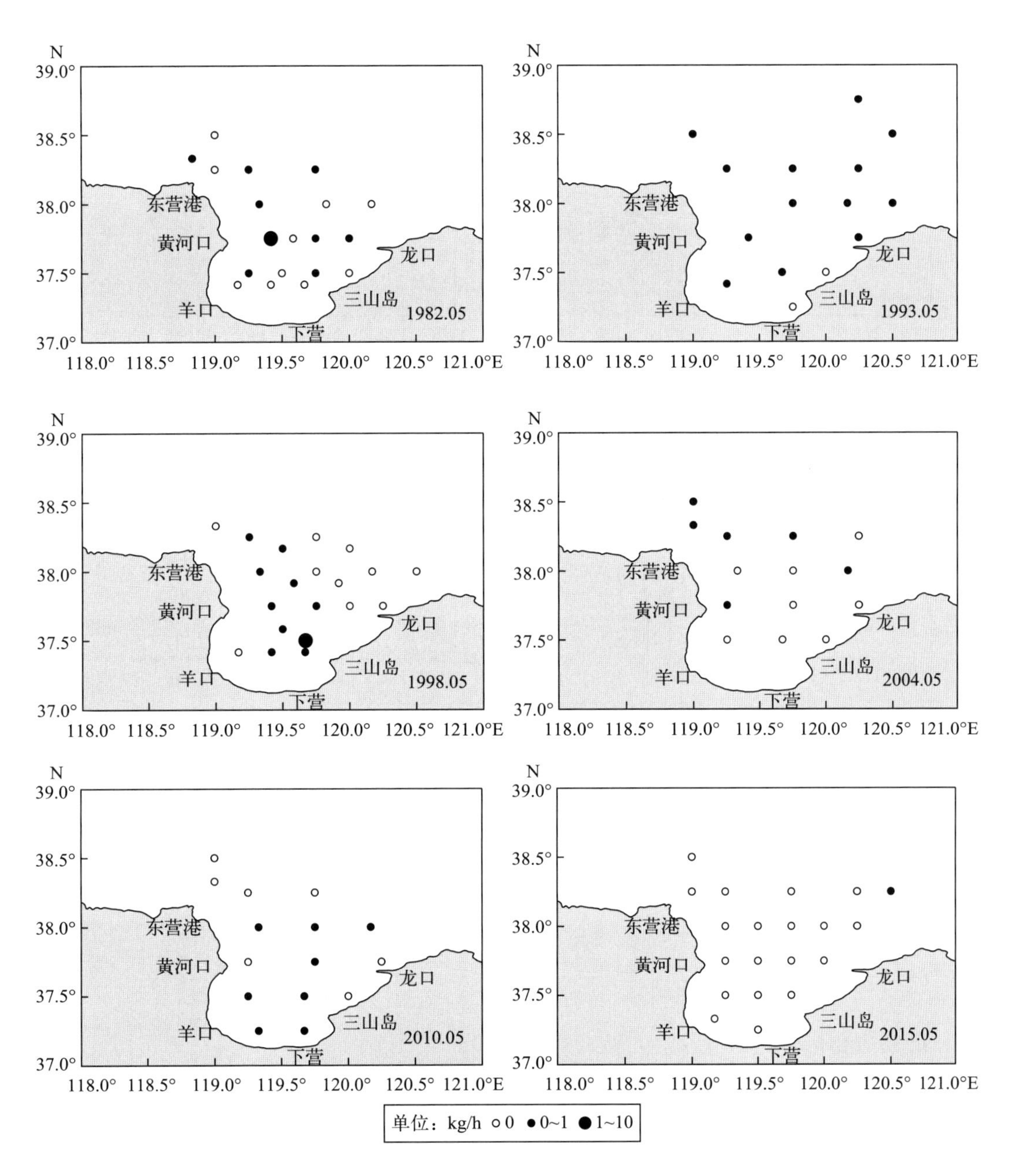

图 6-29 春季莱州湾银鲳资源分布的长期变化

海及龙口近岸密度较高，其次为莱州湾中北部，莱州湾中南部密度较低。2010 年 8 月，银鲳的资源密度以三山岛近岸密度最高，其次是东营港近海，莱州湾北部及西南部密度较低。2015 年 8 月，银鲳的资源密度以东营港近海较高，其他区域密度极低或未捕获（图 6-30）。

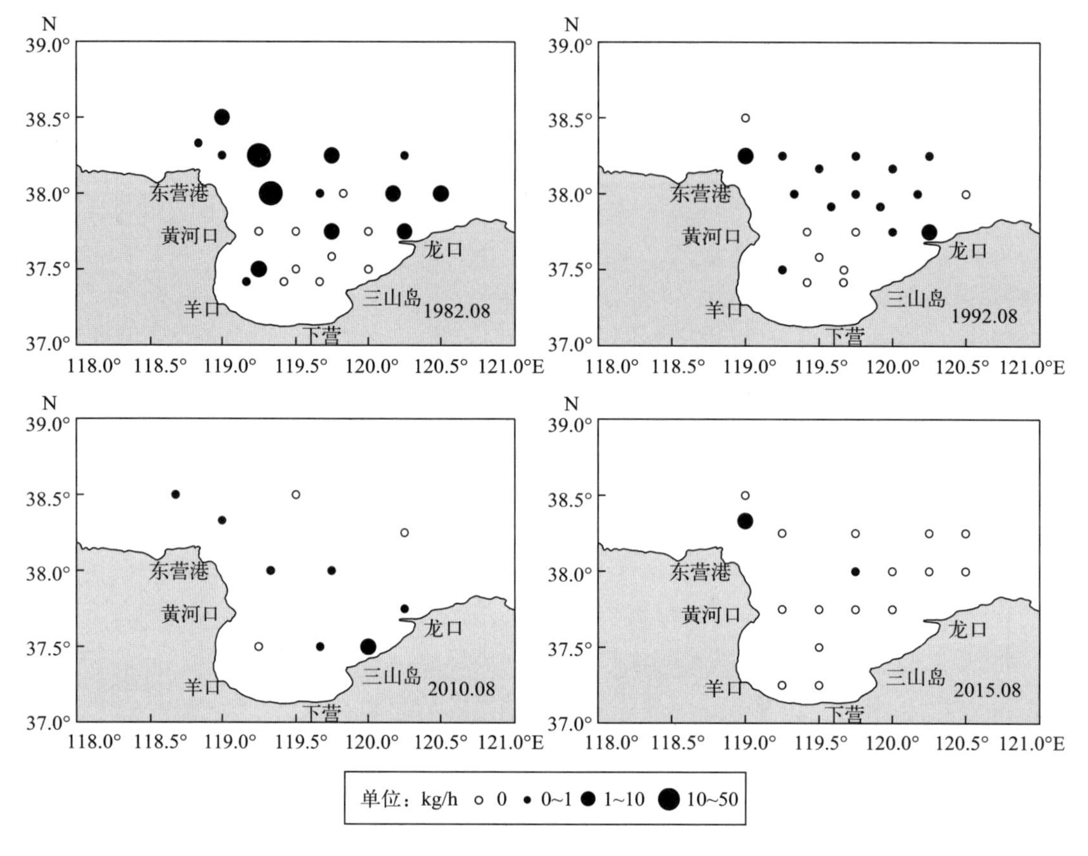

图 6-30 夏季莱州湾银鲳资源分布的长期变化

七、蓝点马鲛

（一）资源密度

1. 季节变化

2011 年 5 月、6 月，莱州湾蓝点马鲛的平均网获量均为 0 g/h（未捕获），7 月大幅升至 2 296.19 g/h，8 月下降为 1 415.44 g/h，9 月上升至 1 797.06 g/h，10 月下降为 40.28 g/h，11 月进一步下降为 0 g/h（未捕获）。2012 年 3 月及 4 月，莱州湾水域蓝点马鲛的平均网获量均为 0 g/h（未捕获）。

2. 长期变化

自 1982 年以来，蓝点马鲛的资源密度春夏两季呈不同的变化趋势。春季（5 月），资源密度由 1982 年的未捕获上升至 1993 年的 0.28 kg/h，1998 年下降至 0.02 kg/h，此后的 2004 年、2010 年和 2015 年均未捕获；夏季（8 月），资源密度由 1982 年的 3.61 kg/h

下降至 1992 年的 0.55 kg/h，1998 年上升至 2.45 kg/h，2010 年达 4.54 kg/h，2015 年下降至 0.30 kg/h。

（二）资源分布

1. 季节变化

2011 年 5 月、6 月，莱州湾水域均未捕获蓝点马鲛。2011 年 7 月，蓝点马鲛的资源密度以三山岛及下营近海较高，其次是莱州湾中西部，莱州湾北部资源密度较低。2011 年 8 月，蓝点马鲛的资源密度以莱州湾南部及东部近岸站位较高，其次是莱州湾中部，莱州湾西北部资源密度较低。2011 年 9 月，蓝点马鲛的资源密度以莱州湾中北部较高，其次是莱州湾近岸站位，莱州湾口及中南部密度较低。2011 年 10 月，蓝点马鲛的资源密度较低，仅莱州湾东北部及西南部 2 个站位有少量捕获，其他站位均未捕获。2011 年 11 月及 2012 年 3 月、4 月，莱州湾水域未能捕获蓝点马鲛（图 6－31）。

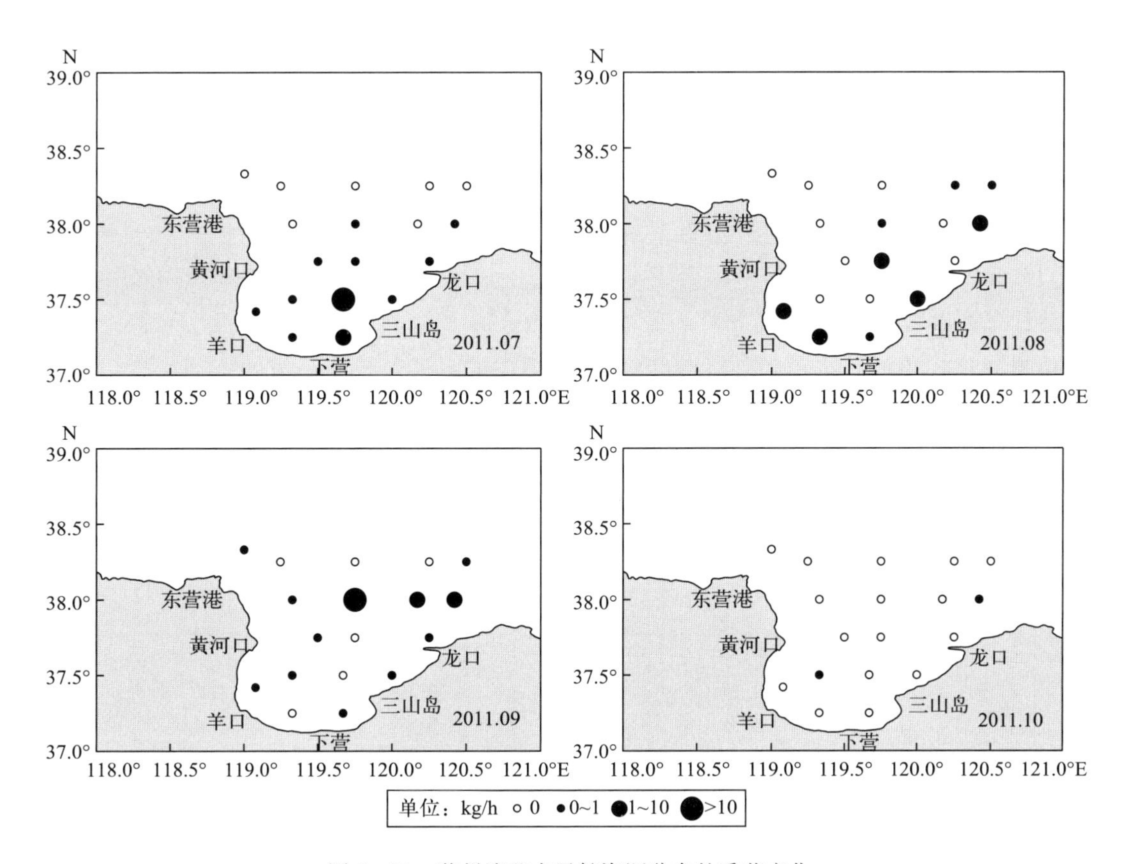

图 6－31　莱州湾蓝点马鲛资源分布的季节变化

2. 长期变化

（1）春季　1982 年 5 月，莱州湾水域未能捕获蓝点马鲛。1993 年 5 月，蓝点马鲛的资源密度以龙口北部近海较高，其次是莱州湾东南部，其他区域密度较低。1998年5月，蓝点马鲛的资源密度整体偏低，仅龙口北部近海1个站位有少量捕获，其余站位均未捕获。2004年5月、2010年5月及2015年5月，莱州湾水域均未能捕获蓝点马鲛（图6-32）。

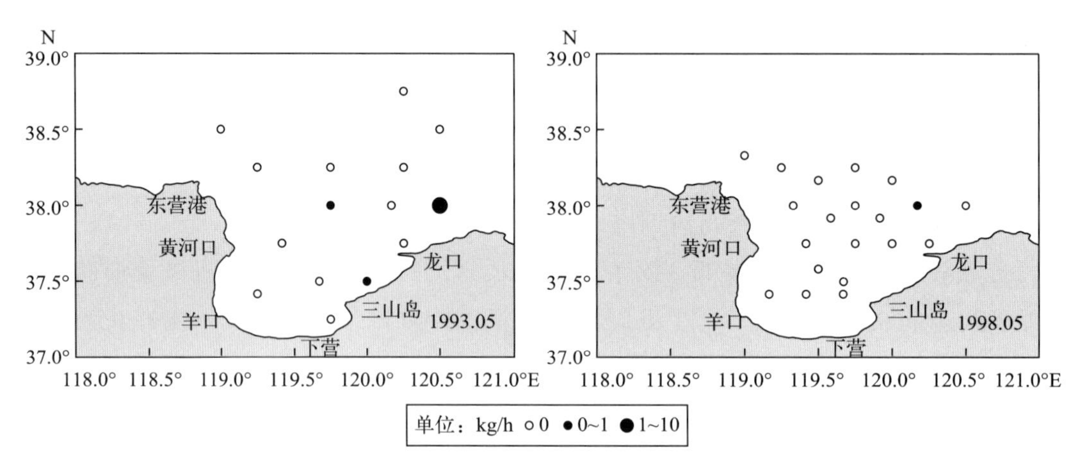

图6-32　春季莱州湾蓝点马鲛资源分布的长期变化

（2）夏季　1982年8月，蓝点马鲛的资源密度以龙口西部近海、莱州湾南部及东北部较高，其次是莱州湾湾口，黄河口及东营港近海密度较低。1992年8月，蓝点马鲛的资源密度以羊口近岸及莱州湾中北部较高，其次是莱州湾东部，莱州湾湾口及东营港近海密度较低。1998年8月，蓝点马鲛的资源密度以三山岛西部近海较高，其次是莱州湾北部及东南部，黄河口密度较低。2010年8月，蓝点马鲛的资源密度以三山岛近海较高，其次是莱州湾中东部，莱州湾中部及西部密度较低。2015年8月，蓝点马鲛的资源密度以龙口西部近海及莱州湾湾口中央较高，其他水域均未能捕获蓝点马鲛（图6-33）。

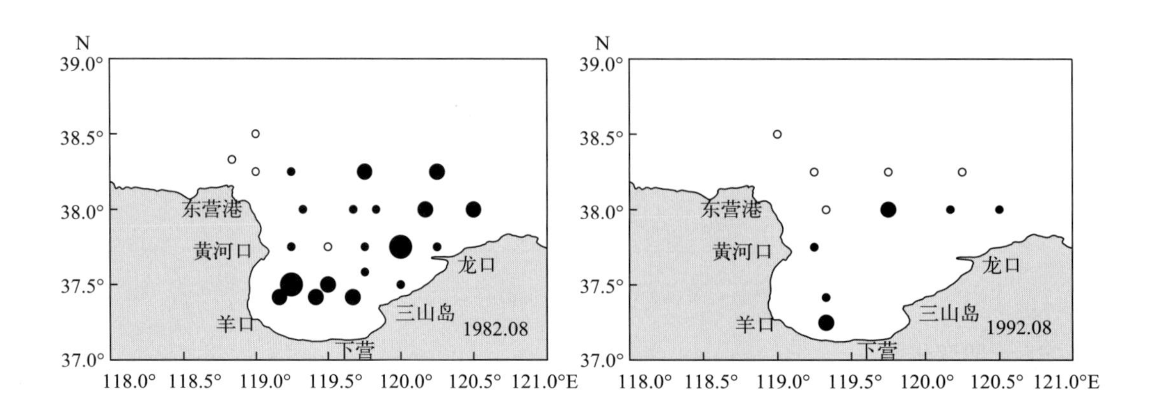

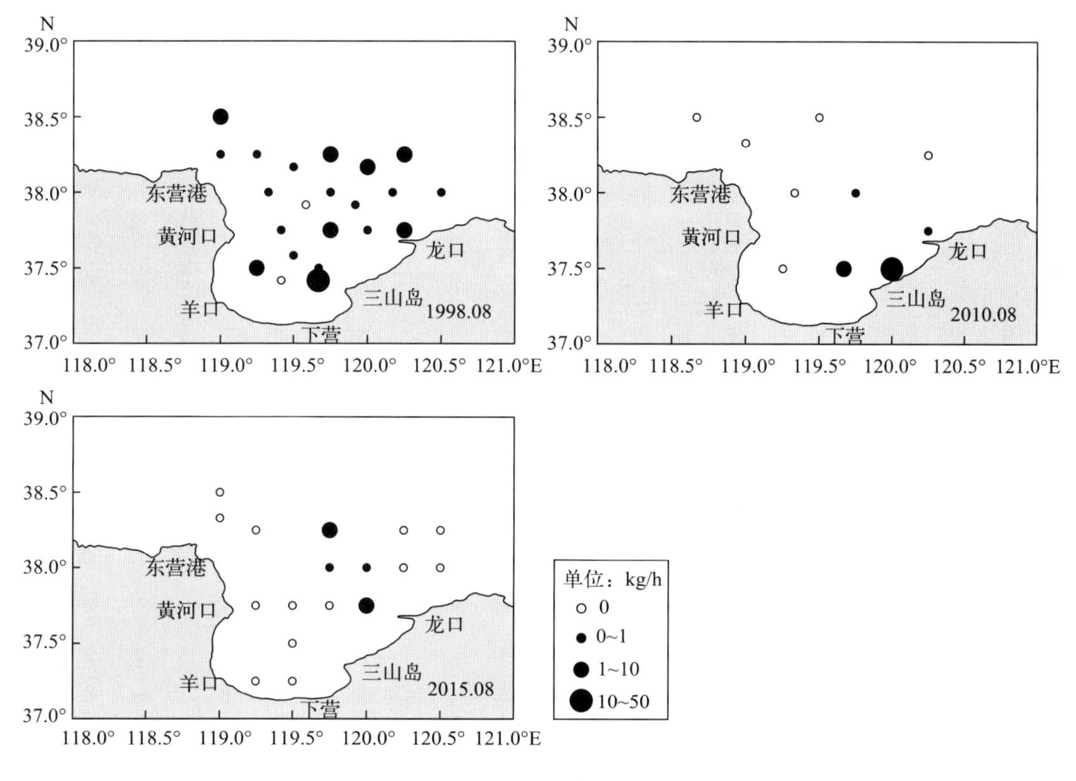

图 6－33　夏季莱州湾蓝点马鲛资源分布的长期变化

(三) 叉长与体重

2012 年 8 月蓝点马鲛群体的叉长范围为 139～323 mm，优势叉长组是 181～230 mm，占群体的 54.84%，群体的平均叉长是 231.45 mm；群体的体重范围为 58～254 g，优势体重组为 50～100 g，占群体的 58.04%，群体的平均体重是 105.84 g（图 6－34）。群体的叉长与体重之间的关系式为：$W=5\times10^{-5}L^{2.6678}$（$n=334$，$R^2=0.9663$）（图 6－35）。

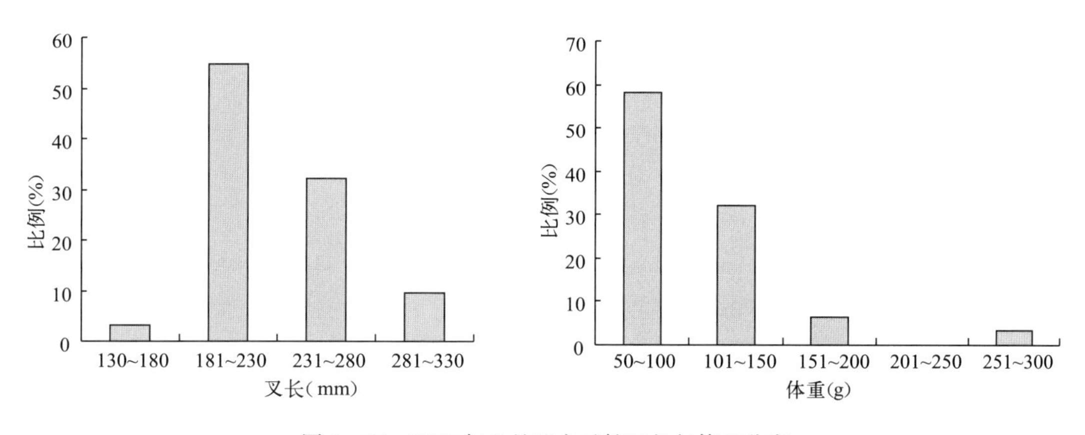

图 6－34　2012 年 8 月蓝点马鲛叉长与体重分布

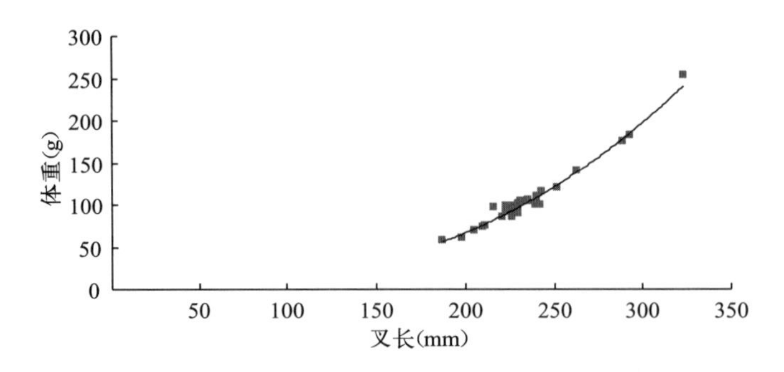

图 6-35　2012 年 8 月蓝点马鲛叉长与体重关系

八、小黄鱼

（一）资源密度

1. 季节变化

莱州湾小黄鱼的相对资源密度从 2011 年 5 月的 7.5 g/h 上升至 6 月的 814.17g/h，7 月进一步升至 220.83 g/h，8 月升至 467.11 g/h，9 月达最高值 5 577.0 g/h，10 月下降为 2 193.33 g/h，11 月进一步下降为 0 g/h（未捕获），2012 年 3 月及 4 月，莱州湾水域小黄鱼的平均网获量均为 0 g/h（未捕获）。

2. 长期变化

自 1982 年以来，小黄鱼的资源密度春夏两季呈不同的变化趋势。春季（5 月），资源密度由 1982 年的 0.07 kg/h 上升至 1993 年的 0.60 kg/h，1998 年下降至 0.02 kg/h，2004 年进一步下降至 0.18 kg/h，2010 年和 2015 年均未捕获；夏季（8 月），资源密度由 1982 年的 12.62 kg/h 下降至 1992 年的 0 kg/h（未捕获），此后 1998 年恢复至 0.03 kg/h，2010 年上升至 0.77 kg/h，2015 年下降至 0.01 kg/h。

（二）资源分布

1. 季节变化

2011 年 5 月，莱州湾小黄鱼的资源密度较低，仅莱州湾东北角 2 个站位有少量捕获，其他站位均未捕获。2011 年 6 月，小黄鱼的资源密度以莱州湾中南部及龙口近岸较高，其次是莱州湾北部，莱州湾南部近岸密度较低。2011 年 7 月，小黄鱼的资源密度以黄河口较高，其次是莱州湾东北部，莱州湾东南部密度较低。2011 年 8 月，小黄鱼的资源密度以莱州湾口中部及黄河口较高，其次是莱州湾东北部及西北部，莱州湾南部密度较低。2011 年 9 月，小黄鱼的资源密度以莱州湾北部较高，其次是黄河口及龙口近岸，莱州湾南部近岸密度较低。2011 年 10 月，小黄鱼的资源密度以莱州湾北部较高，其次是黄河口，莱州湾南部密度较低。2011 年 11 月及 2012 年 3 月、4 月，莱州湾水域未能捕获小黄鱼（图 6－36）。

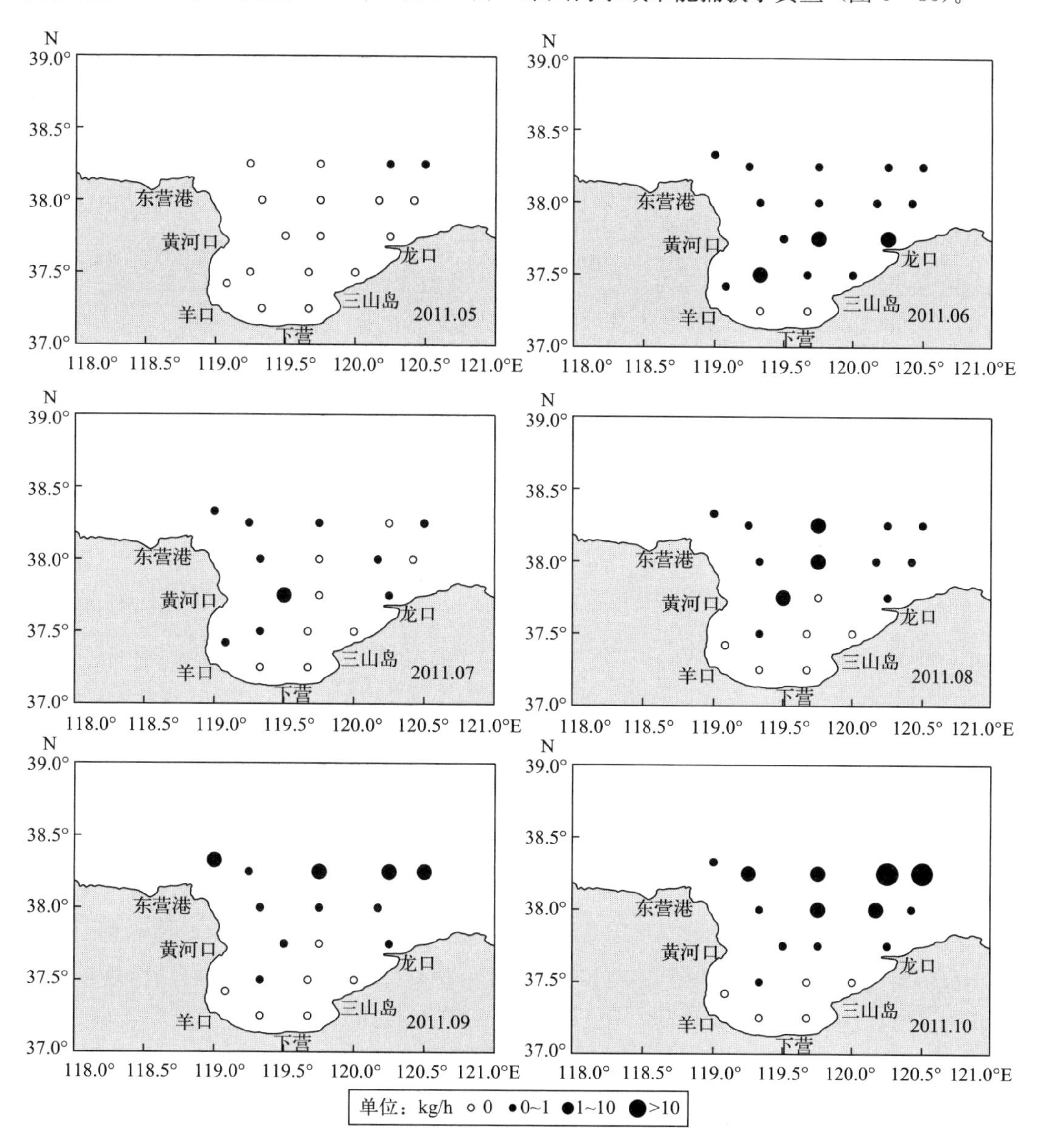

图 6－36 莱州湾小黄鱼资源分布的季节变化

2. 长期变化

（1）春季 1982 年 5 月，小黄鱼的资源密度以东营港近海及莱州湾湾口较高，莱州湾中部及南部水域均未捕获。1993 年 5 月，小黄鱼的资源密度以莱州湾北部较高，其次是莱州湾西南部，莱州湾东南部密度极低。1998 年 5 月，小黄鱼的资源密度以莱州湾中北部较高，黄河口邻近站位及莱州湾东部均未捕获。2004 年 5 月，小黄鱼的资源密度以东营港北部外海较高，其次是莱州湾中东部，莱州湾南部均未捕获。2010 年 5 月及 2015

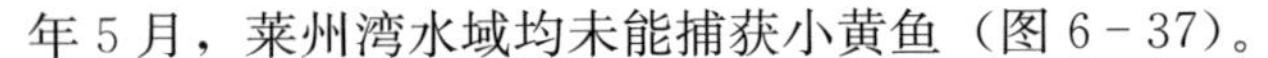
年 5 月，莱州湾水域均未能捕获小黄鱼（图 6－37）。

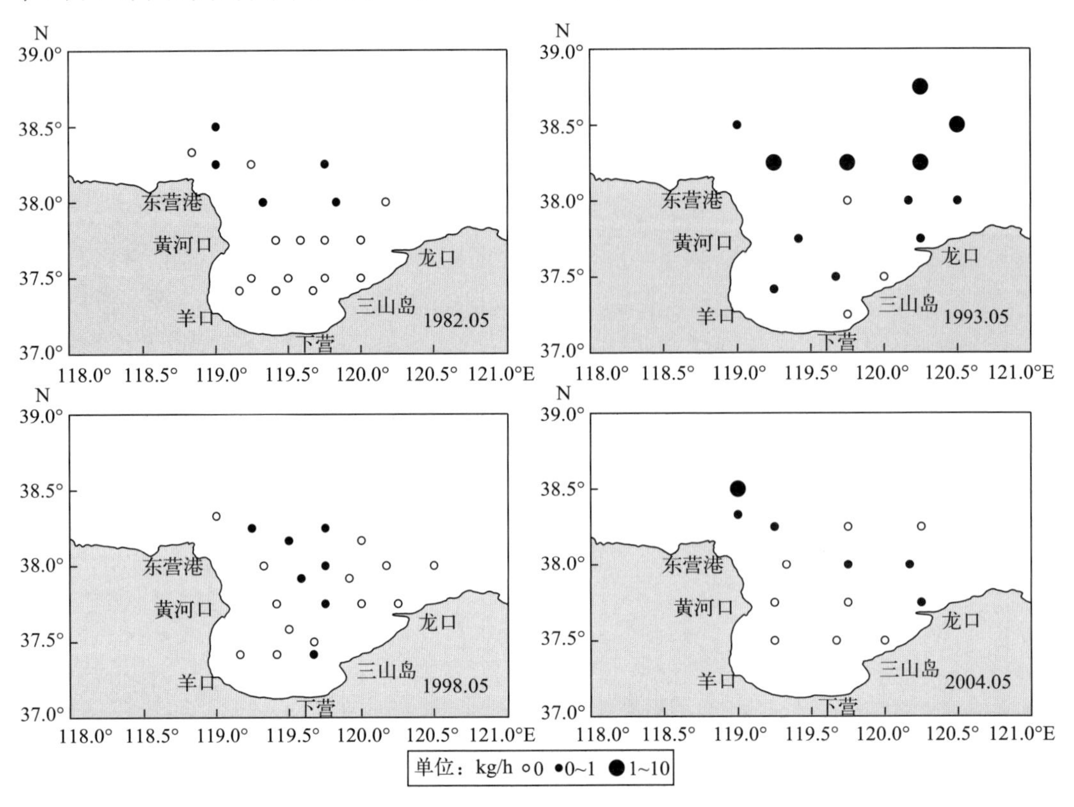

图 6－37 春季莱州湾小黄鱼资源分布的长期变化

（2）夏季 1982 年 8 月，小黄鱼资源密度以东营港近海及黄河口较高，其次是龙口近岸，莱州湾东北部及东南部密度较低。1998 年 8 月，小黄鱼资源密度以莱州湾中南部及东营港近海较高，莱州湾中北部密度较低。2010 年 8 月，小黄鱼资源密度以莱州湾中西部较高，其次是莱州湾东部，莱州湾东南部密度较低。2015 年 8 月，莱州湾水域小黄鱼密度极低，仅莱州湾中部 1 个站位有少量捕获，其余站位均未能捕获小黄鱼（图 6－38）。

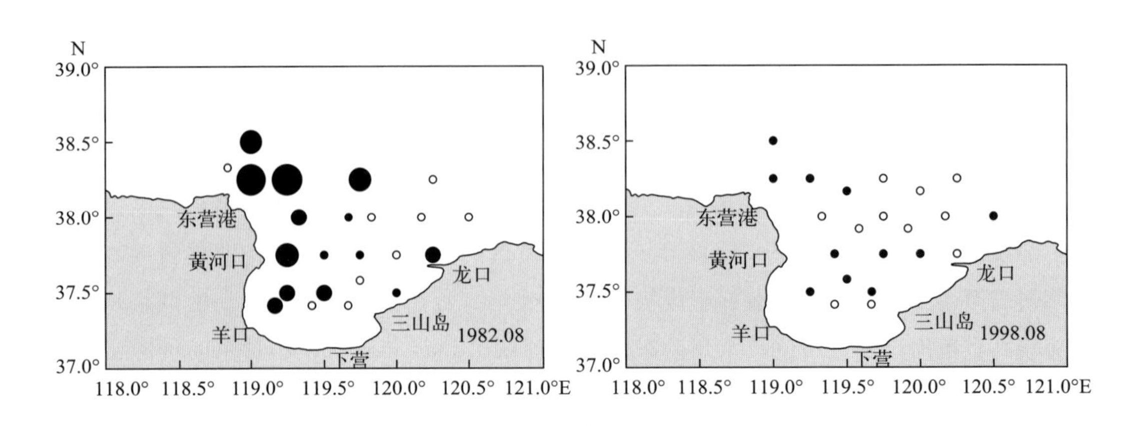

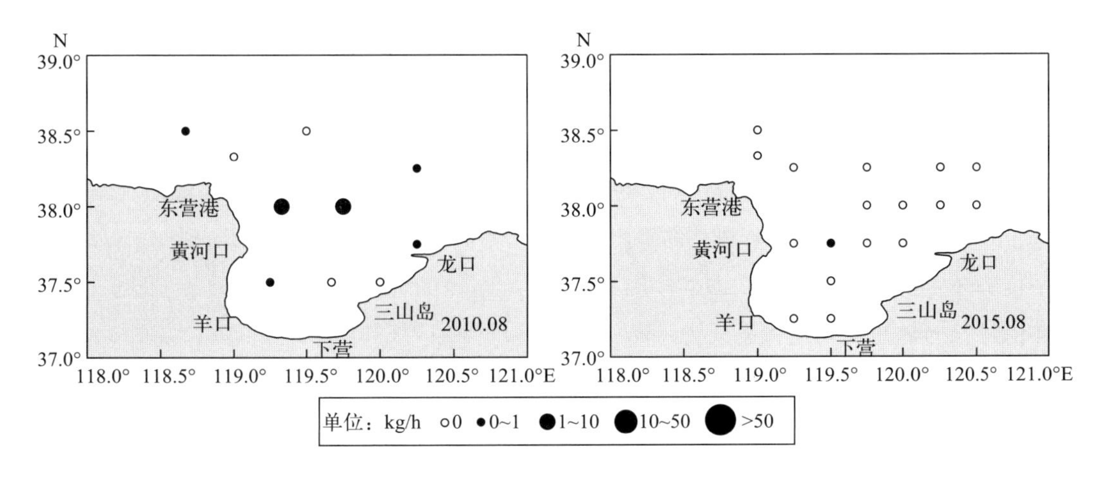

图 6-38 夏季莱州湾小黄鱼资源分布的长期变化

（三）体长与体重

2012 年 6 月小黄鱼群体的体长范围为 89～194 mm，其中优势体长组是 101～120 mm，占群体的 53.24%，群体的平均体长为 120.79 mm；群体的体重范围为 11～133 g，其中优势体重组是 10～40 g，占群体的 89.58%，群体的平均体重为 29.17 g（图 6-39）。群体的体长与体重之间的关系式为：$W=2\times10^{-5}L^{2.984}$（$n=787$，$R^2=0.9078$）（图 6-40）。

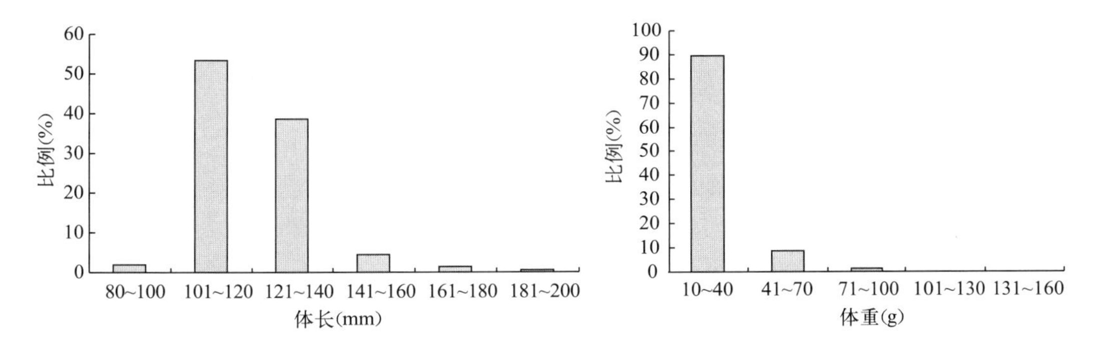

图 6-39 2012 年 6 月莱州湾小黄鱼体长与体重分布

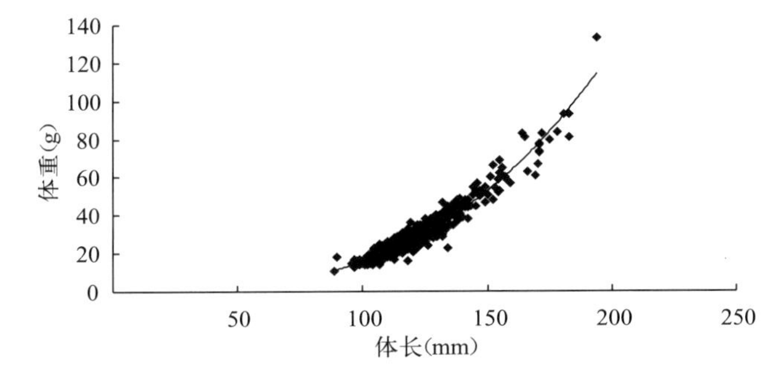

图 6-40 2012 年 6 月莱州湾小黄鱼体重与体长的关系

在调查捕获的群体中，雌雄可分个体中的雌雄比例为 1.69∶1。在雌雄可分的个体中，性腺为Ⅱ期的个体占 38.69%，Ⅲ期的占 39.40%，Ⅳ期的个体占 20.32%，Ⅴ期的个体占 1.41%。捕获群体中，0 级胃的个体占 3.88%，1 级胃的个体占 34.74%，2 级胃的个体占 17.28%，3 级胃的个体占 15.17%，4 级胃的个体占 28.92%。

2012 年 8 月小黄鱼群体的体长范围为 106～201 mm，其中优势体长组是 121～140 mm，占群体的 62.26%，群体的平均体长为 132.31 mm；群体的体重范围为 22～134 g，其中优势体重组是 20～40 g，占群体的 63.02%，群体的平均体重为 39.34 g（图 6－41）。群体的体长与体重之间的关系式为：$W=5\times10^{-5}L^{2.79}$（$n=265$，$R^2=0.883\ 1$）（图 6－42）。在调查捕获的群体中，雌雄可分个体中的雌雄比例为 1.15∶1。在雌雄可分的个体中，性腺为Ⅱ期的个体占 84.01%，Ⅲ期的占 15.99%。捕获群体中，0 级胃的个体占 3.88%，1 级胃的个体占 63.9%，2 级胃的个体占 23.51%，3 级胃的个体占 8.71%。

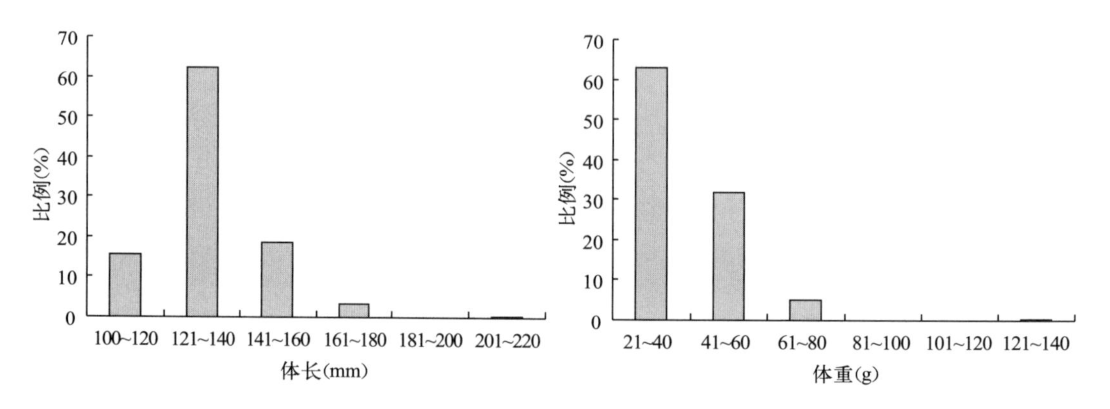

图 6－41　2012 年 8 月莱州湾小黄鱼体长与体重分布

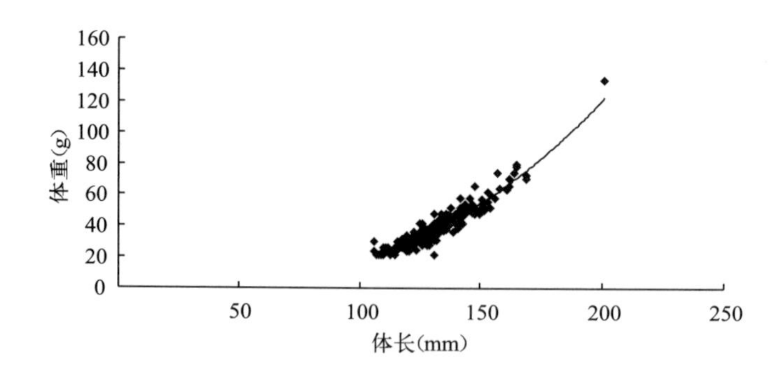

图 6－42　2012 年 8 月莱州湾小黄鱼体重与体长的关系

2013 年 10 月小黄鱼群体的体长范围为 128～164 mm，其中优势体长组是 131～140 mm，占群体的 76.47%，群体的平均体长为 135.94 mm；群体的体重范围为 28～64 g，其中优势体重组是 31～40 g，占群体的 62.5%，群体的平均体重为 40.44 g（图 6－43）。群体的体长与体重之间的关系式为：$W=7\times10^{-5}L^{2.692\ 1}$（$n=17$，$R^2=0.903\ 9$）（图 6－44）。

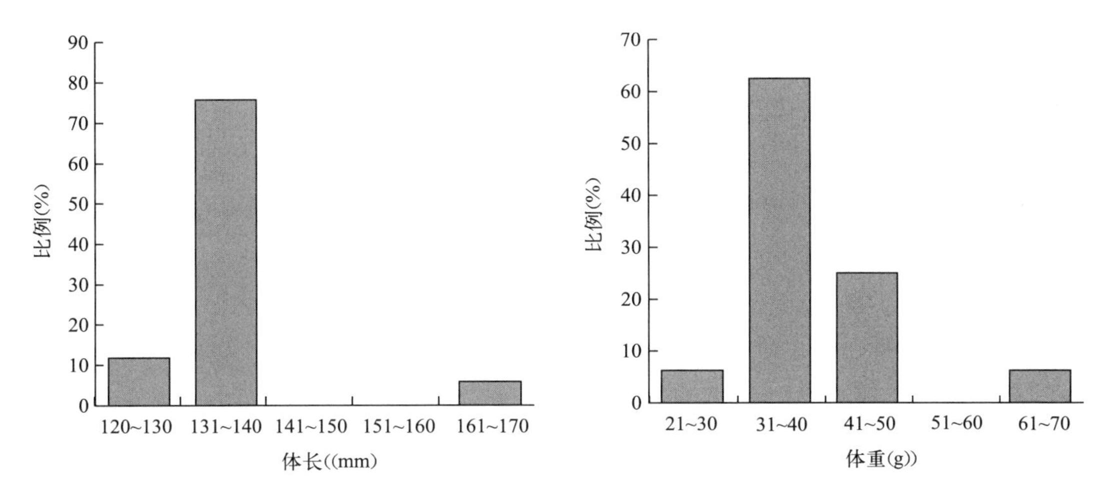

图 6-43　2013 年 10 月莱州湾小黄鱼体长与体重分布

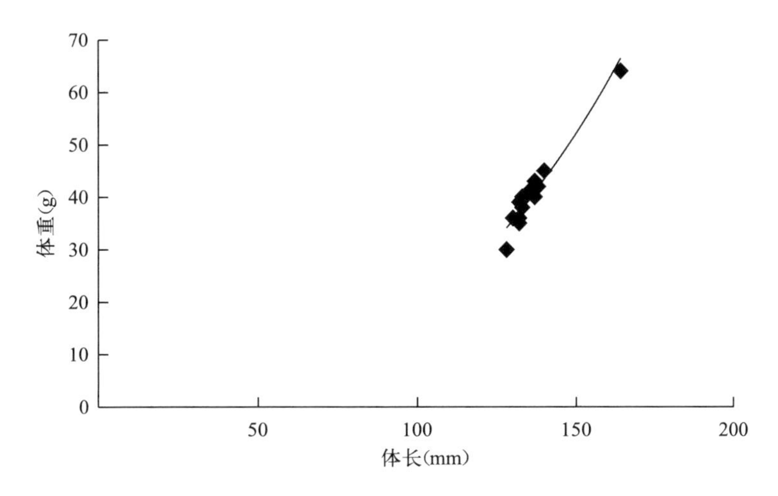

图 6-44　2013 年 10 月莱州湾小黄鱼体重与体长的关系

九、花鲈

（一）资源密度

1. 季节变化

2011 年 5 月、6 月和 7 月，莱州湾花鲈的相对资源密度均为 0 g/h（未捕获），8 月上升至 4.44 g/h，9 月下降为 0 g/h（未捕获），10 月上升至 19.44 g/h，11 月大幅上升至 114.0 g/h。2012 年 3 月及 4 月，莱州湾水域花鲈的平均网获量均为 0 g/h（未捕获）。

2. 长期变化

自 1982 年以来，花鲈的资源密度呈先降后升再降的变化趋势。春季（5 月），资源密度由1982年的6.57 kg/h下降至1993年的0.81 kg/h，1998年和2004年均未捕获，2010年上升至0.35 kg/h，2015年未捕获；夏季（8月），1982年的资源密度为2.36 kg/h，1992年和1998年均为0 kg/h（未捕获），2010年上升至1.23 kg/h，2015年未捕获。

（二）资源分布

1. 季节变化

2011年5月、6月、7月、9月及2012年3月、4月，莱州湾水域均未能捕获花鲈。2011年8月，莱州湾花鲈的资源密度极低，仅下营近岸1个站位有少量捕获，其他站位均未捕获。2011年10月，花鲈的资源密度极低，仅莱州湾中北部1个站位有少量捕获，其他站位均未捕获。2011年11月，花鲈的资源密度达到最高值，调查的10个站位中有4个捕获到花鲈，主要分布于黄河口邻近海域及莱州湾南部近岸（图6-45）。

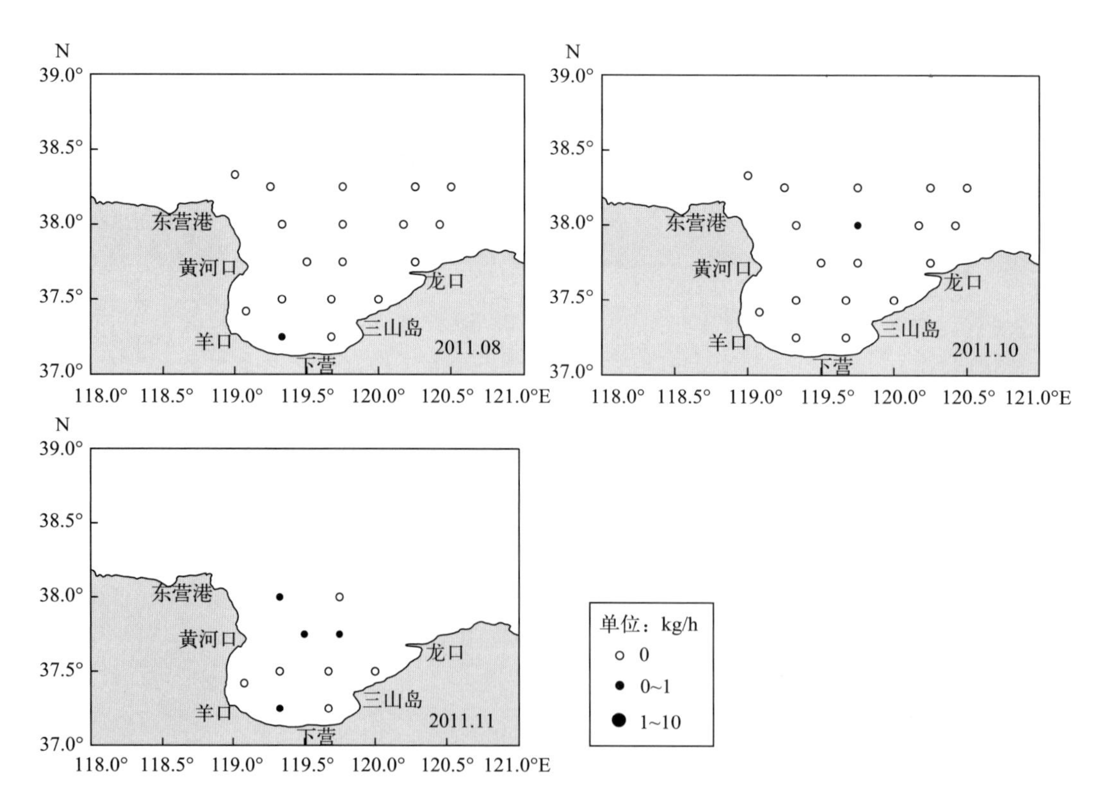

图6-45 莱州湾花鲈资源分布的季节变化

2. 长期变化

（1）春季 1982年5月，花鲈的资源密度以莱州湾中部、湾口中部及三山岛西部近海较高，其次是东营港近海，莱州湾西北部及东北部密度较低。1993年5月，花鲈的资源密度整体较低，仅莱州湾东北部1个站位有捕获，其他站位均未能捕获。2010年5月，花鲈的资源密度较低，仅三山岛近海 1 个站位有少量捕获，其他站位均未捕获。1998 年 5 月、2005 年 5 月及 2015 年 5 月，莱州湾水域均未能捕获花鲈（图 6 - 46）。

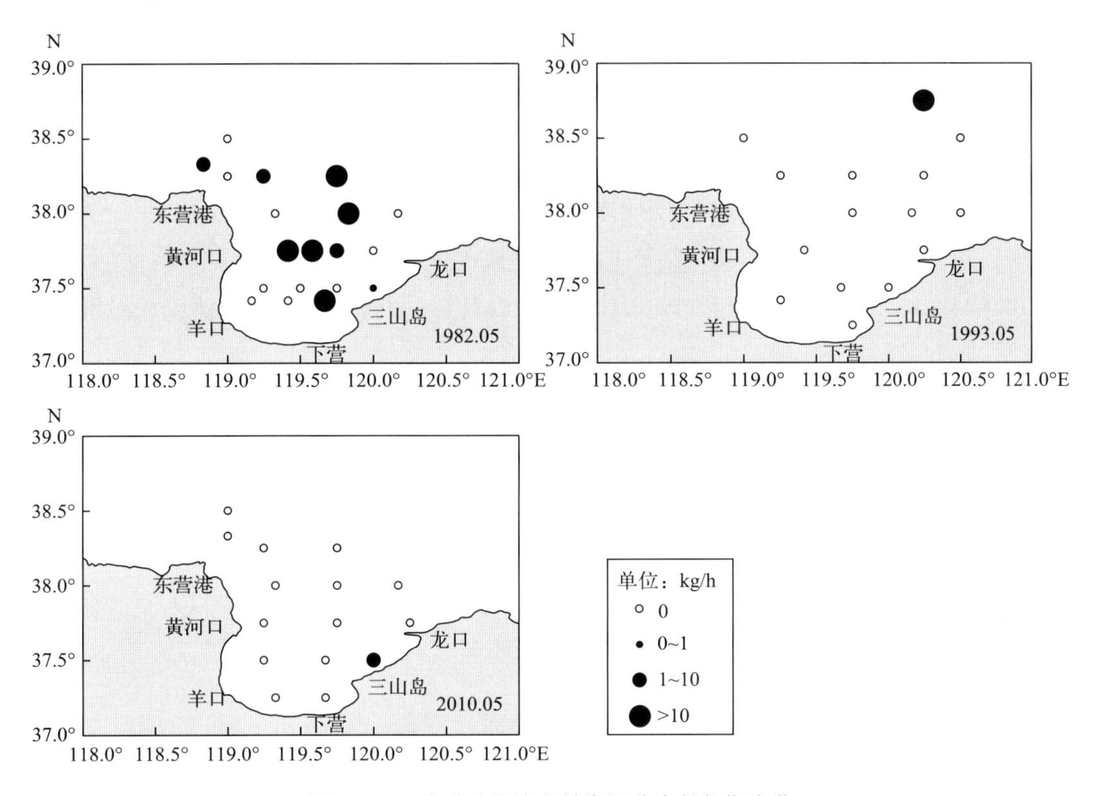

图 6 - 46　春季莱州湾花鲈资源分布的长期变化

（2）夏季　1982 年 8 月，花鲈的资源密度以东营港北部近海较高，其次是莱州湾东南部，黄河口及莱州湾北部均未捕获。2010 年 8 月，除东营港北部外海 1 个站位有捕获外，莱州湾其他站位均未捕获花鲈。1998 年 8 月、2004 年 8 月及 2015 年 8 月，莱州湾水域均未捕获花鲈（图 6 - 47）。

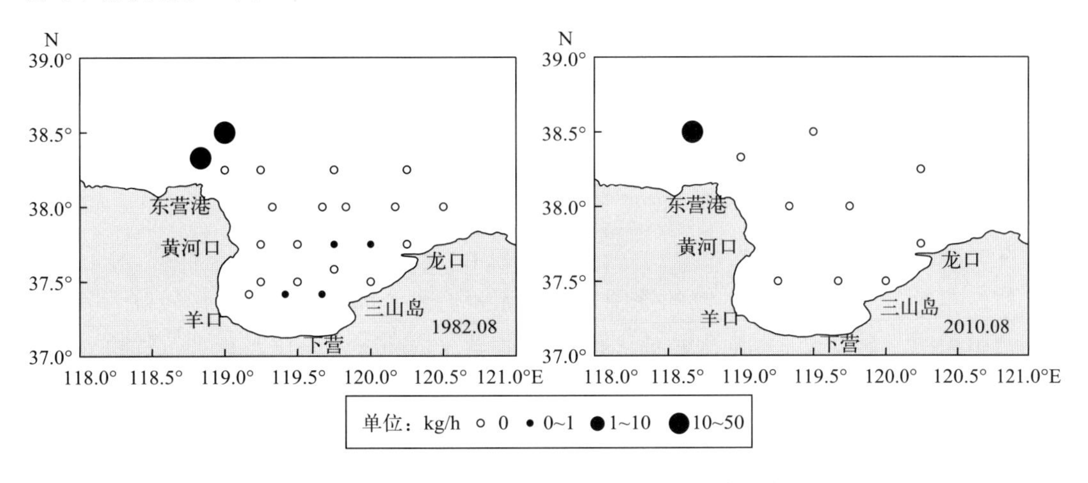

图 6 - 47　夏季莱州湾花鲈资源分布的长期变化

十、鲬

（一）资源密度

1. 季节变化

2011 年 5 月，莱州湾鲬相对资源密度为 128.0 g/h，6 月上升至 141.61 g/h，7 月下降至 81.35 g/h，8 月上升至 334.22 g/h，9 月达最高值 874.44 g/h（未捕获），10 月下降为 410.67 g/h，11 月进一步下降至 10.0 g/h。2012 年 3 月及 4 月，莱州湾鲬相对资源密度均为 0 g/h（未捕获）。

2. 长期变化

自 1982 年以来，鲬的资源密度呈先降后升的变化趋势。春季（5 月），资源密度由 1982 年的 1.33 kg/h 下降至 1993 年的 0 kg/h（未捕获），此后上升至 1998 年的 0.03 kg/h，2004 年未捕获，2010 年上升至 0.02 kg/h，2015 年上升至 0.11 kg/h；夏季（8 月），资源密度由 1982 年的 0.44 kg/h 下降至 1992 年的 0.09 kg/h 和 1998 年的 0.01 kg/h，2010 年上升至 0.12 kg/h，2015 年下降至 0.02 kg/h。

（二）资源分布

1. 季节变化

2011 年 5 月，鲬的资源密度以莱州湾西南近岸、东部近岸及莱州湾中东部较高，黄河口、莱州湾北部及莱州湾东南部密度较低。2011 年 6 月，鲬的资源密度以莱州湾南部近海及东部近岸较高，其次是莱州湾东北部，莱州湾西北部密度最低。2011 年 7 月，鲬的资源密度以莱州湾中南部较高，其次是龙口近岸。2011 年 8 月，鲬的资源密度以龙口近岸较高，其次是莱州湾及南部近岸，莱州湾口中部密度较低。2011 年 9 月，鲬的资源密度以莱州湾东南近岸、莱州湾中部及东营港近海较高，其次是莱州湾东北部。2011 年 10 月，鲬的资源密度以莱州湾北部较高，莱州湾南部较低。2011 年 11 月，鲬的资源密度整体较低，仅莱州湾中部 1 个站位有少量分布，其他站位均未捕获。2012 年 3 月、4 月，莱州湾水域均未能捕获鲬（图 6－48）。

2. 长期变化

（1）春季　1982 年 5 月，鲬的资源密度以莱州湾西南部及三山岛近岸较高，其次是莱州湾中南部，莱州湾北部密度较低。1998 年 5 月，鲬的资源密度整体较低，以龙口北部近海及莱州湾中部密度相对较高，其他区域均未能捕获。2010 年 5 月，鲬的资源密度较低，仅龙口、三山岛近岸及东营港东部近海 3 个站位有少量捕获，其他站位均未捕获。2015 年 5 月，莱州湾中南部鲬的密度较高，其他水域均未能捕获（图 6－49）。

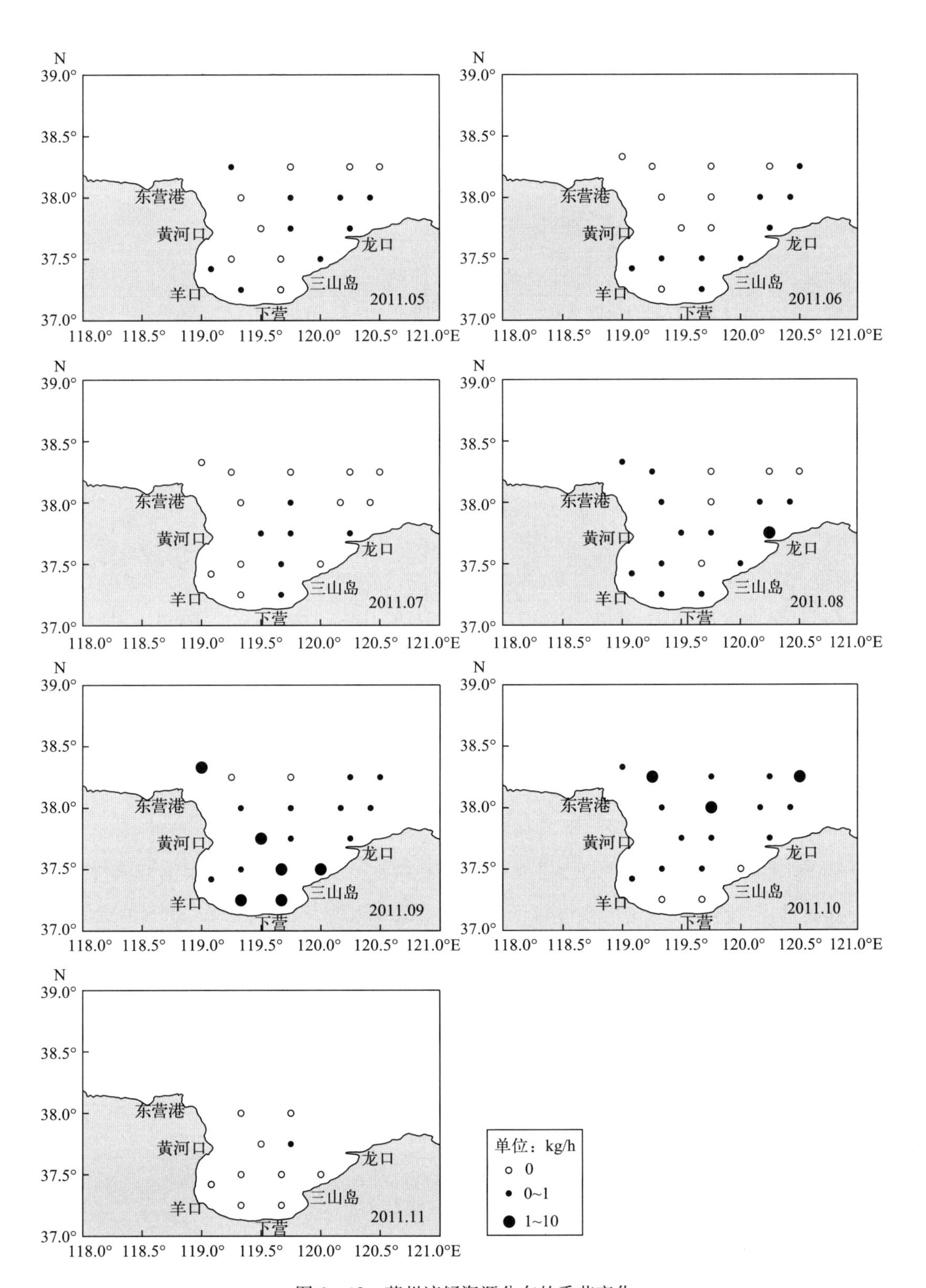

图 6－48　莱州湾鲬资源分布的季节变化

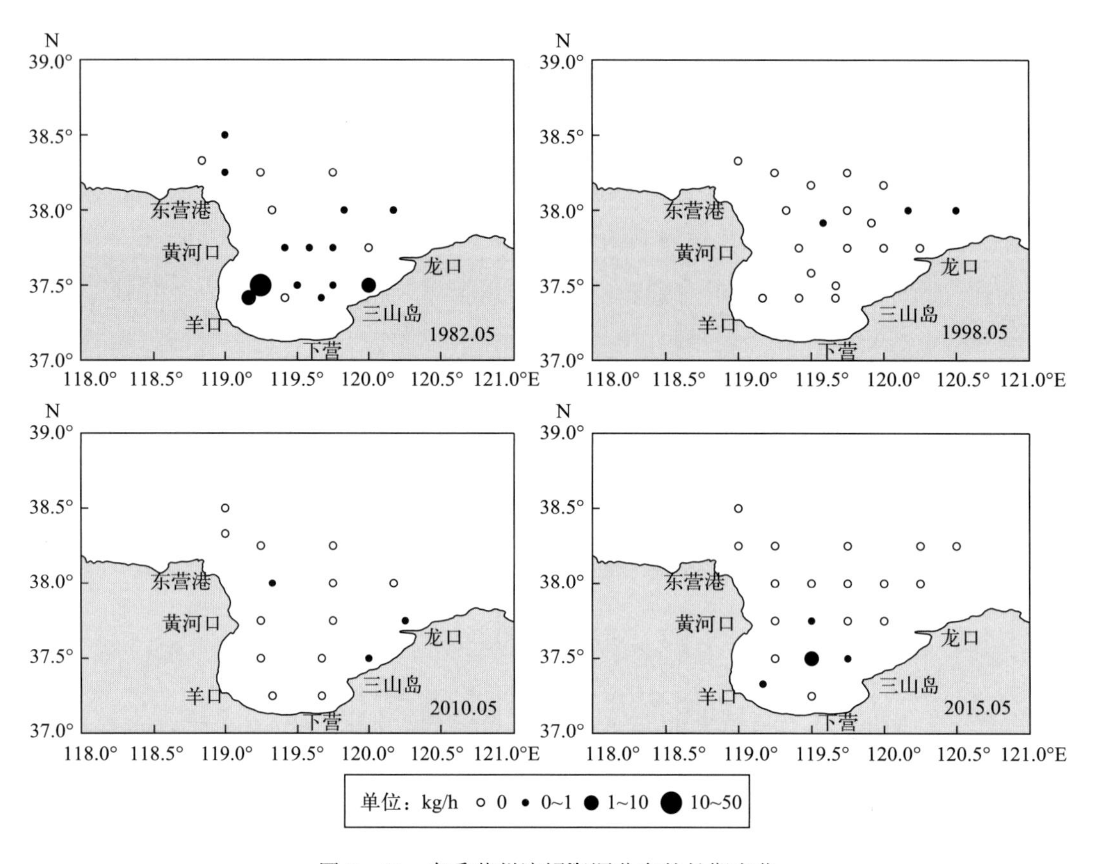

图 6-49 春季莱州湾鲬资源分布的长期变化

（2）夏季 1982 年 8 月，鲬的资源密度以黄河口北部近海及三山岛、龙口近海较高，其次是莱州湾中部，莱州湾南部近岸、东北部及西北部密度较低。1992 年 8 月，鲬的资源密度整体较低，以莱州湾西部近海站位密度较高，莱州湾东北部密度较低。2010 年 8 月，鲬的资源密度较低，仅黄河口近岸密度相对较高，莱州湾北部及东南部密度较低。2015 年 8 月，莱州湾鲬的密度整体较低，仅龙口北部近海及羊口近岸、东营港近海等 4 个站位有少量捕获，其他站位均未能捕获（图 6-50）。

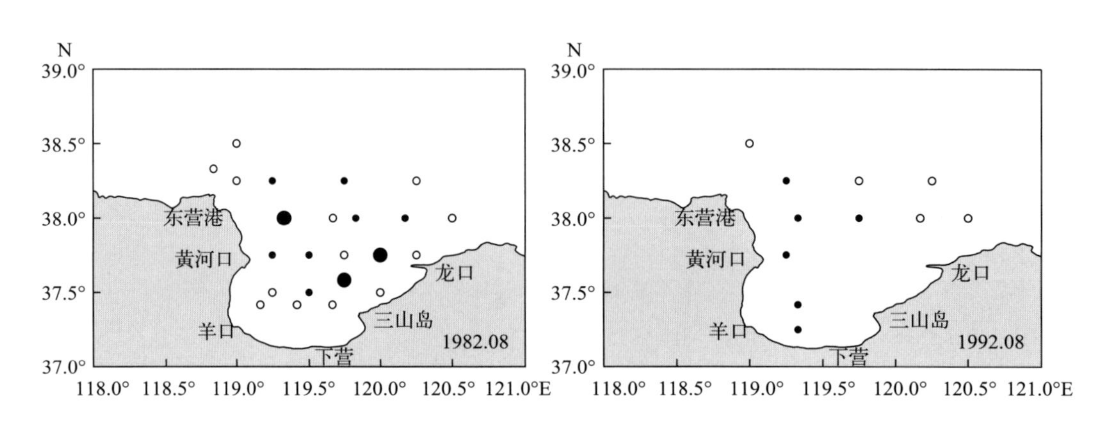

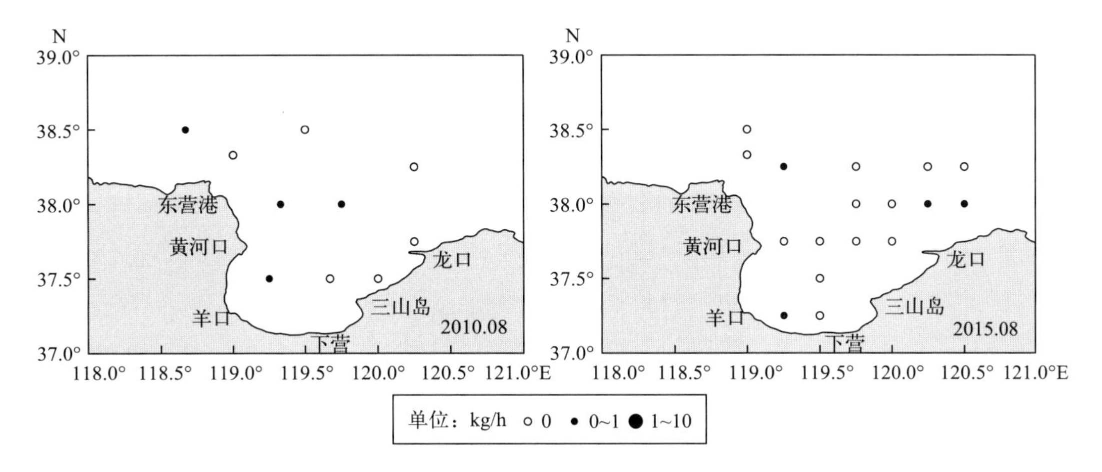

图 6-50　夏季莱州湾鲬资源分布的长期变化

十一、鲆鲽类

（一）资源密度

1. 季节变化

2011 年 5 月，莱州湾鲆鲽类的相对资源密度为 293.53 g/h，6 月上升至 98.22 g/h，7 月下降至 25.72 g/h，8 月上升至 102.94 g/h，9 月为 36.89 g/h，10 月为 27.89 g/h，11 月上升至 46.0 g/h。2012 年 3 月，莱州湾鲆鲽类的相对资源密度为 0 g/h（未捕获），2012 年 4 月，莱州湾鲆鲽类的相对资源密度为 5.31 g/h。

2. 长期变化

自 1982 年以来，鲆鲽类的资源密度一直呈下降趋势。春季（5 月），资源密度由 1982 年的 4.16 kg/h 下降至 1993 年的 0 kg/h（未捕获），此后上升至 1998 年的 0.001 kg/h，2004 年、2010 年未捕获，2015 年资源密度为 0.001 kg/h；夏季（8 月），资源密度由 1982 年的 0.96 kg/h 下降至 1992 年的 0.07 kg/h 和 1998 年的 0.02 kg/h，2010 年保持在 0.02 kg/h，2015 年上升至 0.025 kg/h。

（二）资源分布

1. 季节变化

2011 年 5 月，鲆鲽类的资源密度整体较低，近莱州湾东北部的 3 个站位有少量分布，其他站位均未能捕获。2011 年 6 月，鲆鲽类的资源密度以莱州湾东南近岸及莱州湾东部较高，其他站位均未捕获。2011 年 7 月，鲆鲽类的资源密度以莱州湾东部近岸及莱州湾东北部较高，莱州湾西部站位均未能捕获。2011 年 8 月，鲆鲽类的资源密度以三山岛近岸较高，其次是莱州湾东北部，其他站位均未捕获。2011 年 9 月，鲆鲽类的资源密度整体偏低，仅莱州湾东北部 3 个站位有少量捕获。2011 年 10 月，鲆鲽类的资源密度整体偏低，仅莱州湾东北部 2 个站位有少量捕获。2011 年 11 月，鲆鲽类的资源密度整体偏低，仅下营近海 2 个站位有少量捕获，其他站位均未捕获。2012 年 3 月，莱州湾水域未能捕获鲆鲽类。2012 年 4 月，鲆鲽类的资源密度整体偏低，仅莱州湾东北角及黄河口 2 个站位有少量捕获，其他站位均未捕获（图 6 - 51）。

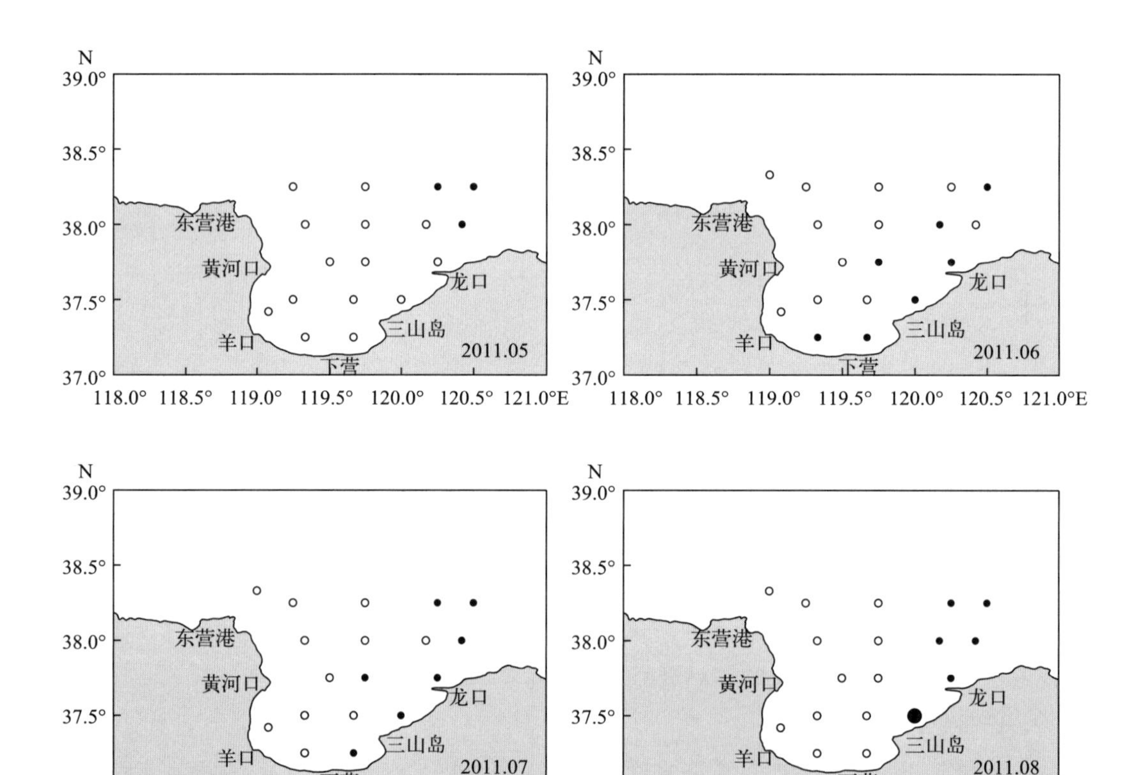

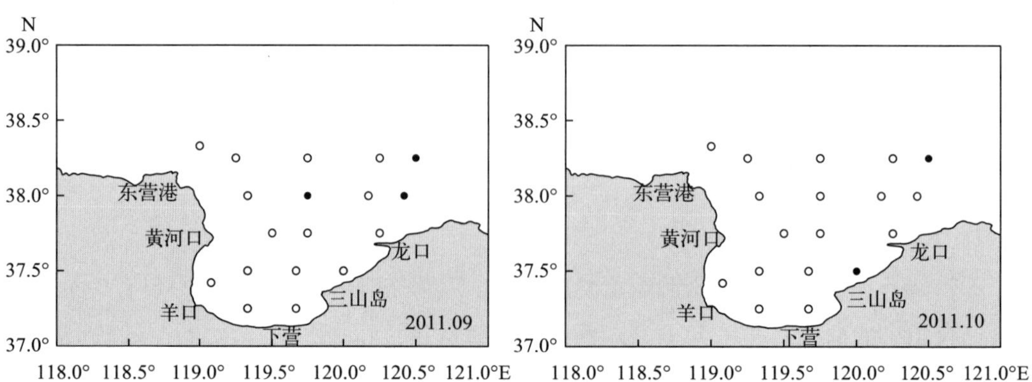

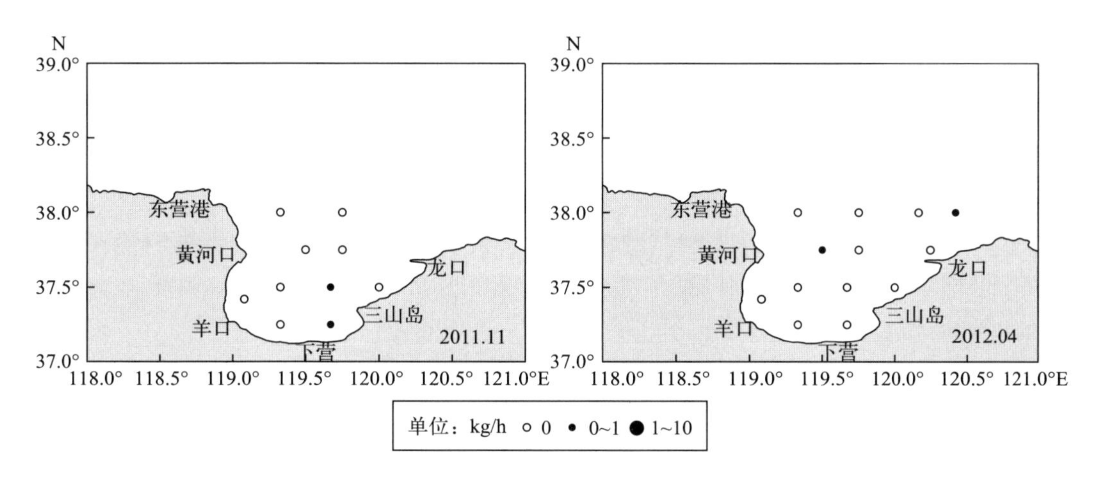

图 6 - 51　莱州湾鲆鲽类资源分布的季节变化

2. 长期变化

（1）春季　1982 年 5 月，鲆鲽类的资源密度以莱州湾中东部较高，其次是莱州湾南部，莱州湾西北部密度较低。1998 年 5 月，鲆鲽类的资源密度整体较低，仅莱州湾口中央 1 个站位有少量捕获，其他站位均未能捕获。2015 年 5 月，莱州湾仅中南部 1 个站位有少量捕获，其他站位均未能捕获。1992 年、2004 年及 2010 年 5 月，莱州湾均未能捕获鲆鲽类（图 6 - 52）。

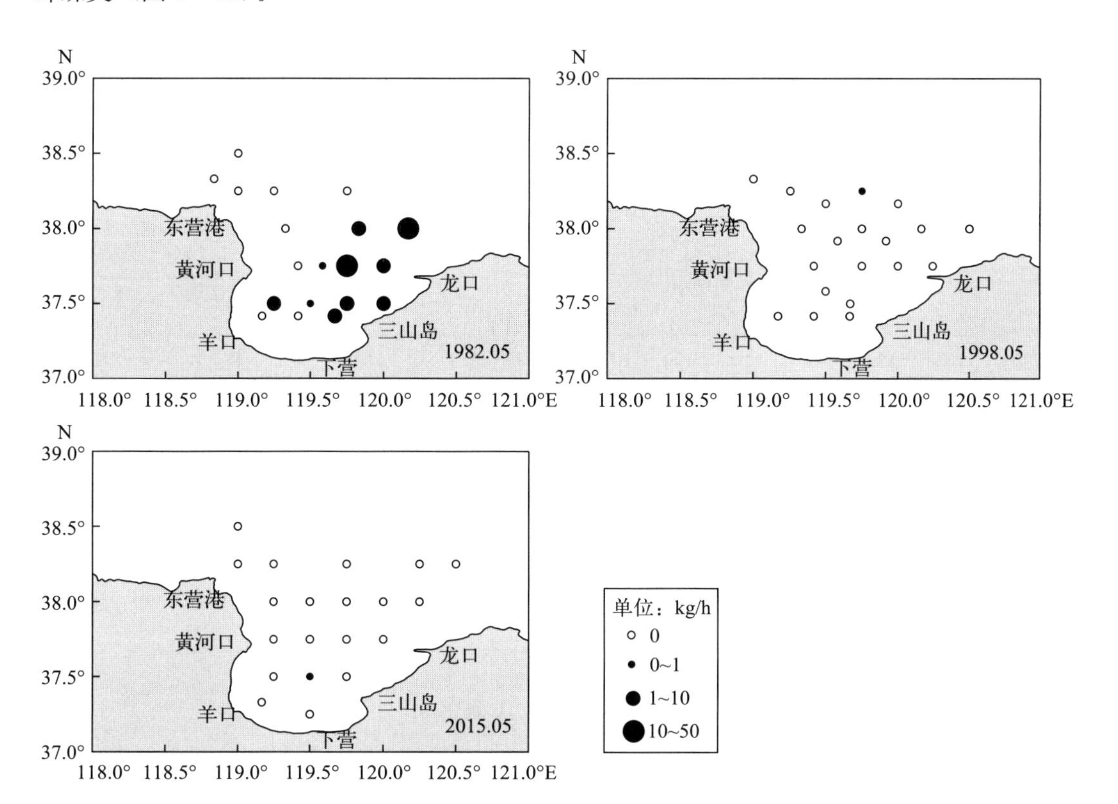

图 6 - 52　春季莱州湾鲆鲽类资源分布的长期变化

（2）夏季　1982年8月，鲆鲽类的资源密度以龙口近海较高，其次是莱州湾南部及东北部，莱州湾西北部及中西部密度较低。1992年8月，鲆鲽类的资源密度整体较低，仅东营港北部及羊口近岸2个站位有少量捕获，其他站位均未能捕获。1998年8月，鲆鲽类的资源密度整体较低，仅龙口及三山岛近海3个站位有少量捕获，其他站位均未能捕获。2010年8月，仅三山岛近岸1个站位有少量捕获，其他站位均未捕获。2015年8月，莱州湾仅东北部1个站位有少量捕获，其他站位均未能捕获（图6-53）。

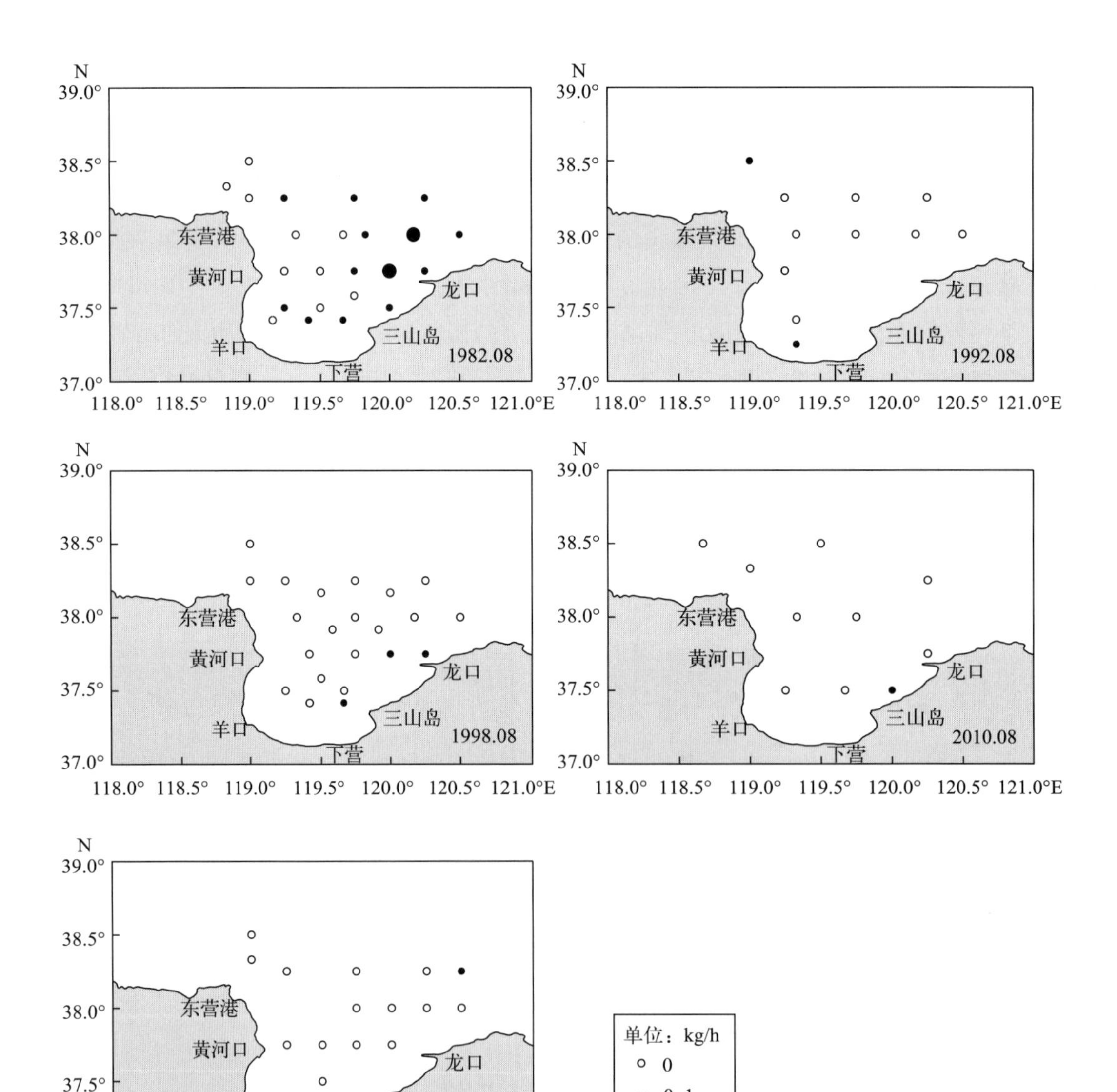

图6-53　夏季莱州湾鲆鲽类资源分布的长期变化

十二、舌鳎类

（一）资源密度

1. 季节变化

2011年5月，莱州湾舌鳎类的相对资源密度为0 g/h（未捕获），6月上升至156.06 g/h，7月上升至1 059.39 g/h，8月达最高值1 742.33 g/h，9月下降为398.50 g/h，10月为200.89 g/h，11月上升至437.0 g/h。2012年3月，莱州湾舌鳎类的相对资源密度为112.84 g/h，4月降至62.35 g/h。

2. 长期变化

自1982年以来，舌鳎类的资源密度总体呈下降趋势。春季（5月），资源密度由1982年的1.28 kg/h下降至1993年的0.04 kg/h，1998年上升至0.07 kg/h，2004年和2010年均为0.001 kg/h，2015年为0.08 kg/h；夏季（8月），资源密度由1982年的1.29 kg/h下降至1992年的0.87 kg/h，1998年进一步下降至0.002 kg/h，2010年上升至0.08 kg/h，2015年下降至0.04 kg/h。

（二）资源分布

1. 季节变化

2011年5月，莱州湾水域未能捕获舌鳎类。2011年6月，舌鳎类的资源密度以羊口近岸较高，其次是莱州湾西部及中东部，莱州湾南部及东北部密度较低。2011年7月，舌鳎类的资源密度以莱州湾西南部及龙口近岸较高，下营近岸及莱州湾东北部密度较低。2011年8月，舌鳎类的资源密度以莱州湾西部近海及龙口近岸较高，其次是三山岛西部近海，莱州湾东北部及东南近岸密度较低。2011年9月，舌鳎类的资源密度以东营港北部近海、莱州湾口中部及黄河口较高，其次是莱州湾中部，莱州湾南部近岸及东北部密度较低。2011年10月，舌鳎类的资源密度以莱州湾口中部较高，其次是莱州湾西部近海及东部近岸，莱州湾南部近岸及东北部密度较低。2011年11月，舌鳎类的资源密度以黄河口东北部近海较高，下营近岸密度最低。2012年3月，舌鳎类的资源密度以莱州湾中部、东南部较高，莱州湾西南部及龙口近岸密度较低。2012年4月，舌鳎类的资源密度以黄河口邻近站位及龙口近岸较高，莱州湾南部近岸及莱州湾东北部密度较低（图6－54）。

2. 长期变化

（1）春季　1982年5月，舌鳎类的资源密度以莱州湾西部近岸及莱州湾中部较高，其次是莱州湾北部，莱州湾东南部及东北部密度较低。1993年5月，舌鳎类的资源密度

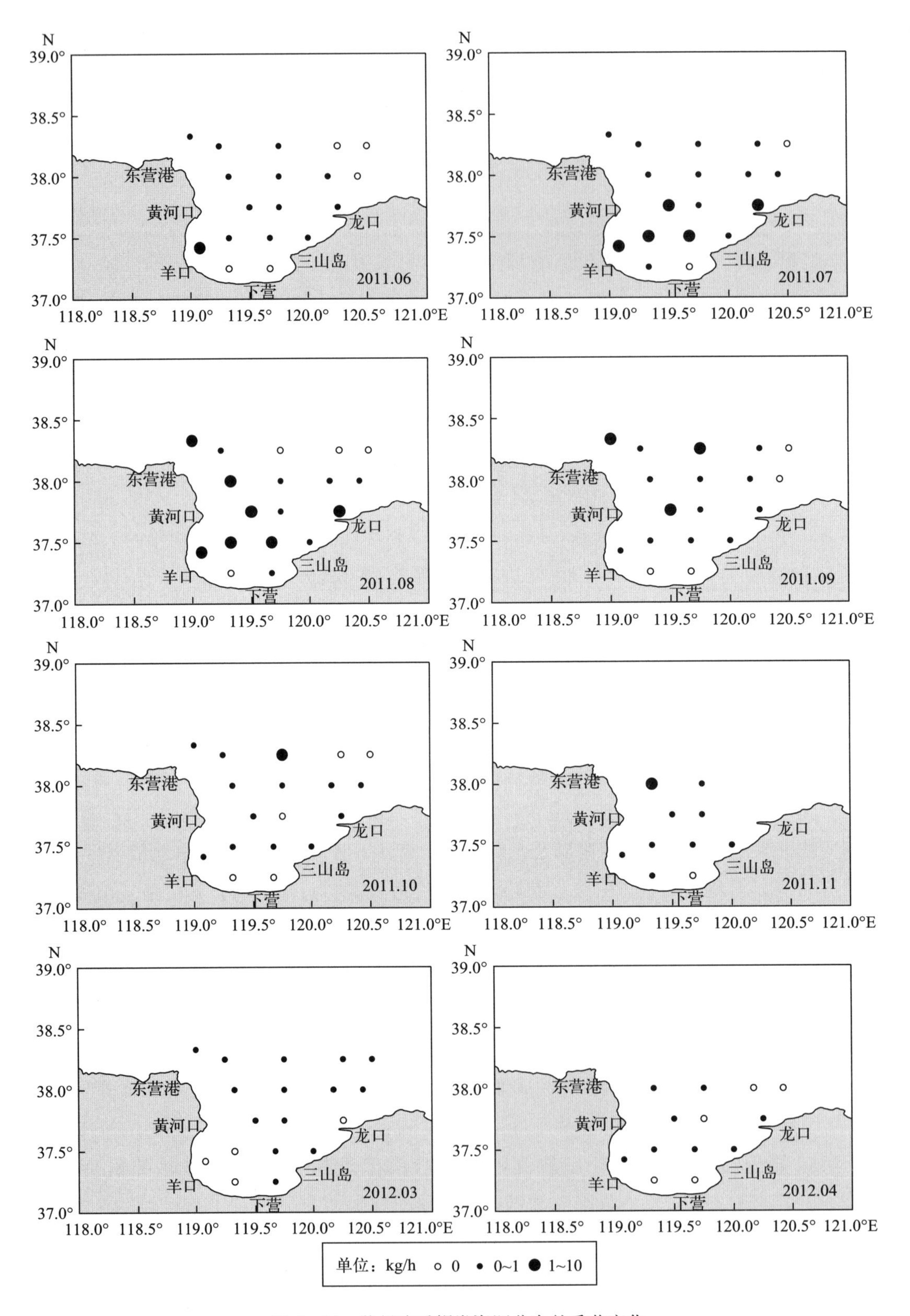

图 6-54　莱州湾舌鳎类资源分布的季节变化

以莱州湾南部较高，其次是莱州湾东北部，莱州湾西北部密度较低。1998 年 5 月，舌鳎类的资源密度以莱州湾北部较高，莱州湾南部密度较低。2004 年 5 月，莱州湾水域仅东营港近海 1 个站位有少量捕获，其他站位均未捕获。2010 年 5 月，莱州湾仅下营近岸及黄河口 3 个站位有少量捕获，其他站位均未捕获。2015 年 5 月，舌鳎类的资源分布较均匀，仅莱州湾东北部密度相对较低（图 6－55）。

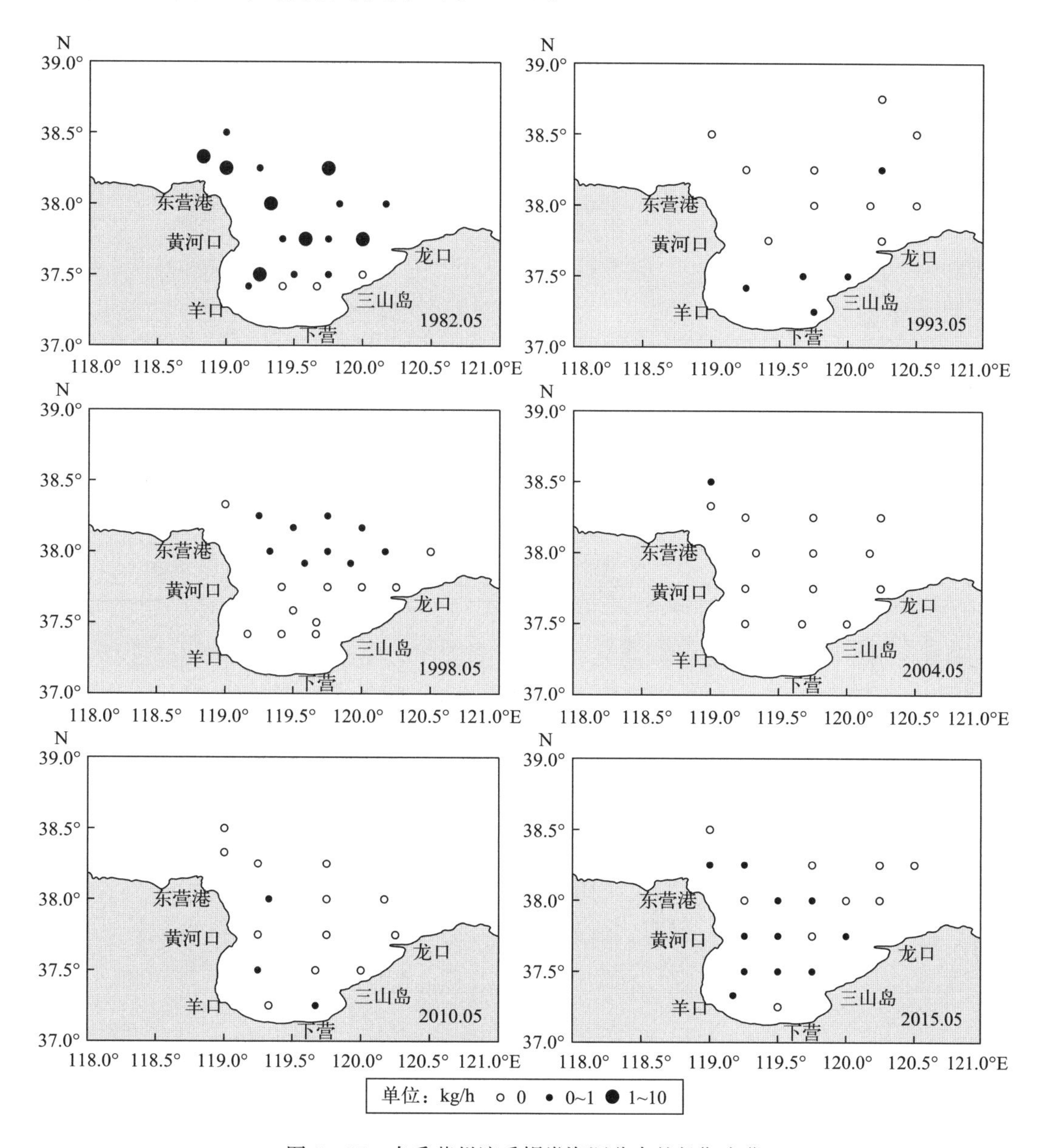

图 6－55　春季莱州湾舌鳎类资源分布的长期变化

（2）*夏季*　1982 年 8 月，舌鳎类的资源密度以莱州湾南部近岸、东营港近海及龙口近岸较高，其次是黄河口，莱州湾东北部密度较低。1992 年 8 月，舌鳎类的资源密度以羊口近海、东营港北部及莱州湾湾口中部较高，莱州湾东北部密度较低。1998 年 8 月，舌鳎类的资源密度整体较低，仅龙口西部近海 2 个站位有少量捕获，其他站位均未捕获。2010 年 8 月，莱州湾仅南部近海 3 个站位有少量捕获，其他站位均未捕获。2015 年 8 月，舌鳎类的资源密度整体较低，仅羊口近岸、东营港近海及龙口近海密度相对较高（图 6－56）。

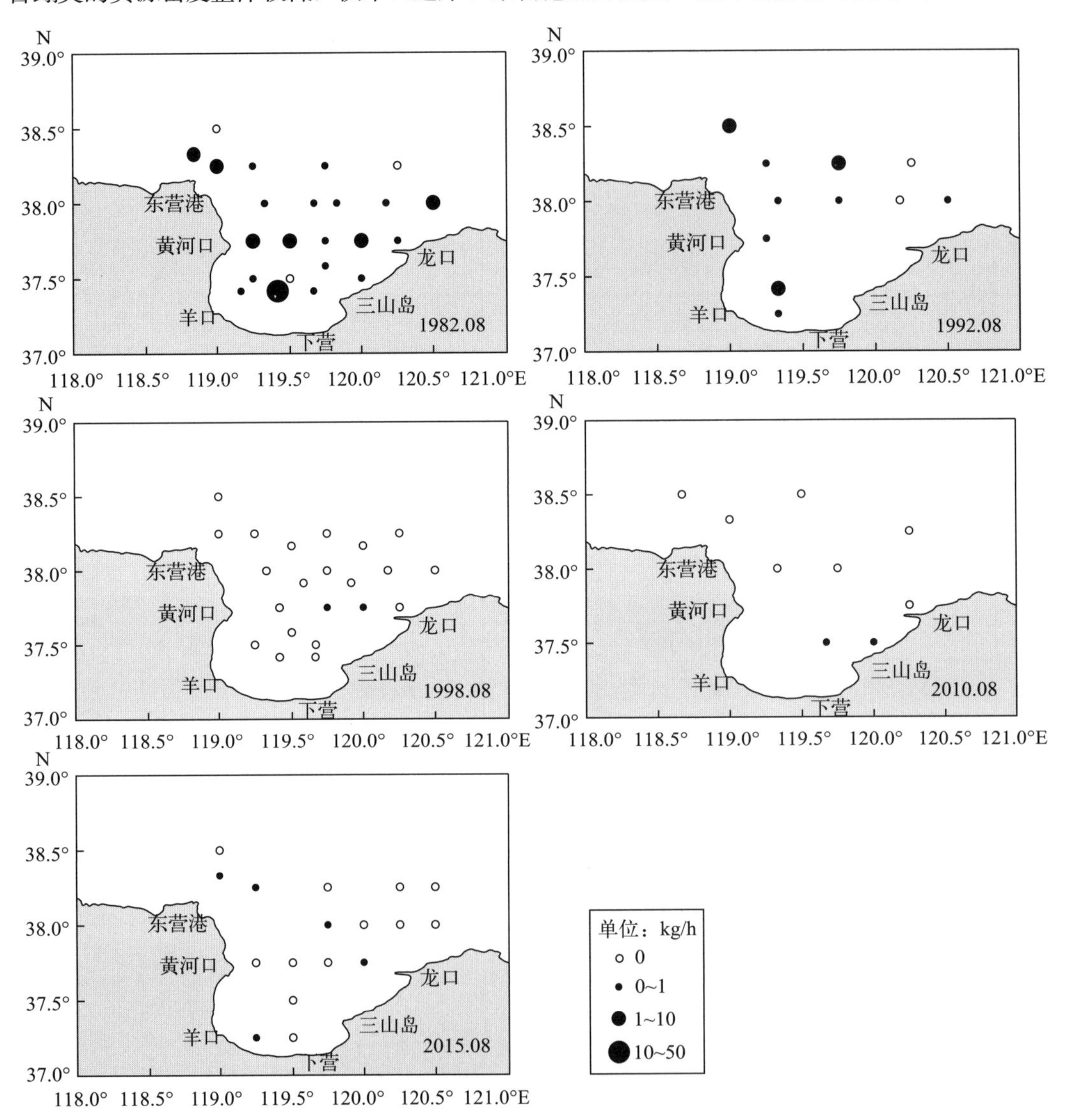

图 6－56　夏季莱州湾舌鳎类资源分布的长期变化

十三、东方鲀类

（一）资源密度

1. 季节变化

2011 年 5 月，莱州湾东方鲀类的相对资源密度为 0 g/h（未捕获），6 月上升至

8.33 g/h，7 月下降为 0.57 g/h，8 月上升至 52.61 g/h，9 月进一步升至 101.67 g/h，10 月达最高值 105.56 g/h，11 月下降为 9.0 g/h。2012 年 3 月、4 月，莱州湾东方鲀类的相对资源密度均为 0 g/h（未捕获）。

2. 长期变化

自 1982 年以来，东方鲀类的资源密度一直呈下降趋势。春季（5 月），资源密度由 1982 年的 4.52 kg/h 下降至 1993 年的 0.02 kg/h，此后的 1998 年、2004 年、2010 年和 2015 年均未能捕获；夏季（8 月），资源密度由 1982 年的 13.88 kg/h 下降至 1992 年的 0.21 kg/h，1998 年进一步下降至 0.002 kg/h，2010 年上升至 0.05 kg/h，2015 年未捕获。

（二）资源分布

1. 季节变化

2011 年 5 月，莱州湾水域未能捕获东方鲀类。2011 年 6 月，东方鲀类的资源密度极低，仅莱州湾东北部 1 个站位有少量捕获。2011 年 7 月，东方鲀类的资源密度整体较低，仅下营近海 2 个站位有少量捕获，其他站位均未捕获。2011 年 8 月，东方鲀类的资源密度以莱州湾南部近岸及东部近岸较高，其次是黄河口，莱州湾北部及中部密度较低。2011 年 9 月，东方鲀类的资源密度以三山岛近岸较高，莱州湾东北部密度较低。2011 年 10 月，东方鲀类的资源密度整体较低，仅莱州湾东部 3 个站位有少量捕获。2011 年 11 月，东方鲀类的资源密度以黄河口东北部近海较高，下营近岸密度最低。2012 年 3 月、4 月，莱州湾水域未能捕获东方鲀（图 6-57）。

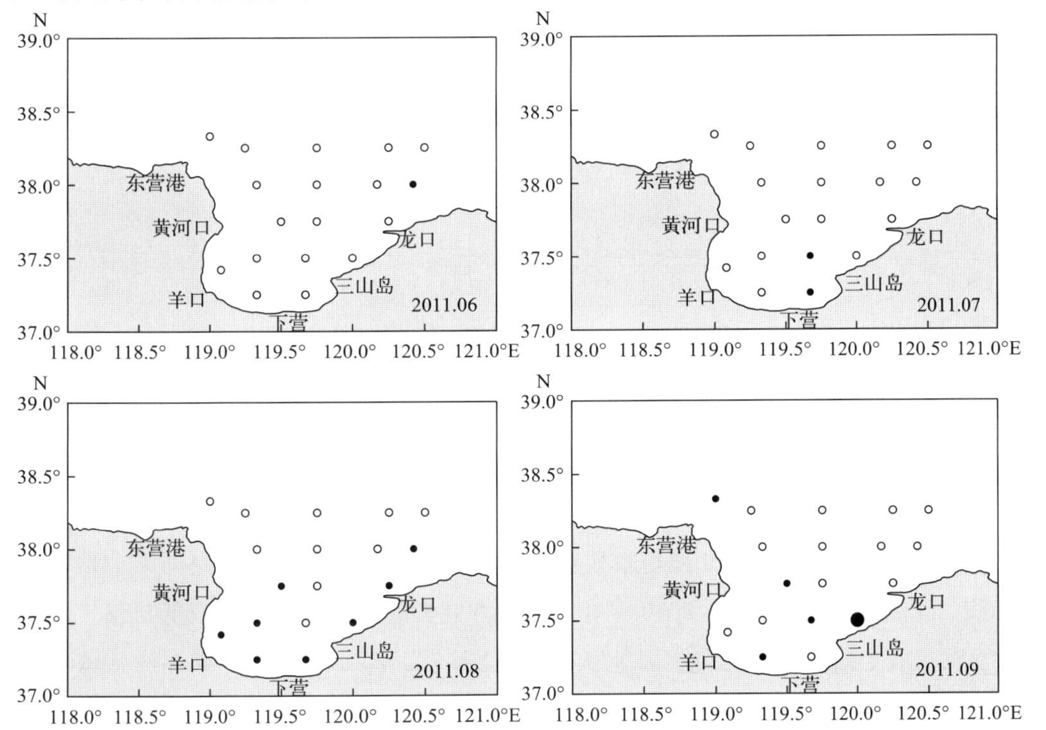

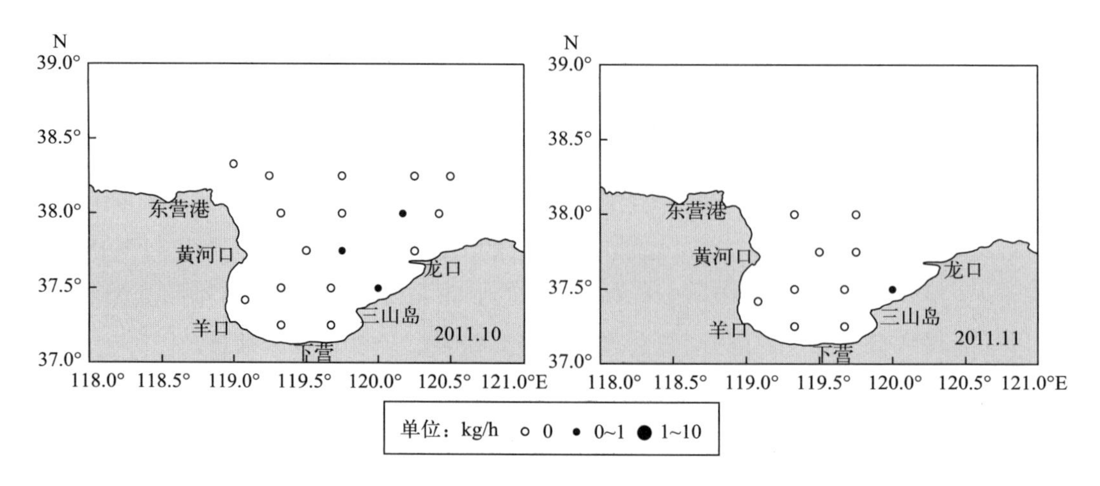

图 6-57 莱州湾东方鲀类资源分布的季节变化

2. 长期变化

（1）春季 1982 年 5 月，东方鲀类的资源密度以莱州湾南部近海较高，其次是黄河口近海，莱州湾东北部密度较低。1993 年 5 月，东方鲀类的资源密度整体较低，仅莱州湾中南部 2 个站位内有少量捕获。1998 年 5 月、2004 年 5 月、2010 年 5 月及 2015 年 5 月，莱州湾水域均未捕获东方鲀类（图 6-58）。

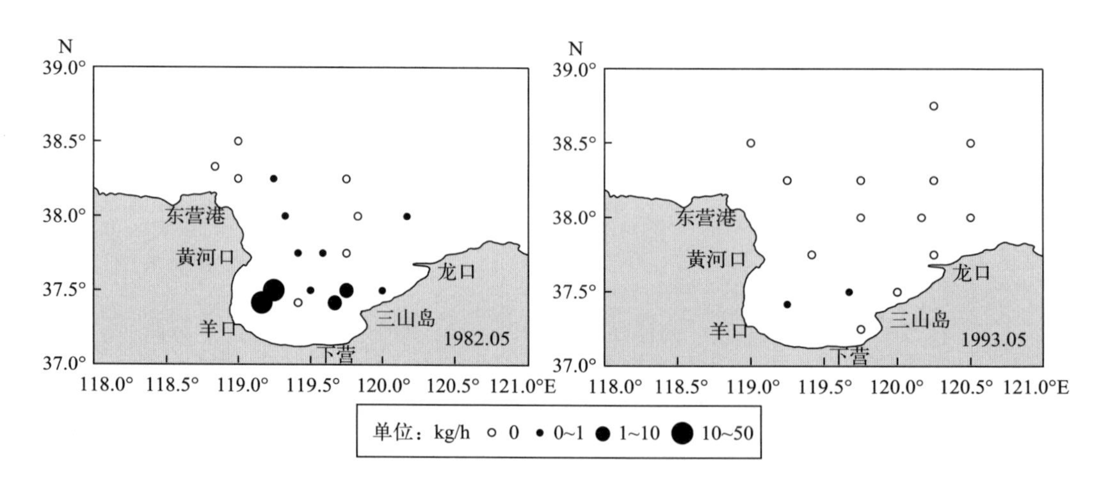

图 6-58 春季莱州湾东方鲀类资源分布的长期变化

（2）夏季 1982 年 8 月，东方鲀类的资源密度以莱州湾北部较高，其次是黄河口近海，莱州湾东部密度较低。1992 年 8 月，东方鲀类的资源密度整体较低，仅羊口近海密度相对较高，莱州湾中部及北部均未捕获。1998 年 8 月，除莱州湾中南部 1 个站位有少量捕获，其他站位均未捕获。2010 年 8 月，东方鲀类的资源密度整体较低，仅三山岛近岸和黄河口 2 个站位有少量捕获，其他站位均未捕获。2015 年 8 月，莱州湾水域均未捕获东方鲀类（图 6-59）。

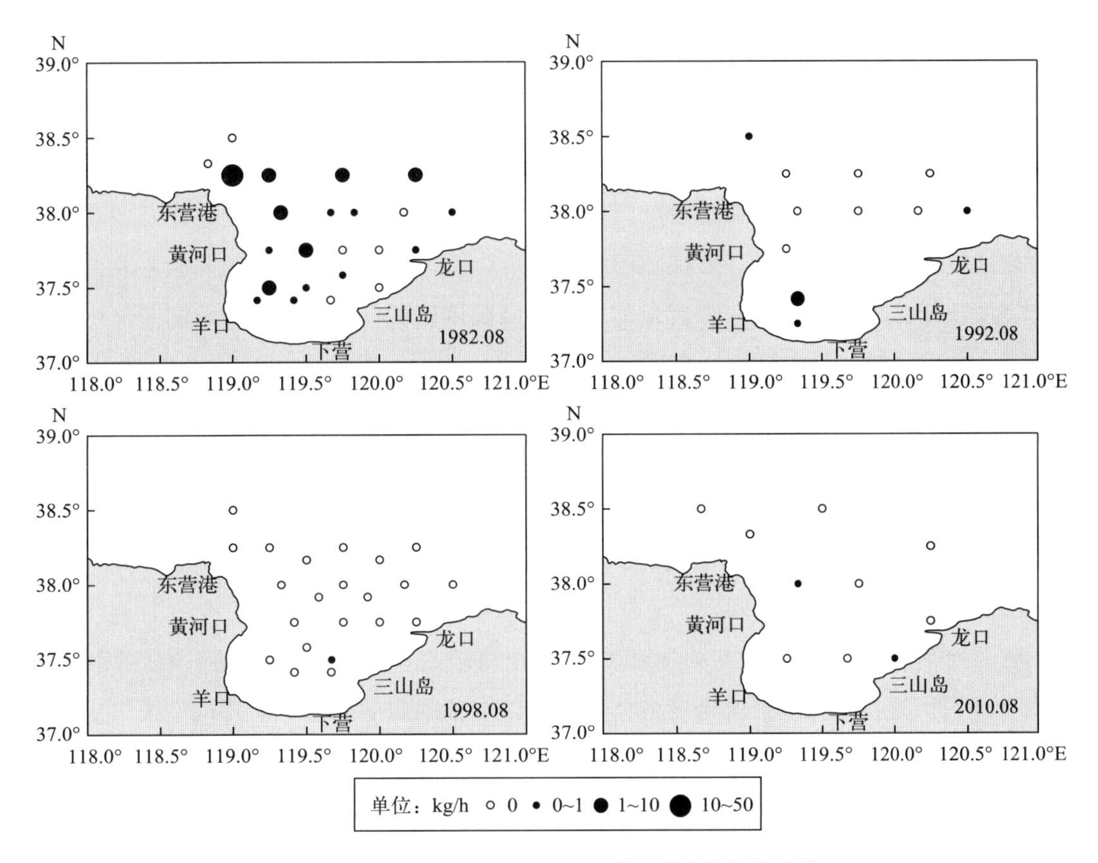

图 6-59 夏季莱州湾东方鲀类资源分布的长期变化

十四、鰕虎鱼类

(一) 资源密度

1. 季节变化

2011 年 5 月，莱州湾鰕虎鱼类的相对资源密度为 560.29 g/h，6 月下降为 285.72 g/h，7 月大幅上升至 9 098.17 g/h，8 月达最高值 11 741.61 g/h，9 月下降为 10 454.72 g/h，10 月进一步下降为 2 210.61 g/h，11 月上升至 6 108.0 g/h。2012 年 3 月，莱州湾鰕虎鱼类的相对资源密度为 1 156.0 g/h，4 月进一步下降为 627.43 g/h。

2. 长期变化

自 1982 年以来，鰕虎鱼类的资源密度春夏两季呈不同的变化趋势。春季（5 月），资源密度由 1982 年的 0.24 kg/h 下降至 1993 年的 0.01 kg/h，1998 年为 0.02 kg/h，2004 年和 2010 年分别为 0.04 kg/h 和 0.02 kg/h，2015 年上升至 0.07 kg/h；夏季（8 月），资源密度由 1982 年的 0.28 kg/h 下降至 1992 年的 0.15 kg/h，1998 年进一步下降至

0.01 kg/h，2010 年上升至 0.58 kg/h，2015 年为 1.07 kg/h。

（二）资源分布

1. 季节变化

2011 年 5 月，鲅虎鱼的资源密度以龙口近岸及羊口近海较高，下营近岸及龙口北部近海密度较低。2011 年 6 月，鲅虎鱼的资源密度以黄河口南部较高，莱州湾中北部及东北部密度较低。2011 年 7 月，鲅虎鱼的资源密度整体较高，尤以莱州湾北部及三山岛近岸最高，龙口近岸及黄河口南部密度较低。2011 年 8 月，鲅虎鱼的资源密度整体较高，尤其以莱州湾东北部、三山岛近岸及黄河口邻近水域最高，莱州湾中南部密度较低。2011 年 9 月，鲅虎鱼的资源密度以莱州湾东北部较高，其次是东营港近海及黄河口，莱州湾南部近岸密度较低。2011 年 10 月，鲅虎鱼的资源密度以莱州湾西部近岸、莱州湾东北部及下营近海较高，羊口、三山岛、龙口近岸及莱州湾口中部密度较低。2011 年 11 月，鲅虎鱼的资源密度整体较高，尤其以莱州湾西南部密度最高。2012 年 3 月，鲅虎鱼类的资源密度整体较低，以莱州湾北部密度相对较高，莱州湾南部及东部密度较低。2012 年 4 月，鲅虎鱼类的资源密度整体较低，以东营港东部近海、下营近岸及三山岛近岸密度相对较高（图 6－60）。

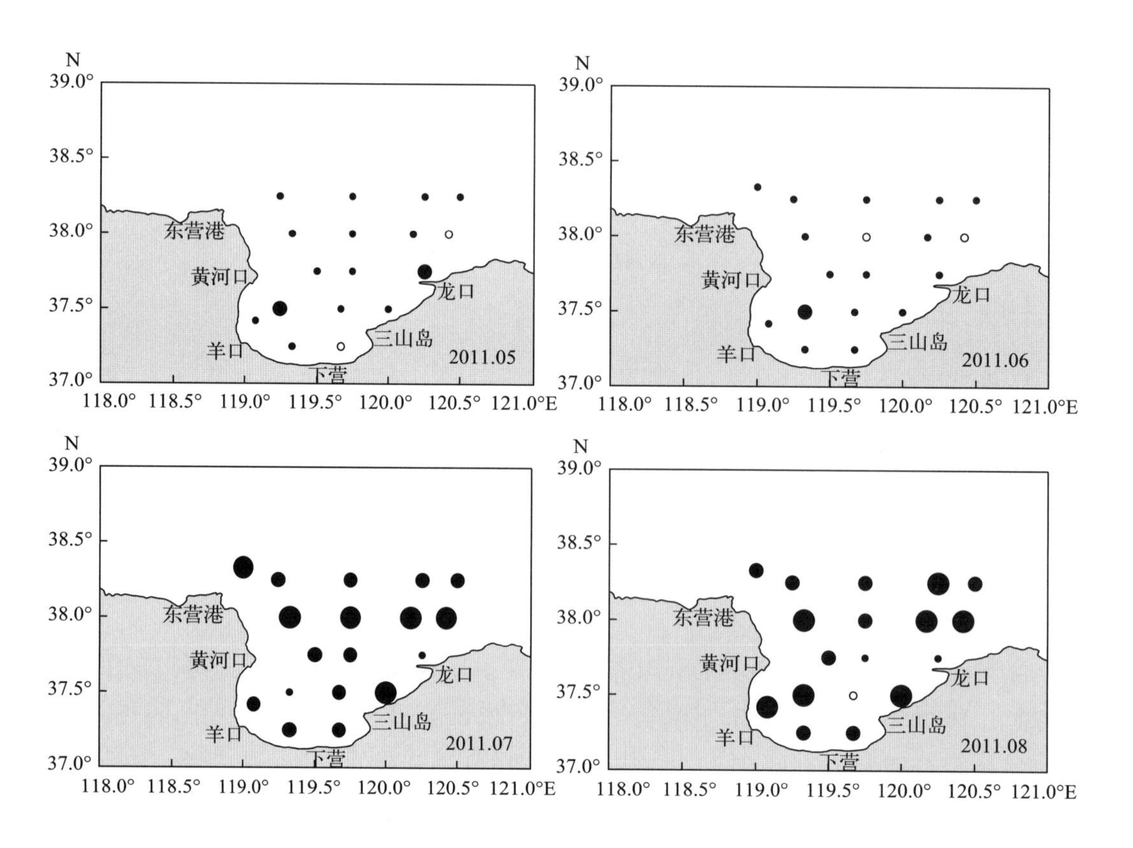

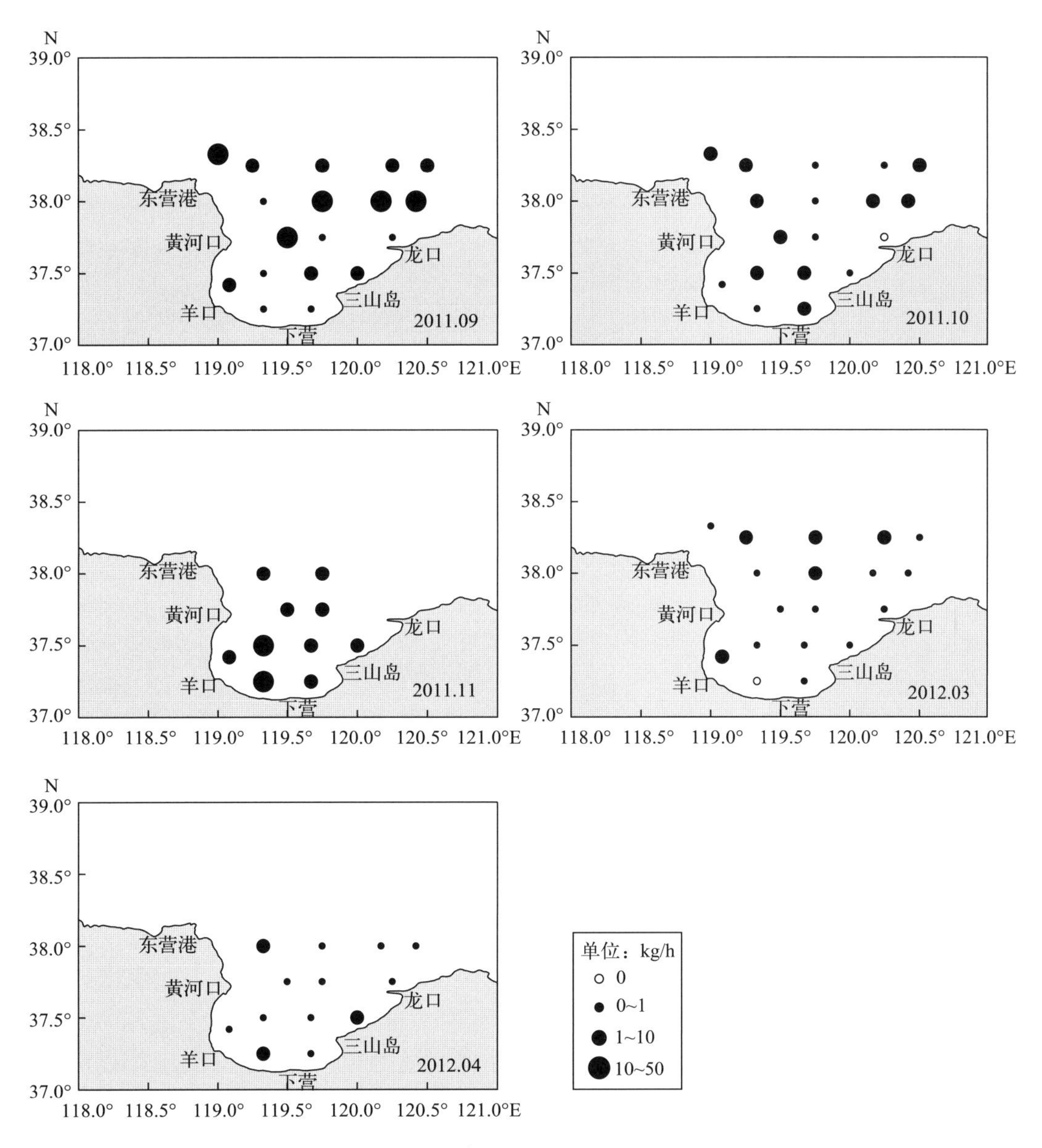

图 6-60　莱州湾鰕虎鱼类资源分布的季节变化

2. 长期变化

（1）春季　1982 年 5 月，鰕虎鱼类的资源密度以三山岛近岸、东营港近海较高，其次是黄河口南部，莱州湾中南部密度较低。1993 年 5 月，鰕虎鱼类的资源密度整体较低，仅黄河口近海及龙口近海有少量捕获。1998 年 5 月，鰕虎鱼类的资源分布较均匀，莱州湾东南部密度相对较低。2004 年 5 月，鰕虎鱼类的资源密度整体较低，仅莱州湾西部近海及龙口近海有少量捕获。2010 年 5 月，鰕虎鱼类的资源分布较均匀，莱州湾东南部及西南部密度相对较低。2015 年 5 月，鰕虎鱼类的资源分布较均匀，莱州湾东南部及东北部密度相对较低（图 6-61）。

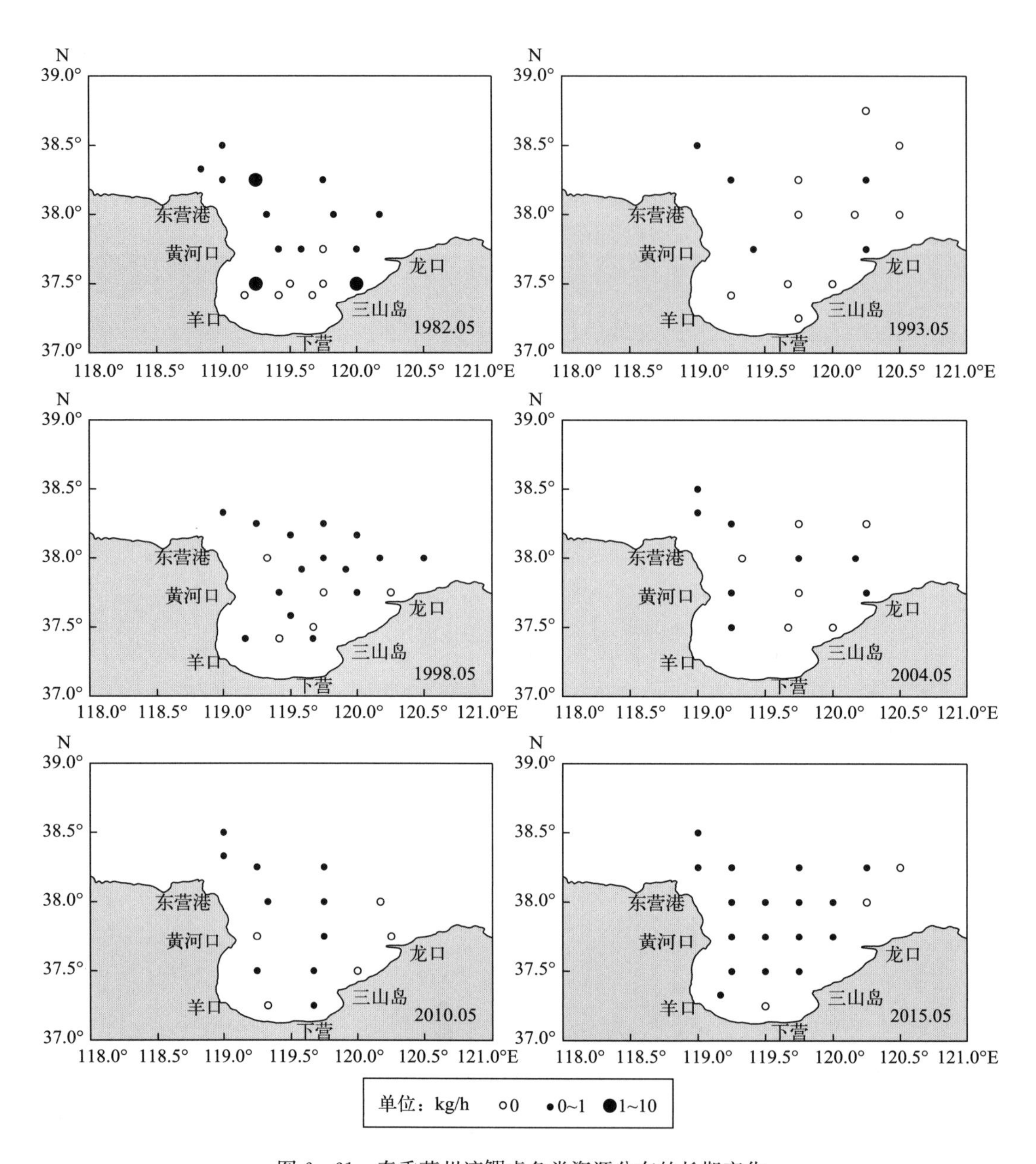

图 6-61 春季莱州湾鰕虎鱼类资源分布的长期变化

（2）夏季 1982 年 8 月，鰕虎鱼类的资源密度整体较低，仅东营港近海 2 个站位有少量捕获。1992 年 8 月，鰕虎鱼类的资源密度整体较低，仅莱州湾口中部密度相对较高。1998 年 8 月，鰕虎鱼类的资源密度以莱州湾中南部相对较高，其次是莱州湾口，莱州湾东部及西北部密度较低。2010 年 8 月，鰕虎鱼类的资源密度以东营港北部外海及黄河口南部较高，莱州湾东部密度较低。2015 年 8 月，鰕虎鱼类的资源密度以莱州湾北部较高，其次是黄河口，莱州湾南部近海及东部密度较低（图 6-62）。

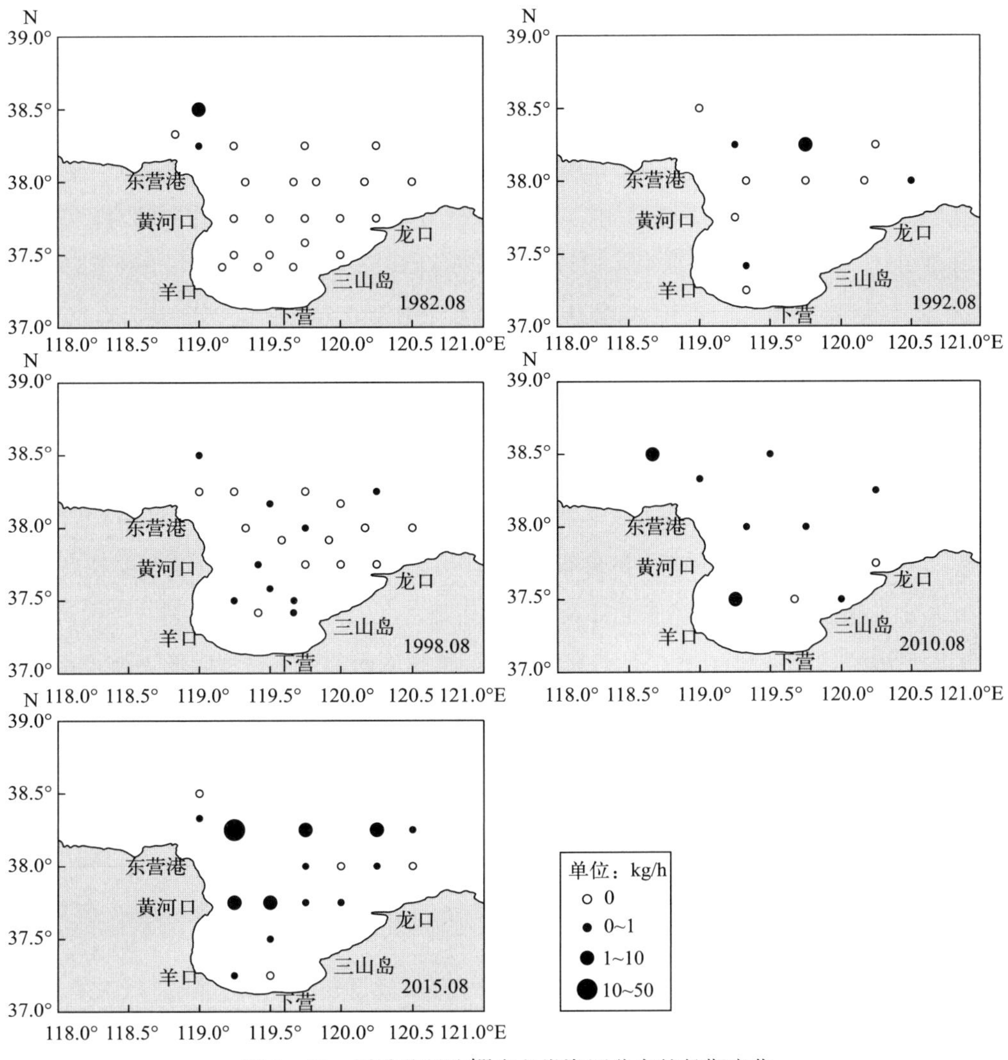

图 6-62　夏季莱州湾鰕虎鱼类资源分布的长期变化

第二节　甲　壳　类

一、中国对虾

（一）资源密度

1. 季节变化

2011 年 5 月、6 月，莱州湾中国对虾的相对资源密度均为 0 g/h（未捕获），7 月上升至

7.22 g/h，8 月达最高值 663.22 g/h，9 月下降为 127.83 g/h，10 月进一步下降为 39.56 g/h。2011 年 11 月以及 2012 年 3 月、4 月，莱州湾中国对虾的相对资源密度均为0 g/h（未捕获）。

2. 长期变化

自 1982 年以来，中国对虾的资源密度春、夏两季呈不同的变化趋势。春季（5 月），资源密度由 1982 年的 0.25 kg/h 下降至 1993 年的 0 kg/h（未捕获），此后的 1998 年、2004 年、2010 年和 2015 年均未捕获；夏季（8 月），资源密度由 1982 年的 0.42 kg/h 上升至 1992 年的 1.24 kg/h，1998 年下降至 0 kg/h（未捕获），2010 年上升至 0.74 kg/h，2015 年为 0.86 kg/h。

（二）资源分布

1. 季节变化

2011 年 5 月、6 月，莱州湾水域未能捕获中国对虾。2011 年 7 月，中国对虾的资源密度极低，仅羊口近海 1 个站位有少量分布。2011 年 8 月，中国对虾的资源密度较高，主要分布在黄河口邻近水域，莱州湾东北部及莱州湾南部密度较低。2011 年 9 月，中国对虾的资源密度以莱州湾东北部较高，其次是莱州湾中部，莱州湾南部近岸密度较低。2011 年 10 月，中国对虾的资源密度以莱州湾口较高，其次是龙口近岸及羊口近海，莱州湾中部及南部近岸密度较低。2011 年 11 月及 2012 年 3 月、4 月，莱州湾水域未能捕获中国对虾（图 6-63）。

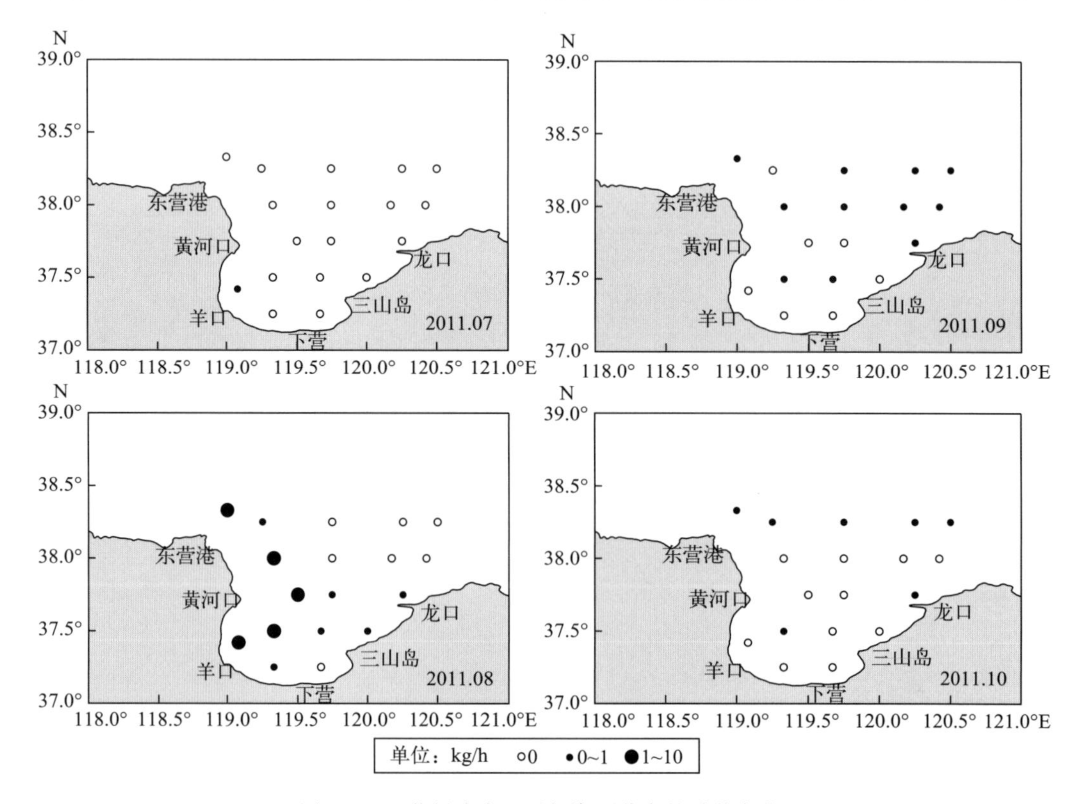

图 6-63 莱州湾中国对虾资源分布的季节变化

2. 长期变化

（1）春季　1982年5月，中国对虾的资源密度以三山岛近海较高，其次是莱州湾南部近海及中东部，莱州湾西北部密度较低。此后，1992年5月、1998年5月、2004年5月、2010年5月及2015年5月于莱州湾均未捕获中国对虾（图6-64）。

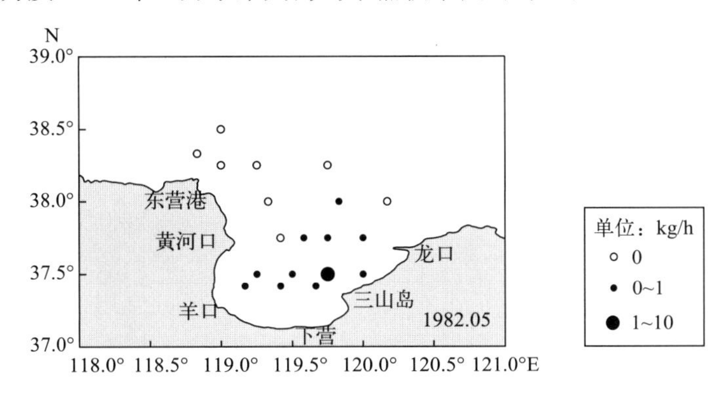

图6-64　春季莱州湾中国对虾资源密度的分布

（2）夏季　1982年8月，中国对虾的资源密度以黄河口及龙口近海较高，其他区域的资源密度均极低。1992年8月，中国对虾的资源密度以东营港近海及莱州湾口较高，其次是黄河口，莱州湾东北部密度较低。2010年8月，中国对虾的资源密度以莱州湾南部及黄河口较高，其次是莱州湾东南部，莱州湾东北部密度较低。2015年8月，中国对虾的资源密度以东营港近海及羊口近岸较高，其次是黄河口邻近海域，莱州湾东南部密度较低（图6-65）。

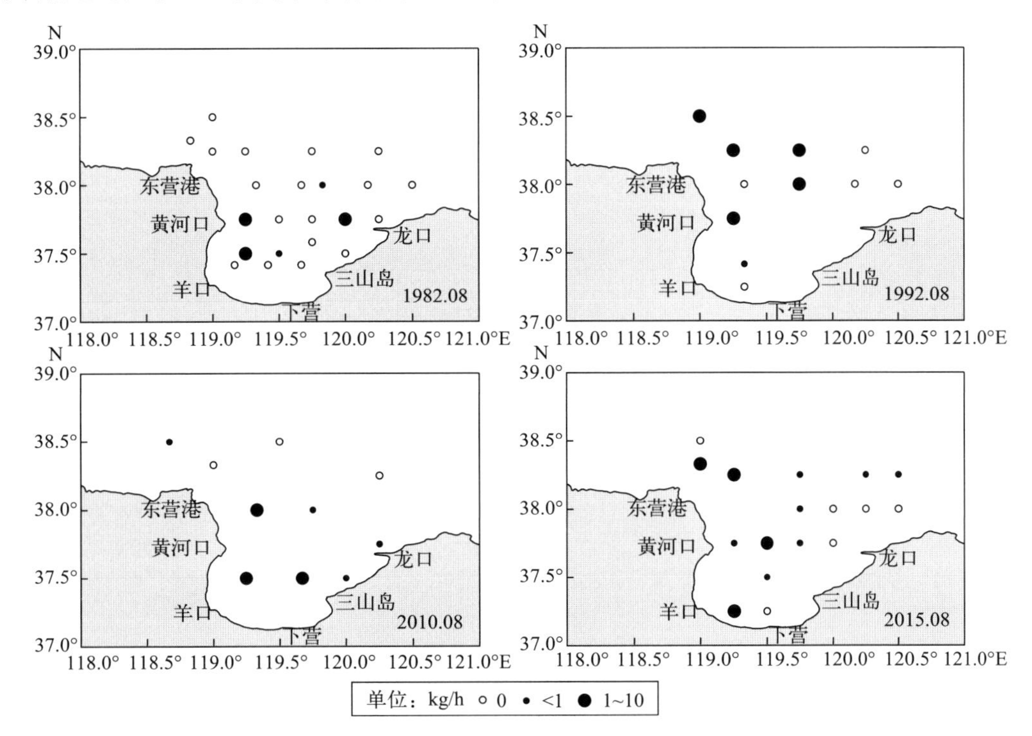

图6-65　夏季莱州湾中国对虾资源密度的分布

(三) 体长与体重

2012 年 8 月中国对虾群体的体长范围为 113～170 mm，其中优势体长组是 141～150 mm，占群体的 40.44%，群体个体的平均体长为 145.97 mm；群体的体重范围为 14～46 g，其中优势体重组是 21～30g，占群体的 56.11%，群体个体的平均体重为 29.25g（图 6-66）。群体的体长与体重之间的关系式为：$W=2\times10^{-5}L^{2.8671}$（$n=319$，$R^2=0.8674$）（图 6-67）。在调查捕获的群体中，雌雄可分个体中的雌雄比例为 1.54∶1。

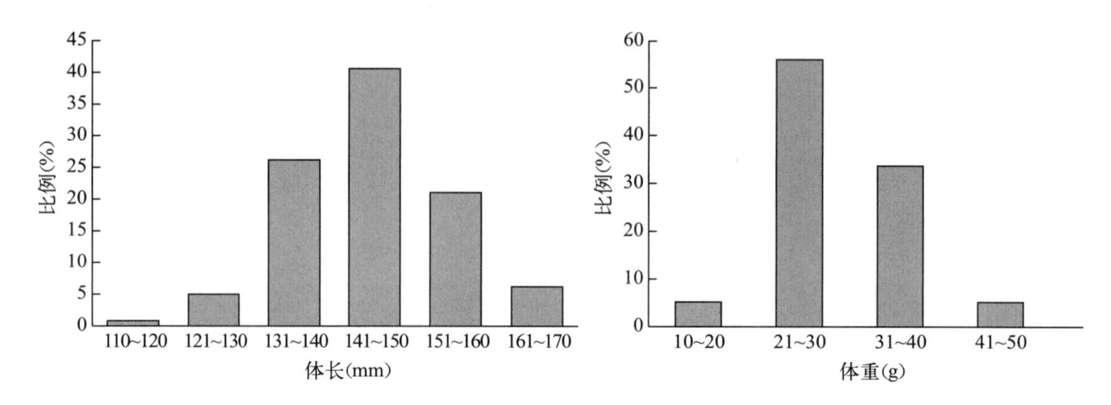

图 6-66　2012 年 8 月莱州湾中国对虾体长与体重分布

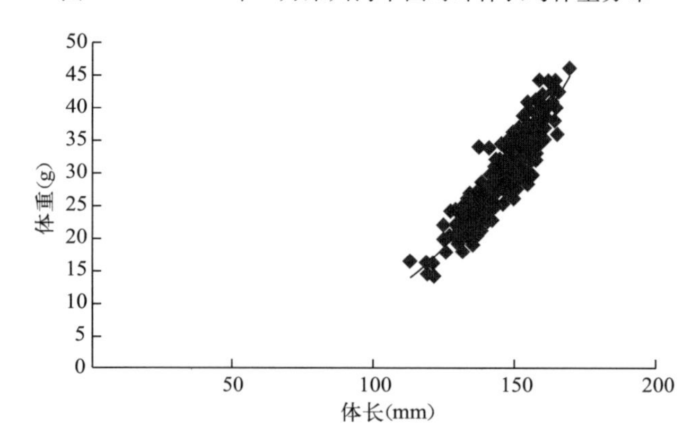

图 6-67　2012 年 8 月莱州湾中国对虾体重与体长的关系

二、三疣梭子蟹

(一) 资源密度

1. 季节变化

2011—2012 年 9 个航次共拖曳 148 网次（站次），共捕获三疣梭子蟹 1 365 尾，合计 81.34 kg。三疣梭子蟹周年平均网获生物量为 0.55 kg/h，平均网获密度为每小时 9.22

尾，平均个体重量为 59.56 g。三疣梭子蟹平均网获生物量的周年变化大体呈单峰型，从 2011 年 5 月的 24.18 g/h 上升至 6 月的 139.44 g/h，7 月达 568.44 g/h，8 月下降为 463.67 g/h，9 月达峰值 1 925.68 g/h，10 月下降为 1 290.56 g/h，11 月为 119.70 g/h，翌年 3 月为 34.26 g/h，翌年 4 月下降至 10.10 g/h（图 6－68a）。平均网获个体数的变化趋势与平均网获生物量一致，从 2011 年 5 月的每小时 0.71 个上升至 6 月的每小时 1.72 个，7 月达每小时 5.07 个，8 月下降至每小时 3.78 个，9 月达峰值每小时 40.61 个，10 月下降至每小时 18.67 个，11 月为每小时 4.30 个，翌年 3 月仅为每小时 2.06 个，4 月下降至每小时 1.25 个（图 6－68 b）。

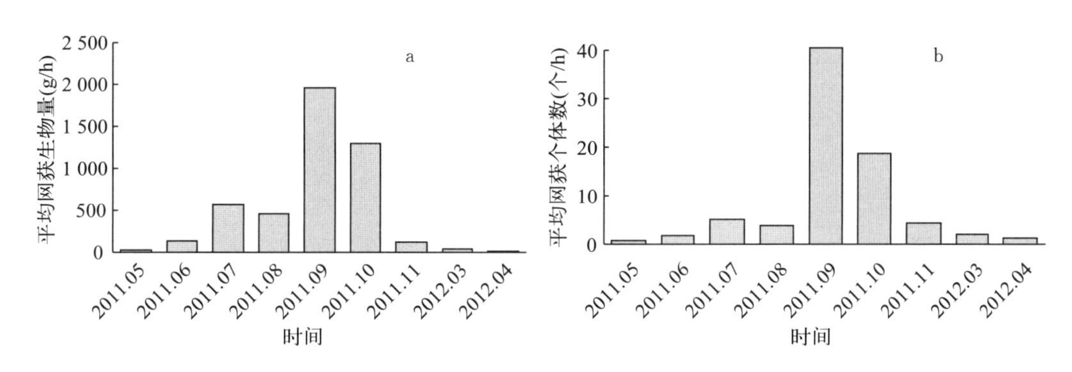

图 6－68　莱州湾三疣梭子蟹资源密度的季节变化

2. 长期变化

三疣梭子蟹生物量从 1982 年以来总体呈下降趋势，其所占总渔获物的百分比变化趋势有所不同。春季（5 月），莱州湾三疣梭子蟹的生物量从 1982 年至 1993 年再到 1998 年一直呈下降趋势，2004 年大幅回升，此后 2010 年、2013 年持续下降，其所占渔获物百分比的变化趋势与生物量基本一致（图 6－69a）。夏季（8 月），莱州湾三疣梭子蟹的生物量从 1982 年至 1992 年呈上升趋势，1998 年迅速下降至最低值，2010 年有所恢复，所占渔获物百分比的变化趋势与生物量大体一致；2013 年三疣梭子蟹的生物量较 2010 年有所下降，但其所占渔获物百分比却呈上升趋势（图 6－69b）。

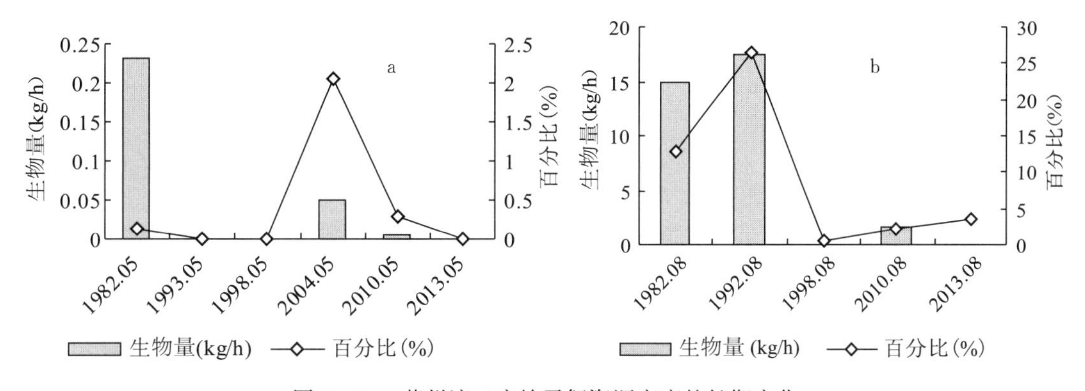

图 6－69　莱州湾三疣梭子蟹资源密度的长期变化

（二）资源分布

1. 季节变化

2011 年 5 月以莱州湾中部、羊口近岸较高，莱州湾东南沿岸及北部密度最低；6 月以龙口近岸密度最高，莱州湾北部密度最低；7 月以莱州湾东南沿岸密度最高，莱州湾北部密度最低；8—9 月均以莱州湾东南部密度较高、西北部密度较低；10 月以莱州湾东北部密度最高，南部沿岸密度最低；11 月以莱州湾西南部密度最高，中部密度较低。2012 年 3 月密度整体较低，仅东营港近岸密度稍高；4 月口密度整体较低，尤其以莱州湾东南部密度最低。总体来看，莱州湾三疣梭子蟹于 5—7 月主要集中在黄河口、龙口近岸，8—9 月以潍坊及龙口近岸密度最高，11 月至翌年 4 月水温较低，三疣梭子蟹主要集中在湾口深水区。各站位三疣梭子蟹的平均个体重量在不同月份均具有同样的特征，即近岸浅水区域个体偏小而远岸深水区个体较大（图 6－70）。

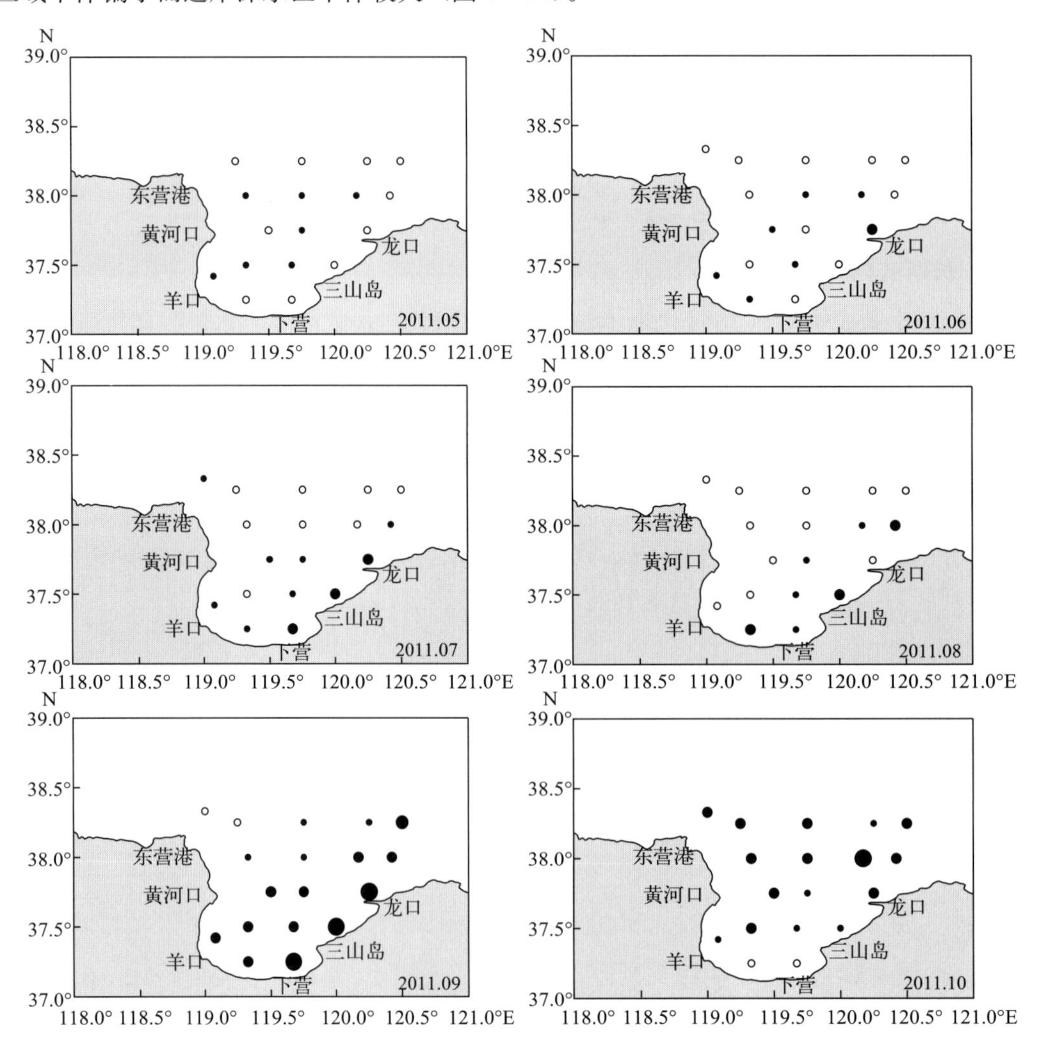

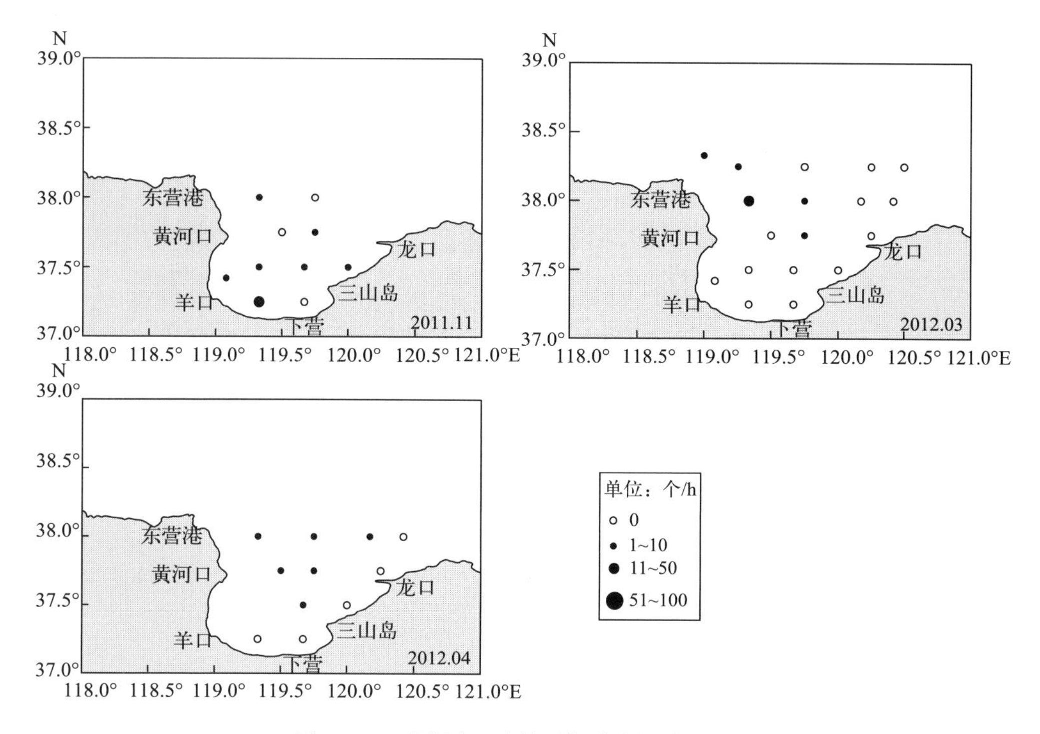

图 6－70 莱州湾三疣梭子蟹分布的季节变化

2. 长期变化

（1）春季 1982 年 5 月，三疣梭子蟹的资源密度以莱州湾南部近海较高，其次是莱州湾西部近海及东部近海，莱州湾中部及北部密度较低。2004 年 5 月，三疣梭子蟹的资源密度整体偏低，以莱州湾羊口近海及莱州湾中北部资源密度相对较高。2010 年 5 月，三疣梭子蟹的资源密度整体偏低，仅下营近岸及东营港近海 2 个站位有少量捕获，其他站位均未捕获（图 6－71）。

（2）夏季 1982 年 8 月，三疣梭子蟹的资源密度以莱州湾南部及西部近海较高，其次是莱州湾中东部，莱州湾北部资源密度最低。1992 年 8 月，三疣梭子蟹的资源密度以羊口近海最高，其次是黄河口，其他站位密度均极低或未捕获。1998 年 8 月，莱州湾三疣梭子蟹的资源密度极低，仅莱州湾南部近海 2 个站位有少量捕获。2010 年 8 月，三疣梭子蟹的

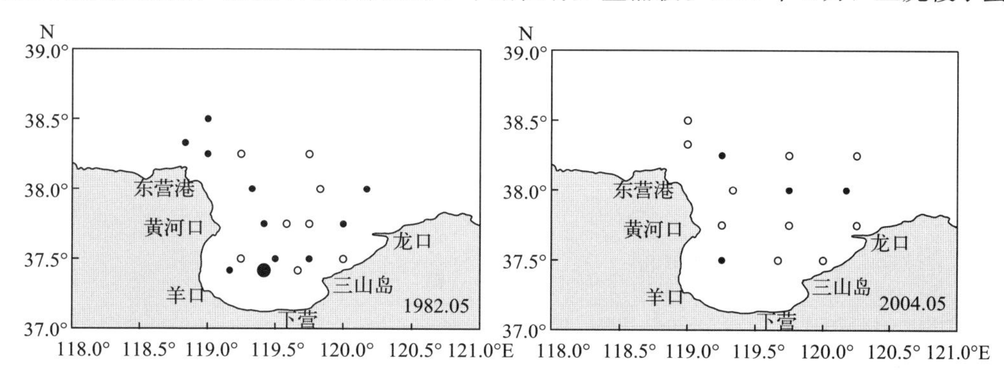

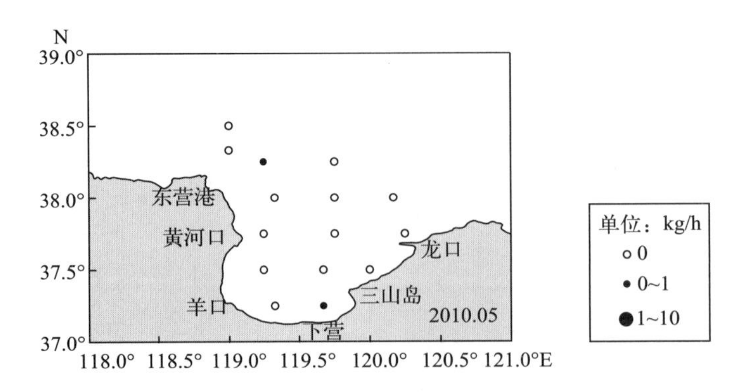

图 6-71　春季莱州湾三疣梭子蟹资源分布的长期变化

资源密度以羊口近海最高，其次是三山岛近岸，莱州湾中部及北部密度较低。南部及西部近海较高，其次是莱州湾中东部，莱州湾北部资源密度最低。2015 年 8 月，三疣梭子蟹的资源密度以龙口北部最高，其次是羊口及东营港近海，其他站位的资源密度均极低（图 6-72）。

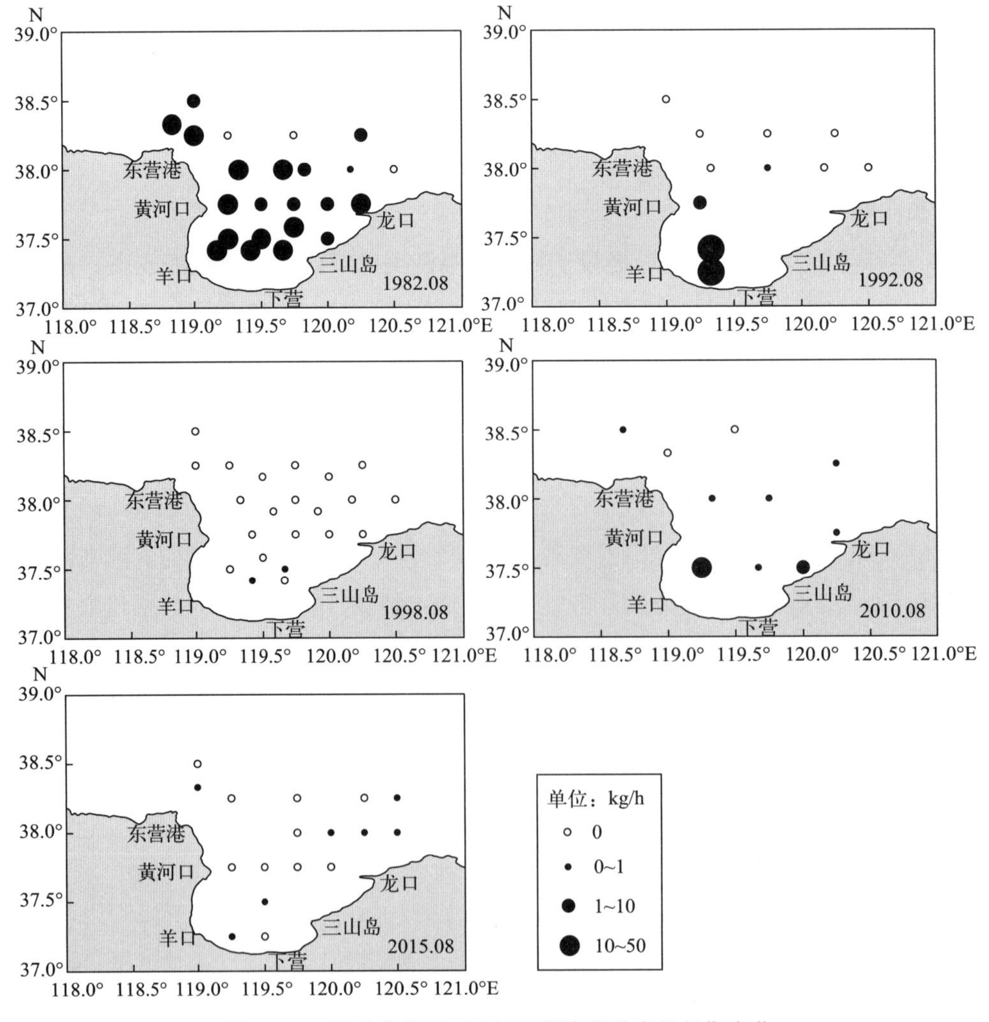

图 6-72　夏季莱州湾三疣梭子蟹资源分布的长期变化

（三）体长与体重

三疣梭子蟹周年的甲长范围为12～97 mm，其平均值自2011年5—8月逐步提高，8月达峰值（63.40 mm），自10月后一直呈下降趋势，翌年4月达最低值（25.55 mm）；周年的甲宽范围为31～217 mm，其平均值的变化趋势与甲长一致；周年的体重范围为1～500 g，其平均值自2011年5—8月逐步提高，8月达峰值（122.74 g），自10月后一直呈下降趋势，翌年4月达最低值（8.12 g）。根据9个航次的鉴定结果，莱州湾三疣梭子蟹周年性比（雌/雄）为0.89，其中仅6—8月性比大于1.0。2011年7—11月，雌性个体肥满度以8月最高，为1.030，雄性个体以10月最高，为1.025。雌雄个体肥满度以7月最低，均为1.007（表6-1）。

表6-1　莱州湾三疣梭子蟹头甲长、甲宽、体重、肥满度及性比

调查时间	甲长（mm）		甲宽（mm）		体重（g）		肥满度（K_n）		性比（雌/雄）	样品数量
	范围	平均值	范围	平均值	范围	平均值	雌	雄		
2011.05.06—11	18～64	30.82	38～156	69.27	1～195	34.25	—	—	0.71	12
2011.06.08—12	19～75	52.11	41～163	113.94	5～200	80.97	—	—	1.07	31
2011.07.08—12	42～83	60.18	95～184	131.09	43～280	112.03	1.007	1.007	1.14	91
2011.08.01—05	18～80	63.40	43～172	135.25	1～250	122.74	1.030	1.023	1.12	68
2011.09.06—11	21～94	49.77	44～189	96.43	4～310	48.39	1.022	1.011	0.94	350
2011.10.19—23	18～97	54.80	43～217	110.33	3～500	69.14	1.015	1.025	0.89	336
2011.11.25—27	15～52	36.50	34～115	80.22	1～70	27.84	1.014	1.019	0.87	43
2012.03.21—27	20～45	32.10	40～105	68.0	4～45	17.05	～	～	0.85	37
2012.04.19—23	12～44	25.55	31～97	55.73	1～44	8.12	—	—	0.78	16

2011年7—10月于莱州湾捕获三疣梭子蟹个体数较多，按月份对其体重、甲宽及甲长的频数分布进行了统计分析。

2011年7月以51～150 g体重为主，占总个体数的75.90%，其中51～100 g的占44.58%；8月仍以51～100 g个体比例最高，0～50 g个体比例大幅提升，100 g以下个体占总个体数的74.91%；9月0～50 g个体比例继续上升，占56.30%；10月仍以0～50 g比例最高，占53.33%，但较9月略有下降。9月、10月捕获的三疣梭子蟹中体重小于50 g的个体数比例分别为56.30%和53.33%，明显高于8月的35.41%，其原因是9月开捕后渔船集中作业，渔具的选择性导致大个体被大量捕捞，从而导致小个体所占比例大幅提升（图6-73）。

按40 mm间距统计了三疣梭子蟹甲宽的频数分布。2011年7—9月甲宽分布呈单峰型，10月呈双峰型。7月甲宽优势组为81～160 mm，占总个体数的86.75%，其中121～160 mm体长组占49.40%；8月甲宽仍以81～160 mm为主，占总个体数的74.58%，其中121～160 mm甲宽占41.25%，41～80 mm比例大幅提升；9月以41～120 mm甲宽为主，占总个体数的 63.03%，其中 81～120 mm 占 34.45%；10 月以 41～80 mm 和 121～160 mm 甲宽为主，分别占 44.78%和 37.31%（图 6－74）。

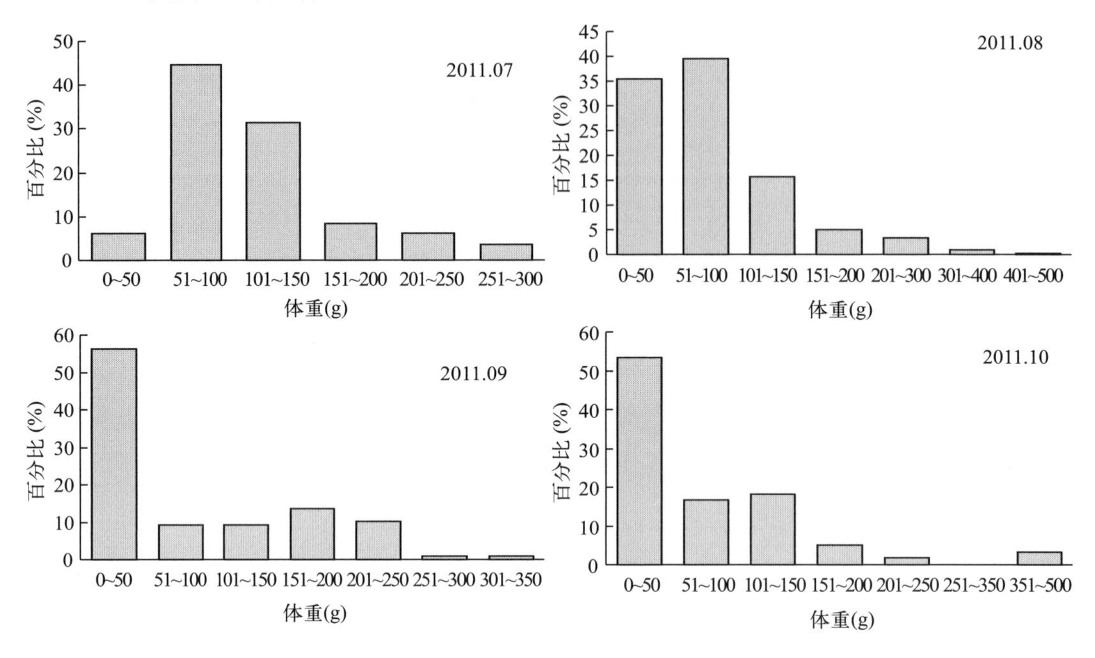

图 6－73　2011 年 7—10 月莱州湾三疣梭子蟹的体重频数分布

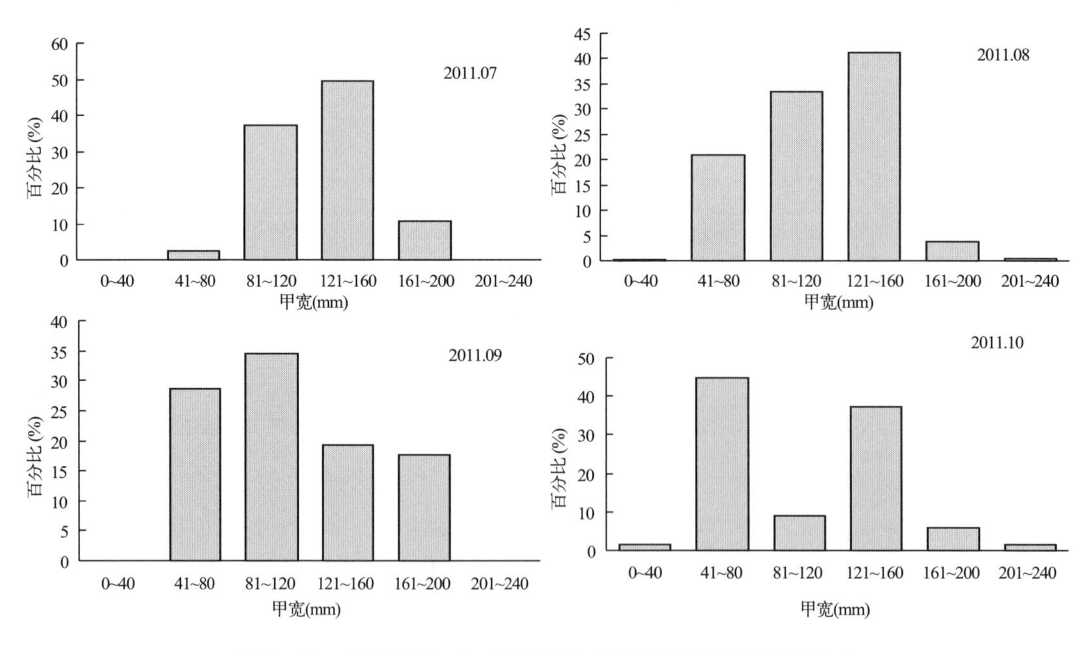

图 6－74　2011 年 7—10 月莱州湾三疣梭子蟹的甲宽频数分布

按 10 mm 间距统计了三疣梭子蟹甲长的频数分布。2011 年 7—8 月甲长分布呈单峰型，9—10 月呈双峰型。7 月甲长优势组为 51～70 mm，占总个体数的 66.27%，尤其51～60 mm 占 40.96%；8 月甲长仍以 51～60 mm 占优，占总个体数的 33.09%，50 mm 以下个体比例大幅提升；9 月以 31～50 mm 以及 71～90 mm 为主，分别占 40.02%和 25.21%；10 月以 21～40 mm以及 51～70 mm 为主，分别占 48.48%和 33.33%（图 6-75）。

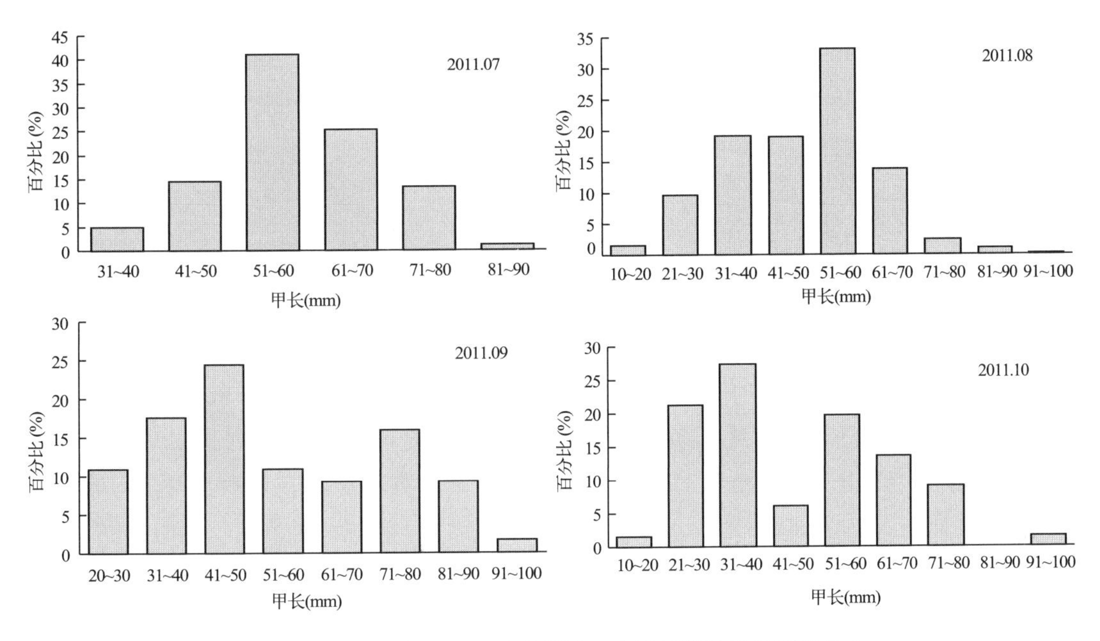

图 6-75　2011 年 7—10 月莱州湾三疣梭子蟹的甲长频数分布

（四）评价

三疣梭子蟹春、夏季常前往近岸处 3～5 m 的浅海产卵、生长，尤喜集中在河口处，到了秋、冬季则移居至 10～30 m 水深的海底泥沙越冬（戴爱云 等，1997）。渤海三疣梭子蟹群体冬季（1—3 月）在渤海中部蛰伏越冬（邓景耀 等，1986）。目前，莱州湾每年 6—8 月为伏季休渔期，9 月 1 日开捕后（三疣梭子蟹、中国对虾等于 8 月 20 日开捕）渔船集中捕捞，导致渔业资源量迅速下降，大多渔船至 11 月中旬便停止作业。受此影响，莱州湾大多经济种类的资源量均以 8 月最高，9 月以后持续下降。然而，本研究中三疣梭子蟹的资源量却以 9 月最高，其次是 10 月，8 月监测密度则较低，11 月及翌年 3—4 月监测密度则极低。鉴于调查船只吃水较深，本研究采样区域未能包括 5 m 以浅水域，并且三疣梭子蟹春夏繁殖季节主要聚集在近岸、河口（戴爱云 等，1997），因此本研究推断莱州湾三疣梭子蟹群体 8 月以前大多分布在 5 m 以浅水域，调查采样时无法捕获，而 9 月调查期间大多数个体迁移至 5 m 以深水域，被捕获后导致 9 月资源密度大幅提升。至于 11 月及翌年 3—4 月密度极低的现象，一方面可能与开捕后渔船集中作业导致资源密度迅速下降有关，另一方面也可能与寒冷季节三疣梭子蟹越冬时潜入海底泥沙中导致捕获率下降有关。

放流群体在渔获物中所占的比例一直是增殖放流的热点问题之一。山东南部沿岸三疣梭子蟹增殖放流的研究表明，5—6 月放流后，8 月当年生群体数量占所有群体数量的

64.29％（谢周全 等，2014）。目前莱州湾三疣梭子蟹的增殖放流于每年 5 月下旬至 6 月中旬实施，放流规格为 15 日龄左右，因此当年放流群体于 8 月调查期间应为 2～3 月龄，9 月应为 3～4 月龄，根据 Von Bertalanffy 生长方程（邓景耀 等，1986），8 月当年放流群体的体重为 49.4～101.1 g，9 月当年放流群体的体重为 101.3～134.1 g。假设以上体重范围内的个体全部为当年放流群体，根据体重频数分布统计（图 6－73），8 月当年放流群体的比例为 39.5％，9 月当年放流群体的比例为 9.2％，9 月较 8 月比例大幅下降主要由开捕后作业渔船对大个体三疣梭子蟹的选择性捕捞而引起。然而实际上捕捞群体中除了当年放流群体外，还包括往年放流群体的下一代以及自然群体，因此当年放流群体的实际贡献率应低于以上比例。

邓景耀等（1986）利用头胸甲长的频数分布推定了三疣梭子蟹的年龄，认为春汛中头胸甲长 53～71 mm 为一年生个体，73～95 mm 为两年生个体，少数头胸甲长 100 mm 左右的为三年生或三年以上个体。根据头胸甲长分布（图 6－75）可以推断，目前莱州湾三疣梭子蟹以一龄以下个体占绝对优势，2011 年 7—10 月一龄以下个体所占比例的平均值为 86.08％，各月比例分别为 85.54％、96.28％、73.11％和 89.39％。1981 年 9 月 10 日莱州湾三疣梭子蟹的头胸甲长范围为 49～57 mm，平均头胸甲长为 53.8 mm，10 月中旬头胸甲长范围为 55～71 mm，平均头胸甲长为 65.2 mm（邓景耀 等，1986）；2011 年 9 月6—11 日调查时三疣梭子蟹的头胸甲长范围为 21～94 mm，平均头胸甲长为49.77 mm，10 月 19—23 日调查时三疣梭子蟹的头胸甲长范围为 18～97 mm，平均头胸甲长为 54.8 mm。t 检验显示，2011 年三疣梭子蟹的头胸甲长显著小于 1981 年同期（$P<0.01$）。三疣梭子蟹个体小型化的原因，一方面可能与增殖放流数量过高及莱州湾三疣梭子蟹饵料生物的丰富度下降（吴强 等，2016）有关，另一方面也可能与目前的捕捞强度过高、大个体被选择性捕捞后导致小个体比例提升有关。因此，建议适当降低捕捞强度，提高捕捞规格，进一步加强莱州湾三疣梭子蟹增殖基础的研究，以利于三疣梭子蟹资源的可持续利用。

渤海三疣梭子蟹性成熟和开始产卵的时间个体差异大，持续时间长，并且有两次产卵高峰（戴爱云 等，1997）。本研究于 2011 年 5—9 月均发现有即将繁殖的抱卵雌体，且以 5 月（春汛）、9 月（秋汛）数量较多，这与上述报道的结果一致。此外，邓景耀等（1986）于 1980—1982 年研究得出渤海三疣梭子蟹头胸甲长与头胸甲宽的比值为1∶2.14，本研究发现 2011—2012 年该比值为 1∶2.13，年代际间头胸甲长与头胸甲宽的比值差异性不显著（$P>0.05$）。本研究中，2011 年 7—11 月莱州湾三疣梭子蟹雌雄个体肥满度的性别差异不显著（$P>0.05$），这与高宝全等（2012）的研究结果一致。

莱州湾水温、盐度、溶解氧等环境因子的周年变化参考吴强等（2015）。三疣梭子蟹为广温广盐种，适应水温 8～31 ℃，适宜生长水温为 15.5～26 ℃。适应盐度 13～18，适宜生长盐度为 20～35。pH 适应范围为 7.5～8.0。溶解氧不能低于 2 mg/L（程国宝 等，

2014)，适宜范围为4～6 mg/L（张贵，2012）。本研究对莱州湾进行环境因子分析发现，9个月份的盐度均在三疣梭子蟹的最适生长范围；6～10月的水温在其最适生长范围，11月、4月、5月的水温在其适应范围，而3月的水温则超出其耐受范围；9个月份溶解氧的变化范围为3.85～10.66 mg/L，均在其耐受范围，6月及8—10月在其最适范围。根据谢尔福德耐受性定律（孙儒泳 等，2002）可以推断，水温、溶解氧较盐度更容易成为三疣梭子蟹分布的限制因子，本研究中三疣梭子蟹监测密度与环境因子相关性分析的结果验证了这一推断。

据报道，三疣梭子蟹的产量与气候条件有着密切的关系，通常当年冬季的气温以及汛期的风向对其有较大的影响（戴爱云 等，1997）。若冬季积雪较多，越冬时螃蟹埋伏于较深的泥沙中有时会闷死，海岸解冻至汛期前下雪则对产量的影响更大。另外，三疣梭子蟹尤其母蟹逆风游泳能力差，如产卵蟹群向近岸洄游时遇到逆向大风，产量也会大减（戴爱云 等，1997）。作者研究统计了莱州湾三疣梭子蟹资源密度的长期变化，发现1982年5月、8月密度均较高，1998年5月、8月密度均极低，2010年较1998年有所恢复（图6-69）。根据石强等（2013）对1978—2012年渤海冬季（2月）表层温度的年间变化的研究，1982年2月渤海表层平均温度约为0.6 ℃，1998年2月渤海表层温度约为0.5 ℃，两个年度渤海冬季的表层温度差别较小，然而三疣梭子蟹的资源量却相差甚远；2010年2月渤海表层温度处历史低位水平（约−0.8 ℃），然而三疣梭子蟹的资源密度较1998年却大幅提升。因此，作者研究认为冬季气温并非三疣梭子蟹产量的决定因素，捕捞强度、饵料丰歉及水质污染等其他方面也可能影响三疣梭子蟹的产量，各因子对三疣梭子蟹产量影响的作用机制有待进一步研究。

三、日本蟳

（一）资源密度

1. 季节变化

日本蟳相对资源密度的周年变化大体呈双峰型，从2011年5月的420.53 g/h上升至6月的1 292.67 g/h，7月下降为102.93 g/h，8月达最高值3 028.33 g/h，9月为2 671.39 g/h，10月进一步下降为675.56 g/h，11月为325.03 g/h。2012年3月为6.28 g/h，2012年4月上升至131.65 g/h。

2. 长期变化

自1982年以来，日本蟳的资源密度春、夏两季呈不同的变化趋势。春季（5月），资源密度由1982年、1993年的0.28 kg/h下降至1998年的0 kg/h（未捕获），2004年上升至0.06 kg/h，2010年下降至0.004 kg/h，2015年上升至0.20 kg/h；夏季（8月），资源密度由1982年的0.22 kg/h上升至1992年的0.34 kg/h，1998年下降至0.15 kg/h，2010年上升至0.91 kg/h，2015年下降至0.28 kg/h。

（二）资源分布

1. 季节变化

2011年5月，日本蟳的资源密度以莱州湾西南部较高，其次是莱州湾东南部，莱州湾北部密度最低。2011年6月，日本蟳的资源密度以莱州湾南部较高，其次是莱州湾中东部，莱州湾西北部及东北部密度最低。2011年7月，日本蟳的资源密度以莱州湾中南部较高，莱州湾北部密度最低。2011年8月、9月，日本蟳的资源密度均以三山岛西部近海较高，其次是莱州湾近岸，莱州湾北部密度较低。2011年10月，日本蟳的资源密度以莱州湾东南近岸较高，其次是黄河口南部。2011年11月，日本蟳的资源密度以三山岛西部近海较高，其次是莱州湾南部近岸，莱州湾中北部密度较低。2012年3月，日本蟳的资源密度整体较低，仅黄河口北部及下营近岸2个站位有少量捕获。2012年4月，日本蟳的资源密度以莱州湾南部近岸较高，莱州湾中东部密度较低。总体来看，莱州湾日本蟳于5—7月主要集中在莱州湾中南部，8—9月除莱州湾南部密度较高外，莱州湾西北部及东北部的密度也有所升高。10月至翌年4月水温较低，日本蟳的资源密度逐渐减低（图6-76）。

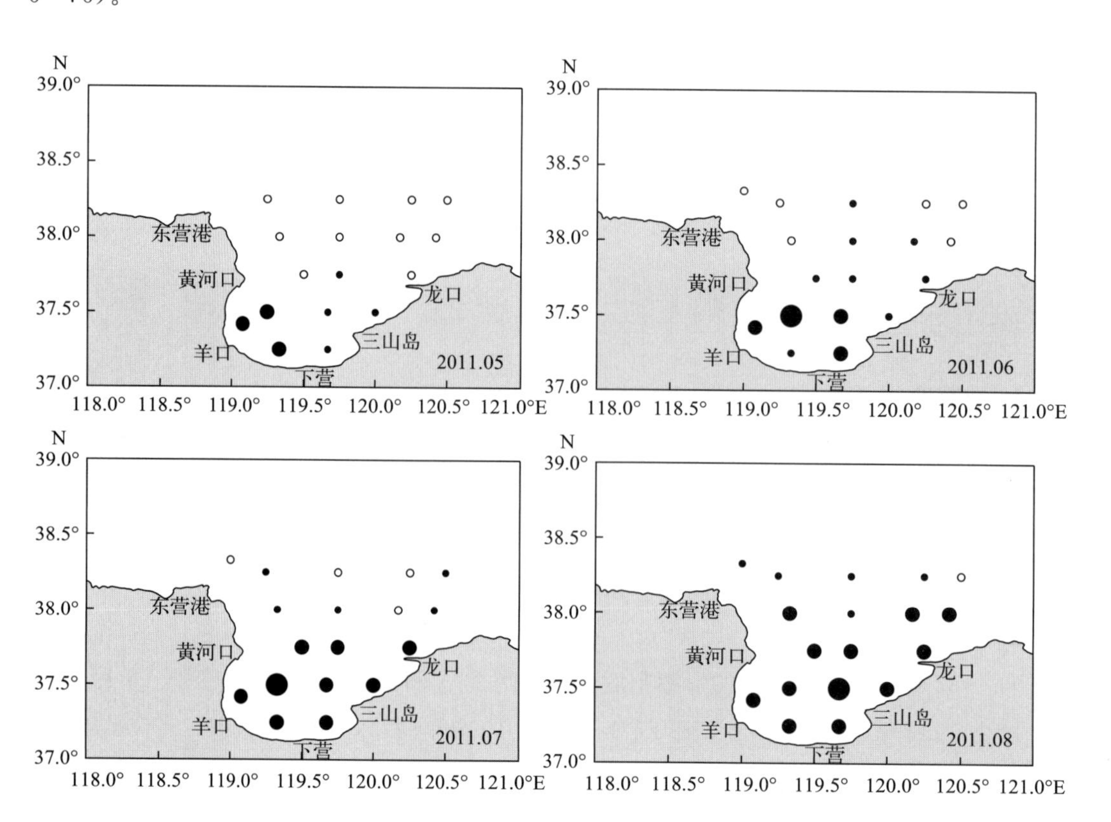

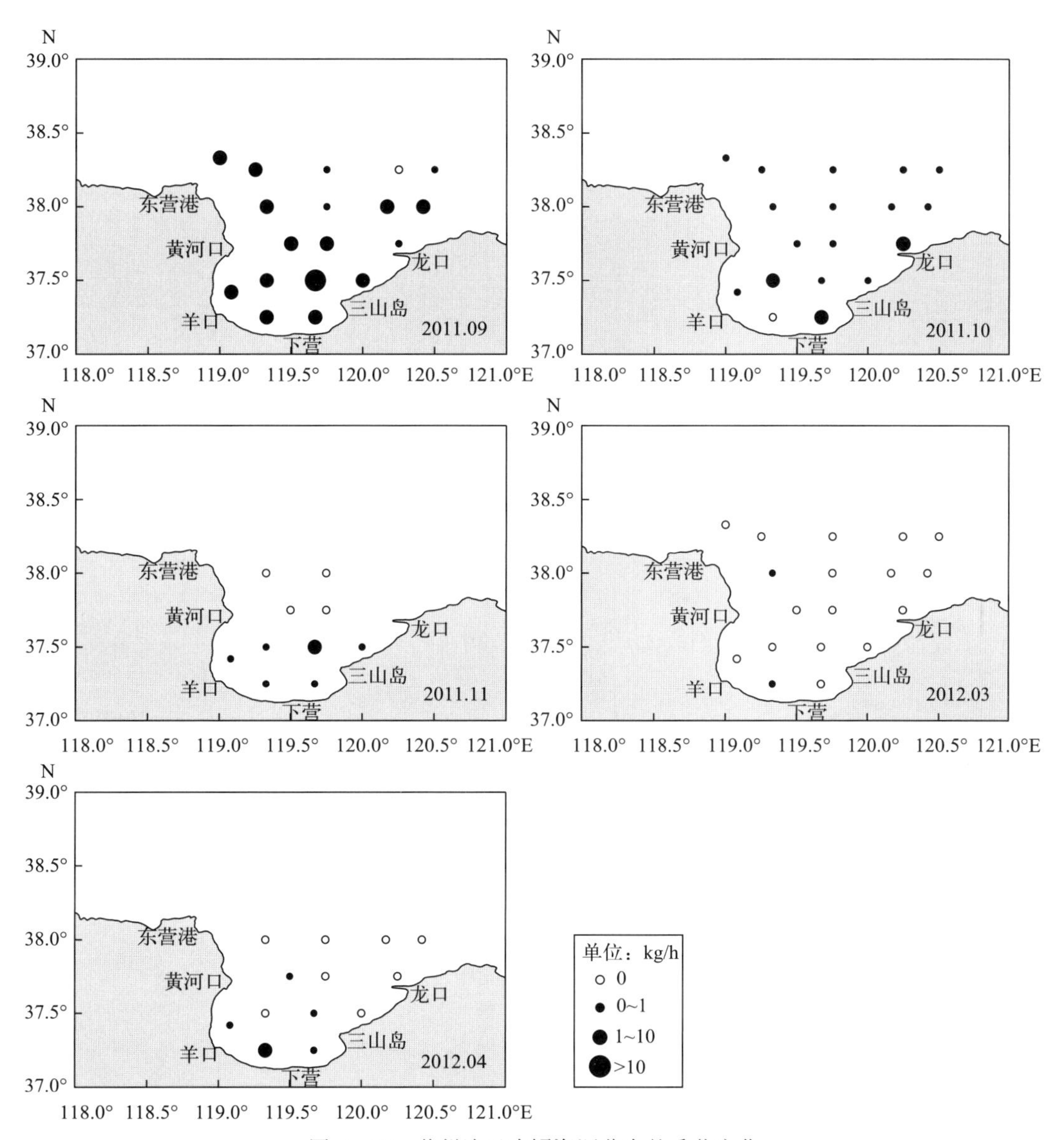

图 6-76 莱州湾日本蟳资源分布的季节变化

2. 长期变化

(1) 春季 1982 年 5 月，日本蟳的资源密度以莱州湾中南部较高，莱州湾东北部密度较低。1993 年 5 月，日本蟳的资源密度以三山岛近海较高，其次是莱州湾口中部，莱州湾东北部密度较低。2004 年 5 月，日本蟳的资源密度整体偏低，仅羊口近海、东营港北部及龙口近海 3 个站位有少量捕获。2010 年 5 月，日本蟳的资源密度整体偏低，仅三山岛近海 2 个站位有少量捕获。2015 年 5 月，日本蟳的资源密度以莱州湾西部近海站位较高，其次是莱州湾中南部，莱州湾东北部的资源密度较低(图 6-77)。

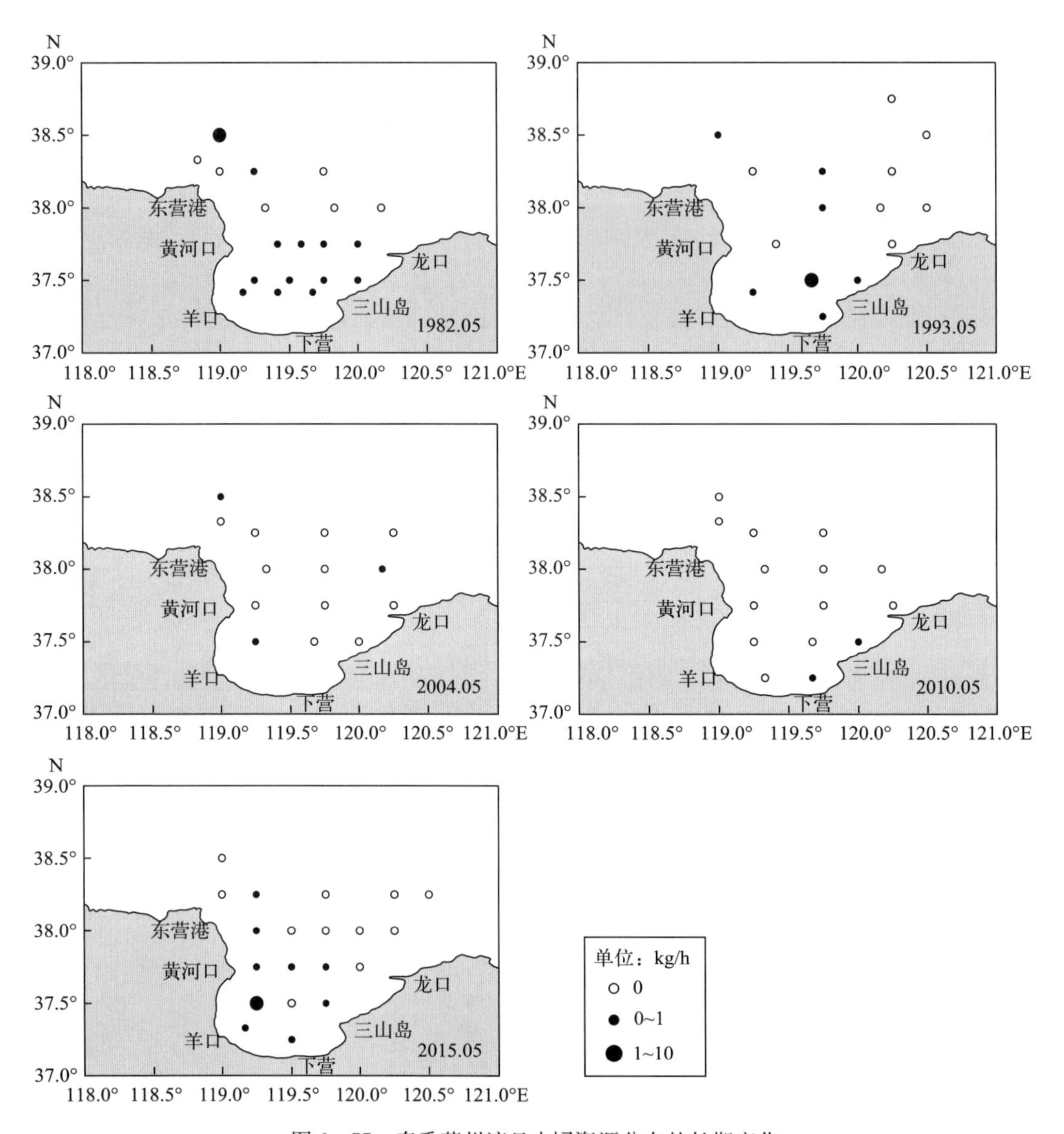

图 6-77 春季莱州湾日本蟳资源分布的长期变化

（2）夏季 1982 年 8 月，日本蟳的资源密度以莱州湾南部较高，莱州湾东北部资源密度最低。1992 年 8 月，日本蟳的资源密度以黄河口及东营港近海最高，其次是龙口近海，莱州湾西南部的资源密度较低。1998 年 8 月，莱州湾日本蟳的资源密度整体偏低，仅莱州湾中南部 5 个站位有捕获，其中以三山岛西部近海密度最高。2010 年 8 月，日本蟳的资源密度以羊口近海及三山岛近岸较高，其次是莱州湾东北部，莱州湾西北部密度较低。2015 年 8 月，日本蟳的资源密度以莱州湾中西部较高，其次是莱州湾东北部，莱州湾东南部近岸站位的密度较低（图 6-78）。

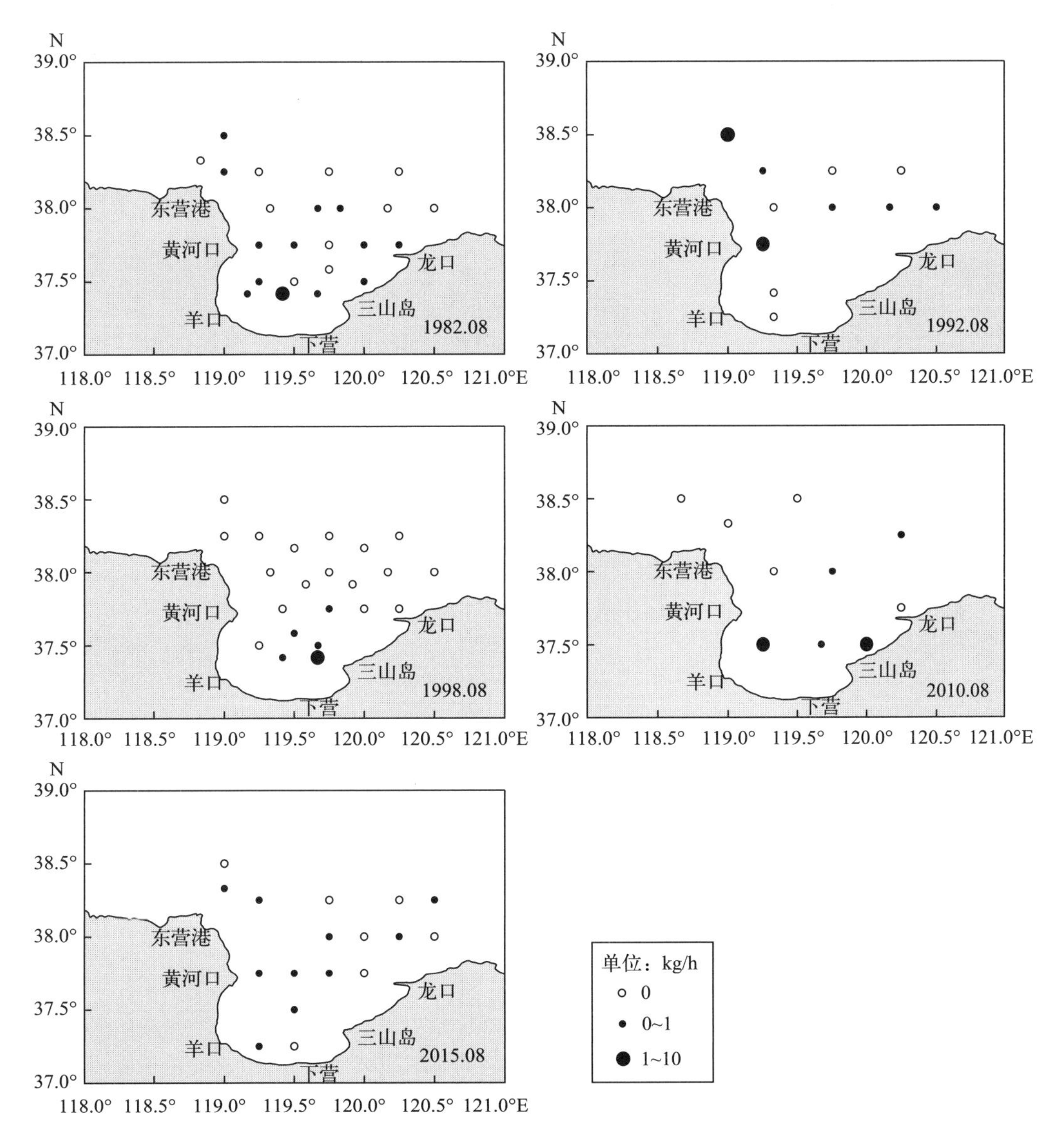

图 6－78　夏季莱州湾日本蟳资源分布的长期变化

（三）体长与体重

2012 年 6 月日本蟳群体的体长范围为 24～66 mm，优势体长组是 31～40 mm，占群体的 57.20%，群体的平均体长是 39.30 mm；群体的体重范围为 5～200 g，优势体重组为 5～40 g，占群体的 75.80%，群体的平均体重是 37.68 g（图 6－79）。群体的体长与体重之间的关系式为：$W=1.7\times10^{-3}L^{2.6847}$（$n=71$，$R^2=0.8149$）（图 6－80）。在调查捕获的群体中，雌雄可分个体中的雌雄比例为 1∶1.29。

2012 年 8 月日本蟳群体的体长范围为 22～68 mm，优势体长组是 31～40 mm，占群体的 55.26%，群体的平均体长是 41.49 mm；群体的体重范围为 6～126 g，优势体重组为 21～40 g，占群体的 47.34%，群体的平均体重是 49.39 g（图 6－81）。群体的体长与体重之间的关系式为：$W=3.7\times10^{-3}L^{2.5276}$（$n=76$，$R^2=0.878$）（图 6－82）。在调查捕获的群体中，雌雄可分个体中的雌雄比例为 1∶1.81。

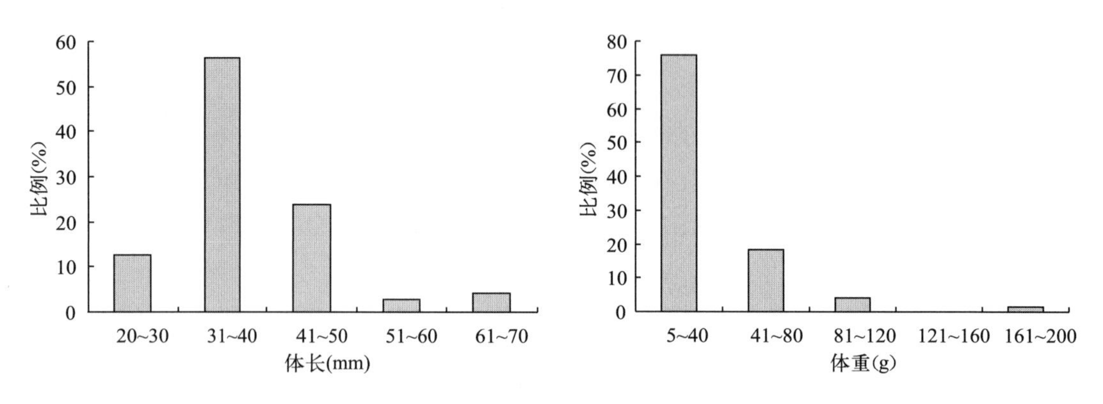

图 6－79　2012 年 6 月莱州湾日本蟳体长与体重分布

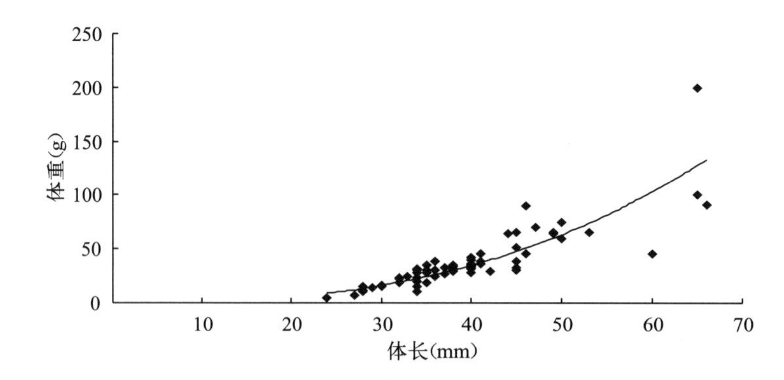

图 6－80　2012 年 6 月莱州湾日本蟳体长与体重关系

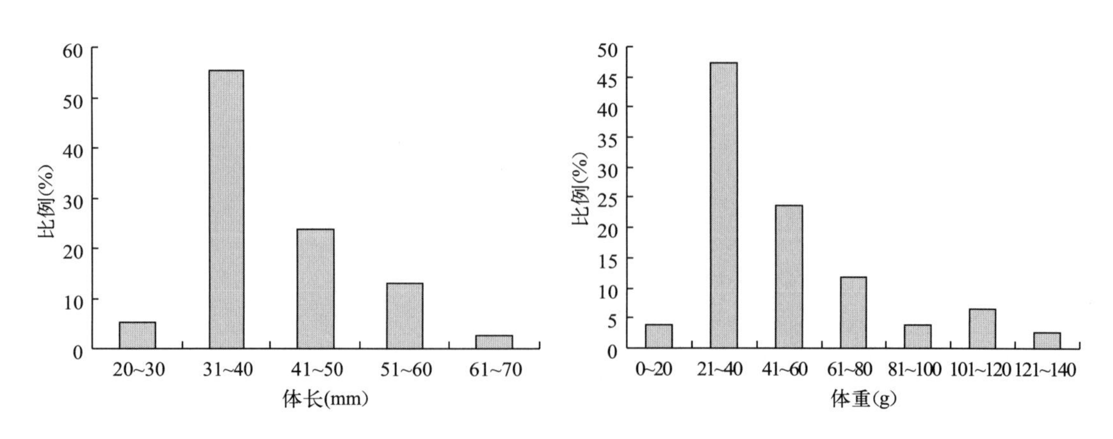

图 6－81　2012 年 8 月莱州湾日本蟳体长与体重分布

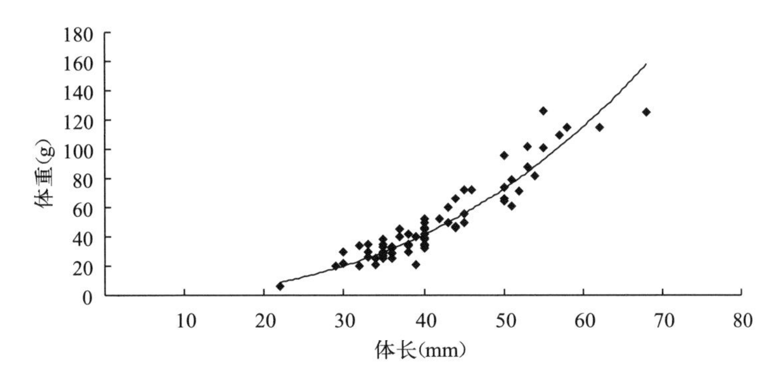

图 6-82　2012 年 8 月莱州湾日本蟳体长与体重关系

四、口虾蛄

（一）资源密度

1. 季节变化

2011—2012 年 9 个航次共拖曳 148 网（站次），共捕获口虾蛄 50 070 尾，合计 813 120 g。口虾蛄全年平均网获生物量为 5 495 g/h，平均网获尾数为 338.31 个/h，个体平均重量为 16.24 g。莱州湾口虾蛄的平均网获生物量从 2011 年 5 月的 2 679.29 g/h 下降至 6 月的 2 231.67 g/h，7 月恢复至 11 505.56 g/h，8 月达到最高值 12 809.56 g/h，9 月下降至 9 553.89 g/h，11 月进一步下降至 2 560.00 g/h，翌年 3 月达最低值 160.00 g/h，翌年 4 月小幅上升至 180.00 g/h（图 6-83a）。平均网获尾数的变化趋势与平均网获生物量完全一致，从 2011 年 5 月的 196.41 个/h 下降至 6 月的 145.83 个/h，7 月上升至 677.44 个/h，8 月达最高值 803.11 个/h，此后从 9 月的 581.56 个/h 下降至 11 月的 130.12 个/h，翌年 3 月达最低值 10.89 个/h，翌年 4 月小幅上升至 11.15 个/h（图 6-83b）。

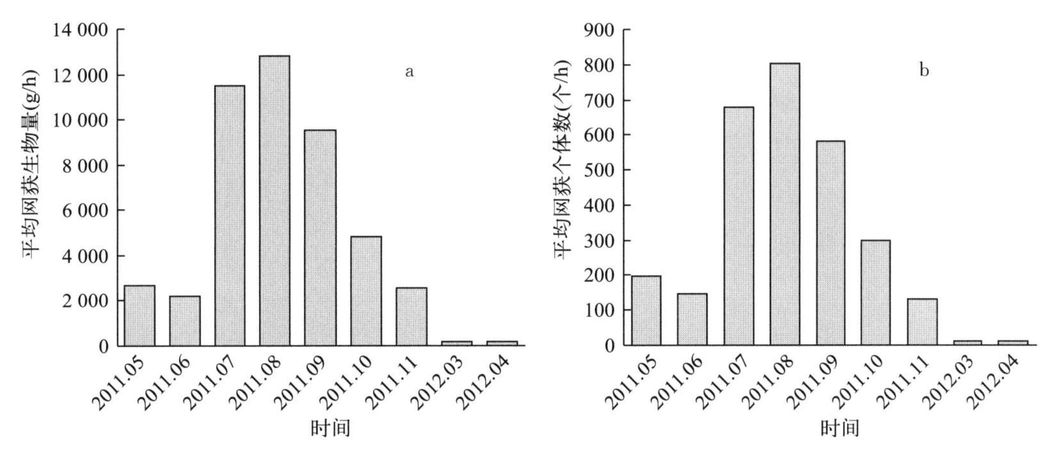

图 6-83　莱州湾口虾蛄资源密度的季节变化

2. 长期变化

春季（5 月），莱州湾口虾蛄生物量从 1982 年至 2010 年整体呈下降趋势，然而口虾蛄占总渔获物的百分比自 1982 年至 2004 年一直呈上升趋势，此后至 2010 年呈下降趋势（图 6－84a）。夏季（8 月），莱州湾口虾蛄生物量及其占总渔获物的百分比从 1982 年至 1998 年均呈下降趋势，2010 年口虾蛄生物量及其占总渔获物的百分比均有所恢复，2013 年口虾蛄的生物量再次下降，然而其所占总渔获物的百分比却大幅上升（图 6－84b）。

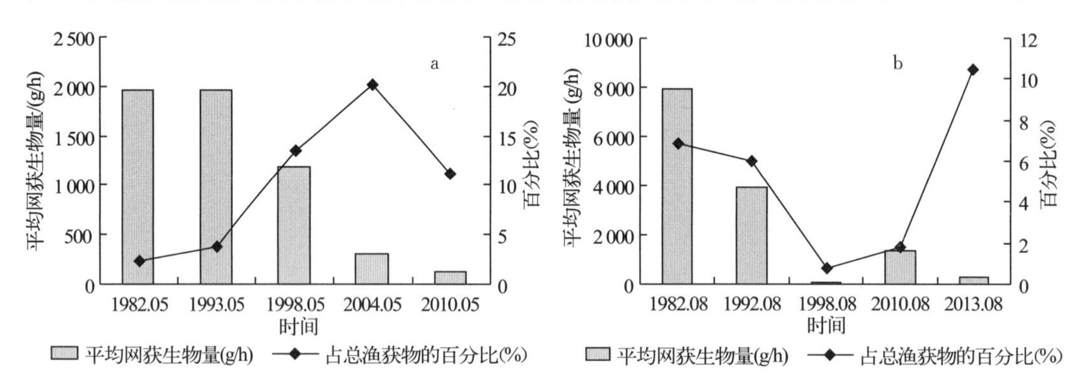

图 6－84　莱州湾口虾蛄资源密度的长期变化

（二）资源分布

1. 季节变化

2011 年 5 月口虾蛄密度以莱州湾东北部较高，尤以龙口近岸密度最高，以莱州湾中部及南部近岸密度较低，尤以南部近岸两个站位密度最低（未捕获）；6 月口虾蛄密度以黄河口附近最高，莱州湾南部及三山岛近岸密度最低；7 月口虾蛄密度以黄河口、龙口近岸及北部密度最高，莱州湾南部近岸密度最低；8 月、9 月口虾蛄密度均以莱州湾北部水域密度最高，南部近岸密度最低；10 月口虾蛄密度以龙口近岸密度最高，以莱州湾南部近岸密度最低；11 月口虾蛄密度以莱州湾中东部及南部较高，以黄河口密度最低。2012 年 3 月口虾蛄密度整体较低，仅莱州湾中部密度稍高；4 月口虾蛄密度整体较低，尤以莱州湾东南部密度最低（图 6－85）。结果显示，5—7 月为口虾蛄产卵期，此时高密度区域主要集中在黄河口、龙口近岸等浅水区，8 月开始向深水区迁移，11 月至翌年 3 月主要集中在深水区。值得一提的是，莱州湾南部近岸两个站位即潍河口邻近海域口虾蛄密度在各月份均极低或未捕获。

2. 长期变化

（1）春季　1982 年 5 月，口虾蛄的资源密度以东营港近海较高，其次是莱州湾中南部，莱州湾东北部密度较低。1993 年 5 月，口虾蛄的资源密度以三山岛近海最高，其他区域分布较均匀。1998 年 5 月，口虾蛄的资源密度以莱州湾北部较高，莱州湾中部及南部区域密度均较低。2004 年 5 月，口虾蛄的资源密度以东营港近海及龙口近岸较高，莱州湾西南部密度相对较低。2010 年 5 月，口虾蛄的资源密度以东营港近海较高，其次是莱州湾口，莱州湾东南部近海密度较低。2015 年 5 月，口虾蛄的资源密度以东营港近海较高，其次是莱州湾中东部及黄河口，莱州湾东南部及东北部的资源密度较低（图 6－86）。

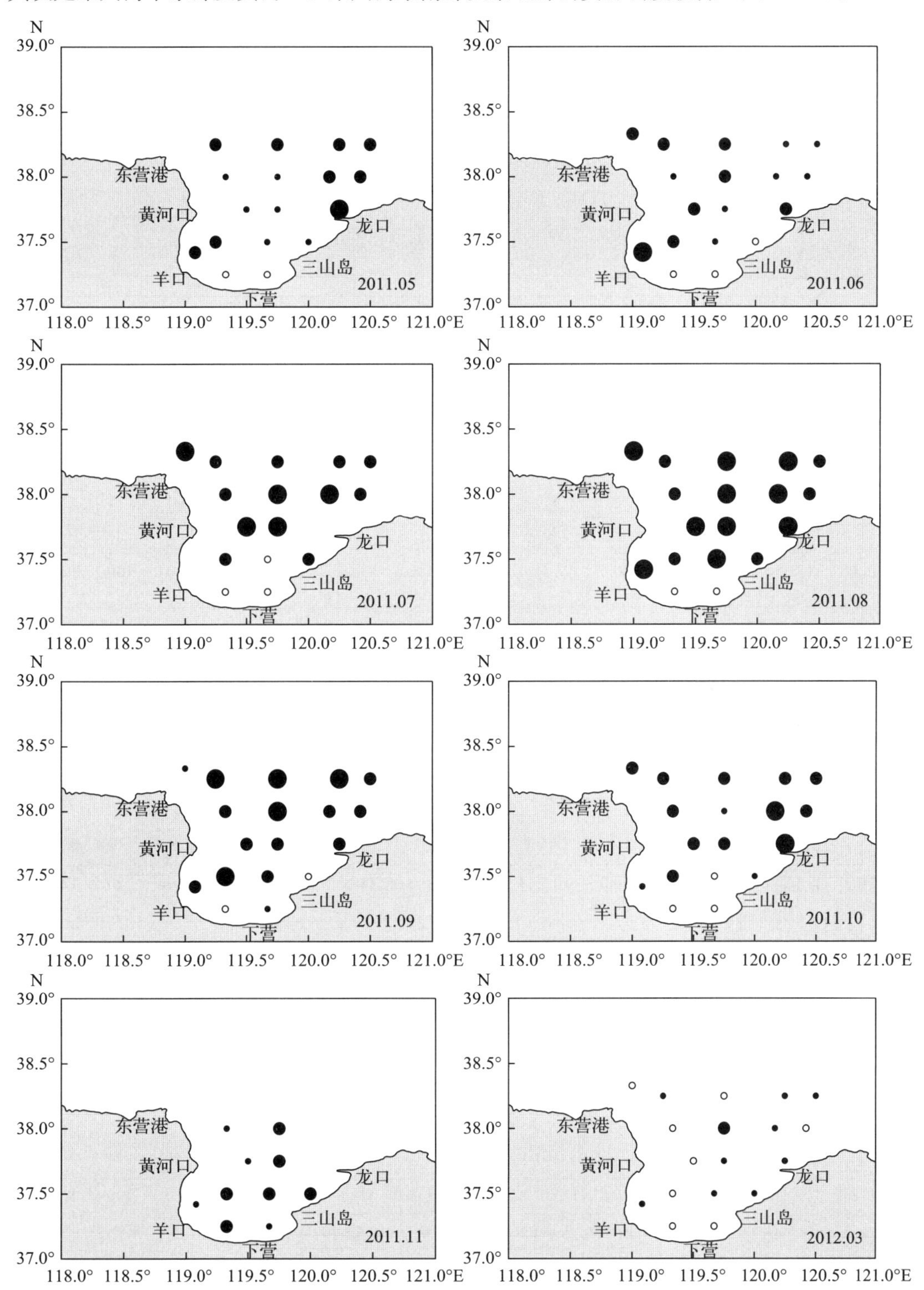

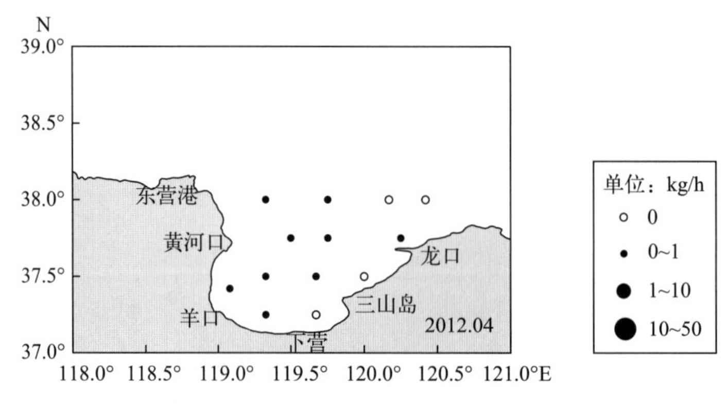

图 6-85 莱州湾口虾蛄资源分布的季节变化

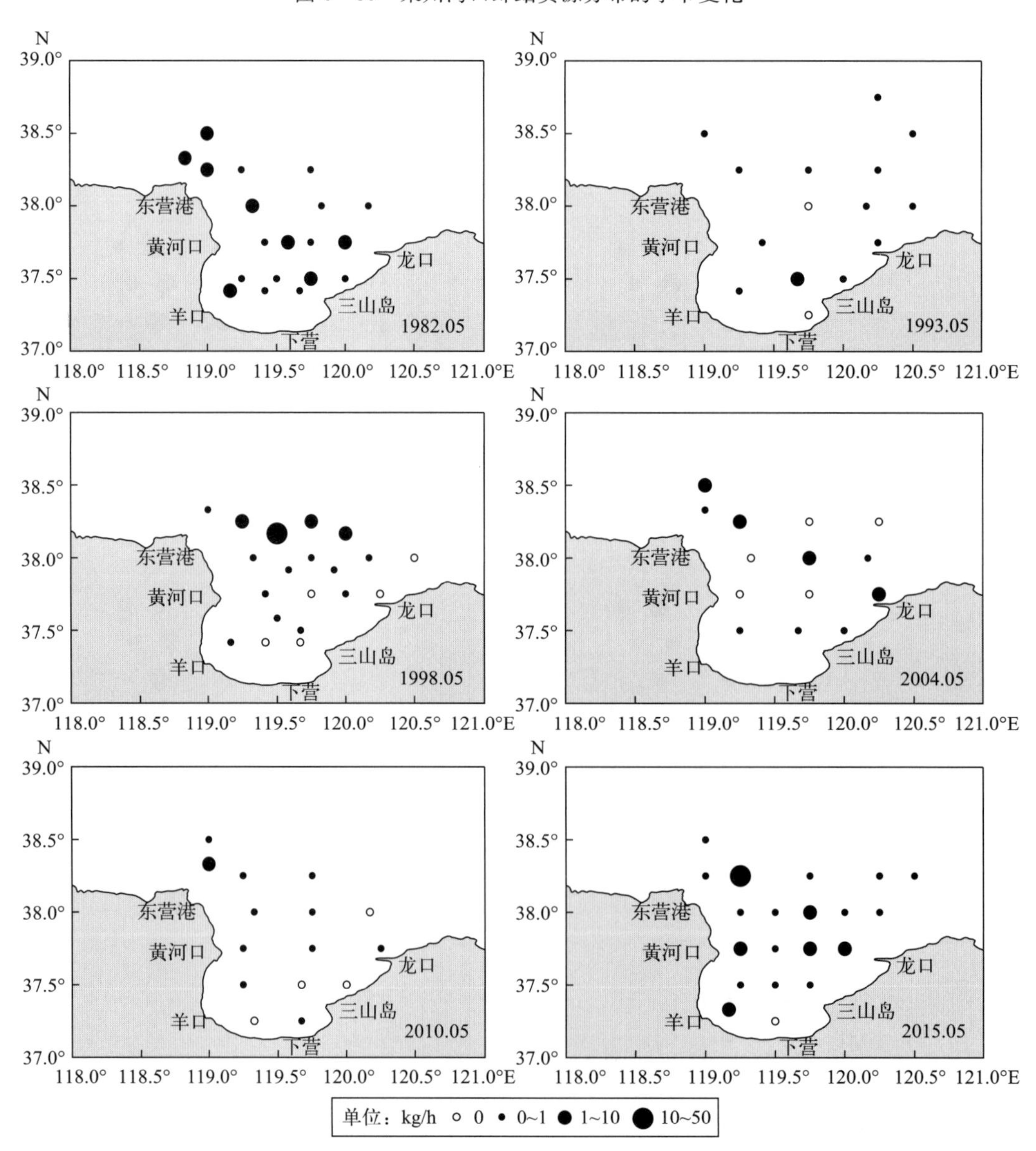

图 6-86 春季莱州湾口虾蛄资源分布的长期变化

（2）夏季　1982年8月，口虾蛄的资源密度以东营港近海较高，其次是莱州湾东南近海，莱州湾西南部密度较低。1992年8月，口虾蛄的资源密度以莱州湾口中部较高，其次是黄河口及龙口北部近海。1998年8月，莱州湾口虾蛄的资源密度整体偏低，以莱州湾东南部较高，其次是东营港近海，莱州湾中部及东北部密度较低。2010年8月，口虾蛄的资源密度以羊口近海、三山岛近岸及东营港北部较高，其次是莱州湾中部，莱州湾东北部密度较低。2015年8月，口虾蛄的资源密度以莱州湾北部较高，其次是莱州湾西南部，莱州湾东南部近岸站位的密度较低（图6-87）。

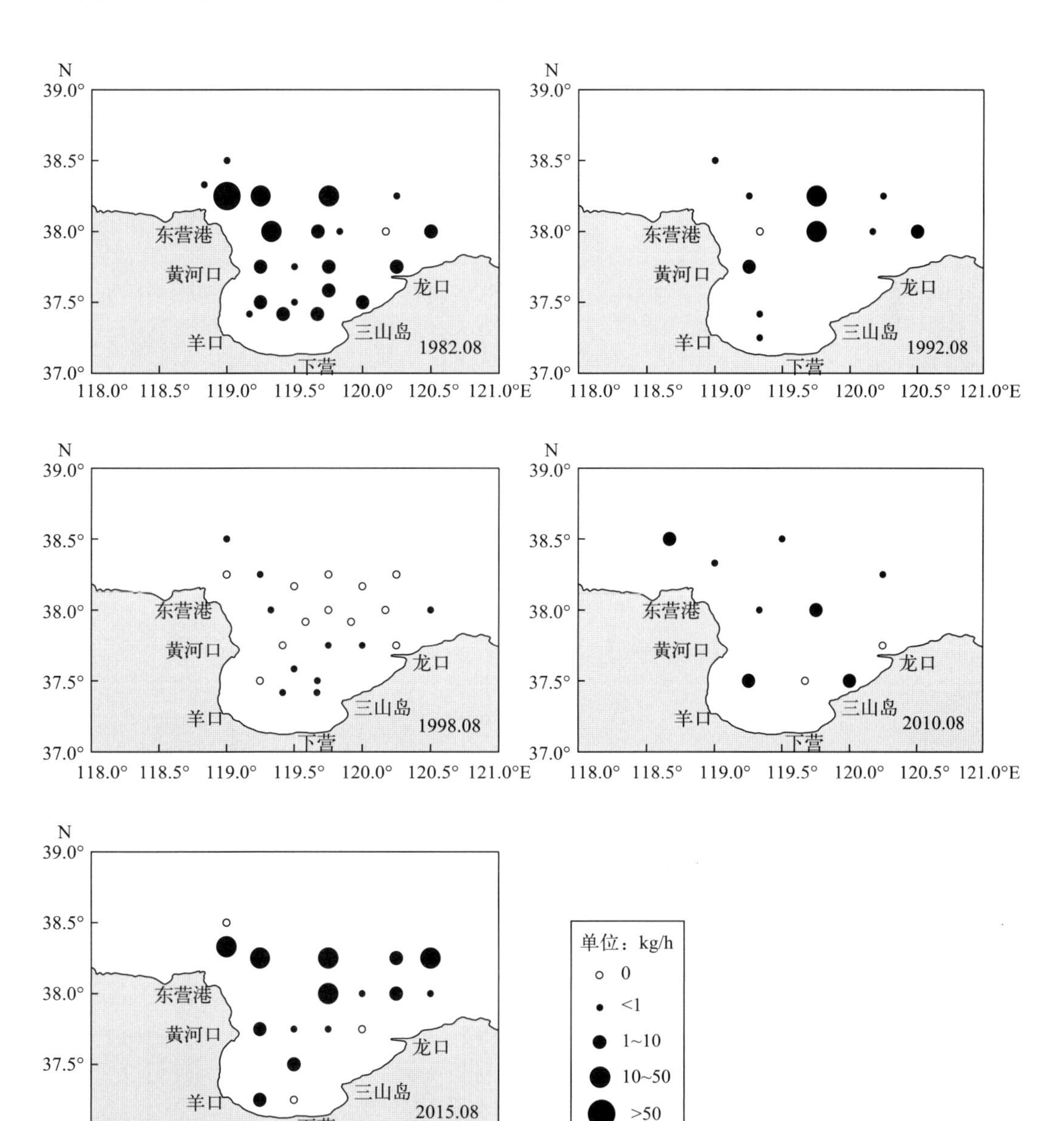

图6-87　夏季莱州湾口虾蛄资源分布的长期变化

（三）体长与体重

按 30 mm 间距分成 5 个体长组，可以看到，从 2011 年 5 月至 7 月，体长在 90 mm 以下个体的比例下降，90 mm 以上个体的比例上升，此后从 8 月至翌年 4 月，90 mm 以下个体的比例缓慢提高，90 mm 以上个体的比例逐渐下降（图 6－88）。

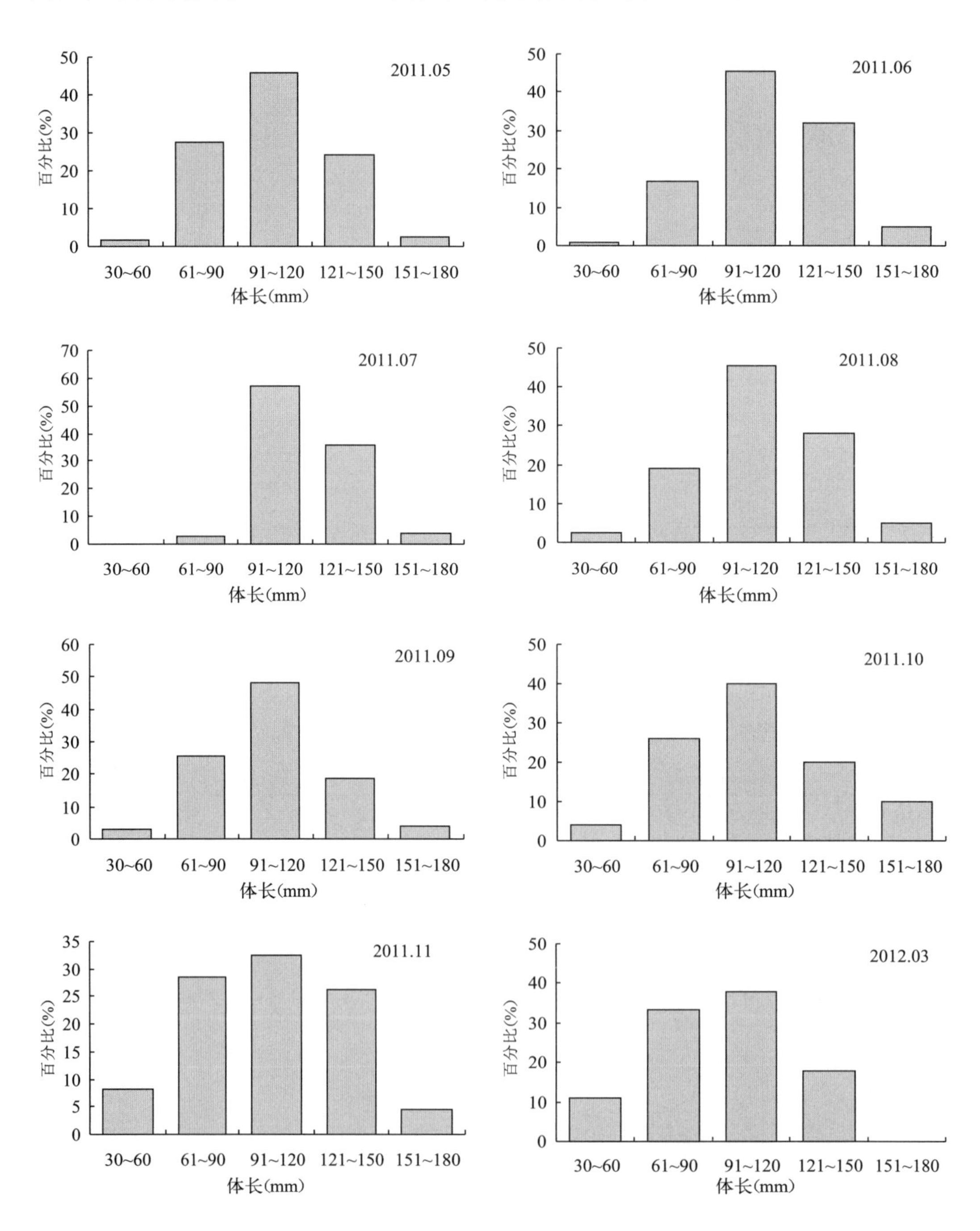

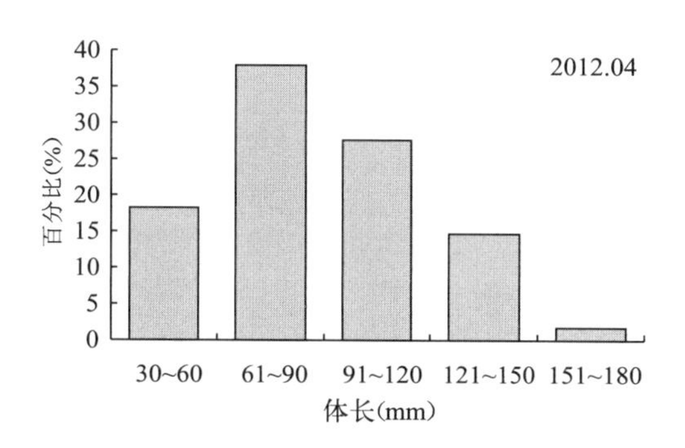

图 6-88　莱州湾口虾蛄体长分布的季节变化

按 10 g 间距分成 5～7 个体长组，可以看到，莱州湾口虾蛄以 20 g 以下占主导地位，在各月份中所占比例均不低于 60%。2011 年 10 月 30 g 以上个体的比例最高，占总个体数的 30%左右，6 月、8 月、11 月下降至 20%左右，其他月份仅在 10%左右（图 6-89）。

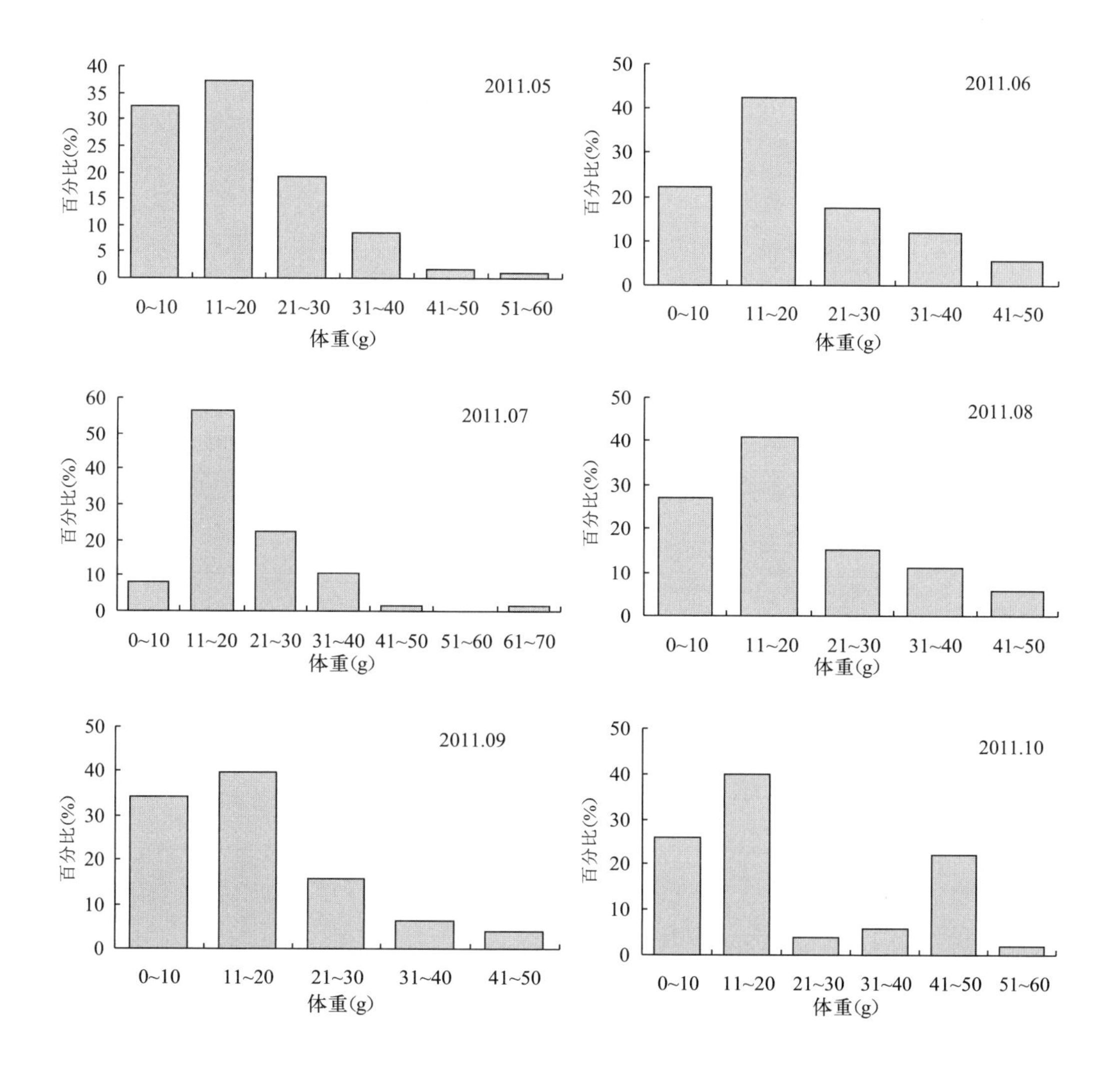

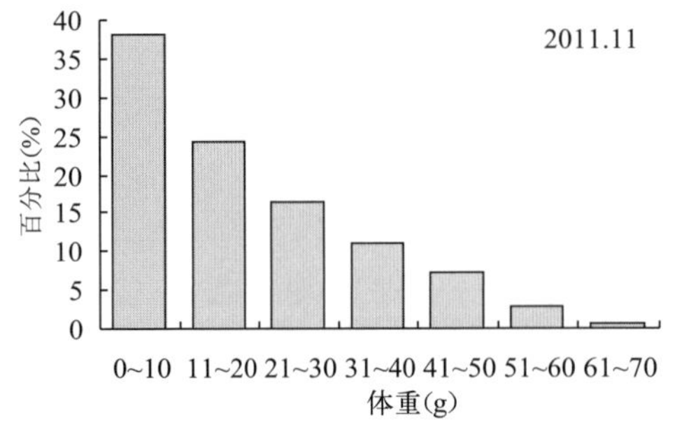

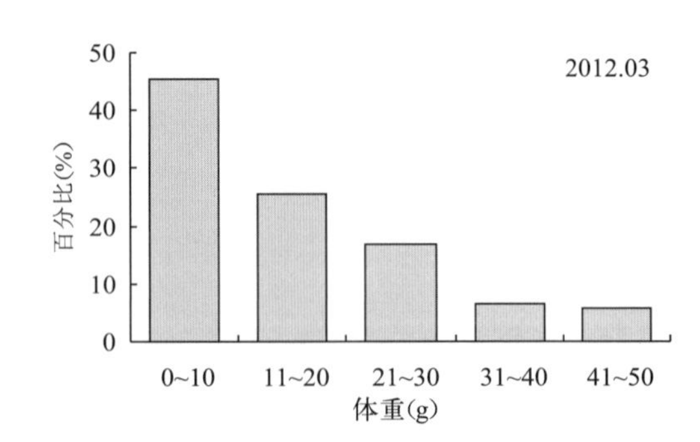

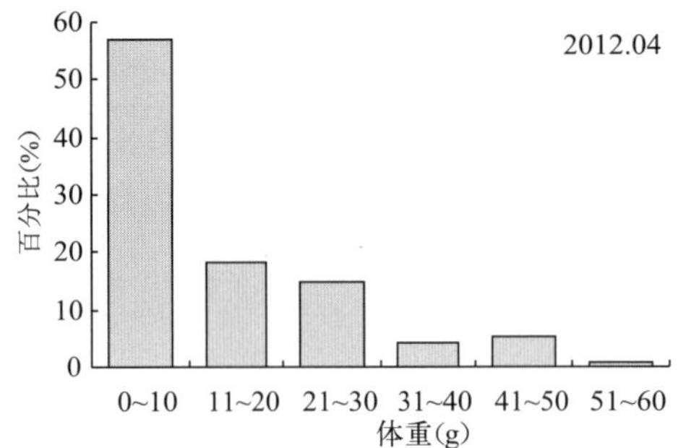

图 6－89　莱州湾口虾蛄体重分布的季节变化

莱州湾口虾蛄的体长范围为 40～171 mm，平均体长以 5 月最低，此后逐步提高，7 月达最高值，11 月下降至低值；体重范围为 0.3～68 g，平均体重以 5 月最低，11 月最高（表 6－2）。无论雌性还是雄性个体，莱州湾口虾蛄肥满度均以 10 月最高，分别为 1.49 和 1.56，其次是 11 月。肥满度总体变化的趋势为：2011 年 5 月至 7 月下降，8 月至 10 月上升，11 月后再次下降。按性别，除 11 月、3 月和 4 月外，其他月份雌性个体肥满度均低于雄性个体，雌雄个体的肥满度不存在显著性差异（$P>0.05$）。对性比的研究，发现除 5 月雌性个体数量显著高于雄性个体外，其他月份雌性个体数量均低于雄性个体。

表 6－2　莱州湾口虾蛄体长、体重、肥满度和性比的季节变化

调查时间	体长（mm）		体重（g）		肥满度		性比（雌/雄）	样品数量
	范围	平均值	范围	平均值	雌	雄		
2011.05	41～171	102	0.9～55.8	13.64	1.18	1.23	1.20	319
2011.06	44～159	110	1.0～47.5	15.30	1.09	1.16	0.43	126
2011.07	82～168	118	5.6～61.6	16.98	1.06	1.14	0.50	150
2011.08	51～145	113	0.5～50.0	15.95	1.15	1.28	0.63	200
2011.09	47～160	114	0.3～55.0	16.43	1.28	1.35	0.72	200
2011.10	54～158	111	4.0～54.0	16.26	1.49	1.56	0.79	200
2011.11	43～164	103	1.5～68.0	17.67	1.41	1.37	0.88	400
2012.03	55～150	106	3.3～46.0	14.69	1.30	1.27	0.69	100
2012.04	40～155	107	1.0～57.0	16.14	1.37	1.30	0.93	116

（四）评价

据报道，口虾蛄一年可性成熟（王波 等，1998；徐善良 等，1996），为渤海常年定居种类，季节性迁移距离不大，12 月至翌年 3 月低温期向深水区移动进行越冬，4—10 月是产卵繁殖和幼体育肥期，喜广温低盐的生态特性（吴耀泉 等，1990）。刘修泽等（2014）认为 2012 年辽东湾口虾蛄平均资源密度的周年排序为 8 月>9 月>6 月>11 月；谷德贤等（2011）发现 2009 年天津海域口虾蛄平均资源密度的季节排序为 8 月（夏）>10 月（秋）>5 月（春）>12 月（冬）。本研究中莱州湾口虾蛄的资源密度周年排序为 8 月>7 月>9 月>10 月>5 月>11 月>6 月>翌年 4 月>翌年 3 月，这与辽东湾、天津海域的结果基本一致，说明整个渤海口虾蛄资源密度的季节变化均为夏季>秋季>春季。邓景耀等（1988）曾于 1982 年 4 月至 1983 年 5 月期间逐月对渤海口虾蛄尾数密度的变化进行了统计分析，其研究结果也验证了以上结论。口虾蛄 8 月密度最高，笔者认为这与禁渔期受生产渔船的影响较小有很大关系，冬季密度低则主要因为口虾蛄越冬穴居（刘修泽 等，2014）导致捕获率降低。

邓景耀等（1988）认为渤海口虾蛄主要由 4 个年龄组构成，30～70 mm 为当年生个体，一龄个体为 70～110 mm，二龄个体为 90～150 mm，三龄个体为 150～175 mm。因此，莱州湾口虾蛄以当年生及二龄个体为主（150 mm 以下），三龄个体在各月份比例均不足 10%。莱州湾口虾蛄的体长范围为 40～171 mm，这与辽东湾口虾蛄的体长范围（刘修泽 等，2014）基本一致。莱州湾口虾蛄平均体长的周年变化为 7 月>9 月>8 月>10 月>6 月>翌年 4 月>翌年 3 月>11 月>5 月，平均体重的周年变化为 11 月>7 月>9 月>10 月>翌年 4 月>8 月>6 月>翌年 3 月>5 月，这与谷德贤等（2011）对天津近海口虾蛄的研究结果一致，与刘修泽等（2014）对辽东湾口虾蛄的研究结果也基本吻合。本研究中，莱州湾口虾蛄的雌雄比仅 5 月大于 1，6 月急剧下降为 0.43。盛福利等（2009）也发现青岛近海 5 月口虾蛄的雌雄比急剧上升，此后又急剧下降，并认为这可能是 5 月雌性口虾蛄的大量聚集导致。刘修泽等（2014）也发现 6 月辽东湾口虾蛄的雌雄比存在快速下降的现象，认为这与产卵期雌体洞穴内护卵的习性有关。莱州湾口虾蛄雌雄个体肥满度的周年变化趋势一致，5—7 月下降，此后逐步提高，10 月肥满度最高，这与徐海龙等（2010）对黄海北部大连近岸口虾蛄的研究结果基本一致。王波等（1998）认为口虾蛄的生长有明显季节变化，夏末至秋末生长快速，10—12 月索饵育肥体重达最高值，越冬后春季为性腺生长和成熟阶段，繁殖过后体重降至最低。与黄海北部口虾蛄雌雄个体肥满度性别差异显著（$P<0.05$）（徐海龙 等，2010）不同，莱州湾口虾蛄的肥满度性别差异性不显著（$P>0.05$）。

莱州湾口虾蛄尾数密度的空间分布表现为 5—7 月近岸浅水区如黄河口、龙口近岸等区域密度最高，8 月以后高密度区域开始向深水区迁移，9 月至翌年 3 月则以深水区密度最高，整体变化规律符合口虾蛄春夏季近岸产卵、秋冬季到深水区越冬的短距离迁移习惯。莱州湾南部近岸两个站位即潍河口邻近海域口虾蛄密度在各月份均极低或未捕获，这可能与水位较浅（<6 m）未能达到口虾蛄生长的适宜水深（王波 等，1998）有关。

第三节　头足类

一、枪乌贼类

（一）资源密度

1. 季节变化

2011 年 5 月，莱州湾枪乌贼的相对资源密度为 100.47 g/h，6 月大幅上升至 1 034.0 g/h，7 月进一步大幅上升至 4 970.56 g/h，8 月达 5 414.44 g/h，9 月下降至 1 856.56 g/h，10 月达到最高值 5 739.89 g/h，11 月为 2 264.0 g/h。2012 年 3 月下降为 0 g/h（未捕获），4 月小幅上升至 70.15 g/h。

2. 长期变化

自 1982 年以来，枪乌贼的资源密度春夏两季呈不同的变化趋势。春季（5 月），资源密度由 1982 年的 1.08 kg/h 上升至 1993 年的 3.52 kg/h，1998 年下降为 0.05 kg/h，2004 年上升至 0.11 kg/h，2010 年进一步下降至 0.04 kg/h，2015 年上升至 0.06 kg/h；夏季（8 月），资源密度由 1982 年的 12.49 kg/h 下降至 1992 年的 2.34 kg/h，1998 年下降至 0.17 kg/h，2010 年上升至 3.44 kg/h，2015 年下降至 2.66 kg/h。

（二）资源分布

1. 季节变化

2011 年 5 月，枪乌贼的资源密度整体较低，以莱州湾北部及东部近岸较高，莱州湾中南部密度较低。2011 年 6 月，枪乌贼的资源密度以莱州湾中南部及龙口近岸较高，莱州湾西北部密度较低。2011 年 7 月，枪乌贼的资源密度以莱州湾东南部较高，莱州湾北部密度较低。2011 年 8 月，枪乌贼的资源密度以莱州湾东北部较高，其次是莱州湾中部及南部近岸，东营港近海密度较低。2011 年 9 月，枪乌贼的资源密度以莱州湾北部及东部近岸较高，其次是黄河口，莱州湾南部密度较低。2011 年 10 月，枪乌贼的资源密度以莱州湾北部较高，其次是黄河口及莱州湾中部，莱州湾南部密度较低。2011 年 11 月，枪乌贼的资源密度以莱州湾东南部较高，其次是羊口近岸，黄河口密度较低。2012 年 3 月，莱州湾水域未能捕获枪乌贼。2012 年 4 月，枪乌贼的资源密度整体较低，以莱州湾北部较高，莱州湾西南部密度较低（图 6－90）。

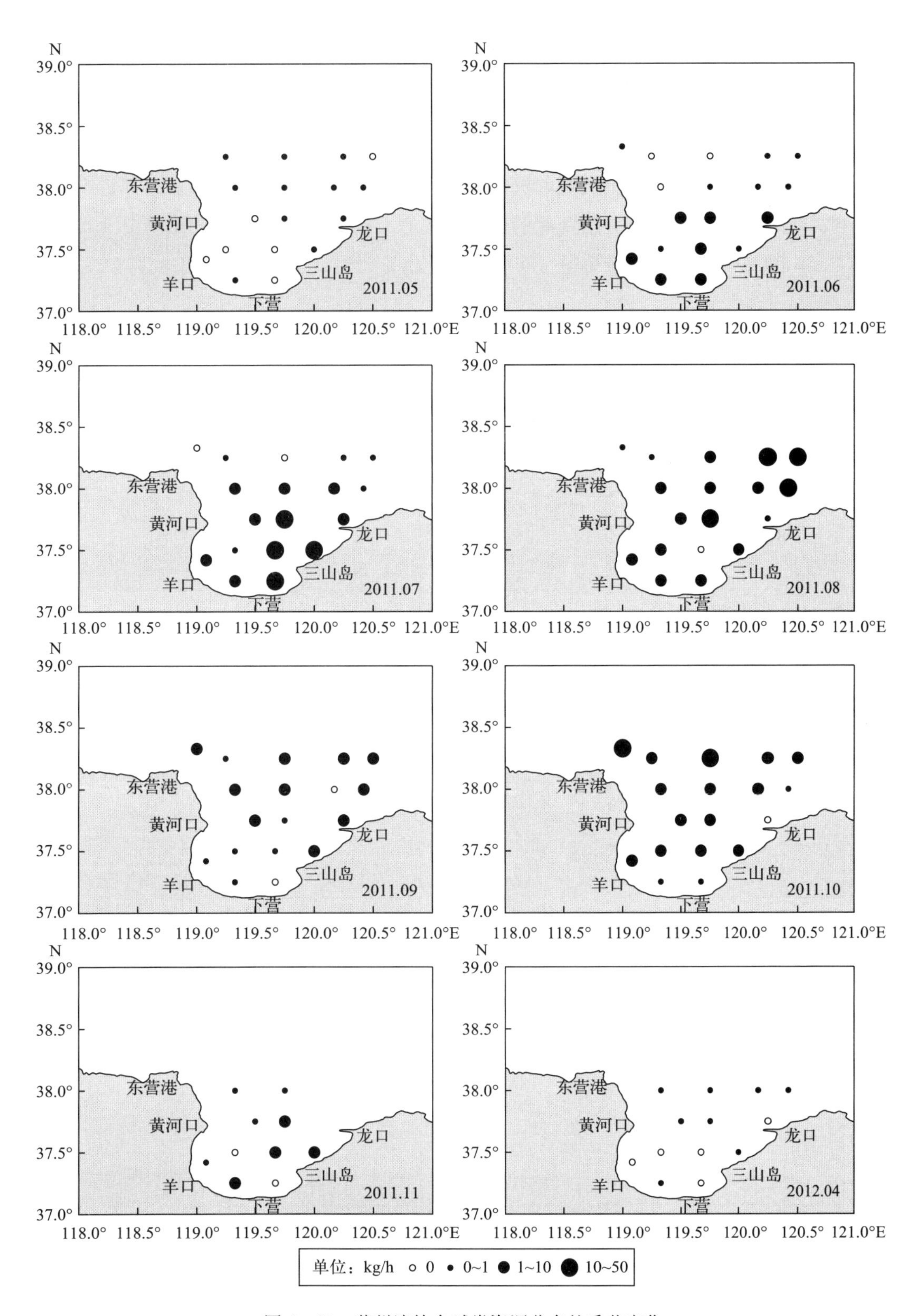

图 6-90　莱州湾枪乌贼类资源分布的季节变化

2. 长期变化

（1）春季　1982 年 5 月，枪乌贼的资源密度以莱州湾东南部近海较高，莱州湾西部密度较低。1993 年 5 月，枪乌贼的资源密度以莱州湾南部近海较高，其次是莱州湾东北部，莱州湾西部密度较低。1998 年 5 月，枪乌贼的资源分布较均匀，以莱州湾西南部密度相对较低。2004 年 5 月，枪乌贼的资源密度整体较低，以莱州湾东部及南部近海资源密度相对较高。2010 年 5 月，枪乌贼的资源密度以莱州湾中南部较高，莱州湾北部密度较低。2015 年 5 月，枪乌贼的资源分布较均匀，以莱州湾口密度相对较低（图 6－91）。

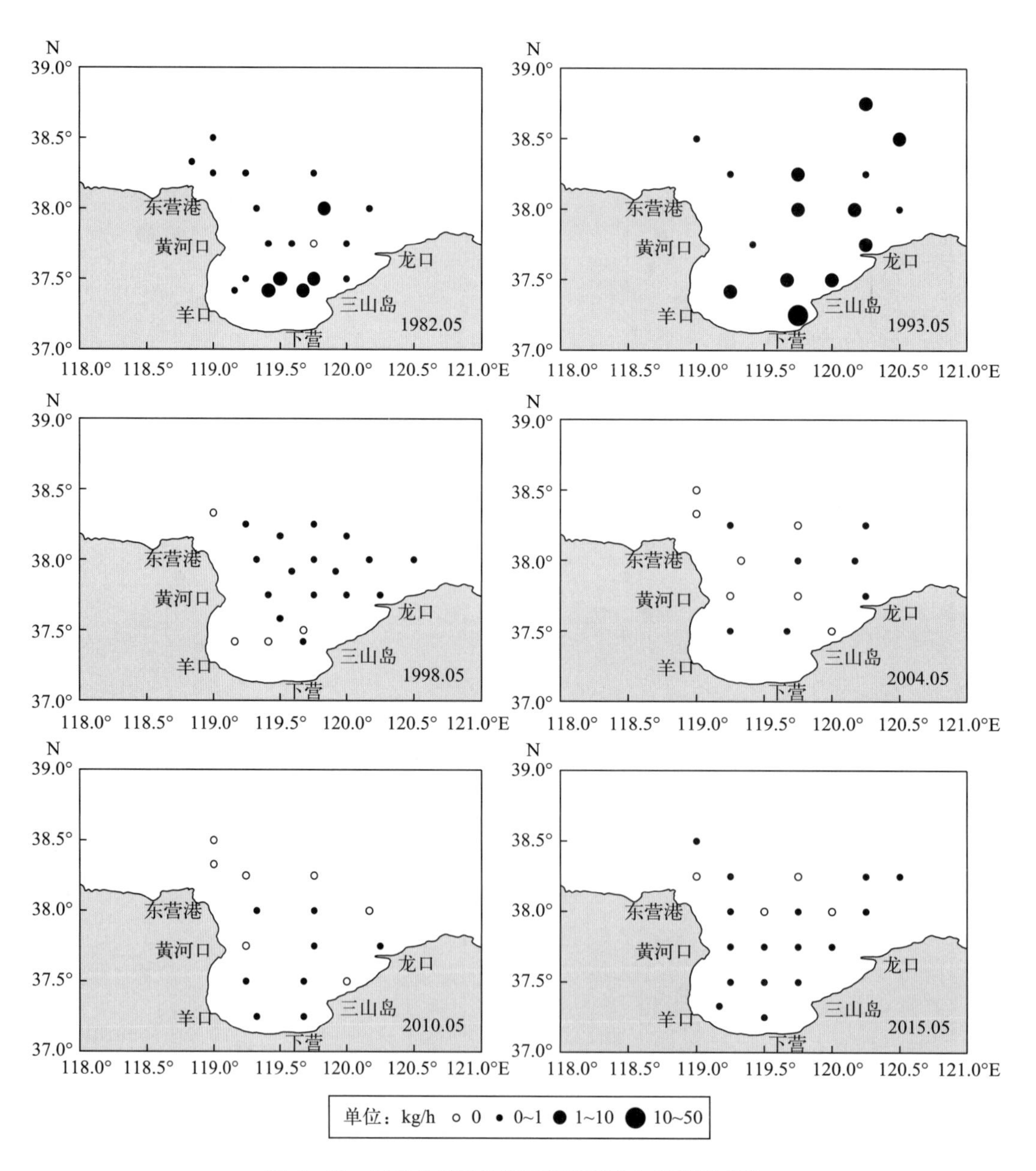

图 6－91　春季莱州湾枪乌贼类资源分布的长期变化

(2) 夏季　1982 年 8 月，枪乌贼的资源密度以莱州湾北部较高，其次是莱州湾西南部，黄河口密度相对较低。1992 年 8 月，枪乌贼的资源密度以羊口近海及莱州湾东北部较高。1998 年 8 月，枪乌贼的资源密度以三山岛近海较高，其余站位的资源密度比较均匀。2010 年 8 月，枪乌贼的资源密度以三山岛近岸较高，其次是黄河口。2015 年 8 月，枪乌贼的资源密度以莱州湾北部较高，莱州湾东南部的密度较低（图 6－92）。

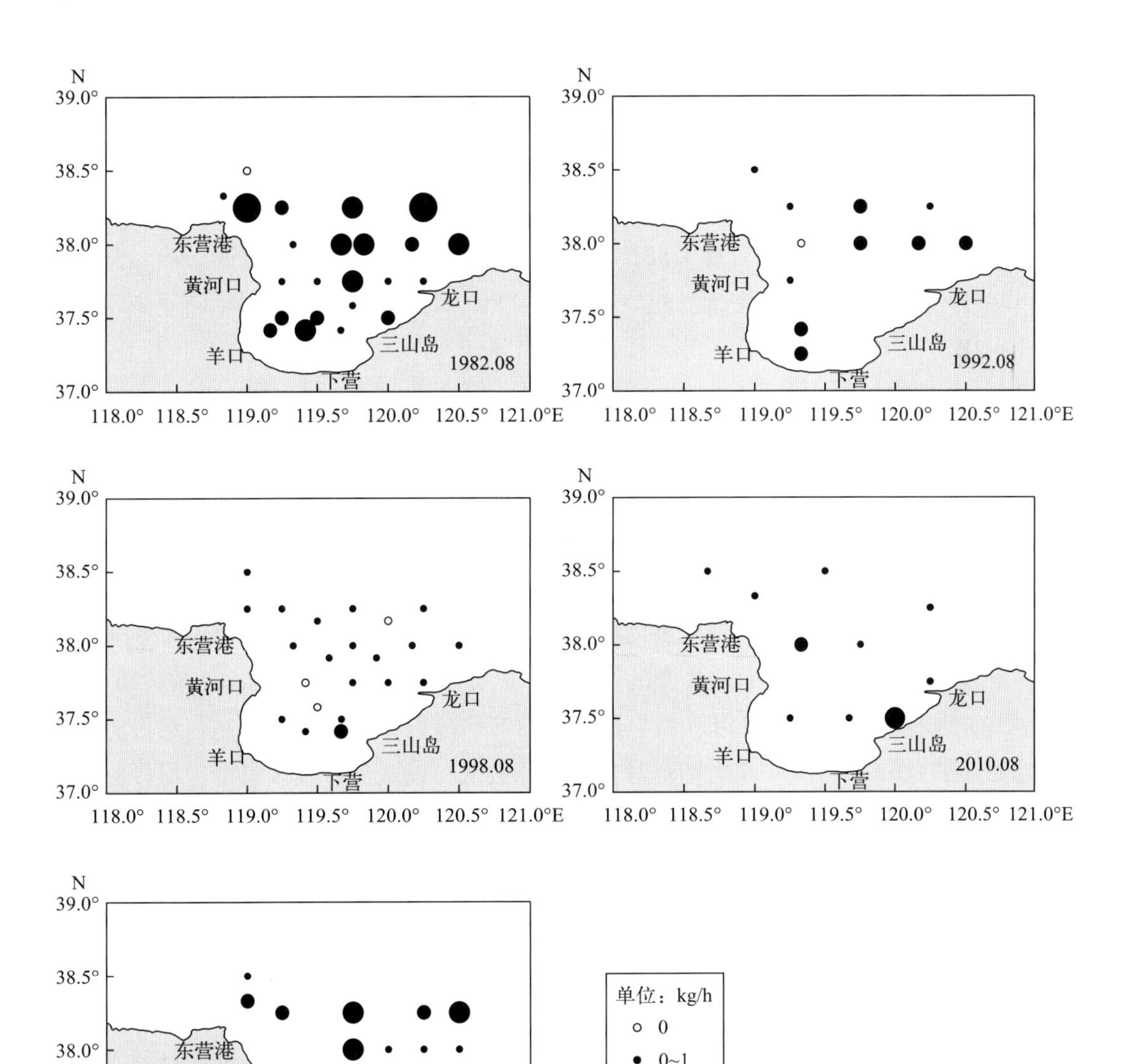

图 6－92　夏季莱州湾枪乌贼类资源分布的长期变化

二、蛸类

（一）资源密度

1. 季节变化

2011 年 5 月，莱州湾蛸类的相对资源密度为 63.41 g/h，6 月上升至 118.89 g/h，7 月稳定在 117.83 g/h，8 月下降为 43.89 g/h，9 月大幅上升至 1 606.72 g/h，10 月达到最高值 2 417.22 g/h，11 月下降至 1 293.0 g/h。2012 年 3 月，莱州湾蛸类的相对资源密度下降为 49.11 g/h，4 月进一步下降为 36.54 g/h。

2. 长期变化

自 1982 年以来，蛸类的资源密度春夏两季呈不同的变化趋势。春季（5 月），资源密度由 1982 年的 0.08 kg/h 下降至 1993 年的 0.06 kg/h，1998 年和 2004 年进一步下降为 0.002 kg/h，2010 年上升至 0.025 kg/h，2015 年上升至 0.09 kg/h；夏季（8 月），资源密度由 1982 年的 0.05 kg/h 上升至 1992 年的 0.11 kg/h，1998 年未捕获，2010 年上升至 0.08 kg/h，2015 年上升至 1.59 kg/h。

（二）资源分布

1. 季节变化

2011 年 5 月，蛸类的资源密度整体较低，以莱州湾中北部较高，黄河口及莱州湾东南近岸密度较低。2011 年 6 月，蛸类的资源密度以黄河口南部较高，其次是莱州湾北部，莱州湾中东部密度较低。2011 年 7 月，蛸类的资源密度以莱州湾北部较高，莱州湾中南部密度较低。2011 年 8 月，蛸类的资源密度整体较低，以黄河口及东营港近海较高，其次是莱州湾东北部，莱州湾南部及东部较低。2011 年 9 月，蛸类的资源密度以黄河口邻近水域、三山岛近岸及莱州湾东北部较高，莱州湾西南部密度较低。2011 年 10 月，蛸类的资源密度整体较高，除莱州湾南部近岸密度较低外，其他区域密度都较高。2011 年 11 月，蛸类的资源密度以黄河口及三山岛近海较高，莱州湾南部近岸密度较低。2012 年 3 月，蛸类的资源密度整体较低，莱州湾北部相对较高，其次是莱州湾西南部，莱州湾中部及南部密度较低。2012 年 4 月，蛸类的资源密度整体较低，仅羊口、黄河口及龙口北部 3 个站位有少量捕获，其他站位均未捕获（图 6－93）。

2. 长期变化

（1）春季　1982 年 5 月，蛸类的资源密度以黄河口较高，莱州湾西南部及东北部密度较低。1993 年 5 月，蛸类的资源密度以莱州湾东北部及莱州湾北部较高，莱州湾中南部密度较低。1998 年 5 月，蛸类的资源密度整体较低，仅莱州湾中东部 1 个站位有少量捕获。2004 年 5 月，蛸类的资源密度整体较低，仅莱州湾西南部 1 个站位有少量捕获。2010 年 5 月，蛸类的资源密度以莱州湾中南部较高，莱州湾北部及西部密度较低。2015 年 5 月，蛸类的资源密度整体较低，仅黄河口、羊口近海及莱州湾口 3 个站位有少量捕获，其他站位均未捕获（图 6 - 94）。

（2）夏季　1982 年 8 月，蛸类的资源密度以莱州湾东南近岸较高，其次是莱州湾中南部，莱州湾北部及黄河口密度较低。1992 年 8 月，蛸类的资源密度以羊口近海、黄河口及莱州湾口中部 3 个站位有少量捕获，其他站位均未捕获。2010 年 8 月，蛸类的资源密度以三山岛近岸较高，其次是黄河口。2015 年 8 月，蛸类的资源密度整体较低，仅羊口北部及东营港北部近海 2 个站位有少量捕获，其他站位均未捕获（图 6 - 95）。

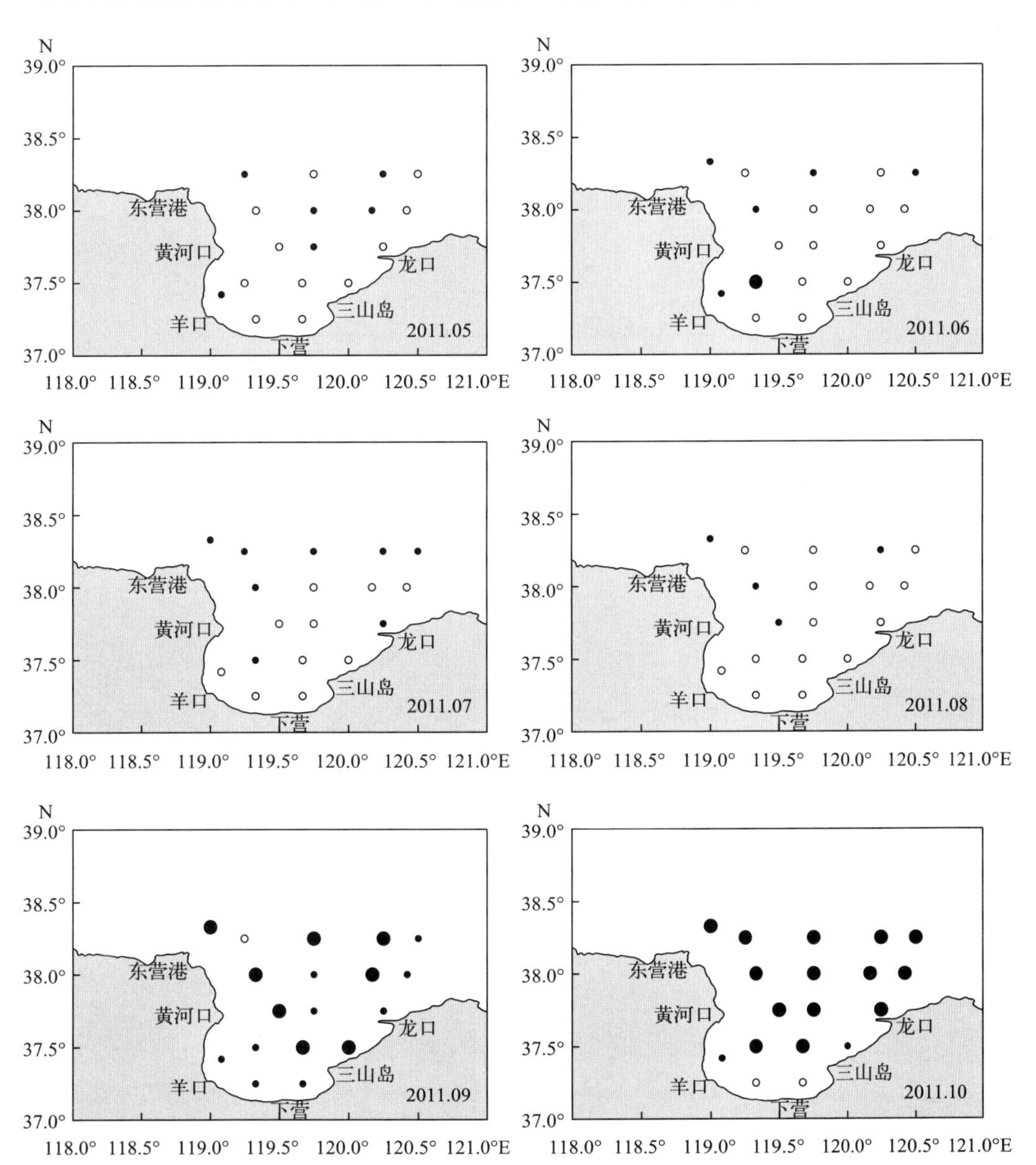

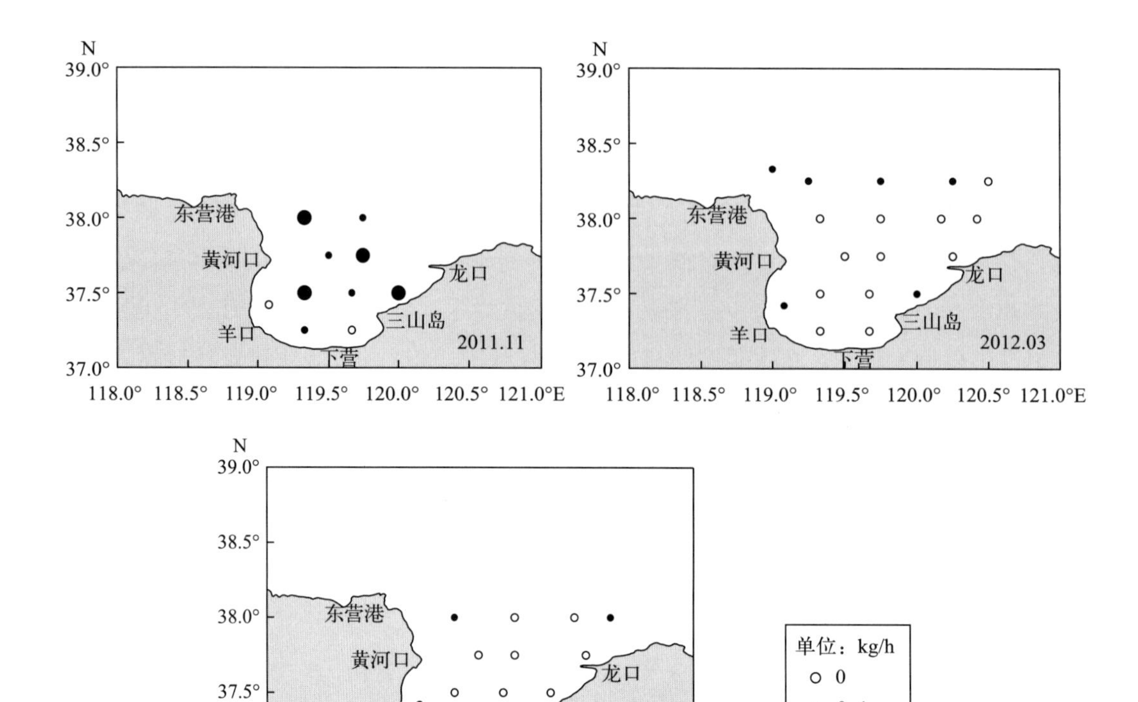

图 6-93　莱州湾蛸类资源分布的季节变化

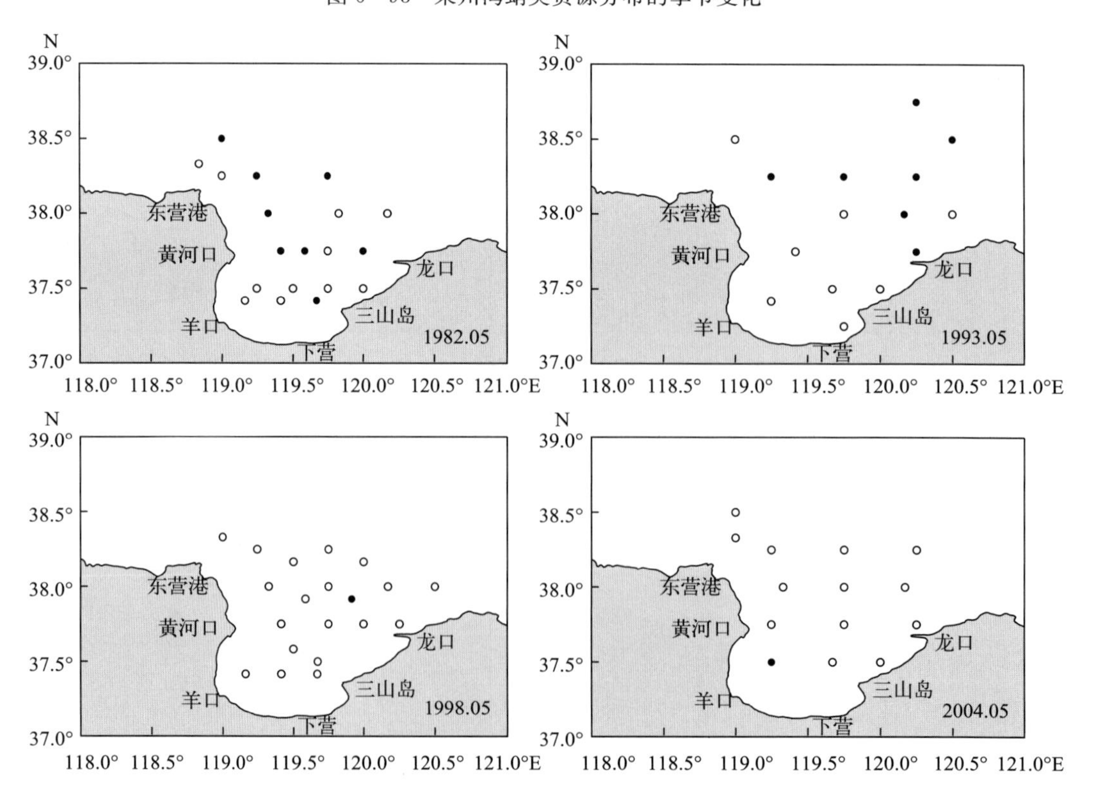

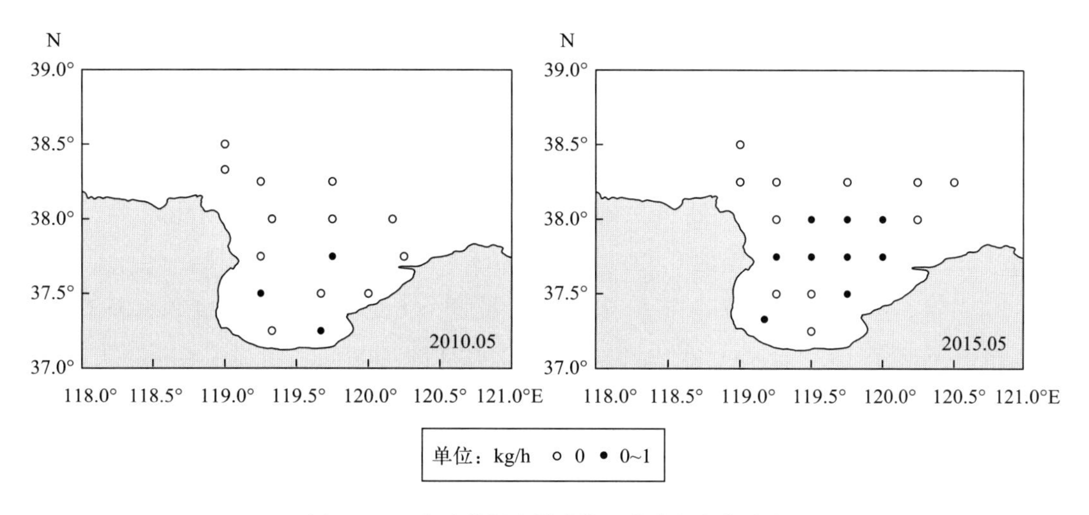

图 6-94　春季莱州湾蛸类资源分布的长期变化

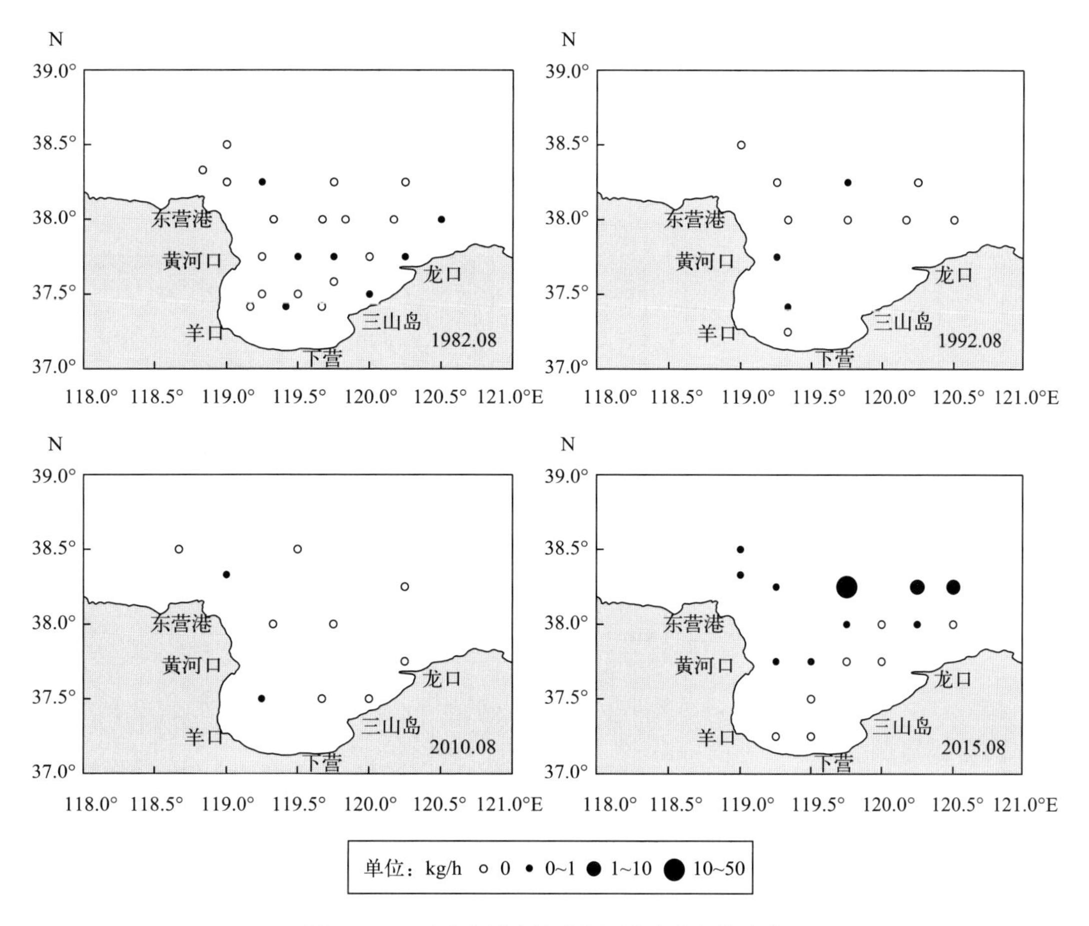

图 6-95　夏季莱州湾蛸类资源分布的长期变化

三、曼氏无针乌贼

（一）资源密度

自 1982 年以来，曼氏无针乌贼的资源密度春夏两季呈不同的变化趋势。春季（5 月），资源密度由 1982 年的 0.01 kg/h 上升至 1993 年的 0.06 kg/h，此后的 1998 年、2004 年、2010 年和 2015 年均未捕获；夏季（8 月），资源密度由 1982 年的 0.43kg/h 下降至 1992 年的 0 kg/h（未捕获），此后的 1998 年、2010 年和 2015 年也均未捕获。

（二）资源分布

1. 春季

1982 年 5 月，曼氏无针乌贼的资源密度整体较低，仅莱州湾口中部 1 个站位有少量捕获，其他站位均未捕获。1993 年 5 月，曼氏无针乌贼的资源密度整体较低，仅莱州湾东北部 1 个站位有少量捕获，其他站位均未捕获。此后，1998 年 5 月、2004 年 5 月、2010 年 5 月及 2015 年 5 月，莱州湾水域均未捕获曼氏无针乌贼（图 6－96）。

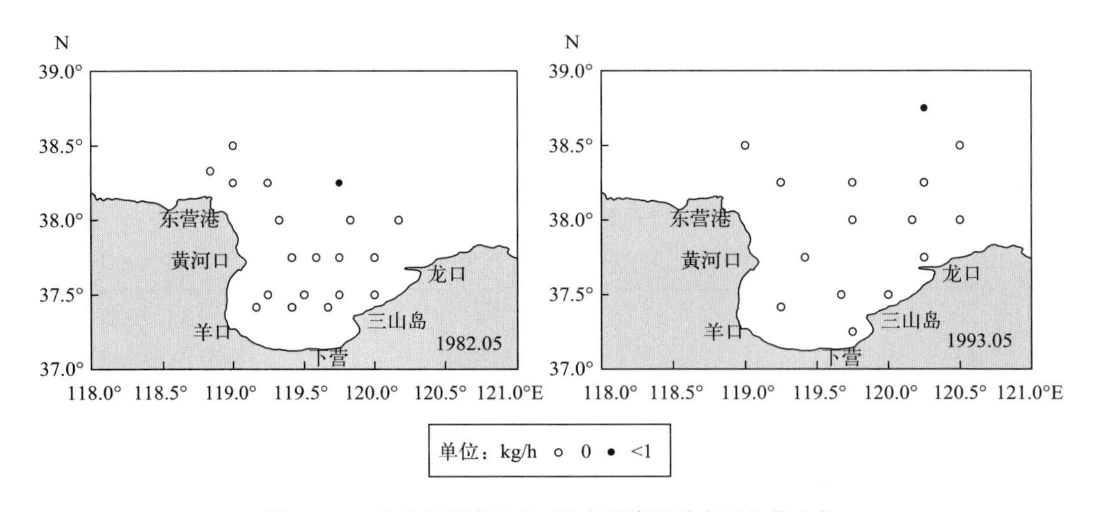

图 6－96 春季莱州湾曼氏无针乌贼资源分布的长期变化

2. 夏季

1982 年 8 月，曼氏无针乌贼的资源密度整体较高，尤以东营港近海及莱州湾东北部密度最高，其次是莱州湾近岸各站位，莱州湾中南部密度相对较低。此后，1992 年 8 月、1998 年 8 月、2010 年 8 月及 2015 年 8 月，莱州湾水域均未能捕获曼氏无针乌贼（图 6－97）。

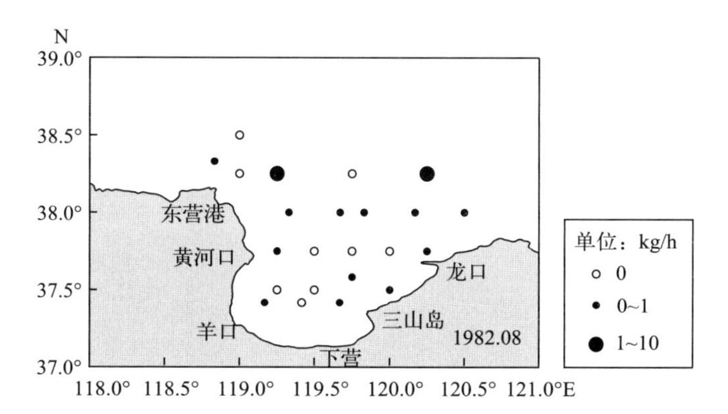

图 6-97　夏季莱州湾曼氏无针乌贼资源分布的长期变化

第七章
渔业资源增殖

第一节　渔业资源增殖基础

莱州湾位于渤海南部，拥有大约 6 955 km^2 的水域面积和 319 km 的海岸线（陈大刚 等，2000）。由于黄河、小清河、潍河等众多河流在这里入海，对渔业生物而言，莱州湾水域具备多样的栖息场所和丰富的食物资源（金显仕 等，2000；Luo et al.，2013），是黄渤海渔业生物的主要产卵场和索饵场，莱州湾因此被誉为渤海的“母亲湾”（邓景耀 等，2000）。目前，因过度捕捞、环境污染等人类活动的影响，全球范围内多处近海水域的渔业生物群落结构都发生了巨大变化（Rice et al.，1996；Rijnsdorp et al.，1996；Gislason et al.，1998），包括黄海（Jin et al.，1996；Xu et al.，2005）和渤海（Jin，2004）。作为渤海的三大海湾之一，莱州湾鱼类资源已经严重衰退，资源密度、种类组成及个体大小均呈下降趋势，高值、大个体底层种类的优势地位被低值、小个体种类所代替（田家怡 等，1991；Iversen et al.，1993，2001）。在鱼类资源衰退的背景下，甲壳类在莱州湾渔业生态系统中的地位逐渐凸显，尤其中国对虾（*Penaeus chinensis*）及三疣梭子蟹（*Portunus trituberculatus*），因其经济价值高、繁育技术成熟等特点，目前已经成为莱州湾甚至整个中国北方海域最重要的两个增殖种类。然而目前这两个种类的增殖放流依然存在诸多问题，如放流数量缺乏科学依据、放流个体规格不明确等，其原因在于对增殖种类的资源变化缺乏了解，对其饵料及敌害生物的数量变化和分布等方面缺乏研究。

一、生境质量评价

根据个体数密度数据，利用 Shannon - Wiener 多样性指数 H' 等级对生境质量进行分级评价，莱州湾水域生境质量等级评价结果见表 7 - 1。可以看到，从浮游植物来看，根据 2011 年 5—10 月 6 个航次的平均值，莱州湾水域生境质量等级为“差”，其中放流期间（5—6 月）的质量等级为“差”；从浮游动物来看，根据 2011 年 5—10 月 6 个航次的平均值，莱州湾水域生境质量等级为“一般”，其中放流期间（5—6 月）的质量等级为“一般”；从底栖动物来看，根据 2013 年 5 月、6 月、8 月和 10 月 4 个航次的平均值，莱州湾水域生境质量等级为“一般”，其中放流期间（5—6 月）的质量等级为“一般”。

表 7 - 1　Shannon - Wiener 多样性指数及生境质量等级

类型	多样性指数（H′）						
	2011.05	2011.06	2011.07	2011.08	2011.09	2011.10	平均值
浮游植物	1.23±0.76③	1.28±0.89③	1.62±0.71③	1.99±0.77③	2.63±0.78②	2.40±0.67②	1.86③
浮游动物	2.20±0.53②	2.29±0.67②	2.25±0.31②	2.30±0.71②	2.57±0.39②	2.17±0.52②	2.30②

（续）

类型	多样性指数（H′）				
	2013.05	2013.06	2013.08	2013.10	平均值
大型底栖动物	2.72±0.67②	2.67±0.69②	2.33±0.85②	2.22±1.13②	2.49②

注：①表示优良，②表示一般，③表示差，④表示极差。

二、饵料基础与敌害生物

莱州湾水域饵料生物水平等级评价结果见表7-2。放流期间，中国对虾仔虾以浮游植物为食。根据2011年5月、6月2个航次调查，莱州湾水域的浮游植物密度为每立方米158.92×10⁴个，饵料等级为Ⅴ级（很丰富）；其中5月为Ⅴ级（很丰富）、6月为Ⅲ级（较丰富）。无论放流时期的幼体还是后期的成体，三疣梭子蟹均以底栖动物为食，而且中国对虾成体也以底栖生物为食。根据2013年5月、6月、8月及10月4个航次调查，莱州湾水域底栖动物生物量为52.59 g/m²，饵料等级为Ⅴ级（很丰富），其中，放流期间（5—6月）底栖动物生物量为27.33 g/m²，饵料等级为Ⅳ级（丰富）。

表7-2　饵料生物密度及等级评价

浮游植物			大型底栖动物		
时间	密度（×10⁴个/m³）	饵料等级	时间	生物量（g/m²）	饵料等级
2011.05	264.70	Ⅴ	2013.05	24.95	Ⅲ
2011.06	53.13	Ⅲ	2013.06	29.70	Ⅳ
平均值	158.92	Ⅴ	2013.08	93.14	Ⅴ
			2013.10	62.56	Ⅴ
			平均值	52.59	Ⅴ

目前莱州湾水域增殖放流的中国对虾为体长10～20 mm的仔虾，放流时间为5月中下旬至6月上中旬。对莱州湾鱼类胃含物进行研究分析，发现中国对虾被鱼类捕食的现象绝大部分发生在7月中旬之前（体长70 mm以下），捕食仔虾、幼虾的种类包括鲈幼鱼、绵鳚、黄姑鱼幼鱼、白姑幼鱼、真鲷、石鲽、六线鱼、孔鳐及鰕虎鱼类（唐启升 等，1997），此外也有报道发现许氏平鲉捕食对虾。根据以上研究，结合目前的调查结果，中国对虾敌害生物的种类确定为鲈、绵鳚、白姑幼鱼、真鲷、石鲽、六线鱼、孔鳐、鰕虎鱼类及许氏平鲉。目前莱州湾水域放流的三疣梭子蟹主要为甲宽20～30 mm的幼蟹，放流时间为5月中下旬至6月上中旬。在山东近海研究发现，海鳗捕食三疣梭子蟹，同时在鲐、鳕、白姑鱼和黄姑鱼等种类的胃含物内发现未鉴定至种的幼蟹（唐启升 等，1990）。日本学者发现鮨、石鲽以及全长大于47 mm的鰕虎鱼也捕食幼蟹。根据以上研究，结

合目前的调查结果，三疣梭子蟹的敌害生物种类确定为海鳗、鲐、白姑鱼、鲬、石鲽以及鰕虎鱼。春季（5 月）是包括中国对虾及三疣梭子蟹在内的众多渔业种类的繁殖季节。

无论中国对虾还是三疣梭子蟹，莱州湾水域放流时间均在每年的 5 月中下旬至 6 月中上旬。研究认为，此时中国对虾仔虾主要以舟形硅藻和圆筛硅藻等浮游植物为食，并且随着个体的增长，浮游动物及底栖动物的出现频率增加，至 8 月中国对虾已生长发育至成体阶段，此时主要以底栖甲壳类、贝类和多毛类为食（邓景耀 等，1990）。研究认为放流期间的三疣梭子蟹幼体及成体均以底栖贝类和小型甲壳类为食（姜卫民 等，1998）。

（一）饵料及敌害生物的数量分布

1. 中国对虾

针对中国对虾增殖放流期间饵料生物及敌害生物密度分布的研究结果显示，2011 年 5 月，中国对虾饵料生物密度分布极不均匀，莱州湾东北部密度最高，其他水域密度则相对较低；2011 年 6 月，中国对虾饵料生物密度以莱州湾中部、东北部最高，其他水域则相对较低（图 7－1a）。2011 年 5 月，中国对虾敌害生物的密度以莱州湾中西部（小清河口外海）最高，其次是东南部（龙口近岸），其他水域的密度相对较低；2011 年 6 月，中国对虾敌害生物的密度以莱州湾东南部（三山岛近岸）最高，其次是中西部（小清河口外海），其他水域的密度则相对较低（图 7－1b）。

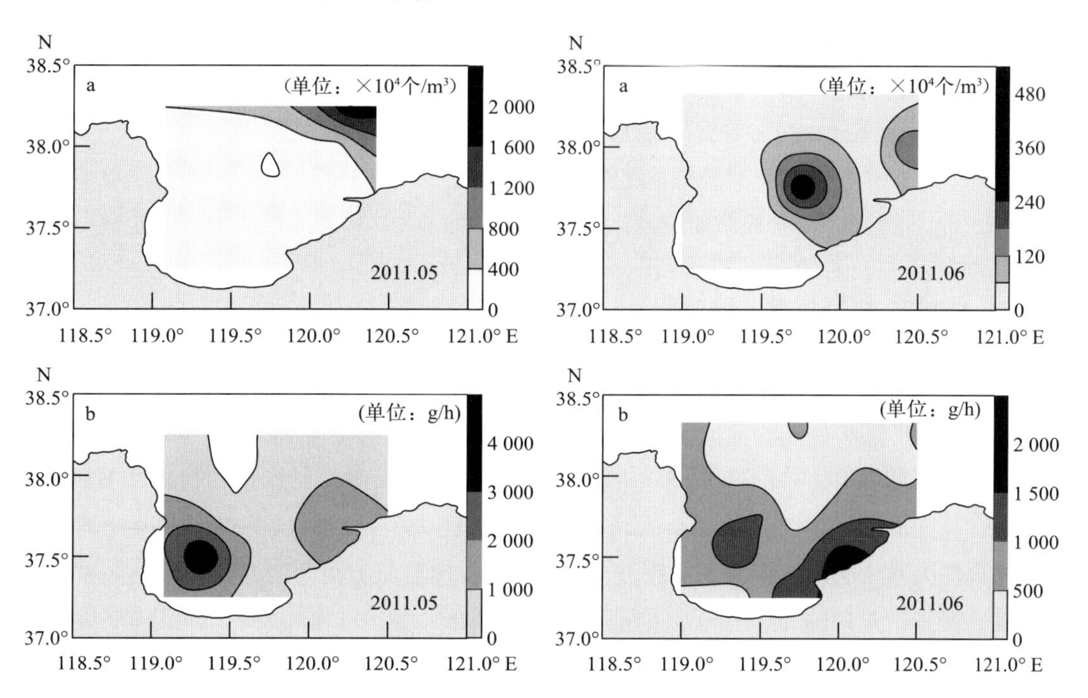

图 7－1　放流期间中国对虾饵料生物及敌害生物的密度分布（a. 饵料生物；b. 敌害生物）

2. 三疣梭子蟹

针对三疣梭子蟹增殖放流期间饵料生物及敌害生物密度分布的研究结果显示，2013年在5月，三疣梭子蟹饵料生物密度以莱州湾东北部及中西部最高，其他水域密度相对较低；2013年6月，三疣梭子蟹饵料生物密度以西部（小清河口及黄河口近岸）及东部（蓬莱外海）最高，其他水域密度则相对较低（图7-2a）。2011年5月，三疣梭子蟹敌害生物的密度以莱州湾中西部（小清河口外海）最高，其次是东南部（龙口近岸），其他水域的密度相对较低；2011年6月，三疣梭子蟹敌害生物的密度以莱州湾西北部（黄河口外海）最高，其他水域的密度则相对较低（图7-2b）。

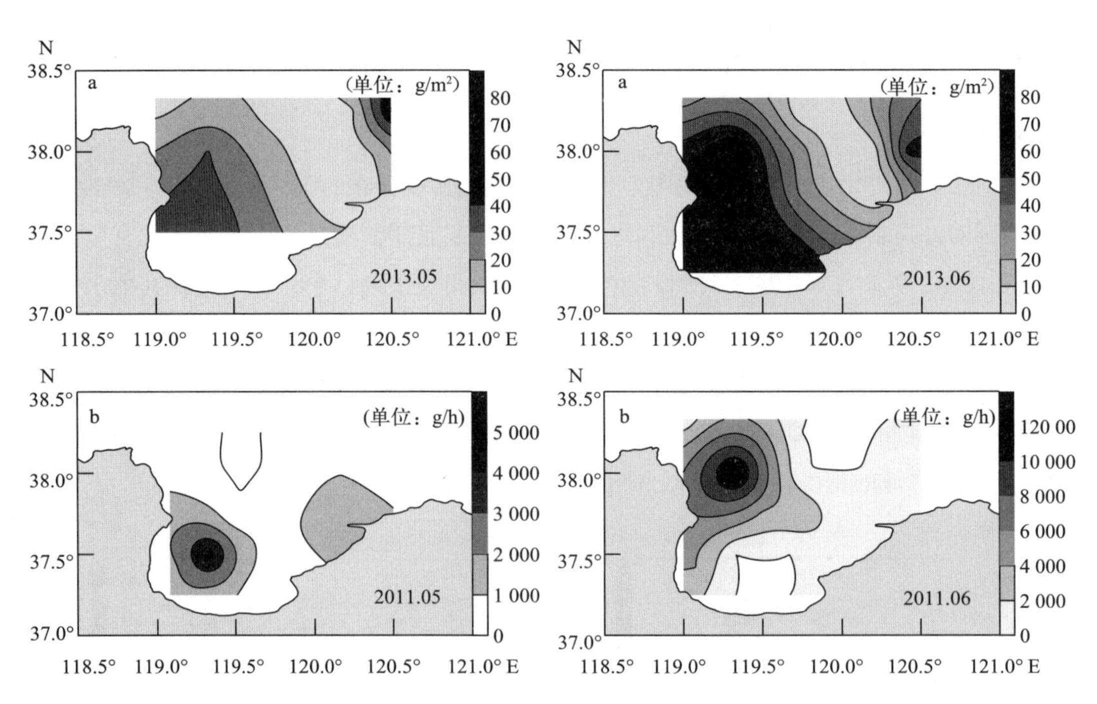

图7-2 放流期间三疣梭子蟹饵料生物及敌害生物密度分布（a. 饵料生物；b. 敌害生物）

（二）资源密度变化的影响

研究表明，自1982年以来无论游泳动物还是中国对虾、三疣梭子蟹以及两者敌害的CPUE（单位捕捞努力渔获量），整体均呈大幅下降趋势，并且鱼类在莱州湾游泳动物资源组成中占主导地位。目前莱州湾的鱼类群落包括浮游动物食性、底栖动物食性等5种食性类型，其中底栖动物食性鱼类是莱州湾的重要食性类型，底栖动物饵料在莱州湾生态系统的食性关系中起着关键作用（张波 等，2013）。包括鱼类在内的游泳动物资源密度大幅下降，莱州湾水域渔业资源食物供给的压力也会相应减少，即作为饵料生物的底栖动物以及浮游植物、浮游动物的消耗量也相应减小。饵料生物数量的提升可以为增殖放流的中国对虾及三疣梭子蟹提供丰富的食物来源，有利于个体成活率的提高。

(三) 饵料生物密度的长期变化

放流时期的中国对虾仔虾主要摄食浮游植物，生长发育至成体后则以底栖动物为食。三疣梭子蟹幼体、成体则均以底栖动物为食。从春、夏、秋 3 季的平均值看，2011 年莱州湾浮游植物的密度为每立方米 129×10^4 个，饵料水平等级为“很丰富”，但与历史对比，较 1982 年、1992 年和 2003 年均呈下降状态，仅高于 1998 年的水平（表 7-3）；F 检验表明 2011 年与 1982 年差异性极显著（$P<0.01$），而与其他年份的差异性均不显著（$P>0.05$）。莱州湾大型底栖动物的密度水平为：1985—1987 年的平均值为每平方米 1 610 个，1997—1999 年为每平方米 1 851 个，2006 年下降至每平方米 698 个，2013 年仅为每平方米 335 个，整体呈下降趋势（表 7-3）。

有报道称环境污染引起了莱州湾产卵场的破坏，导致鱼卵、仔稚鱼数量锐减（崔毅等，2003；张雪 等，2012），莱州湾浮游植物、底栖动物密度的下降很可能与近十几年来的环境污染加剧有关。此外，值得一提的是，无论中国对虾还是三疣梭子蟹，放流入海之前均是在人工池塘中繁育、生长，且多数利用混合饲料喂养，这虽然有利于为苗种提供充足的食物来源，然而自然海区的饵料生物无论在种类还是丰富度上都可能与人工喂养状态下存在较大的差别。因此，放流苗种入海后不仅需要迅速适应自然海区的环境，还需要迅速完成食物的转换，在此过程中，可能会导致大批苗种的死亡。

表 7-3 莱州湾饵料生物密度的长期变化

浮游植物（$\times10^4$ 个/m^3）					大型底栖动物（个/m^2）		
文献来源	5 月	8 月	10 月	平均值	文献来源	调查时间	平均值
1982（王俊 等，2000）	1 102	8 320	389	3 720	1985—1987（张志南 等，1990；Zhou et al.，2007）	1985 年 6 月，1986 年 8 月，1987 年 10 月	1 610
1992（王俊 等，2000）	33	350	119	167	1997—1999（Zhou et al.，2007）	1997 年 6 月，1998 年 9 月，1999 年 4 月	1 851
1998（王俊 等，2000）	95	4	63	54	2006（周红 等，2010）	2006 年 10 月	698
2003（李广楼 等，2006）	6	2 863		1 435	2013（本研究）	2013 年 5 月、6 月、10 月	335
2011（本研究）	265	28	93	129			

第二节 渔业资源动态

一、渔业资源总密度

中国水产科学研究院黄海水产研究所渔业资源调查专用底拖网的 CPUE（单位捕捞努

力渔获量）可以反映莱州湾渔业资源的长期动态。

春季：莱州湾邻近水域游泳动物的相对资源密度（单位时间网获量）自1982年以来一直呈下降趋势。从1982年的161.81 kg/h下降至1993年的36.39 kg/h、1998年的4.67 kg/h、2004年的2.41 kg/h，2010年进一步下降为1.28 kg/h，2015年恢复至2.88 kg/h（图7-3）。按类别看，从1982年至今鱼类一直占优势地位，其次是虾蟹类，头足类的资源密度仅在1993年高于虾蟹类。

夏季：莱州湾游泳动物的相对资源密度（单位时间网获量）从1982年的115.8 kg/h下降至1992年的65.87 kg/h，1998年进一步下降至5.44 kg/h，此后2010年大幅回升至67.34 kg/h，2015年再次下降至47.92 kg/h（图7-4）。按类别看，鱼类一直占优势地位，其次是虾蟹类，头足类的资源密度最低。

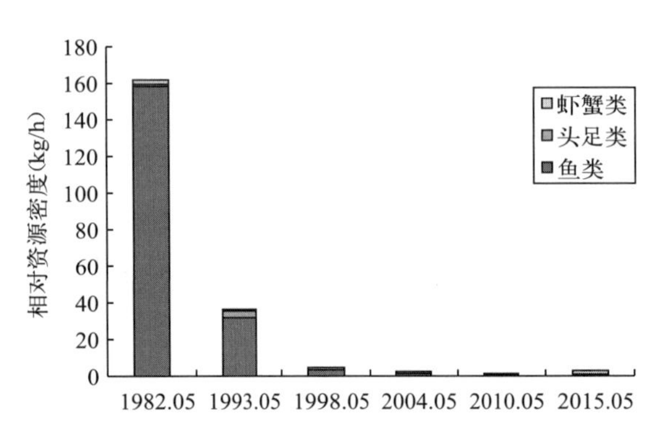

图7-3 春季莱州湾邻近水域游泳动物资源密度的长期变化

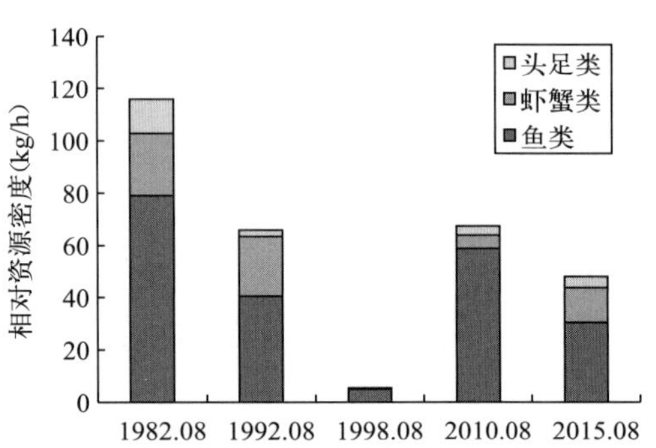

图7-4 夏季莱州湾邻近水域游泳动物资源密度的长期变化

二、各类群资源密度

（一）鱼类

鱼类是莱州湾的主要捕捞对象。春、夏两个季节该水域鱼类资源密度的长期变化情况如下：

春季：莱州湾鱼类资源密度自1982年以来一直呈下降趋势（图7-5）。1982年的渔获率为158.33 kg/h，1993年下降至31.79 kg/h，1998年进一步下降至3.41 kg/h，2004年为1.29 kg/h，2010年仅为0.67 kg/h，2015年恢复至0.82 kg/h。根据栖息水层，将鱼类分为中上层鱼类与底层鱼类，除2010年、2015年底层鱼类密度超过中上层鱼类，1982年、1993年、1998年和2004年莱州湾鱼类均以中上层鱼类占主导地位。

夏季：莱州湾鱼类资源密度自1982年的79.02 kg/h下降至1992年的40.47 kg/h，1998年进一步下降至5.03 kg/h，2010年大幅上升至58.78 kg/h，2015年下降至

30.40 kg/h（图 7－6）。根据栖息水层，莱州湾鱼类均以中上层鱼类为主。

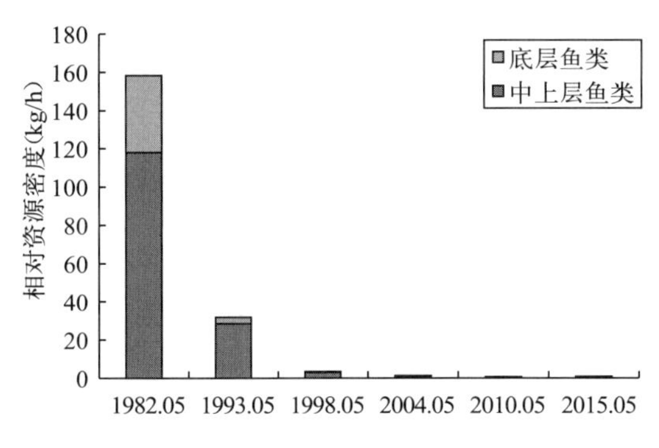

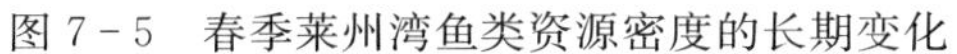
图 7－5　春季莱州湾鱼类资源密度的长期变化

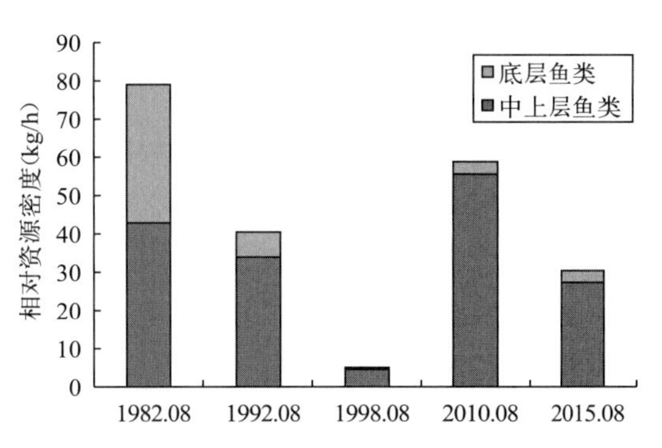

图 7－6　夏季莱州湾鱼类资源密度的长期变化

（二）虾蟹类

春季：莱州湾 1982 年虾蟹类的渔获率为 2.29 kg/h，1993 年下降至 0.95 kg/h，1998 年恢复至 1.21 kg/h，2004 年为 0.99 kg/h，2010 年仅为 0.54 kg/h，2015 年上升至 1.92 kg/h（图 7－7）。按类别看，除 2010 年以虾类为主外，其他年份均以口虾蛄为主。

夏季：莱州湾 1982 年虾蟹类的渔获率为 23.81 kg/h，1992 年下降至 22.94 kg/h，1998 年下降至 0.23 kg/h，2010 年恢复至 5.04 kg/h，2015 年上升至 13.26 kg/h（图 7－8）。按类别看，除 2015 年口虾蛄比例最高外，其他年份均以蟹类生物量比例最高，其次是口虾蛄，虾类比例最低。

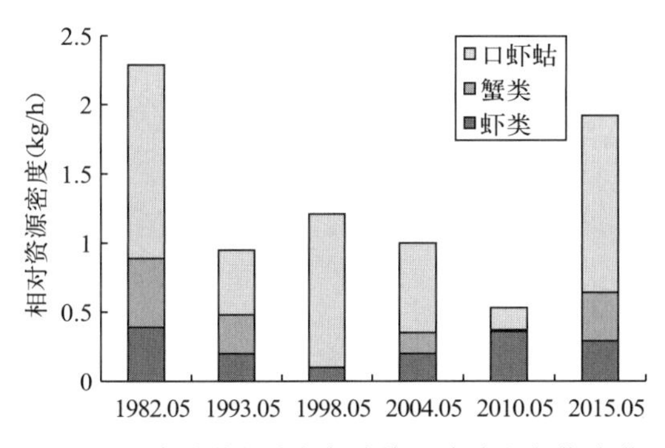

图 7－7　春季莱州湾虾蟹类资源密度的长期变化

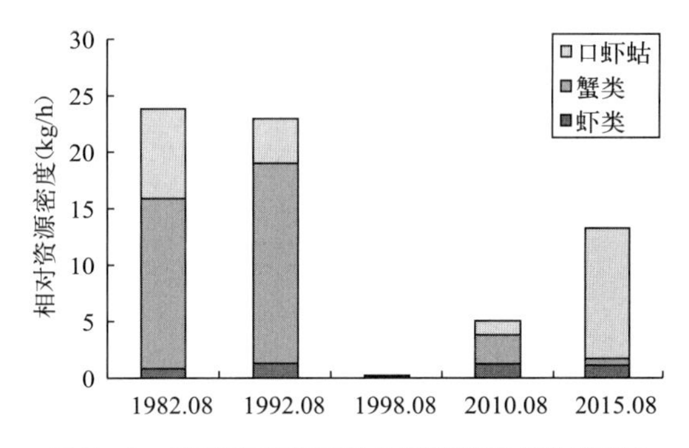

图 7－8　夏季莱州湾虾蟹类资源密度的长期变化

（三）头足类

春季：莱州湾 1982 年头足类的渔获率为 1.19 kg/h，1993 年提升至 3.65 kg/h，1998 年仅为 0.05 kg/h，2004 年为 0.13 kg/h，2010 年仅为 0.07 kg/h，2015 年恢复至 0.15 kg/h（图 7－9）。

夏季：莱州湾 1982 年头足类的渔获率为 12.97 kg/h，1992 年下降至 2.46 kg/h，1998

年下降至 0.18 kg/h，2010 年恢复至 3.52 kg/h，2015 年上升至 4.26 kg/h（图 7－10）。

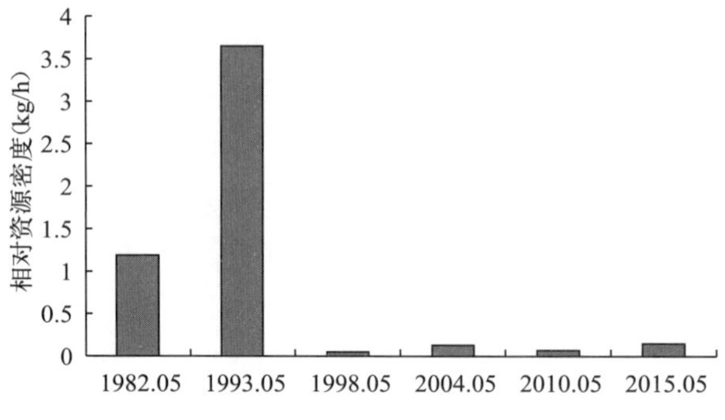

图 7－9　春季莱州湾头足类资源密度的长期变化

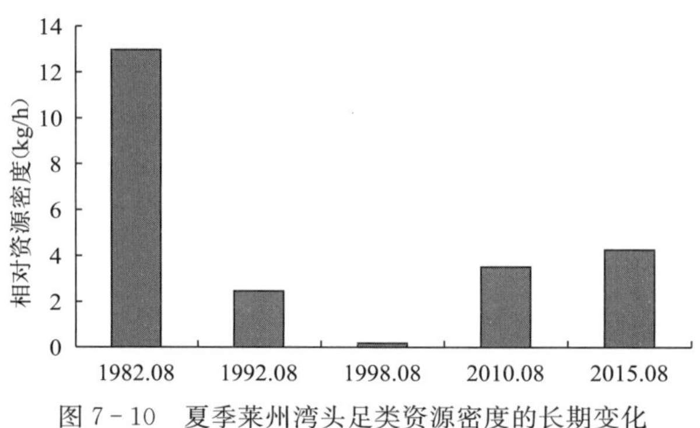

图 7－10　夏季莱州湾头足类资源密度的长期变化

第三节　主要增殖种类

一、中国对虾

中国对虾（*Fenneropenaeus chinensis*）属于暖温性、一年生、大型、长距离洄游种类，主要分布在渤海、黄海，在东海、南海较少，是优质名贵虾类。主要产卵场在渤海的莱州湾、渤海湾、辽东湾和滦河口附近水域。此外，在黄海北部的海洋岛和鸭绿江口附近水域，山东半岛南岸的小海湾、胶州湾和海州湾等也都有其产卵场。产卵期为 5 月至 6 月初，5 月中旬是产卵盛期。仔虾阶段有溯河习性。交尾是在 10 月上旬至 11 月初。个体怀卵量 50.7 万～108.9 万粒。成虾以底栖的甲壳类、瓣鳃类、多毛类等为主要饵料。

1973—1990 年，中国对虾在黄海、渤海平均年渔获量为 2.05 万 t，其中 1979 年最高，达 4.27 万 t，因捕捞过度，产量下降。后来，由于渤海近岸产卵场污染加剧，资源急剧衰退，年渔获量约 0.6 万 t。

在我国，中国对虾是开展放流增殖最早的种类。1984 年起，在渤海就进行了标志放流，后来又开展生产性放流。在东海进行放流增殖，1986—1995 年在浙江象山港水域回捕 2 462.8 t，1986—1995 年在福建东吾洋水域回捕近 1 200 t。1985—1992 年，在渤海共放流幼虾 86.45 亿尾，后来中断。2005 年渤海恢复放流，至“十二五”末渤海每年放流体长 1 cm（部分 2.5 cm）的中国对虾虾苗在 100 亿尾左右。

二、三疣梭子蟹

三疣梭子蟹（*Portunus trituberculatus*）属暖温性、近岸、多年生、大型经济蟹类，在渤海、黄海、东海、南海的近海均有分布。三疣梭子蟹为地方性资源，不做长距离洄游，产卵场靠近河口。4 月中下旬开始产卵，5 月是主要生殖季节，底层水温在 12 ℃以上，底层盐度一般低于 31。1 龄可性成熟，7—10 月交尾。个体抱卵量为 13 万～220 万粒。成体主要捕食贝类、甲壳类、多毛类等。

1996—2000 年，三疣梭子蟹在渤海平均年渔获量 3.8 万 t。2004 年以前，渤海湾没开展过三疣梭子蟹的放流增殖，2004 年其捕捞量约为 260 t。2005 年开始放流，当年放流幼蟹约 1 220 万只，捕捞产量为 793 t，增殖效果明显。1986—1988 年，辽东湾放流幼蟹 60 万只，平均年放流 20 万只，2008—2009 年放流 4 872 万只。1994—2003 年，莱州湾共放流幼蟹约 315 万只，平均年放流 31.5 万只，2008 年放流约 4 100 万只。

三、海蜇

海蜇（*Rhopilema esculenta*）为暖水性、大型水母，属于浮游种类，栖息范围离岸较近，我国周围近海均有分布。海蜇为地方种群，具有生命周期短、生长速度快和资源恢复能力较强等特点。水母型海蜇营浮游生活，不适应低温，秋末全部死亡。终生栖息于近岸水域，尤喜栖息河口附近、内湾，一般生活在水深 5～20 m 海域。

在渤海，辽东湾海蜇的繁殖期为 9 月初至 10 月中旬，主要产卵场有金普湾、辽东湾北部。莱州湾海蜇的繁殖期为 8 月中旬至 9 月末。雌体怀卵量数千万粒。

海蜇主要滤食海水中的藻类、原生动物、小型甲壳类等微小生物。海蜇加工品进入国际市场后，经济价值大升，形成专捕海蜇渔业。

海蜇资源年间变化剧烈，不同年份其资源量可以相差几倍甚至几十倍。海蜇渔业主要在渤海的辽东湾、渤海湾和莱州湾。辽东湾海蜇一般年份产量为 2 万～4 万 t（鲜品），2003 年达 10 万 t；渤海湾海蜇一般年份产量为 0.4 万～0.6 万 t，最好的为 8 万 t（1992 年）；莱州湾海蜇一般年份产量为 3 万～8 万 t，最好的为 9 万 t（成品），折算鲜品为

45 万～50 万 t（1992 年）。

莱州湾 1991 年开始进行海蜇放流试验，1993 年放流幼海蜇 1 032 万个，1994—2003 年共放流 5.14 亿个，1996—2003 年共捕捞 12 万 t，平均年产量 1.5 万 t，2004 年放流 5 000万个，2005 年也进行了放流；辽东湾 2005—2008 年共放流 9.74 亿个，年回捕率在 1%～4%，共回捕 4 万 t，投入产出比为 1∶15；渤海湾 2004 年放流 55 万个，2005 年放流 575 万个，2007 年放流 1 350 万个，仅河北省回捕量就有 500 t。

四、褐牙鲆

褐牙鲆（*Paralichthys olivaceus*），曾用中文学名牙鲆，属冷温性、近海、大型、底层鲆鲽鱼类，为名贵鱼类，有潜沙习性，主要分布在黄海、渤海。生活适温范围 13～24 ℃，最适水温为 21 ℃，能在盐度低于 8 的河口区生活。褐牙鲆进行短距离洄游，越冬场在黄海中部水深 50～80 m 海域。初春进入近岸水深 30～70 m 浅水区进行产卵。产卵期为 4—6 月，盛期为 5 月，属多次产卵性鱼类。产卵的适温范围为 10～21 ℃。雌鱼每尾怀卵量为 36 万～40 万粒。褐牙鲆是食物等级很高的肉食性鱼类，主要捕食幼鱼和小型鱼类等。

因资源严重衰退，褐牙鲆在渤海开始放流增殖。2005—2007 年莱州湾共放流 104 万尾，2007 年渤海湾放流 60 万尾，2005—2007 年在秦皇岛近海放流 105 万尾。

五、半滑舌鳎

半滑舌鳎（*Cynoglossus semilaevis*）属于暖水性、近海、大型、底层鲆鲽鱼类，主要分布在渤海、黄海，为地方性资源，只做短距离洄游。生活在近海浅水区，11 月水温下降，游向越冬场，其水深 15～20 m。适温范围 3.5～32 ℃，适盐范围 14～33。产卵期为 8 月下旬至 10 月上旬，盛期在 9 月中下旬。半滑舌鳎为肉食性鱼类，主要捕食虾、蟹等底栖性种类。

2008 年，在海州湾放流了半滑舌鳎幼鱼 10 万尾。

第四节　增殖效果评估技术

一、概况

增殖放流作为渔业管理的有效措施，被世界各国所证实和采用。日本是较早开展渔业资源增殖放流和效果评价的国家之一，放流水生经济动物 74 种，其中鱼类 34 种，甲壳类 12 种，贝类 25 种，海参 3 种（黄硕琳，2009）。自 1975 年开始，日本使用放流苗种数量与渔获的关系、放流苗种数量同标志回捕数据关系为主，建立放流效果评价体系（北田修一，1994）。1980 年以后，采用直接调查渔获量的市场调查法对鹿儿岛湾真鲷放流效果进行了评价，放流的效果得到确认，这是世界上首次对放流效果评价成功的案例（Kitada，1992）。大河内等（2004）在 1988—1999 年对宫古湾牙鲆的增殖效果进行了研究，通过对比分析，测得牙鲆的最佳放流时间为 8—9 月，最佳放流体长为 90 mm。

太平洋鲑鱼增殖放流项目是美国增殖放流研究中非常成功的例子。美国和加拿大自 20 世纪 60 年代开始对太平洋鲑鱼进行增殖放流。每年使用线码技术标记 10 亿尾放流的大麻哈鱼，超过 80 个研究机构和 350 个孵化场参与了线码标记和回收，已成为北美太平洋大麻哈鱼渔业管理的中心任务。

我国早在 1956 年在乌苏里江饶河建立了第一个大麻哈鱼放流增殖站，先后在乌苏里江、图们江和绥芬河放流大麻哈鱼，但效果不明显。而海洋生物资源增殖始于 20 世纪 70 年代末的中国对虾放流，之后真鲷、梭鱼、牙鲆、梭子蟹、魁蚶、海蜇等苗种培养和增殖技术陆续取得成功，为我国海洋生物资源增殖工作奠定了基础。中国对虾放流无疑是我国渔业资源增殖最为成功的典范，从 20 世纪 50 年代末就开始对其渔业生物学、种群动态和资源管理进行了全面系统的研究，70 年代末对虾工厂化育苗技术日臻完善，1981 年首先在莱州湾的潍河口进行了对虾种苗放流试验并获得成功（邓景耀，1997）。之后，渤海中国对虾放流回捕率与增殖效果评价研究成为研究的重点，并在标记技术、追踪调查及增殖效果评价方面取得了较大进展（刘瑞玉，1993；刘海映，1994；周永东，2008；王俊，2010）。

二、评估方法

传统的渔业资源调查法和捕捞统计或市场统计法，都是渔业资源增殖效果评估方法之一。但是，由于无法区分增殖放流群体和自然群体，评估的误差较大。为了更加准确地估算增殖放流群体对渔业资源的贡献率，发明了诸多标记方法，主要有实物标记、化学标记、分子标记等。

（一）实物标记

实物标记是传统的标记方法，标记物的种类很多，也是应用最广的标记方法，如挂牌、切鳍等。实物标记法的优点是操作简单，容易发现，制造成本较低。实物标记法也存在明显的缺点，如对放流个体的生理和身体运动可能产生不良影响，且回收困难。挂牌标记法适宜对鱼、虾、蟹等物种进行标记。

（二）化学标记

化学标记法是将荧光染料或微量化学元素通过投喂、浸染或注射等手段使其附着沉积于标记目标身体的钙化组织（如鳞片、耳石和其他硬骨组织）上，以产生专用仪器可识别的标记。使用荧光染料标记法能在短时间内对处于鱼类生活史不同阶段的受精卵、仔稚鱼等实现大规模标记，较常见的荧光染料种类主要有氧四环素、盐酸四环素、钙黄绿素、茜素红以及茜素络合指示剂等。近年来利用于鱼类。

（三）分子标记

分子标记是以个体间遗传物质内核苷酸序列变异为基础的遗传标记，是 DNA 水平遗传多态性的直接反映。与形态学标记、生物化学标记、细胞学标记相比，分子标记具有共显性、数量大、中性以及检测手段简单、迅速等优点。随着分子生物学技术的发展，分子标记技术已广泛应用于遗传育种、基因组作图、基因定位、物种亲缘关系鉴别、基因库构建、基因克隆等方面。近年来，分子标记除在水产育种方面发挥了巨大作用外，逐步应用于渔业资源增殖放流的群体判别，进而估算回捕率和评估增殖效果。

三、新技术应用

（一）分子标记

分子标记是遗传标记的一种，包括形态学标记、细胞学标记、生物化学标记以及 DNA 分子标记。其中，DNA 分子标记检测的是核苷酸水平上的遗传变异。分子标记可以对不同发育时期的个体、组织以及细胞做检测，标记数量多、多态性高、遗传稳定性好，且不易受外界环境等影响，因而受到普遍关注。主要的分子标记有第一代的限制性片断多态性（RFLP）、随机扩增多态性（RAPD）、扩增长度多态性（AFLP），第二代的微卫星 DNA 标记的简单重复序列（SSR）和简单重复序列区间（ISSR），第三代的单核苷酸多态性（SNP）。此外，线粒体 DNA（mtDNA）也有一定应用。目前分子标记在渔业资源增殖效果评估方面取得了一些进展，分述如下。

利用分子标记开展中国对虾增殖放流效果评估已经成为成熟的技术体系，其基本原理为：利用基于分子标记的亲子识别、家系溯源技术，结合亲本及回捕样品特定微卫星位点上基因分型结果，利用软件分析，识别回捕样品中放流个体并计数，实现精确的增殖放流效果评估。该方法于 2012 年、2013 年分别在渤海湾及胶州湾开展了试点应用并取得满意的结果：利用分子标记评估的渤海湾放流的 160 000 万尾中国对虾的回捕率为 2.59%，略低于传统方法的评估结果。分子标记的优势是标记数量大、易回收，但检测成本高。

利用分子标记判别鱼类增殖群体和自然群体也取得良好进展。用 mtDNA 控制区特异性引物对牙鲆亲鱼、放流牙鲆和回捕牙鲆的 DNA 进行扩增，获得了 3 个群体的 mtDNA 控制区第一高变区部分序列，采用 mtDNA 和微卫星标记鉴定，有效地将 2013 年放流的 310 尾放流牙鲆从采集的 435 尾回捕牙鲆中甄别出来，评估牙鲆放流群体对资源量的贡献率占 71.26%。应用证实，利用 mtDNA 标记可快速排除回捕鱼中的非放流牙鲆，利用微卫星标记做进一步鉴定，可以排除疑似放流牙鲆中的非放流牙鲆，是区分放流牙鲆与非放流牙鲆，准确评价放流效果的好方法。

（二）化学标记

耳石是鱼类内耳自然生物矿化沉积形成的碳酸钙结构，是鱼类形成最早的硬组织，其微细结构可以用来判读鱼类的年龄等生物学信息，而沉积其中的元素信息则记录了鱼类过去生活过的环境信息。水环境中的化学元素通过鱼类鳃部等组织进入血液，血液传输等生理过程沉积在耳石生长轮上，形成元素环带，即元素指纹（elemental fingerprints）。利用鱼类在不同的水环境中形成不同耳石元素指纹且永久保存的特性，通过人为添加某些微量元素形成预想的耳石指纹，对放流苗种进行标记。耳石元素指纹标记具有易操作、全标记、成本低和对放流苗种几乎无损伤等优点，近年来受到广大科研工作者追捧，论文报道涵盖了淡水、河口和海洋鱼类，取得了重要进展。以海水鱼类牙鲆为例，介绍鱼类化学标记的应用。

2017 年 5 月 1 日，采用 35 mg/L 浓度的氯化锶，对体长 20～25 mm 的牙鲆鱼苗浸泡 72 h 进行耳石化学标记，于 5 月 16 日将标记的 15 000 尾牙鲆放入养殖池塘，同时放入未进行标记的牙鲆 15 000 尾作为对照。养殖至 10 月份，从池塘回捕牙鲆中随机选取 30 尾进行耳石锶元素分析，结果为：具有耳石锶元素标志鱼 12 尾，平均全长为 18.49 cm，平均体重为 152.96 g；无耳石锶元素标志鱼 13 尾，平均全长为 19.99 cm，平均体重为 151.57 g。对标志鱼与无标志鱼的全长、体重进行单因素方差分析，差异均不显著（$P>0.05$）。标志鱼在回捕牙鲆中的比例为 48.0%，有效将标记个体同未标记个体区分开来。

2017 年 5 月 28 日对生产放流牙鲆鱼苗进行了锶标记工作，6 月 10 日在河北省秦皇岛市北戴河区金山嘴海区放流耳石锶标记牙鲆 450 000 尾。通过社会调查，从金山嘴海区南海码头随机购买 30 尾回捕牙鲆进行耳石锶元素分析，结果为：具有耳石锶元素标志鱼 8 尾，平均全长为 20.76 cm，平均体重为 74.17g；无耳石锶元素标志鱼 22 尾，平均全长为 20.49 cm，平均体重为 63.08 g。对标志鱼与无标志鱼的全长、体重进行单因素方差分析，差异均不显著（$P>0.05$）。标志鱼在回捕牙鲆中的贡献率为 26.67%，成功评估了牙鲆放流对资源量的贡献。

参考文献

白雪娥，庄志猛，1991. 渤海浮游动物生物量及其主要种类数量变化的研究［J］. 海洋水产研究（12）：71－93.

毕洪生，孙松，高尚武，等，2001. 渤海浮游动物群落生态特点：Ⅲ. 部分浮游动物数量分布和季节变化［J］. 生态学报，21（4）：513－521.

毕洪生，孙松，孙道元，2001. 胶州湾大型底栖生物群落结构的变化［J］. 海洋与湖沼，32（2）：132－138.

蔡立哲，马丽，高阳，等，2002. 海洋底栖动物多样性指数污染程度评价标准的分析［J］. 厦门大学学报，41（5）：641－646.

蔡文倩，孟伟，刘录三，等，2013. 春季渤海湾大型底栖动物群落结构特征研究［J］. 环境科学学报，33（5）：1458－1466.

陈大刚，沈谓铨，刘群，等，2000. 莱州湾及黄河口水域地理学特征与鱼类多样性［J］. 中国水产科学，7（3）：46－52.

陈清潮，章淑珍，1965. 黄海和东海的浮游桡足类：Ⅰ. 哲水蚤目［J］. 海洋科学集刊（7）：20－131.

陈雪，张武昌，吴强，等，2014. 莱州湾大型砂壳纤毛虫群落季节变化［J］. 生物多样性，22（5）：649－657.

程国宝，史会来，楼宝，等，2012. 三疣梭子蟹生物学特性及繁养殖现状［J］. 河北渔业（4）：59－61.

崔毅，马绍赛，李云平，等，2003. 莱州湾污染及其对渔业资源的影响［J］. 海洋水产研究，24（1）：35－41.

崔玉珩，孙道元，1983. 渤海湾排污区底栖动物调查初步报告［J］. 海洋科学（3）：29－35.

戴爱云，1986. 中国海洋蟹类［M］. 北京：海洋出版社.

戴爱云，冯钟琪，宋玉枝，等，1977. 三疣梭子蟹渔业生物学的初步调查［J］. 动物学杂志（2）：36－39.

邓景耀，金显仕，2000. 莱州湾及黄河口水域渔业生物多样性及其保护研究［J］. 动物学研究，21（1）：76－82.

邓景耀，康元德，朱金声，等，1986. 渤海三疣梭子蟹的生物学：甲壳动物论文集 第一辑［M］. 北京：科学出版社.

邓景耀，孟田湘，任胜民，1986. 渤海鱼类食物关系的初步研究［J］. 海洋水产研究，6（4）：356－364.

邓景耀，叶昌臣，刘永昌，1990. 渤黄海的对虾及其资源管理［M］. 北京：海洋出版社.

邓景耀，朱金声，程济生，等，1988. 渤海主要无脊椎动物及其渔业生物学［J］. 海洋水产研究（9）：91－120.

房恩军，李军，马维林，等，2006. 渤海湾近岸海域大型底栖动物（Macrofauna）初步研究［J］. 现代渔业信息，21（10）：11－15.

冯剑丰，王秀明，孟伟庆，等，2011. 天津近岸海域夏季大型底栖生物群落结构变化特征［J］. 生态学报，31（20）：5875－5885.

高保全，刘萍，李健，等，2012. 三疣梭子蟹4个野生群体肥满度的初步研究与比较分析［J］. 中国海洋大学学报（自然科学版）（s1）：51－53.

谷德贤，洪星，刘海映，2008. 口虾蛄的繁殖行为［J］. 河北渔业（169）：37－40.

谷德贤，刘茂利，2011. 天津海域口虾蛄群体结构及资源量分析［J］. 河北渔业（212）：24－26.

谷德贤，刘茂利，王娜，2011. 渤海湾大型底栖动物群落组成及与环境因子的关系［J］. 天津农学院学报，18（3）：6－8.

国家海洋局，2007. GB/T 12763. 6—2007 海洋调查规范 第6部分 海洋生物调查［S］. 北京：中国标准出版社.

韩杰，2001. 渤海大型底栖动物的生态学研究［D］. 青岛：中国海洋大学.

韩洁，张志南，于子山，2001. 渤海大型底栖动物丰度和生物量的研究［J］. 青岛海洋大学学报，31（6）：889－896.

胡颢琰，黄备，唐静亮，等，2000. 渤、黄海近岸海域底栖生物生态研究［J］. 东海海洋，18（4）：39－46.

黄映萍，王莹，苗素英，2011. 粤东海域口虾蛄遗传多样性［J］. 动物学杂志，46（2）：82－89.

霍元子，孙松，杨波，2010. 南黄海强壮箭虫（Sagitta crassa）的生活史特征［J］. 海洋与湖沼，41（2）：180－185.

季相星，曲方圆，隋吉星，等，2012. 辽东湾西部海域秋季大型底栖动物的群落结构特征［J］. 海洋科学，36（11）：7－13.

姜卫民，孟田湘，陈瑞盛，等，1998. 渤海日本蟳和三疣梭子蟹食性的研究［J］. 海洋水产研究，19（1）：53－59.

金显仕，邓景耀，2000. 莱州湾渔业资源群落结构和生物多样性的变化［J］. 生物多样性，8（1）：65－72.

李凡，吕振波，魏振华，等，2013. 2010年莱州湾底层渔业生物群落结构及季节变化［J］. 中国水产科学，20（1）：137－147.

李广楼，陈碧鹃，崔毅，等，2006. 莱州湾浮游植物的生态特征［J］. 中国水产科学，13（2）：292－299.

林景祺，杨纪明，1980. 烟台、威海和青岛沿岸当年生鲐鱼幼鱼的摄食习性［J］. 海洋水产研究（1）：1－15.

林群，李显森，李忠义，等，2013. 基于Ecopath模型的莱州湾中国对虾增殖生态容量［J］. 应用生态学报，24（4）：1131－1140.

刘海映，谷德贤，李君丰，等，2009. 口虾蛄幼体的早期形态发育特征［J］. 大连水产学院学报，24（2）：100－103.

刘海映，秦玉雪，姜玉声，等，2011. 口虾蛄胚胎发育的研究［J］. 大连海洋大学学报，26（5）：437－431.

刘海映，刘连为，姜玉声，等，2013. 口虾蛄proPO基因全长cDNA的克隆与组织表达［J］. 生态学报，33（6）：1713－1720.

刘录三，孟伟，李子成，等，2009. 辽东湾北部海域大型底栖动物研究：Ⅱ. 生物多样性与群落结构[J]. 环境科学研究，22（2）：155－161.

刘青，曲晗，张硕，等，2006，强壮箭虫摄食生态的实验研究［J］. 水产学报，30（6）：767－772.

刘瑞玉，2008. 中国海洋生物名录［M］. 北京：科学出版社.

刘晓收，赵瑞，华尔，等，2014. 莱州湾夏季大型底栖动物群落结构特征及其与历史资料的比较［J］. 海洋通报，33（3）：283－292.

刘修泽，郭栋，王爱勇，等，2014. 辽东湾海域口虾蛄的资源特征及变化［J］. 水生生物学报，38（3）：602－608.

刘哲，魏皓，蒋松年，2003. 渤海多年月平均温盐场的季节变化特征及形成机制的初步分析［J］. 青岛海洋大学学报（自然科学版），33（1）：7－14.

马喜平，高尚武，2000. 渤海水母类生态的初步研究：种类组成、数量分布与季节变化［J］. 生态学报，20（4）：533－540.

孟田湘，2011. 山东半岛南部鳀鱼产卵场鳀鱼仔、稚鱼摄食的研究［J］. 海洋水产研究，22（2）：21－25.

潘国良，张龙，朱增军，等，2013. 浙江南部近岸海域春季口虾蛄（*Oratosquilla oratoria*）生物量的时空分布［J］. 海洋与湖沼，44（2）：366－370.

单秀娟，金显仕，李忠义，等，2012. 渤海鱼类群落结构及其主要增殖放流鱼类的资源量变化［J］. 渔业科学进展，33（6）：1－9.

盛福利，曾晓起，薛莹，2009. 青岛近海口虾蛄的繁殖及摄食习性研究［J］. 中国海洋大学学报，39（增刊）：326－332.

石强，2013. 渤海冬季温盐年际变化时空模态与气候响应［J］. 海洋通报，32（5）：505－513.

孙道元，刘银城，1991. 渤海底栖动物种类组成和数量分布［J］. 黄渤海海洋，9（1）：42－49.

孙道元，唐质灿，1989. 黄河口及邻近水域底栖动物生态特点［J］. 海洋科学集刊（30）：261－275.

孙鹏飞，单秀娟，吴强，等，2014. 莱州湾及黄河口水域鱼类群落结构的季节变化［J］. 生态学报，34（2）：1－2.

孙松，张芳，李超伦，等，2012. 黄海小型水母的分布特征［J］. 海洋与湖沼，43（3）：429－437.

唐启升，2006. 中国专属经济区海洋生物资源及栖息环境［M］. 北京：科学出版社.

唐启升，韦晟，姜卫民，1997. 渤海莱州湾渔业资源增殖的敌害生物及其对增殖种类的危害［J］. 应用生态学报，8（2）：199－206.

唐启升，叶懋中，1990. 山东近海渔业资源开发与保护［M］. 北京：农业出版社.

田家怡，张洪凯，周桂芬，等，1991. 小清河有机化合物污染及对渤海莱州湾近海水质影响的研究［J］. 海洋环境科学，10（4）：45－51.

万瑞景，姜言伟，1998. 渤海硬骨鱼类鱼卵和仔稚鱼分布及其动态变化［J］. 中国水产科学，5（1）：43－50.

王波，张锡烈，孙丕喜，1998. 口虾蛄的生物学特征及其人工苗种生产技术［J］. 黄渤海海洋，16（2）：64－73.

王春琳，徐善良，梅文骧，等，1996. 口虾蛄的生物学基本特征［J］. 浙江水产学院学报，15（1）：60－62.

王俊，2000. 莱州湾浮游植物种群动态研究［J］. 海洋水产研究，21（3）：33 - 38.

王倩，孙松，霍元子，等，2010. 胶州湾毛颚类生态学研究［J］. 海洋与湖沼，41（4）：639 - 644.

王荣，张鸿雁，王克，等，2002. 小型桡足类在海洋生态系统中的功能作用［J］. 海洋与湖沼，33（5）：453 - 460.

王瑜，刘录三，刘存歧，等，2010. 渤海近岸海域春季大型底栖生物群落特征［J］. 环境科学研究，23（4）：430 - 436.

吴斌，宋金明，李学刚，2014. 黄河口大型底栖动物群落结构特征及其与环境因子的耦合分析［J］. 海洋学报，36（4）：62 - 72.

吴强，陈瑞盛，黄经献，等，2015. 莱州湾口虾蛄的生物学特征与时空分布［J］. 水产学报，39（8）：1166 - 1177.

吴耀泉，张宝琳，1990. 渤海经济无脊椎动物生态特点的研究［J］. 海洋科学（2）：48 - 52.

萧贻昌，2004. 中国动物志：无脊椎动物　第三十八卷　毛颚动物门　箭虫纲［M］. 北京：科学出版社.

谢周全，邱盛尧，侯朝伟，等，2014. 山东半岛南部海域三疣梭子蟹增殖放流群体回捕率［J］. 中国水产科学，21（5）：1000 - 1009.

徐海龙，张桂芬，乔秀亭，等，2010. 黄海北部口虾蛄体长及体质量关系研究［J］. 水产科学，29（8）：451 - 454.

徐善良，王春琳，梅文骧，等，1996. 浙江北部海区口虾蛄繁殖和摄食习性的初步研究［J］. 浙江水产学院学报，15（1）：30 - 36.

徐兆礼，张金标，王云龙，2003. 东海水螅水母类生态研究［J］. 水产学报，27（Z1）：91 - 97.

杨纪明，李军，1995. 渤海强壮箭虫摄食的初步研究［J］. 海洋科学（6）：38 - 42.

袁伟，张志南，于子山，等，2006. 胶州湾西北部海域大型底栖动物群落研究［J］. 中国海洋大学学报（自然科学版），36（增刊）：91 - 97.

翟璐，徐宾铎，纪毓鹏，等，2015. 黄河口及其邻近水域夏季鱼类群落空间格局及其与环境因子的关系［J］. 应用生态学报，26（9）：2852 - 2858.

张波，金显仕，吴强，等，2015. 莱州湾中国明对虾增殖放流策略研究［J］. 中国水产科学，22（3）：361 - 370.

张波，吴强，金显仕，2013. 莱州湾鱼类群落的营养结构及其变化［J］. 渔业科学进展，34（2）：1 - 9.

张代臻，丁鸽，周婷婷，等，2013. 黄海海域口虾蛄种群的遗传多样性［J］. 动物学杂志，48（2）：232 - 240.

张芳，孙松，杨波，2005. 胶州湾水母类生态研究：Ⅰ. 种类组成与群落特征［J］. 海洋与湖沼，36（6）：507 - 517.

张贵，2012. 溶解氧、盐度、氨氮、亚硝酸盐氮对三疣梭子蟹存活和摄饵的影响［D］. 湛江：广东海洋大学.

张培玉，2005. 渤海湾近岸海域底栖生物生态学与环境质量评价研究［D］. 青岛：中国海洋大学.

张雪，张龙军，侯中里，等，2012. 1980—2008 年莱州湾主要污染物的时空变化［J］. 中国海洋大学学报（自然科学版），42（11）：91 - 98.

张莹，刘元进，张英，2012. 莱州湾多毛类底栖动物生态特征及其对环境变化的响应［J］. 生态学杂志，31（4）：888 - 895.

张志南，图立红，于子山，1990a. 黄河口及邻近水域大型底栖动物的初步研究：（Ⅰ）生物量［J］. 青岛海洋大学学报，20（1）：37 - 45.

张志南，图立红，于子山，1990b. 黄河口及邻近水域大型底栖动物的初步研究：（Ⅱ）与沉积环境的关系［J］. 青岛海洋大学学报，20（2）：43 - 52.

郑严，杨纪明，1965. 浙江近海大黄鱼仔、稚、幼鱼的食性［J］. 海洋与湖沼，7（4）：356 - 372.

郑重，郑执中，王荣，等，1965. 烟、威鲐鱼渔场及邻近水域浮游动物生态的初步研究［J］. 海洋与湖沼（4）：329 - 354.

中华人民共和国国家环境监测中心，2009. 近海环境监测指南（HJ442—2008）［M］. 北京：环境科学出版社.

中华人民共和国国家质量监督检验检疫总局，中国国家标准化管理委员会，2007. 海洋调查规范［M］. 北京：海洋出版社.

仲学锋，肖贻昌，1992. 胶州湾三种哲水蚤种群动态的研究［J］. 海洋科学，（1）：44 - 48.

周红，华尔，张志南，2010. 秋季莱州湾及邻近海域大型底栖动物群落结构的研究［J］. 中国海洋大学学报（自然科学版），40（8）：80 - 87.

Cornils A，Held C，2014. Evidence of cryptic and pseudocryptic speciation in the Paracalanus parvus species complex（Crustacea，Copepoda，Calanoida）［J］. Frontiers in Zoology（11）：19.

Cui B L，Li X Y，2010. Coastline change of the Yellow River estuary and its response to the sediment and runoff（1976 - 2005）［J］. Geomorphology，127（1/2）：32 - 40.

Deevey B G，1960. Relative effects of temperature and food on seasonal variations in length of marine copepods in some eastern American and western European waters［J］. Bulletin of the Bingham Oceanography Collection，17（2）：54 - 85.

Gislason H，Rice J，1998. Modelling the response of size and diversity spectra of fish assemblages to changes in exploitation［J］. ICES J Mar Sci，55（3）：362 - 370.

Hirota R，1959. On the morphological variation of Sagitta crassa［J］. J Oceanogr Soc Japan（15）：191 - 202.

Hirst A G，Sheader M，Williams J A，1999. Annual pattern of calanoid copepod abundance，prosome length and minor role in pelagic carbon flux in the Solent，UK［J］. Marine Ecology Progress Series（177）：133 - 146.

Huang C，Uye S，Onbe T，1993. Geographic distribution，seasonal life cycle，biomass and production of a planktonic copepod Calanus sinicus in the Inland Sea of Japan and its neighboring Pacific Ocean［J］. Journal of Plankton Research，15（11）：1229 - 1246.

Iversen S A，Johannessen A，Jin X S，et al，2001. Development of stock size，fishery and biological aspects of anchovy based on R/V "Bei Dou" 1984 - 1999 surveys［J］. 海洋水产研究，22（4）：33 - 39.

Iversen S A，Zhu D，Johannessen A，et al，1993. Stock size，distribution and biology of anchovy in the Yellow Sea and East China Sea［J］. Fisheries Research，16（2）：147 - 163.

Jiang M C，Shin K，Hyun B，et al，2013. Temperature - regulated egg production rate，and seasonal and interannual variations in Paracalanus parvus［J］. J. Plankton Research，35（5）：1035 - 1045.

Jin X S，2004. Long - term changes in fish community structure in the Bohai Sea，China［J］. Estuar Coast

Shelf Sci, 59 (1): 163 - 171.

Jin X S, Tang Q S, 1996. Changes in fish species diversity and dominant species composition in the Yellow Sea [J]. Fisheries Research, 26 (3 - 4): 337 - 352.

Kiørboe T, 2006. Sex, sex - ratios, and the dynamics of pelagic copepod populations [J]. Oecologia (148): 40 - 50.

Kodama K, Kume G, Shiraishi H, et al, 2006. Relationship between body length, processed - meat length and seasonal change in net processed - meat yield of Japanese mantis shrimp Oratosquilla oratoria in Tokoy Bay [J]. Fisheries Science (72): 804 - 810.

Kodama K, Yamakawa T, Shimizu T, et al, 2004. Reproductive biology of female Japanese mantis shrimp Oratosquilla oratoria (Stomatopoda) in relation to changes in the seasonal pattern of larval occurrence in Tokyo Bay, Japan [J]. Fisheries Science (70): 734 - 745.

Kodama K, Yamakawa T, Shimizu T, et al, 2005. Age estimation of the wild population of Japanese mantis shrimp Oratosquilla oratoria in Tokoy Bay, Japan, using lipofuscin as an age maker [J]. Fisheries Science (72): 568 - 577.

Kouwenberg J H M, 1993. Sex ratio of Calanoid copepods in relation to population composition in the northwestern Mediterranean [J]. Crustaceana, 64 (3): 281 - 299.

Liang D, Uye S, 1996. Population dynamics and production of the planktonic copepods in a eutrophic inlet of the Inland Sea of Japan. Ⅲ. Paracalanus sp. [J]. Marine biology, 127 (2): 219 - 227.

Luo X X, Zhang S S, Yang J Q, et al, 2013. Macrobenthic community in the Xiaoqing River Estuary in Laizhou Bay [J]. Ocean U China, 12 (3): 366 - 372.

Murakami A, 1959. Marine biological study on the planktonic chaetognaths in the Seto Inland Sea. Bull [J]. Naikai Reg. Fish Res. Lab. (12): 1 186.

Rice J, Gislason H, 1996. Patterns of change in the size spectra of numbers and diversity of the North Sea fish assemblage, as reflected in surveys and models [J]. ICES J Mar Sci, 53 (6): 1214 - 1225.

Rijnsdorp A D, Leeuwen PIV, Daan N, et al, 1996. Changes in abundance of demersal fish species in the North Sea between 1906 - 1909 and 1990 - 1995 [J]. ICES J Mar Sci, 53 (6): 1054 - 1062.

Shan X J, Sun P F, Jin X S, et al, 2013. Long - term changes in fish assemblage structure in the Yellow River estuary ecosystem, China [J]. Marine and Coastal Fisheries: Dynamics, Management, and Ecosystem Science (5): 65 - 78.

Sun S, Li Y H, Sun X X, 2012. Changes in the small - jellyfish community in recent decades in Jiaozhou Bay, China. Chinese [J]. Journal of Oceanology and Limnology, 30 (4): 507 - 518.

Sun X H, Liang Z L, Zou J, et al, 2013. Seasonal variation in community structure and body length of dominant copepods around artificial reefs in Xiaoshi Island, China [J]. Chinese Journal of Oceanology and Limnology, 31 (2): 282 - 289.

Sun X H, Sun S, Li CL, et al, 2012. Seasonal change in body length of important small copepods and relationship with environmental factors in Jiaozhou Bay, China [J]. Chinese Journal of Oceanology and Limnology, 30 (3): 404 - 409.

Uye S，1988. Temperature - dependent development and growth of Calanus sinicus（Copepoda：Calanoida）in the laboratory [J]. Hydrobiologia（167/168）：285 - 293.

Wang R，Zuo T，Wang K，2003. The Yellow Sea cold bottom water - an oversummering site for Calanus sinicus（Copepoda，Crustacea）[J]. J. Plankton Res.（25）：169 - 183.

Xu B D，Jin X S，2005. Variations in fish community structure during winter in the southern Yellow Sea over the period 1985—2002 [J]. Fish Res，71（1）：79 - 91.

Zhou H，Zhang Z N，Liu X S，et al，2007. Changes in the shelf macrobenthic community over large temporal and spatial scales in the Bohai Sea，China [J]. J Mar Syst（67）：312 - 321.

Zhou H，Zhang Z N，Liu X S，et al，2012. Decadal change in sublittoral macrofaunal biodiversity in the Bohai Sea，China [J]. Marine Pollution Bulletion，64（11）：2364 - 2373.

作者简介

王俊 男，1964 年 9 月生，硕士，中国水产科学研究院黄海水产研究所研究员，中国海洋大学、上海海洋大学、南京农业大学兼职硕士研究生导师。现任中国水产科学研究院黄海水产研究所渔业资源与生态系统研究室主任、农业农村部黄渤海渔业资源环境野外重点科学观测实验站站长。从事渔业资源养护与生态研究等工作。近 5 年来，主持国家自然科学基金面上项目、科技支撑计划课题、公益性行业（农业）科研专项项目、中海油公益基金项目以及农业农村部财政项目等 10 余项。以第一作者和通讯作者发表研究论文 30 余篇；以第一发明人获国家授权发明专利 3 项；主持制定国家行业标准 1 项；主编专著 1 部，参编专著 2 部；获山东省科学技术进步奖一等奖 1 项。